U0350417

农业部三电合一课题资助出版

中国农村信息化发展报告（2013）

● 李道亮　主编

电子工业出版社

Publishing House of Electronics Industry

北京·BEIJING

图书在版编目（CIP）数据

中国农村信息化发展报告.2013 / 李道亮主编. —北京：电子工业出版社，2015.1
ISBN 978-7-121-24474-2

Ⅰ．①中⋯　Ⅱ．①李⋯　Ⅲ．①信息技术—应用—农村—研究报告—中国—2013　Ⅳ．①S126

中国版本图书馆 CIP 数据核字（2014）第 231193 号

责任编辑：董亚峰　　特约编辑：时海波
文字编辑：李　敏
印　　刷：北京天宇星印刷厂
装　　订：北京天宇星印刷厂
出版发行：电子工业出版社
　　　　　北京市海淀区万寿路 173 信箱　邮编　100036
开　　本：787×1 092　1/16　印张：28.75　字数：720 千字
版　　次：2015 年 1 月第 1 版
印　　次：2015 年 1 月第 1 次印刷
定　　价：198.00 元

凡所购买电子工业出版社图书有缺损问题，请向购买书店调换。若书店售缺，请与本社发行部联系，联系及邮购电话：（010）88254888。

质量投诉请发邮件至 zlts@phei.com.cn，盗版侵权举报请发邮件至 dbqq@phei.com.cn。

服务热线：（010）88258888。

编 委 会

前 言
Preface

2007 年，我们主编了《中国农村信息化发展报告（2007）》，作为我国农村信息化发展的第一本蓝皮书，2013 年，《中国农村信息化发展报告（2013）》已经走过了七个年头，一直真实地记录着中国农村信息化发展的全貌，七年来，我们严格按照三个基本定位记录着该年度农村信息化总体进展、发展特色和重大事件，第一个基本定位就是每年要客观、全面、系统地记录我国农村信息化事业的年度进展；第二个基本定位就是每年要总结实践、凝练提升、丰富和完善农村信息化的理论体系；第三个基本定位就是每年要洞察新动向、提炼新模式、总结新观点、发现新探索、阐明新政策，以期对全国农村信息化发展有指导作用。《中国农村信息化发展报告（2013）》秉承这三个基本宗旨展开。

2013 年是学习贯彻落实十八大精神的开局之年，党的十八大、十八届三中全会以及近期召开的中央农村工作会议高度关注"三农"问题，明确提出"坚持走中国特色新型工业化、信息化、城镇化、农业现代化道路，推动信息化和工业化深度融合、工业化和城镇化良性互动、城镇化和农业现代化相互协调，促进工业化、信息化、城镇化、农业现代化同步发展"，在全面深化改革的新阶段，为农业信息化的发展提出了更高的要求。当前，我国农业信息化发展所面临的形势也在不断发生新的变化。信息化已经成为衡量农业现代化水平的重要标志，用现代信息技术武装农业，是推动农业转型升级、提升农业现代化水平的重要举措，也是农业现代化的重要建设内容；用现代信息技术建设农村，消解城乡信息鸿沟，让农民平等参与现代化进程、共同分享信息社会成果，是破解城乡二元结构、实现城乡统筹的基本途径；利用现代信息技术培训和装备农民，提高农民整体素质，是培养社会主义新农民、激发农业农村经济发展活力的重要手段。加快推进农业农村信息建设，对于加快农业现代化建设、促进城乡一体化发展、全面建成小康社会具有重大意义。

2013 年是实施"十二五"规划承前启后的关键之年，党中央、国务院高度重视我国农村信息化建设，习近平总书记在山东农科院调研时提到要"给农业插上科技的翅膀"，"促进农业技术集成化、劳动过程机械化、生产经营信息化、安全环保法治化"。中央农村工作会议上，习近平总书记指出："中央财政要从重大水利设施建设、中低产田改造、科技创新推广、信息化服务、市场体系完善、农产品质量安全、主产区转移支付等方面，加强对粮食生产的支持"，"尽快把全国统一的农产品和食品安全信息追溯平台建起来，实现农产品生产、收购、储存、运输、销售、消费全链条可追溯"。李克强总理提到"加快推进以农业机械为重点的生产工具变革，积极采用现代信息技术手段，不断提高农业的水利化、机械化、信息化水平"，"工业化、信息化、城镇化、农业现代化要同步推进、协调发展"。汪洋副总理在视察农业部时指出"农业不应成为'数字鸿沟'的受害者，信息化不应成为城乡差距的新表现"，"信息化水平是一个部门的核心竞争力，也是领导力"，"信息化是农业现代化制高点"。

2013年，中央明确提出市场在资源配置中起着决定性作用，这就要求在农业信息化建设中要探索处理好政府与市场的关系，创造良好的制度环境。一方面，要持续完善农业信息化基础设施，增强涉农信息资源开发和利用能力，为农民提供基本的、公益性的公共信息服务；不断强化科技和人才支撑，加强信息安全防护能力建设，为农业信息化的快速、健康、有序发展建立起强大的政府支撑体系。另一方面，要充分发挥市场在资源配置中的决定性作用，广泛动员社会参与，充分调动生活服务商、金融服务商、平台电商、电信运营商、系统服务商、信息服务商等企业合力推进农业信息化建设，探索出一条"政府得民心、企业得利益、农民得实惠"可持续发展的路子。

2013年按照党中央、国务院的要求，各有关单位在推进农村信息化的实践中成就斐然，农业部成立农业信息化领导小组，统筹农业信息化各项重要工作的推进落实；印发《农业部关于加快推进农业农村信息化的意见》（农市发〔2013〕2号），作为指导当前和今后一个时期农业信息化工作的重要依据；召开全国农业信息化工作会议，部署了当前和今后一个时期重点工作；启动全国农业农村信息化示范基地的申报认定工作，并在天津、上海、安徽率先实施农业物联网区域试验工程，取得了阶段性成效。我国农村信息化基础设施不断夯实，农业信息资源日趋丰富，基层信息服务体系不断健全，信息化标准和信息安全工作取得成效，农业生产、经营、管理、服务信息化水平再迈新高。基于此，为客观、全面、系统地记录2013年我国农村信息化发展进程，本书的内容框架主要包括理论进展篇、基础建设篇、应用进展篇、地方建设篇、企业推进篇、发展政策篇、专家视点篇、专题调研篇、大事记篇，共9篇37章。

理论进展篇：进一步完善了农村信息化理论框架，并对农村信息化的基本概念、农村信息化的历史演进以及农村信息化发展的体系框架等内容进行了理论探索。

基础建设篇：该部分从农村信息化基础设施（广电网、电信网、互联网）、农村信息资源（农业网站、农业数据库）两方面系统介绍了我国农村信息化基础建设的主要进展，以期对我国农村信息化基础建设情况有一个总体的认识。

应用进展篇：该部分主要包括农业生产信息化（种植业、畜牧业、渔业）、农业经营信息化（龙头企业、农民专业合作社、农产品电子商务、农产品批发市场）、农业管理信息化、农村信息服务四个部分，对我国农村信息化发展各个领域的情况进行了介绍，以期让读者对信息技术在农业方面的应用进展有一个全面的了解。

地方建设篇：选择农村信息化建设成绩突出、特色突出、代表性强的北京、天津、内蒙古、辽宁、上海等省份和城市进行介绍，总结了这些地方在2013年农村信息化发展的现状、主要经验、存在的问题以及下一步打算，以期为全国各地开展农村信息化建设提供借鉴。

企业推进篇：企业应用和创新的主体，一大批企业积极推进物联网、移动互联、云计算、大数据等现代信息技术在生产、经营、管理及服务等领域的应用和创新，促进了农村信息化的健康稳定快速发展。该部分介绍了农村信息化贡献突出、工作扎实、积极性高的中国移动、中国电信、福建世纪之村等企业在推进农业农村信息化方面所做出的探索。

发展政策篇：随着国家对农业农村信息化建设的重视，各部委出台了很多促进农业农村信息化建设的政策法规，该部分介绍了2013年主要的政策法规以及相关的政策解读，包括中央一号文件解读以及《推进物联网有序健康发展的指导意见》解读等内容。

专题视点篇：对2013年农业部领导及国内知名农村信息化专家的有关"陈晓华部长在全国农业信息化工作会议上的讲话；我国农业信息化面临的新机遇与发展建议；以农业信息化促进农业产业化；借鉴发达国家经验构建农业信息化高地的思考与建议；美国农产品信息分析预警工作调研与启示；我国农业物联网发展现状及对策"等观点进行了阐述，以期为读者提供最详尽的专家视角。

专题调研篇：本篇通过问卷调查、深度访谈和实地走访等方式，以江苏、山东、吉林、河南、贵州五省农村为抽样调查和分析研究对象，对当地的农业信息化发展现状，农户的信息需求以及农业专业合作社的情况进行了深入调研和剖析；同时，我们通过第一手的调研报告更加详细地向大家展示了我国基层农村信息化发展的现状，以期大家对基层的农村信息化现状有一个全新的认识；最后，我们结合问卷和实际调研情况深刻分析了我国农村信息化发展面临的主要问题，并提出了切实的对策建议。

大事记篇：该部分简单梳理了2013年度我国农村信息化建设中的重大事件，以期让读者对我国农村信息化相关事件有一个了解。

中国农村信息化发展报告的编写是一项庞大的、需要各位同行共同参与的繁重工作，热切盼望各位同行加入到蓝皮书的编写中来，群策群力。让我们联起手来，共同推进我们所热爱的农村信息化事业，为通过信息技术推动现代农业发展、促进社会主义新农村建设、培养和造福社会主义新农民而共同努力。

本书实际凝聚了很多农村信息化领域科研人员的智慧和见解，首先要感谢我的导师，中国农业大学傅泽田教授，他多年来在系统思维、科研教学、为人处世方面的教诲和指导让我受益良多。感谢国家农村信息化工程技术研究中心赵春江研究员，他多年来兄长般的关心与支持使我和我的团队不断进步。感谢国家农村信息化指导组王安耕、梅方权、孙九林、方瑜等老专家对我的关爱和一贯的支持，也感谢何勇、王文生、王儒敬、王红艳等专家在历次国家农村信息化示范省建设工作中给予的支持和帮助。科技部张来武副部长、农村科技司陈传宏司长、王喆副司长、胡京华处长、高旺盛处长在国家农村信息化示范省给予的支持和帮助，历次讨论令我收获颇多。感谢农业部余欣荣副部长、市场与经济信息司张合成司长、王小兵副司长、陈萍副司长、杨娜处长、赵英杰处长，农业部信息中心李昌健主任、杜维成、郭永田、吴秀媛副主任以及农业部全国水产技术推广总站李可心副站长、朱泽闻处长在农业部物联网区域试验示范工程、农业信息化评价、信息进村入户工程、农业部公益性行业专项等农业信息化工作与项目实施过程中给予的指导和帮助。感谢北京市城乡经济信息中心刘军萍主任、江苏农委信息中心吴建强主任、辽宁农委信息中心牟恩东主任、吉林农委信息中心秦吉主任、上海农委科技处余立云处长、天津农委市场处官宏义处长、山东农业厅市场信息处刘卫平处长、福建农业厅市场信息处刘玫处长等各省农业厅相关负责人在农业部信息化工作中给予的支持，每次调研收获颇多。感谢工信部信息化推进司秦海司长、孙燕副司长、张晓处长、电子司安筱鹏副司长在历次农业农村信息化研讨会议上的指导与建议。感谢山东省科技厅刘为民厅长、郭九成副厅长、许勃处长、王胜利、王娴、梁凯龙副处长在山东农村信息化示范省工作中给予的支持与帮助，历次研讨、汇报让我受益匪浅。

感谢我的合作伙伴山东农科院信息所阮怀军所长、李景岭书记、王磊副所长，水产科学院黄海研究所雷霁霖院士、方建光、邹健研究员，山东鲁商集团王国利总工，山东水产推广技术站黄树庆站长，寿光蔬菜产业集团潘子龙总工在实施山东国家农村信息化示范省工程中给予的支持与帮助。感谢山东明波水产养殖公司翟介明、李波总经理，福建上润精密仪器有限公司黄训松董事长，江苏省宜兴市农林局谢成松局长、蒋永年副局长，高塍镇周峰书记，福建省泉州市兰田村潘春来书记对我团队实验基地和联合研发中心给予的大力支持与帮助。感谢湖南农业大学沈岳教授、湖北科技信息研究院张鹏飞研究员、广东村村通科技有限公司钟小军总经理、重庆大学张自力教授、贵州农经信息中心段露雅研究员在国家农村信息化示范省工作中给予的支持。

同时，本书研究和出版得到了农业部"三电合一"项目的支持，在这里表示特别感谢。

本书由李道亮提出总体框架，具体编写分工如下：前言（李道亮），总报告（李道亮），理论进展篇（李道亮、韩青、李琳、刘利永、张彦军、沈立峰、陈英义、杜璟），基础建设篇（王玉斌、周国民），应用进展篇（杨信廷、陈立平、周国民、熊本海、位耀光、王玉斌、袁晓庆、张彦军），地方建设篇（由相关国家农村信息化示范省牵头部门、农业厅市场处和信息中心供稿），企业推进篇（由相关企业供稿），发展政策篇（李琳），专题视点篇（李昌健、许世卫、赵春江、李道亮），专题调研篇（韩青），大事记篇（李琳、马浚诚）。在编写过程中每一部分都经过编者多次讨论，最后由李道亮、李琳进行了统稿。

由于时间仓促，编者水平有限，书中肯定有不足或不妥之处，诚恳希望同行和读者批评指正，以便我们今后改正、完善和提高。农业农村信息化事业前景辉煌，方兴未艾，是我们大家的事业，再一次欢迎各位同行加入到本发展报告的撰写中，让我们共同推进中国农村信息化不断向前发展，为实现我国的农业农村信息化贡献我们的力量！

地址：北京市海淀区清华东路 17 号中国农业大学 121 信箱
邮编：100083
电话：010-62737679
传真：010-62737741
Email: dliangl@cau.edu.cn

2014 年 10 月 4 日于中国农业大学

目 录
Contents

企业推进篇

发展政策篇

专题视点篇

专题调研篇

大事记篇

总报告

当前，我国已进入工业化、信息化、城镇化和农业现代化同步推进的新时期，信息化已经成为衡量现代化水平的重要标志。没有信息化就没有农业现代化，没有农村信息化就没有全国的信息化。加快推进农村信息建设，用信息流引领技术流、资金流、人才流向农业农村汇集，让农业农村经济发展搭上信息化快车，对于加快农业现代化建设、促进城乡一体化发展、全面建成小康社会具有重大意义。2013 年是学习贯彻落实十八大精神的开局之年，是实施"十二五"规划承前启后的关键之年，在党中央、国务院的高度重视和正确领导下，我国农村信息化工作取得了显著进展。

第一节　发展现状

一、基础设施

行政村通宽带加速推进。在全国已实现乡镇通宽带的基础上，2012 年各地继续加快推进行政村通宽带工作，全年新增通宽带行政村 1.9 万个，通宽带行政村比例从 84% 提高到 87.9%（见图 1）。宽带不断普及，推动农村宽带接入用户逐年递增，2010 年、2011 年、2012 年分别达到 2475.70 万户、3308.80 万户、4075.90 万户（见图 2）。

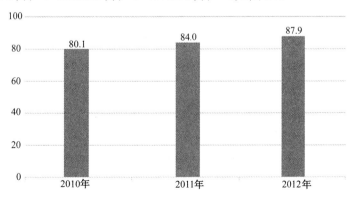

图 1　2010—2012 年开通互联网的行政村比重（%）

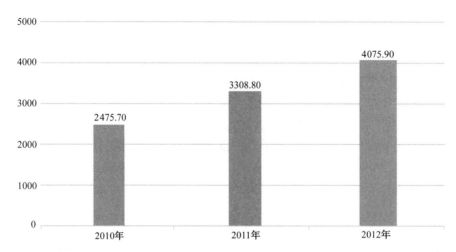

图 2　2010—2012 年农村宽带接入用户数（万户）

农村计算机普及率逐年增加，截至 2012 年年底农村居民每百户计算机拥有量达到 21.36 台（见图 3）。北京、上海、浙江、江苏、天津等省市农村家庭平均计算机拥有量较高，每百户分别达到 66.70 台、49.17 台、47.89 台、44.97 台和 43.71 台（见表 1）。

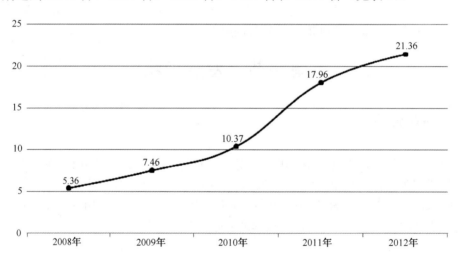

图 3　2008—2012 年全国农村居民家庭平均每百户计算机拥有量（台）

2008—2012 年各地区农村居民家庭平均每百户计算机拥有量见表 1。

表 1　2008—2012 年各地区农村居民家庭平均每百户计算机拥有量（台）

地　区	2008 年	2009 年	2010 年	2011 年	2012 年
全　国	5.36	7.46	10.37	17.96	21.36
北　京	45.60	52.27	59.33	62.87	66.70
天　津	11.00	12.50	15.17	37.00	43.71
河　北	4.07	6.05	9.69	25.57	30.40

续表

地 区	2008 年	2009 年	2010 年	2011 年	2012 年
山 西	3.52	6.24	8.71	24.05	27.67
内蒙古	0.97	1.89	3.69	8.59	11.21
辽 宁	4.02	5.93	9.95	16.67	20.23
吉 林	2.44	4.63	7.81	15.94	20.75
黑龙江	4.51	7.86	11.38	15.31	19.24
上 海	46.83	54.33	59.83	50.25	49.17
江 苏	6.65	8.24	10.97	37.56	44.97
浙 江	25.67	31.07	38.41	43.52	47.89
安 徽	3.26	4.32	7.94	10.39	13.87
福 建	13.90	17.86	23.57	30.95	36.16
江 西	1.90	3.35	5.22	10.61	13.31
山 东	5.00	10.83	16.69	25.21	31.50
河 南	2.69	4.05	7.50	16.19	20.21
湖 北	3.00	5.15	7.39	15.58	19.73
湖 南	1.78	3.00	4.39	10.30	11.95
广 东	14.26	16.21	19.53	29.52	31.68
广 西	1.39	2.99	4.50	9.57	11.73
海 南	1.53	1.81	1.94	8.42	8.42
重 庆	1.11	1.83	4.06	11.94	14.50
四 川	2.15	3.73	4.85	7.88	9.95
贵 州	1.07	0.98	1.65	4.11	4.87
云 南	0.83	1.21	2.38	4.04	6.17
西 藏	—	0.21	0.21	0.34	0.54
陕 西	2.48	4.59	6.69	16.55	17.91
甘 肃	1.94	2.72	4.42	9.00	11.39
青 海	1.00	1.17	2.00	5.17	8.75
宁 夏	0.83	4.00	7.17	11.75	14.88
新 疆	1.10	1.68	2.90	9.10	12.45

农村通信水平显著提高。继行政村实现村村通电话之后，为解决边远贫困地区分散人群的通电话问题，2012年自然村通电话工作继续深入，全年开通电话的偏远自然村新增1.1万个，全国20户以上自然村通电话比例从94.7%提高到95.2%。移动电话保持快速增长趋势，由2008年的每百户96.1部上升为2012年的每百户197.80部（见图4）。广东、宁夏、福建、北京、陕西等省（区、市）农村家庭平均移动电话拥有量较高，每百户分别达到244.48部、242.75部、241.15部、234.87部和229.84部（见表2）。

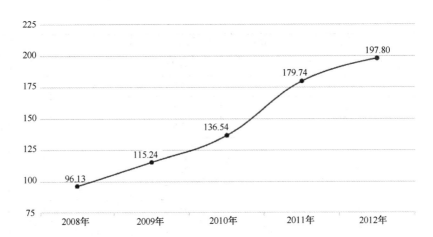

图4 2008—2012年全国农村居民家庭平均每百户移动电话拥有量（部）

2008—2012年各地区农村居民家庭平均每百户移动电话拥有量见表2。

表2 2008—2012年各地区农村居民家庭平均每百户移动电话拥有量（部）

地 区	2008 年	2009 年	2010 年	2011 年	2012 年
全 国	96.13	115.24	136.54	179.74	197.80
北 京	194.93	208.53	219.07	231.20	234.87
天 津	118.67	129.67	140.83	187.86	195.57
河 北	71.69	91.19	115.36	193.17	201.07
山 西	78.81	94.29	107.71	172.81	186.76
内蒙古	96.26	115.58	128.25	200.19	201.65
辽 宁	91.06	107.35	117.72	150.60	158.06
吉 林	125.69	151.81	157.63	204.31	212.94
黑龙江	112.50	127.14	140.36	182.14	186.25
上 海	156.17	173.83	194.00	188.92	200.25
江 苏	131.41	143.74	171.00	184.91	203.21
浙 江	164.33	179.89	191.70	202.19	209.07
安 徽	101.26	110.58	136.90	163.71	174.77
福 建	165.99	182.64	195.88	234.50	241.15
江 西	106.98	127.35	140.98	189.43	200.16
山 东	121.24	141.33	160.90	186.43	198.21
河 南	114.14	126.24	151.67	194.50	194.10
湖 北	117.88	134.21	152.27	204.82	215.06
湖 南	88.51	106.27	122.86	183.35	192.84
广 东	162.81	184.38	203.83	241.97	244.48
广 西	101.34	125.15	140.35	210.26	215.45
海 南	94.44	110.97	125.14	193.67	210.00

续表

地 区	2008 年	2009 年	2010 年	2011 年	2012 年
重 庆	98.28	107.78	132.00	175.78	187.17
四 川	103.48	118.18	128.93	168.75	177.95
贵 州	65.13	82.50	102.05	156.96	173.26
云 南	91.17	115.25	138.83	194.00	205.13
西 藏	24.17	36.25	48.75	121.35	132.09
陕 西	122.34	140.81	160.63	221.46	229.84
甘 肃	70.78	95.11	112.39	177.44	192.72
青 海	98.50	123.50	143.83	223.33	220.69
宁 夏	121.00	151.83	178.50	225.00	242.75
新 疆	54.00	73.35	84.32	141.87	147.29

随着移动电话的不断普及，农村固定电话拥有量呈下降趋势，由 2008 年的每百户 67 部下降为 2012 年的 42.2 部（见图 5）。

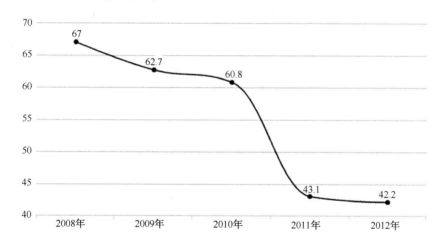

图 5   2008—2012 年全国农村居民家庭平均每百户固定电话拥有量（部）

二、生产信息化发展概况

农业生产信息化水平集中反映在物联网等现代信息技术的应用方面。从应用领域看，在五个环节应用成效明显：一是在农业资源的精细监测和调度方面，利用卫星搭载高精度感知设备，获取土壤、墒情、水文等极为精细的农业资源信息，配合农业资源调度专家系统，实现科学决策；二是在农业生态环境的监测和管理方面，利用传感器感知技术、信息融合传输技术和互联网技术，构建农业生态环境监测网络，实现对农业生态环境的自动监测；三是在农业生产过程的精细管理方面，应用于大田种植、设施农业、果园生产、畜禽水产养殖作业，实现生产过程的智能化控制和科学化管理，提高资源利用率和劳动生产率；四是在农产品质量溯源方面，通过对农产品生产、流通、销售过程的全程信息感知、传输、融合和处理，实现农产品"从农田到餐桌"的全程追溯，为农产品安全保驾护航；五是在农产品物流方面，利用条形码技术和射频识别技术实现产品信息的采集跟踪，有效提高农产品在仓储和货运中的效率，促进农产品电子商务发展。

从应用情况看，全国很多省市开展了农业物联网的相关研究和应用试点，北京、江苏、浙江、黑龙江和安徽等地农业物联网应用成效比较突出。北京市重点开展了农业物联网在农业用水管理、环境调控、设施农业等方面的应用示范，实现了农业用水精细管理和设施农业环境监测；黑龙江省侧重在大田作物生产中搭建无线传感器网络，借助互联网、移动通信网络等进行数据传输及数据集中处理和分析，支撑生产决策；江苏省开发了国内领先的基于物联网的一体化智能管理平台，侧重在设施农业、畜牧水产养殖等方面进行探索，并在生猪、食用菌等生产领域初步形成比较成熟的商业模式，企业应用积极性很高；浙江省重点在设施花卉方面应用物联网技术，各项环境指标通过传感器无线传输到微电脑中，实现了花卉种植全过程自动监测、传输控制；安徽省明确提出全面推动农业物联网发展，率先探索"顶层设计、整体推进、典型示范"的农业物联网应用发展模式，据了解，目前小麦"四情"监测项目建设已经启动。此外，河南、重庆、辽宁和内蒙古自治区等地也开展了一些探索工作。

从研发情况看，近年来，我国在农业物联网关键技术和产品方面取得一些进展，为农业物联网的集成应用奠定了基础。在农业生产方面，开发了高精度植物生命信息获取设备、动物行为信息传感器、环境信息传感器、作物长势分析仪、作物成像光谱仪等一批作物信息监测和诊断仪器，具备实时获取动植物生长发育信息的技术手段和能力；在农产品质量追溯方面，完成了农产品产地信息实时采集与传输技术的开发工作，构建了农产品产地认证数据平台，初步建立了应用评价系统和农产品产地安全数字化预警模型，开发了便携式质量全程跟踪与溯源终端产品；在农产品流通方面，制定了农产品电子标签信息分类和编码规则，突破了一维与二维条码混合标记的技术难题，开发了电子标签中间技术，研制了电子标签读写设备，初步构建了农产品物流信息管理和农产品电子交易信息管理平台。

三、经营信息化发展概况

近年来农产品电子商务发展迅猛，为传统农产品营销注入了现代元素，在减少农产品流通环节、促进产销衔接和公平交易、增加农民收入、倒逼农业生产标准化和农产品质量安全等方面显示出明显优势。据不完全统计，目前全国农产品电商平台已逾3000家，农产品网上交易量迅猛增长，以阿里巴巴平台为例，农产品销售额从2010年的13亿元迅速发展到2012年的198亿元及2013年前五个月的150亿元，年均增长超过200%。

主要呈现以下特点。

从交易品种看，耐储易运的干货和加工品占主体，生鲜增势迅猛。电子商务交易的农产品主要是地方名特优、"三品一标"等产品，如大枣、小米、茶叶、木耳等干货及加工品占农产品电子商务交易总额的80%以上。近两年在大城市郊区涌现出了一批如北京任我在线、沱沱工社、上海菜管家、武汉家事易、辽宁笨之道、海南惠农网等为市民提供日常生鲜农产品的电商企业，且发展势头强劲。以上海菜管家为例，销售额从 2010 年的 1200 万元增长到 2012 年的 5000 万元。

从交易模式看，多样化发展趋势明显。比较典型的有：一是入驻淘宝、京东、1 号店等成熟电商平台开设网店模式，这是当前农产品电子商务的主流模式。二是农业企业自建平台模式，如中粮我买网、顺鑫抢鲜购等有生产、仓储、物流基础的农业公司通过自建平台销售自家生产、加工的产品。三是垂直电商模式，如大连菜管家、武汉家事易等，构建了以网络为交易平台、以实体店或终端配送为支撑的"基地+终端配送"模式。四是网络代销商模式，如"世纪之村"利用村级信息服务点开展农产品、农村消费品网络代销代购。五是供应链整合模式，如天猫、河南众品食业的产品供应商与批发商的 B2B 电子商务模式。此外，农产品批发市场电子交易平台也有所发展。

从生产经营主体看，部分农民、合作社、批发市场开始尝试电子商务。山东、浙江等地出现许多大型"淘宝村"、"淘宝镇"，并带动周边物流、金融及上下游产业发展。农产品批发市场开始转型探索线上交易，如茶多网聚集安溪茶叶批发市场的 1860 家实体店，形成了全国茶叶电子商务平台，年交易额达 2 亿元。四川中药材天地网依托全国药材市场设立分支机构和信息站点，形成了庞大的线下服务网络，2012 年入驻商家突破 9000 家，注册会员达 28 万。

从支撑环境看，服务和支持体系有了一定基础。城市冷链物流、宅配体系以企业自建方式快速发展，农村物流网点迅速增加，部分地方利用农村信息员开展草根物流服务，在很大程度上弥补了农村物流的空缺。资金支付手段进一步完善，支付宝、网银、手机钱包等金融服务开始向农村延伸。电商服务业快速发展，为电子商务的发展提供了良好的交易环境和服务。

四、管理信息化发展概况

农业部门系统推进农业管理信息化始于金农工程一期，截至 2013 年年底，金农工程一期建设完成且正在准备进行验收，金农工程二期正处在积极筹备阶段。

一是金农工程一期建成且具备竣工验收条件。金农工程是国家电子政务"十二金"之一，历时 10 年，先后投入 5.8 亿元，初步建成了农业电子政务支撑平台，构建了国家农业数据中心和国家农业科技数据分中心，开发了农业监测预警、农产品和生产资料市场监管、农村市场与科技信息服务三大应用系统，建立了统一的信息安全体系、管理体系和运维体系。通过金农一期的实施，农业部门信息化基础设施水平明显提升，政务信息资源建设和共享水平明显提高，部省之间、行业之间业务系统能力明显增强，有效提高了农业部行政管理效率，提升了服务三农的能力和水平，为农业农村经济社会平稳健康发展提供了有力保障。

二是正在积极筹备金农工程二期立项。根据国家发改委关于电子政务建设要实现"三个转变"、坚持"三个原则"的总体要求，以及国家发改委近年发布的 1986、266、733 号等文件的具体规定，按照《"十二五"国家政务信息化工程建设规划》关于"在继续加快推进金盾、金关、金财、金税、金审、金农等重要信息系统建设的基础上，重点建设……重要信息系统"的要求，农业部正在组织开展金农二期立项前期准备工作。

五、服务信息化发展概况

各级农业部门通过开展 12316 农业信息服务，强化了市场信息职能和体系建设，汇聚了一批科研院校和企业参与农业信息化建设，带动了信息产业发展，营造了农业信息化发展的良好氛围，并取得以下六方面的工作成效。

一是基层服务体系逐步建立。截至 2013 年年底，全国 39% 的乡镇建立了信息服务站、22% 的行政村设立了信息服务点，全国专兼职信息员超过 18 万人；组建了一支覆盖种植业、畜牧、兽医、水产、农机领域的专业门类齐全、结构合理、经验丰富的专兼职专家队伍，培养了一批训练有素、服务热情的专业话务员；相继建设并开通了 29 个省级、78 个地级和 352 个县级的语音平台，中央平台建设已于 2011 年启动建设并将于 2015 年年初正式上线，为农业信息服务工作顺利开展打下了坚实的基础。

二是信息资源日益丰富。多年来，各地在农业信息服务工作中，重点关注面向基层、面向农业信息服务工作，积极整合相关部门信息资源，积累了一批宝贵的专业、特色及满足个性化需求的信息资源。如北京市 221 信息平台实现了全市信息资源的共建共享；浙江农民信箱固定用户已达 260 万，形成了稳定的用户资源。

三是服务模式日趋多元。农业部 2011 年开通了农民手机报，为各级政府领导和农业部门干部推送农业发展情况。各地在实践中不断探索和创新，结合本地特点，形成了一批有实效、接地气的信息服务模式。如浙江的"农民信箱"、上海的"农民一点通"、福建的"世纪之村"、山西的"我爱我村"、甘肃的"金塔模式"、云南的"数字乡村"等，有效满足了广大农民的信息需求。

四是服务领域不断拓展。除了为农民提供与生产生活息息相关的科技、市场、政策、价格、假劣农资投诉举报等信息外，12316 服务范围已延伸到法律咨询、民事调解、电子商务、文化节目点播等方方面面。同时，由于 12316 热线直达农村、直面农民，迅速感知"三农"焦点热点，在很多地方，已经成为政府和涉农部门了解村情民意的"千里眼"和"顺风耳"，为行业决策、应急指挥提供了有力支撑。

五是服务机制不断完善。农业部分别与中国移动、中国联通、中国电信签署了战略合作协议，各地也与电信运营商和有关企业开展了多种形式的合作，统筹利用各自工作体系和资源，共同打造为农服务平台。注重加强与畜牧、水产、农机、粮食、统计等涉农部门的沟通协调，充分发挥各自优势，共建平台、共享资源。如河南的"一键服务"，农民咨询电话可以通过 12316 转接到相关主管部门处理；新疆兵团信息服务平台与科技、商务、广电部门合作，共同制作各类农业节目 2000 多期，成为电视台的"黄金节目"。

六是服务成效日益凸显。截至 2013 年年底，12316 已覆盖全国三分之一农户，年均助农减损增收逾百亿元。吉林省 12316 新农村热线，五年多来受理农民咨询电话 1100 多万个，日均话务量 6000 个、峰值逾 2 万个。12316 也因此成为农业信息服务的标志，并被喻为农民和专家的直通线、农民和市场的中继线、农民和政府的连心线，是最受农民欢迎、最能解决实际问题、最管用的快捷线。

第二节　面临的形势

一、发展机遇

一是"四化同步"助力农业现代化进程提速。当前，我国已进入工业化、信息化、城镇化和农业现代化同步推进的新时期，信息化已经成为衡量现代化水平的重要标志。没有信息化就没有农业现代化，没有农村信息化就没有全国的信息化。党的十八大将"四化同步"摆在了事关发展全局的重要战略决策层面，明确了农业现代化与其他"三化"同等重要、不可替代的战略地位。尽管我国农业现代化滞后于工业化、信息化和城镇化，但"四化"之间相互依存、互相促进，"四化同步"的推进势必加速农业现代化发展步伐，在工业反哺农业、城乡一体化发展的拉动下，进一步强化现代信息技术对农业发展的支撑作用，将有力地推动农业转型升级，提升农业现代化水平。

二是市场配置资源的决定作用注入农业农村信息化发展动力。党的十八届三中全会肯定了市场在资源配置中的决定性作用。这就要求在农业农村信息化建设中探索处理好政府与市场的关系，创造良好的制度环境，从而为农业农村信息化注入源源不断的发展动力。一方面，要持续完善农业信息化基础设施，增强涉农信息资源开发和利用能力，为农民提供基本的、公益性的公共信息服务；不断强化科技和人才支撑，为农业农村信息化的快速、健康、有序发展建立强大的政府支撑体系。另一方面，要充分发挥市场在资源配置中的决定性作用，广泛动员社会参与，充分调动生活服务商、金融服务商、平台电商、电信运营商、系统服务商、信息服务商等企业合力推进农业信息化建设，探索出一条"政府得民心、企业得利益、农民得实惠"的可持续发展道路。

三是新兴农业生产经营主体引领农业农村信息化应用方向。在坚持家庭经营基础性地位的同时，我国各地农村普遍注重"组织起来、流转起来、经营起来"的农村发展策略，逐步培育了一大批专业大户、家庭农场、农民合作社、农业企业等新型农业生产经营主体。新型农业经营主体克服了传统农业单兵作战的种种弊端，通过多种形式的适度规模经营，有利于提升利用信息化发展现代农业的意识，促使农业生产经营走向集约化、规模化和现代化，从而为信息化应用提供用武之地。以新型农业生产经营主体为载体，通过构建专业化、组织化、社会化相结合的信息服务体系，有助于畅通信息服务渠道，准确把握农业生产经营过程中的信息化需求，提供精准的个性化信息服务，提高信息化应用的效益。

四是信息技术的日新月异推动农业农村信息化创新发展。信息技术的突飞猛进，以及互联网的创新发展，为农业农村信息化发展带来了新的机遇。我国 4G 牌照的发放，引发了国内移动互联网的发展热潮，系统设备颠覆创新、业务应用百花齐放、智能终端给力上市；物联网应用领域持续深入，云计算成为信息平台建设的理想选择，大数据则为精准化的分析提供了新的技术手段；与此同时，微信、互联网金融等新媒体和新业务的迅速普及，为改变传统生产、经营、管理、服务模式提供了新通道。在信息化浪潮再次席卷的当下，农业农村信息化同样面临革命性的变革契机，探索和实践新兴技术在农业领域的应用，将大大促进农业农村信息化的创新发展。

二、主要挑战

一是认识不到位，农业农村信息化投入严重不足。部分农业部门对信息化的认识不到位，看不到信息技术对促进劳动生产率、资源利用率以及经营管理效率提高的作用，不能结合实际业务提出信息化提升业务水平的有效需求，因此国家在农业农村信息化方面还没有建立起稳定完善的投入机制，建设和运维资金不足，这在很大程度上制约了农业信息化建设水平和应用水平的提高。

二是技术产品不成熟，农业农村信息化产业发展滞后。持续的技术创新是推进农业农村信息化的基础和动力。发展现代农业，实现农业发展方式的转变迫切需要将现代信息技术与农业生产、经营、管理、服务全面融合，实现技术的再创新。目前，现有的信息系统、技术和产品基本上都来自高校和科研院所的科研项目，产业化程度较低，真正面向生产实际、多功能、低成本、易推广、见实效的信息技术和设备严重不足。农业农村信息化产业支撑乏力，难以满足现代农业快速发展的需要，严重阻碍了农业农村信息化的发展。

三是信息化应用程度较低，新型农业生产经营主体带动效应较弱。我国分散的小农经济现状目前还没有得到根本性的改观，农民对计算机、互联网作用的认识非常有限，还没有建立起依赖信息技术的生产生活习惯，限制了农业农村信息化应用的整体水平。而新型农业生产经营主体是采用现代信息技术应用的主体和排头兵，但目前我国新型农业经营主体规模小、实力弱、基础条件差、信息化意识不强，缺乏采用先进信息技术实现内部管理信息化和外部经营信息化的积极性和主动性，迫切需要国家进行示范引导。

四是市场与监管体制不健全，农业产业化经营活力不足。我国农业正处于由传统农业向现代农业转变的重要阶段，市场和监管体制的健全与否直接影响农业的产业化经营能力。为农业生产经营活动注入新的活力，必须加快解决农产品市场体系不健全、农业生产组织化程度低、农业社会化服务体系不完善等方面的突出矛盾，将农业生产经营活动有效纳入社会主义市场经济体制，将现代信息技术应用作为农业生产经营连接市场经济体系的关键纽带，推动信息化与现代农业建设的紧密结合，实现农业产前、产中、产后的无缝结合。

五是信息安全意识不强，农业信息网络安全形势严峻。随着信息技术的高速发展和网络应用的迅速普及，信息系统的基础性、全局性作用日益增强，但由于信息网络安全漏洞的客观存在，信息网络安全问题始终是信息系统运行的严重威胁。我国农业部门信息安全等级保护制度刚刚起步，面临境内外敌对势力对信息网络系统的攻击和国内农产品价格、质量安全扰动等多重影响，农业部门信息网络安全形势异常严峻，迫切需要加强安全防护能力建设，提升信息网络整体安全水平。

第三节　对策与建议

一、大力推进农业生产过程信息化，创建智慧农业生产体系

（一）加快推进种植业信息化

推广基于环境感知、实时监测、自动控制的设施农业环境智能监测控制系统，提高设施园艺环境控制的数字化、精准化和自动化水平。开展农情监测、精准施肥、智能灌溉、病虫草害监测与防治等方面的信息化示范，实现种植业生产全程信息化监管与应用，提升农业生产信息化、标准化水平，提高农作物单位面积产量和农产品质量。积极推动全球卫星定位系统、地理信息系统、遥感系统、自动控制系统、射频识别系统等现代信息技术在现代农业生产中的应用，提高现代农业生产设施装备的数字化、智能化水平，发展精准农业。

（二）加快推进养殖业信息化

以推动畜禽规模化养殖场、池塘标准化改造和建设为重点，加快环境实时监控、饲料精准投放、智能作业处理和废弃物自动回收等专业信息化设备的推广与普及，构建精准化运行、科学化管理、智能化控制的养殖环境。在国家畜禽水产示范场，开展基于个体生长特征监测的饲料自动配置、精准饲喂，开展基于个体生理信息实时监测的疾病诊断和面向群体养殖的疫情预测预报。

（三）加快发展农业信息技术

加强现代信息技术的集成应用与示范，对物联网、云计算、移动互联、大数据等现代农业信息技术进行尝试、熟化与转化，全面提升农业信息化技术水平。加强农业遥感、地理信息系统、全球定位系统等技术研发，努力推进农业资源监管信息化建设。加强农业变量作业、导航、决策模型等精准农业技术的研发，对种植业用药、用水、用肥进行控制，促进种植业节本增效。加强农业生物环境传感器、无线测控终端以及智能仪器仪表等信息技术产品研制，对设施园艺、畜禽水产养殖过程进行科学监控，实现农业信息的全面感知、可靠传输和智能处理。

二、大力发展农产品电子商务，创建新型物流和市场体系

（一）大力发展农产品电子商务

积极开展电子商务试点，探索农产品电子商务运行模式和相关支持政策，逐步建立健

全农产品电子商务标准规范体系，培育一批农业电子商务平台。鼓励和引导大型电商企业开展农产品电子商务业务，支持涉农企业、农民专业合作社发展在线交易，积极协调有关部门完善农村物流、金融、仓储体系，充分利用信息技术逐步创建最快速度、最短距离、最少环节的新型农产品流通方式。

（二）提升农业企业信息化水平

鼓励农业企业加强农产品原料采购、经营管理、质量控制、营销配送等环节信息化建设，推动龙头企业生产的高效化和集约化。鼓励农产品流通企业进行信息化改造，建立覆盖龙头企业、农产品批发市场、农民专业合作社和农户的市场信息网络，形成横向相连、纵向贯通的农村市场信息服务渠道，推进小农户与大市场的有效对接。

（三）开展农民专业合作社信息化示范

面向大中型农民专业合作社，逐步推广农民专业合作社信息管理系统，实现农民专业合作社的会员管理、财务管理、资源管理、办公自动化及成员培训管理，提升农民专业合作社的综合能力和竞争力，降低运营成本。依托农民专业合作社网络服务平台，围绕农资购买、产品销售、农机作业、加工储运等重要环节，推动农民专业合作社开展品牌宣传、标准生产、统一包装和网上购销，实现生产在社、营销在网、业务交流、资源共享。

（四）加快农产品批发市场信息化进程

充分利用传统专业市场在基础设施、质量监管、物流仓储、认证查询、质量检测、价格咨询等方面的优势，与信息化有机结合，构建适合农产品特点的新型流通格局，切实提高农产品流通效率，促进农业生产稳定发展。

三、大力提升农业与农村电子政务水平，创建高效公正透明农业管理与治理体系

（一）推进农业资源管理信息化建设

建设国家农业云计算中心，构建基于空间地理信息的国家耕地、草原和可养水面数量、质量、权属等农业自然资源和生态环境基础信息数据库体系；强化农业行业发展和监管信息资源的采集、整理及开发利用；重视物联网等新型信息技术应用产生的农业生产环境及动植物本体感知数据的采集、积累及挖掘；注重开发利用信息服务过程中的农民需求数据，及时发现农业农村经济发展动向和苗头性问题；鼓励和引导社会力量积极开展区域性、专业性涉农信息资源建设，不断健全涉农信息资源建设体系，丰富信息资源内容。

（二）加强农业行业管理信息化建设

推进国家农情（包括农、牧、渔、垦、机）管理信息化建设，对农业各行业进行动态监

测、趋势预测，提高农业主管部门在生产决策、资源配置、指挥调度、上下协同、信息反馈等方面的能力和水平。推动渔业安全通信网建设，实现对渔船的实时、可视化监管。建立国家农机安全监理信息监控中心，监控与指导省级农机安全监理机构，协调注册登记、违章处罚、事故处理、保险缴纳等农机安全监理信息的共享与交流。加强农产品贸易信息和国际农产品价格监测，完善农业产业损害监测预警体系。大力推进农村集体资源管理信息化建设。建立农产品加工业监测分析和预警服务平台，促进农产品加工业健康发展。

（三）提高农业综合执法信息化水平

完善农业行政审批服务平台，推进行政审批和公共服务事项在线办理，建立和完善农药、肥料、兽药、种子、饲料等农业投入品行政审批管理数据库，逐步实现农业部内各环节、各级农业部门间行政审批的业务协同，提高为涉农企业、农民群众服务的水平。

（四）加快农产品质量安全监管信息化建设

完善农产品质量安全追溯制度，推进国家农产品质量安全追溯管理信息平台建设，开发全国农产品质量安全追溯管理信息系统。探索依托信息化手段建立农产品产地准出、包装标识、索证索票等监管机制。加快建设全国农产品质量安全监测、监管、预警信息系统，实行分区监控、上下联动。积极推进农资监管信息化，规范农资市场秩序，尽快建立农作物种子监管追溯系统，加快推进农机安全监理信息化建设，提高农资监管能力和水平。

（五）完善农业应急指挥信息化建设

建设上下协同、运转高效、调度灵敏的国家农业综合指挥调度平台，进一步推动种植业、畜牧兽医、渔业、农机、农垦、乡企、农产品及投入品质量监管等领域生产调度、行政执法及应急指挥等信息系统开发和建设，全面提升各级农业部门行业监管能力。进一步加强办公自动化建设，推进视频会议系统延伸至县级农业部门，加快推进电子文件管理信息化。

四、大力建设农业综合信息服务平台，推进信息进村入户

（一）打造全国农业综合信息服务云平台

进一步完善全国语音平台体系、信息资源体系和门户网站体系；探索将农技推广、兽医、农产品质量监测、农业综合执法、农村三资管理、村务公开等与农民生产生活及切身利益密切相关的行业管理系统植入 12316 服务体系；推广 12316 虚拟信息服务系统进驻产业化龙头企业、农民专业合作社等新型农业生产经营主体，有效满足其对外加强信息交流、对内强化成员管理的需求。

中国农村信息化发展报告（2013）

（二）完善信息服务站点和农村信息员队伍建设

依托村委会、农村党员远程教育站点、新型农业经营主体、农资经销店、电信服务代办点等现有场所和设施，按照有场所、有人员、有设备、有宽带、有网页、有可持续运营能力的"六有"标准认定或新建村级信息服务站。建立健全农业综合信息服务体系，着力强化乡、村农业信息服务站（点）建设，探索设置乡镇综合信息服务站和农业综合信息员岗位；加强农村信息员队伍建设，充分发挥农村信息员贴近农村、了解农业的优势，有针对性地满足农民信息需求。

（三）探索信息服务长效机制

充分发挥市场在资源配置中的决定性作用，同时更好发挥政府作用。探索市场主体投资农业信息服务。鼓励村委会与各类企业合作或合资筹建村级信息服务站，采用市场化方式运营，实现社会共建和市场运行。

五、大力发展农业信息产业，培育新兴产业主体

（一）支持涉农企业及科研院所加快农业适用信息技术、产品和装备研发

立足于自主可控原则，加强核心技术研发，加快农业适用信息技术、产品和装备研发及示范推广，加强创新队伍培养。支持鼓励涉农企业及科研院所加快研发功能简单、操作容易、价格低廉、性能稳定、维护方便的信息技术设备和产品。

（二）大力推进农业信息技术成果转化和产业化

推动现有高等学校、科研院所同农民专业合作社、龙头企业、农户开展多种形式信息技术合作，紧紧围绕农业生产经营的信息技术需求，使研发的信息技术项目更直接地转化推广。鼓励和支持研发机构与农业生产和流通企业创新合作，根据市场需求共同确定技术研发项目，由企业投资运作，研发机构进行研究开发，取得的信息技术成果直接用于农业生产、加工、储运和销售过程，实现科技创新与农业生产经营的无缝对接。

（三）鼓励成立农业信息化领域的产业联盟

鼓励构建以农业信息企业为主体，以农业专业合作社为纽带，面向广大农民需求的农业信息化产业联盟，联盟以为农业全产业链条提供信息产品和服务为目标，以涉农企业、农民合作社、种养大户、家庭农场等农业经济组织为服务对象，搭建农业科技信息服务平台，在农业生产、加工、营销、立项各环节提供技术、信息、资源支持，以科技促进农业生产标准化、规模化、集约化发展，实现农业科技与生产、种养与加工、企业与市场的紧密对接，促进农业增产、农民增收、企业增效，打造最具竞争力的农业信息化产业经济联合体。

总 报 告

六、加强关键技术研发和国产化，构建农业信息化安全体系

（一）加强信息技术国产化，构建安全可信的信息环境

加强农业信息技术的研发力度，形成具有自主知识产权的农业信息化核心技术体系，促进农业信息技术的国产化，保障信息安全；大力推进身份认证、网站认证和电子签名等网络信任服务，推行电子营业执照；推动互联网金融创新，规范互联网金融服务，开展非金融机构支付业务设施认证，建设移动金融安全可信公共服务平台，推动多层次支付体系的发展；推进国家基础数据库、金融信用信息基础数据库等数据库的协同，支持社会信用体系建设。

（二）提升农业信息化安全保障能力

依法加强农业信息产品和服务的检测和认证，鼓励企业开发技术先进、性能可靠的信息技术产品，支持建立第三方安全评估与监测机制。加强与终端产品相连接的集成平台的建设和管理，引导信息产品和服务发展。加强应用商店监管。加强政府和涉密信息系统安全管理，保障重要信息系统互联互通和部门间信息资源共享安全。落实信息安全等级保护制度，加强网络与信息安全监管，提升网络与信息安全监管能力和系统安全防护水平。

（三）加强个人信息保护

积极推动出台网络信息安全、个人信息保护等方面的法律制度，明确互联网服务提供者保护用户个人信息的义务，制定用户个人信息保护标准，规范服务商对个人信息的收集、储存及使用。

七、加强标准体系建设，推进信息共建共享

（一）加强信息化标准体系建设

大力推进标准应用和实施，夯实信息系统互联互通基础。加强网络与信息系统安全基础设施建设，切实提高网络和信息系统的防攻击、防篡改、防瘫痪、防窃密能力，加强网络和信息系统监管，提高风险隐患发现、监测预警和突发事件处理能力，加强制度建设，逐步实现信息化发展的科学化和规范化。

（二）推进涉农信息资源共建共享

在纵向上，建立部、省、地、县、乡村各级业务平台之间的信息通道，完成各级各类信息服务系统、信息服务站的全面贯通，实现全国涉农信息资源的统筹管理和综合利用；在横向上，要建立涉农部门之间的信息共享机制，依托信息标准化体系，打通数据共享通道，减少重复建设和资源浪费。

理论进展篇

▲　▲　▲　▲　▲

中国农村信息化发展报告（2013）

第一章

农村信息化理论框架

第一节　农村信息化的基本概念

农村信息化是信息化的一部分，对其进行概念界定必然要承袭信息化的定义。在我国国家信息化定义的要素框架内，许多专家对农村信息化的定义给予了不同的论述。在综合各方定义的基础上，本节将给出相对完善的农村信息化定义并进一步界定农村信息化的内涵和外延。

一、信息化的概念及其发展历程

信息化的概念起源于 20 世纪 60 年代的日本，1963 年日本学者梅田忠夫发表了一篇题为《论信息产业》的文章，从分析产业发展原因的角度，在研究工业化的同时，提出了信息化的问题，但文章中没有正式使用"信息化"这一术语；1967 年日本科学、技术与经济研究小组创造并开始应用了"Johoka"一词，即为"信息化"之意；1977 年法国学者西蒙在经济发展报告《社会的信息化》中使用了法文单词 Informatisation，英译 Informatization，即我们通常所说的信息化，随后这一词被普遍接受并广泛使用。早期的日本虽然开始研究信息化，但是出于各种因素的影响，日本政府并没有重视信息化理论，因此信息化的研究和推广戛然而止。直到后来信息化技术在美国异军突起发展，各国政府对信息化技术才开始重视并投入大量的人力物力进行推广和研究，包括美国在内的各国政府研究机构以及各大高校都进行了各种各样的研究和应用，从此信息化技术才渐渐被重视起来。

随着信息化在实践中的推进，人们对信息化概念的理解也逐渐丰富，不同的学者从不同的角度进行了讨论，形成了不同的观点，中国学术界和政府内部进行了较长时间的研讨。有的学者认为，信息化就是计算机、通信和网络技术的现代化；也有学者认为，信息化就是从物质生产占主导地位的社会向信息产业占主导地位的社会转变发展的过程；还有学者认为，信息化就是从工业社会向信息社会演进的过程，如此等等。

1997 年召开的首届全国信息化工作会议，对信息化和国家信息化进行了比较规范的定义，定义认为：信息化是指培育、发展以智能化工具为代表的新的生产力并使之造福于社会的历史过程。国家信息化就是在国家统一规划和组织下，在农业、工业、科学技术、国防及社会生活各个方面应用现代信息技术，深入开发广泛利用信息资源，加速实现国家现代化的进程。

中共中央办公厅、国务院办公厅 2006 年印发的《2006—2020 年国家信息化发展战略》对信息化做了如下定义：信息化是充分利用信息技术，开发利用信息资源，促进信息交流和知识共享，提高经济增长质量，推动经济社会发展转型的历史进程。实现信息化就是要构筑和完善六个要素，即开发利用信息资源、建设国家信息网络、推进信息技术应用、发展信息技术和产业、培育信息化人才、制定和完善信息化政策。

二、农村信息化的定义

农村信息化是农业信息化概念的延展。在不同的阶段有不同的理解，在这方面我国学者做了大量的探索，不同时期出现了不同的说法，大体上经历了从狭义的农业信息化到广义的农业信息化，从农业信息化到农村信息化的发展过程。

目前，国内对农村信息化的定义没有统一的说法，有农业信息化、农村信息化和农业农村信息化。

定义 1：农业信息化是指以现代科技知识提高劳动者素质，大力开发利用信息资源以节省和替代不可再生的物质和能量资源，广泛应用现代信息技术以提高物质、能量资源的利用率，建立完善的信息网络以提高物流速度和效率，提高农业产业的整体性、系统性和调控性，使农业生产在机械化基础上实现集约化、自动化和智能化。

定义 2：农村信息化是指在人类农业生产活动和社会实践中，通过普遍地采用以通信技术和信息技术等为主要内容的高新技术，更加充分有效地开发利用信息资源，推动农业经济发展和农村社会进步的过程。农村信息化内涵丰富，外延广泛，涉及整个农村、农业系统，主要有农村资源环境信息化、农村社会经济信息化、农业生产信息化、农村科技信息化、农村教育信息化、农业生产资料市场信息化、农村管理信息化等。

定义 3：农业农村信息化是指通过加强农村广播电视网、电信网和计算机网等信息基础设施建设，充分开发和利用信息资源，构建信息服务体系，促进信息交流和知识共享，使现代信息技术在农业生产经营及农村社会管理与服务等各个方面实现普及应用的程度和过程。

根据上述定义，结合我国农村信息化领域多年来的实践经验，我们从体系化和系统化的角度认为，农村信息化的基本概念具有狭义和广义之分。狭义的农村信息化与传统意义上的农业信息化相对，主要是指农村社会管理及服务信息化，更多的侧重于农村综合事务的管理。广义的农村信息化，则是着眼于整个农村地区的农业生产经营，以及农村社会管理与服务等方方面面，在理论体系上更加完备，能够充分反映农村信息化的全貌。

综上所述，我们给出了比较完善的广义的农村信息化基本概念：农村信息化是指通过加强农村广播电视网、电信网和计算机网等信息基础设施建设，充分开发和利用信息资源，构建信息服务体系促进信息交流和知识共享，使现代信息技术在农业生产经营及农村社会管理与服务等各个方面实现普及应用的程度和过程。

三、农村信息化的内涵和外延

从内涵上讲，农村信息化是信息技术应用于农村地区农业生产、农村管理和农民生活等涉农领域的信息化，一般指县城除去城区以外的广大地区的信息化，该区域是一个拥有农用地（包括耕地、园地、林地、养殖水面、农村道路等）布局的自然区域。农村信息化主要涵盖以下四部分的内容：农业生产信息化、农业经营信息化、农村社会管理信息化及农村服务信息化。

从外延上讲，农村信息化是社会信息化的重要组成部分，信息、信息资源、信息技术、信息产业、信息经济的概念同样适用于这一领域。农村信息化具有信息化的所有特征及含义，只是要紧密结合农业、农村、农民的特点，农业产业和农村经济的特性，对农村信息化进行更具体的诠释。农村信息化是一个生态环境、经济、社会的综合实体，是农村发展到一个特定过程的概念描述，包括了传统农业发展到现代农业进而向信息农业演进的过程，又包含在从原始社会发展到资本社会进而向信息社会发展的过程中。

第二节 农村信息化的历史演进

一、农村信息化的发展规律

随着世界各国农村信息化建设的蓬勃发展，信息技术已经在农村农业中广泛渗透，不但改变了传统的生产方式、经营方式、管理方式和服务方式，而且在农村建设中发挥着越来越重要的作用，成为促进农村繁荣和经济发展的助推器。农村信息化的发展具备一定的规律，总的来说，农村信息化会逐步走向基础设施完善、农业生产智能化、农业经营网络化、农业管理高效透明、农业服务灵活便捷的快车道，进入农业生产、经营、管理、服务全过程和全要素信息化的发展阶段。

（一）发展动力由政府推动向需求拉动转变

在农村信息化启动阶段，作为公共管理机关的政府和职能部门，无疑是农村信息化的主要责任主体，农村信息化的建设和开发任务理所当然成为政府和职能部门义不容辞的责任，在相当长的一段时间内，各级政府机构是农村信息化发展的主导者，也是农村信息化发展的主要推动力。随着农业企业、农民合作组织、专业大户、家庭农场等新型农业经营主体的兴起，他们对农村信息化的认知逐步增加，利用信息资源和先进信息技术服务于其经济活动的需求也更加强烈，他们作为农村信息化的引领者及未来中坚，既是农村信息化的主要接受者，又是农业信息的主要传播者，是促使信息产品和最终用户供求衔接的重要推动力。而农民作为农村信息化的主要参与者和受益者，其收入和文化素质在提高的同时，也进一步增加了对农村信息化技术的应用与推广，农村信息化的发展动力也由政府推动向需求拉动转变。

（二）技术应用由单项技术向综合技术集成应用转变

现代农业、信息农业是在信息技术与农业科技的紧密结合以及多项信息技术集成的基础上发展起来的。现代农业对信息资源及信息技术的综合开发利用需求日趋综合化，单项信息技术或单一网络技术往往不能很好地满足用户的实际需要，这就需要农业信息技术的集成应用。一是多项信息技术的结合，包括数据库技术、网络技术、系统模拟、人工智能和知识库系统、多媒体技术、实时处理与控制等信息技术的结合，此项结合应用前景日益广阔；二是信息技术与现代农业科技的结合，如信息技术与生物技术、核技术、激光技术、遥感技术、地理信息系统和全球定位系统的日益紧密结合，使农产品的生产过程和生产方式大大改进，农业现代化经营水平也不断提高。三是互联网、电信网和广播电视网等网络技术的集成，以达到多网功能合一的目的。

（三）服务模式由公益服务为主向市场化、多元化和扁平化服务转变

农村信息化服务模式在初期主要是以公益服务为主，充分利用政府对公益性研究、管理和服务机构的财政支持，加强公益性科技、文化、教育、管理、服务等信息的采集、加工、整理，最大限度发挥公益性信息服务投入效益，提高信息服务的质量和水平，确保农民免费享受基本的公共信息服务。伴随着农村信息化的不断发展，在突出公益性服务的基础上，市场化、多元化和扁平化服务逐步兴起，电信广电运营商、内容运营商、涉农龙头企业和农民专业合作社广泛参与到农村信息化的建设中来，以市场为纽带，采用利益分成的方式进行合作，通过拓展服务渠道、丰富服务内容、创新服务模式、提升服务价值，实现服务增值。

（四）建设重点由单纯注重硬件投入向信息系统开发和信息资源建设并重转变

在农村信息化建设过程中，政府部门给予人、财、物和政策的大力支持，前期建设往往更多地注重对硬件设施的投入，而随着农村信息化硬件设施的逐步完善，农村信息化的建设重点也逐渐向信息系统开发和信息资源建设并重的方向转变。对于农业生产发展的不同阶段，针对农村经济活动中的某一种具体对象、某一项具体农艺措施或某一个具体的生产过程，建立计算机应用系统以进行智能化的生产经营管理，是未来促进农村经济发展的重要步骤。如农场管理、作物种植、畜牧养殖、饲料生产、农产品加工企业管理、农田水利、林业管理等信息系统，提高了农业生产效率和产品的质量。而构建需求导向的信息资源开发模式，推进各类涉农数据库建设，加强农村信息化资源的整合利用，增强信息资源

的针对性与可用性，也是农村信息化发展的重要方向。

二、世界农村信息化的发展进程

世界各国农村信息技术的发展大致经历了三个阶段。第一阶段，20世纪50～60年代，农村信息化以科学计算为主，早在60年代中期，计算机就应用到了农业农村，农场会计系统和奶牛生产管理系统的应用是这个时期的开创性特征，农村信息服务的主要形式是以地区性计算机服务为中心，通过数据中心和邮政服务机构的连接，进行信息传递；第二阶段，20世纪70～80年代，农村信息化以数据处理和知识处理为主，而到了80年代后期PC的出现，农村地区计算机应用得到了更好发展，大中型农场的经营者开始购买PC，并出现了很多农用软件开发公司。同时，世界各国也形成了独具特色的农村信息化发展模式；第三阶段，20世纪90年代至今，农村信息化处于全新的发展时期。

国外推进农村信息化各具特色，形成了不同的发展模式。目前，在农业和农村信息技术应用方面处于世界领先地位的国家有美国、日本、德国、法国、英国、韩国等发达国家。印度、俄罗斯、印尼和越南等发展中国家推进农村信息化也有许多可供借鉴的经验。

美国的农村信息化从20世纪60年代开始，大致可以分为三个阶段，即20世纪50～60年代的广播、电话通信信息化及科学计算阶段；20世纪70～80年代的计算机数据处理和知识处理信息化阶段；20世纪90年代至今，美国方面进入了利用通信技术、计算机网络、全球定位系统、地理信息系统技术、遥感技术来获取、处理和传递各类农业农村信息的应用阶段。美国在农村信息化水平的研究方面遥遥领先于其他国家，其农村信息化服务体系比较完善，侧重于农业和农村信息化法律法规的制定和完善，农村信息化的资金投入稳定。美国联邦政府和各州政府都建立起了农业和农村科技信息中心，这些国家级的科技信息中心实现了公益性农村信息资源的长期积累及对信息资源的高效管理和广泛应用。

日本农林水产省对农村地区的信息化建设从20世纪50年代中期的农事广播（有线放送）基础建设开始，随着信息通信技术的发展，开始逐步建立完善农业管理（计算机）中心、农村有线电视（CATV）等基础设施。到了20世纪60年代中期，日本提出"Green Utopia构想"，顺应了当时新闻传媒的潮流，对农村信息化的发展起到了巨大的推动作用。到了20世纪80年代末，由于各种信息机械的迅速普及及网络化的发展，农村信息化政策也不断进行扩充，农村地区的信息化程度也进入快速发展阶段。目前，日本主要采用以计算机为主的农村信息化模式，促进现代化农业的高速发展，提高农村信息化的程度。日本已经建立起了能够促进农民改善经营管理，提高农业经营和作业效率的信息化网络，同时在耕作、作物育种、农产品销售、农业气象等领域大力发展信息化技术，这一举措大大加快了其农村信息化的发展进程。

德国在农村信息化上的建设开始于20世纪70年代，主要表现为电话、电视、广播等通信技术在农村的广泛应用，此后十年间，德国建立了全国农业经济模型，该模型是农业信息处理系统的前身，其测算结果极其接近德国的农村实际经济发展情况，为德国农村信息化建设提供了科学的依据。与此同时，德国政府还建立了农村信息数据管理系统，通过电子数据管理系统能够向广大的农户提供农产品生产原料市场信息、病虫害预防、农产品的生长情况和相关的防治技术等信息。

法国的农村信息化发展迅速离不开农民的积极参与、地方政府的大力支持和培训、农业合作社提供的大量有关农村和农业的信息、乡村家庭全法联盟学习新知识和新技术、信息网络及产品制造商低价提供设施和服务等因素。

加拿大在培养多元化农村信息化服务主体和建设多层次农业信息服务格局上，投入了大量精力。韩国、印度等国表现为政府对农业信息化基础设施建设的政策支持，制定农村信息服务相关的优惠政策，并加大农村信息化人才培养力度。

三、我国农村信息化的发展历程

在经济全球化和信息化的大背景下，信息科技手段成为促进社会经济发展和变革的重要力量。与其他各国相比，我国的信息化发展较晚，在 20 世纪 80 年代才有了信息化的提出，比欧美一些发达国家晚了 20 年。我国 20 世纪 70 年代末才将信息化技术应用于农业，从此信息化技术在我国农村地区的推广才逐渐开展起来。80 年代初，首个农业信息化应用研究机构成立，专门开展研究与应用以统计方法应用、科学计算等为主要内容的农业信息化发展之路。80 年代中后期，我国农业部曾先后提出了农村信息化管理系统规划、农村信息化体系建设"八五"、"九五"和"未来规划"等一系列规划，该系列规划加快了我国农村信息化建设的进程。90 年代召开了第一次全国农业信息工作会议，确定了农村信息化及其建设的方向，我国的农村信息化建设逐步进入了正轨。

进入 21 世纪以来，为了促进"三农"事业全面发展，党中央、国务院高度重视农村信息化工作，加大了对农村信息化的投入比重，同时制定了一系列政策来推动其发展。从 2004 年到 2013 年，连续 10 个"中央一号文件"对农业信息化的指向越来越明确。2004 年，提出支持对农民专业合作组织进行信息服务；2005 年明确提出"加强农业信息化建设"；2006—2010 年，逐步从信息技术装备农业、农业信息资源建设、信息服务平台建设、信息基础设施建设等方面，强调大力推进农业信息化建设；特别是 2012 年，对农业农村信息化的关注和强调超出了以往；2013 年提出"加快用信息化手段推进现代农业建设"，还明确启动"金农工程"二期等工作内容。"中央一号文件"对农业信息化内涵的表述逐步清晰、地位日益突出，这表明，党中央、国务院把握农业发展规律，信息化已经成为新时期农业农村经济工作的重要支撑。

农业信息化也逐步被提到了国家发展的战略层面。2008 年，党的十七届三中全会指出，要不断促进农业技术集成化、劳动过程机械化、生产经营信息化；2009 年，国务院印发的《电子信息产业调整与振兴纲要》，把信息技术改造传统农业、提高信息化服务"三农"水平作为应对全球金融危机的重要举措；2010 年，《国民经济和社会发展第十二个五年规划纲要》指出，发展农业信息技术，提高农业生产经营信息化水平。2012 年，党的十八大报告明确指出，坚持走中国特色新型工业化、信息化、城镇化、农业现代化道路，促进工业化、信息化、城镇化、农业现代化同步发展。这是我们党在新的历史起点，立足全局、着眼长远、与时俱进的重大理论创新，为加快现代农业发展指明了方向。农业部部长韩长赋在 2013 年第一次部常务会议上强调："党的十八大提出推进'四化同步'的总体部署，这是一个战略决策"。信息化如何与农业现代化相融合，如何支撑现代农业和社会主义新农村建设，是摆在我们面前的一个重大课题，需要我们在理论和实践中进行积极探索。我们要高度重视农业农村信息化建设，将其摆在重要位置，重点要加快推进信息技术和服务与现代农业建设相融合，与农民的生产生活相融合。

信息化作为建设现代农业的必然选择，是促进城乡统筹发展的重要举措，是转变农业农村经济发展方式的紧迫需要，是培养新型农民的有效途径和转变政府职能、提高"三农"工作能力和水平的有力推手。多年来，农业部、工信部、科技部、文化部等各大部委就农村信息化建设这一课题进行了广泛的探索，做了大量工作。特别是"十一五"以来，科学规划与全面部署了农村信息化的建设工作。同时，以"全国文化信息资源共享工程"、"金农工程"、"村村通电话工程"、"三电合一工程"等重大项目为支撑，推动农村信息化全面发展。

四、我国农村信息化发展的阶段划分

萌芽阶段（1990 年以前）

1990 年以前我国农村信息化处于萌芽阶段，该阶段农村信息化的发展具有以下特征。

（一）计算机开始初步应用于农业科学计算

1990 年以前，我国主要利用计算机的快速运算能力，解决农业领域中科学计算和数学规划等问题。1979 年我国引进农业口第一台大型计算机——FelixC-512，主要用于农业科学计算、数学规划模型和统计分析等。同年，江苏省农业科学院用计算机对 78 头新淮猪、6000 多头仔猪进行了 2 月龄断奶个体与繁殖力的相关和回归统计分析。1981 年中国建立第一个计算机农业应用研究机构，即中国农业科学院计算中心，开始以科学计算、数学规划模型和统计方法应用为主进行农业科研与应用研究。1987 年，农业部成立信息中心，开始重视和推进计算机技术在农业和农村统计工作中的应用。

（二）以专家系统为代表的智能信息技术研究成为热点，并有零散应用

80 年代，一些科研院所开始关注信息技术在农业数据处理、农业信息管理等领域中的应用研究，"农业专家系统"成为研究的热点。1983 年 3 月，中科院合肥智能机械研究所与安徽省农科院土肥专家合作，成功研制"砂姜黑土小麦施肥专家系统"，并于 1985 年 10 月在淮北平原 10 多个县推广应用。1986—1990 年，"农业专家系统"作为国家"七五"科技攻关专题进行研发，相继研发了育种、植保、施肥、蚕桑、园艺的专家系统，推动了智能信息技术在农业中的应用。1989 年，江苏省农业科学院开展了作物生长模拟研究，推出了水稻模拟模型 RICE-MOD。中国农业科学院棉花研究所开发的"棉花生产管理模拟系统"也开始在生产中进行使用，至 1990 年，分别在山东、河南等地示范推广 3.5 万公顷，每公顷增产皮棉 125 千克左右。

总体说来，在萌芽阶段，农村信息化推进的主体是一些科研院所，他们利用计算机解决农业领域中复杂的数学科学计算。

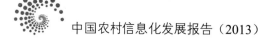

起步阶段（1991—2000 年）

1991—2000 年是我国农村信息化的起步阶段。这一阶段具有以下特征。

（一）政府部门高调介入，从国家层面大力推进农村信息化建设

这一阶段，政府开始推进农村信息化工作，加强规划指导，建立信息化工作体系。1992年，农业部制定了《农村经济信息体系建设方案》，成立了农村经济信息体系领导小组，加强信息体系建设和信息服务工作的统筹协调与规划指导，农业信息工作被提到重要日程。1994 年，农业部成立主管信息工作的市场信息司，随后各省（市区）农业部门相继成立了对口的信息工作机构；同年 12 月，在"国家经济信息化联席会议"第三次会议上提出，建立"农业综合管理和服务信息系统"，加速和推进农业和农村信息化，"金农工程"问世。1995 年，农业部制定了《农村经济信息体系建设"九五"计划和 2010 年规划》。1996 年召开第一次全国农业信息工作会议，统一思想，提高认识，加强推进农业信息工作。

（二）大型农业信息网络逐步建立，推动了各级地方农业网站的热潮

90 年代中期，随着国际互联网的出现，我国农业信息网络也开始建设。1996 年中国农业信息网建成开通，并为省、地农业部门和 600 多个农业基点调查县配备了计算机，实现了统计数据的计算机处理。1997 年 10 月中国农业科学院建立的"中国农业科技信息网"开始运行。在国家积极发展农村信息化建设的同时，各省市有关部门、机构和社会网络企业也纷纷投资于农业网站建设，一部分省、市、区的信息网络建设也进入了起步阶段。

（三）"农业专家系统"趋于成熟，在一系列示范应用工程中得到大规模推广

1990—1996 年，中科院智能所连续承担的 863"智能化农业应用系统"课题，效果显著，专家系统技术可应用于农业的众多方面，受到科技部等部委的高度重视。1998 年年底科技部启动了"国家智能化农业信息技术应用示范工程"重大专项，得到各方支持和努力，22 个省市建立了示范区。

总体来说，这一阶段政府开始高度关注农村信息化，政府农业网站开始广泛应用，网络技术不断被应用到农业领域，"农业专家系统"得到大规模推广应用，农村信息化开始起步。

积累阶段（2001—2010 年）

2001—2010 年是我国农村信息化发展的积累阶段，这一阶段，各级政府部门开始统筹规划建设信息化基础设施、完善信息服务体系、开发农业信息资源、探索信息技术在农业生产中的应用，并出台一系列举措，推进实施农村信息化示范工程。

（一）全面推进农业信息服务体系建设，各类服务模式不断涌现

政府高度重视，纷纷出台了相关政策，加强指导农业信息服务建设。2001 年农业部启动了《"十五"农村市场信息服务行动计划》，全面推进农村市场信息服务体系建设。2003年建立了以"经济信息发布日历"为主的信息发布工作制度。2006 年下发了《关于进一步加强农业信息化建设的意见》和《"十一五"时期全国农业信息体系建设规划》。2007 年出台了《全国农业和农村信息化建设总体框架（2007—2015）》，全面部署农业和农村信息化建设的发展思路。以上政策规划着重强调农业信息服务建设。除了中央政府加强统筹规划，政策指导外，各地政府部门也积极探索农村信息化建设，涌现了一批诸如浙江农民信箱、吉林 12316、甘肃金塔、海南农科 110、宁夏三网融合、广东直通车、山东百姓科技、重庆农信通等具有本地特色的农业信息服务模式。

（二）多项覆盖全国的农村信息化工程加快实施，成效显著

2002 年，国家文化部启动建设"全国文化信息资源共享工程"，通过卫星和互联网等手段，将优质文化信息资源传送到基层。截至"十一五"末，该工程已基本实现县县建有支中心和"村村通"的目标，数字资源总量达到 105.28 TB，累计服务人次超过 8.9 亿。2003年，农业部启动建设"金农工程"一期项目，截至"十一五"末，农业部本级项目实施工作进展顺利。国家农业数据中心已完成建设任务，农业监测预警系统、农产品及农资市场监管信息系统已投入使用，动物疫情防控系统等 10 多个电子政务信息系统陆续上线运行，以农业部门户网站为核心、集 30 多个专业网站为一体的国家农业门户网站群初步建成。2004 年，原国家信息产业部组织中国电信、中国网通、中国移动、中国联通、中国卫通、中国铁通 6 家运营商，在全国范围开展了以发展农村通信、推动农村通信普遍服务为目标的重大基础工程——"村村通电话工程"，截至 2010 年年底，基本实现了"村村通电话，乡乡能上网"的目标。2005 年，农业部启动实施"三电合一"农业信息服务项目，充分利用电话、电脑、电视等载体为农民提供各种信息服务。截至 2010 年年底，该项目先后搭建了 19 个省级、78 个地级和 324 个县级农业综合信息服务平台，惠及全国约 2/3 的农户。

此外，"广播电视村村通工程"、"农村党员干部现代远程教育工程"、"农村中小学现代远程教育工程"等信息化工程项目也相继全面启动实施，为农村信息化发展提供了物质基础支撑。

总体来说，这一阶段主要以农业信息服务和全面启动实施农村信息化相关工程项目为重点，加强统筹，提高认识，改善了信息化基础设施，完善了农业信息服务体系，为下一步推进建设奠定了基础。

快速发展阶段（2011—2013 年）

2011—2013 年是我国农村农业信息化发展的快速阶段，信息化基础设施进一步夯实，信息资源开发利用水平显著提高，信息技术在农业生产经营中的应用破题起步。

（一）农村信息化基础设施进一步夯实

2011—2012 年，工业和信息化部提出了新农村信息化基础设施的目标：在全国已经实现"乡乡能上网"的基础上，大力推进行政村通宽带。组织实施"宽带下乡"工程，鼓励宽带运营企业优先采用光纤宽带方式，加快农村信息基础设施建设，推进光纤到村。短短两年的时间，"村村通电话"工程在全国范围内新增通宽带行政村 3.6 万个，行政村通宽带比例从 2010 年年底的 80% 提高到 87.9%。随着"农村宽带入乡进村"和"公益机构接入普及"计划的组织开展，100 所全国集中连片特困地区中小学和 100 所残疾人特殊教育学校

已开通宽带并提速到 4M 以上，同时提供三年免费上网。

（二）农业物联网应用取得阶段性进展

农业部高度重视农业物联网建设，陆续在一些省市开展了一些农业物联网建设项目，各地也都在积极探索农业物联网技术的综合应用，也取得了不少成果。2010 年，国家发改委批准了一批物联网试点项目，其中智能农业部分有三个项目由农业部组织实施。农业部在北京、黑龙江、江苏 3 省市组织实施了国家物联网应用示范工程智能农业项目，包括黑龙江农垦大田种植物联网应用示范、北京市设施农业物联网应用示范、江苏省无锡市养殖业物联网应用示范。

为了推动农业物联网的发展，在部领导的高度重视下，农业部启动了物联网区域试验工程，以开展农业物联网应用理论研究，探索农业物联网应用主攻方向、重点领域、发展模式及推进路径；开展农业物联网技术研发与系统集成，构建农业物联网应用技术、标准、政策体系；构建农业物联网公共服务平台；建立中央与地方、政府与市场、产学研和多部门协同推进的创新机制和可持续发展的商业模式；适时开展成功经验模式的推广应用。天津、上海、安徽三省市率先开展试点试验工作，分别建设设施农业与水产养殖物联网试验区、农产品质量安全监管试验区以及大田生产物联网试验区。

（三）农村信息化试点示范带动出成果

2010 年，科技部联合中组部、工业和信息化部启动了国家农村信息化示范省建设试点工作。2011 年，全面铺开了山东、湖南两省信息化示范省建设试点工作。国家农村信息化示范省建设工作在全国引起了高度关注和广泛影响，并明确写入了 2012 年中央一号文件。2012 年年初，三部门联合批复了安徽、河南、湖北、广东、重庆五省市试点工作。在前期试点工作的基础上，科技部联合中组部、工业和信息化部于 2013 年 12 月，批复浙江、江西、贵州、云南、青海 5 省启动国家农村信息化示范省试点工作。示范省建设按照"平台上移、服务下延、公益服务、市场运营"的基本思路，依托全国党员干部现代远程教育网络，搭建"三网融合"的信息服务快速通道，构建"资源整合、统一接入、实时互动、专业服务"的省级综合服务平台，促进基层信息服务站点可持续发展，完善农村信息化服务体系。

按照试点示范带动、经验典型引路的要求，农业部印发了《全国农业农村信息化示范基地认定办法》，在全国评审认定了六类共 40 个农业农村信息化示范基地，在农业生产、经营、管理及服务等领域鼓励和引导信息技术的应用创新。

第三节　农村信息化发展的体系框架

所谓农村信息化体系框架就是根据信息化的基本要求，从系统角度对构成农村信息化的各个部分进行合理地设计与安排，以科学有效地反映其内在的逻辑关系及其作用机制。通过体系架构，人们就能够比较正确地认识农村信息化发展的基本规律，从而有效地处理农村信息化建设过程中的各种基本关系。

　　农村信息化是一个统一的整体，结合农村信息化的基本概念，包含五个部分：农村信息化基础设施、农村信息资源、农村信息化服务体系、农村信息化应用以及农村信息化发展环境。农村信息化总体框架如图 1-1 所示。

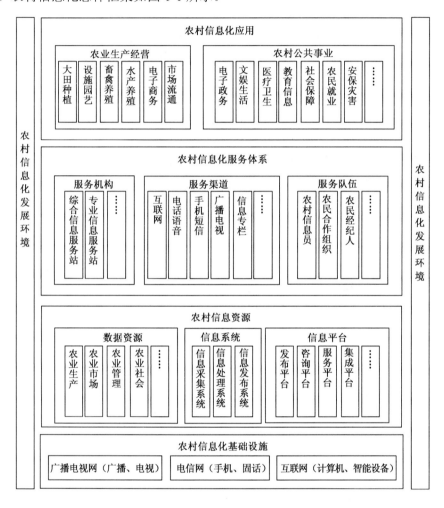

图 1-1　农村信息化总体框架

一、农村信息化基础设施

　　信息化基础设施是支持信息资源开发、利用及信息技术应用的各类设备和装备，是分析、处理以及传播各类信息的物质基础。信息化基础设施建设主要包括广播电视网、电信网、互联网的建设及其他相关配套设施的建设。广播电视网和电信网的建设包括：光缆干线的铺设、电缆干线的铺设、接收天线的架设等传输线路的铺设，地面接收站、转播台、发射台、无线电台等接收设备的建设，以及放大器、微波设备、交换机、接地防雷设备、附属设施等设备的购置。互联网的建设包括同轴电缆、光纤等信号传输线路的铺设，光电

中国农村信息化发展报告（2013）

转换器、调制解调器、信号放大器、中继器、路由器、集线器及网桥等中间装置和接口设备的购置，局域网、广域网的搭建等。

（一）广播电视网

广播电视网以国家建成的卫星网为依托，是广播电视节目传输的重要载体。信号覆盖范围广，不受山地、沙漠等地面条件限制；传输能力强，目前的卫星直播系统大都具备百套以上电视节目的传输能力，用户可以有多样选择；节目质量高，由于是数字方式直接到户，在用户端实现了图像和声音信号的高质量还原；安装便捷，成本低，用户端只需要使用卫星接收天线加上一台接收机即可接收节目，接收天线的安装也十分简单。对于远离城市的山区、西部地区、经济落后及上网条件差的基层地区，广播电视网尤其具有优越性。

广播电视是当前农村应用最广泛的信息获取媒介。它具有宣传功能，能及时地宣传党的路线、方针和政策以及人民群众在党的路线、方针、政策指引下所取得的成就；它具有教育功能，广大农民群众通过广播电视学习现代农业技术，从而促进了自身科学文化素养的提高；它还具有娱乐功能，通过各种电视节目，丰富了农民群众的文化生活。

（二）电信网

电信网的主要业务是电话业务，因而也称为电话网。它主要是以点对点的方式对用户个人提供服务，覆盖范围广泛，具有安装速度快、建设周期短、成本低以及地理应用环境的无限制性等特点。与广播电视网的单项传播相比，电信网所具有的互动性是它的明显优势。随着光纤技术、移动通信技术的发展，电信网的应用将越来越广泛。

（三）互联网

互联网作为先进技术的代表，是当前信息网络发展的重点，其普及程度更是信息化的主要标志。互联网具有信息容量大、交互性好、多点互联、信息传送及时、传输速度快、无时空限制、信息资源共享等优点，它有效地解决了信息传播问题，在信息的采集、处理、分析及存储方面具有不可替代的作用。

二、农村信息资源

农村信息资源作为农村信息化的数据支持，在整个过程中起着至关重要的作用。在中央的多份政策文件中明确提出，充分利用和整合农业信息资源，加强农业信息服务，农村信息资源的建设是农村信息化的基础和突破口。

（一）农村数据资源

农村信息资源的最基本要素是数据，数据作为客观事实的表现形式，被存储在数据库中。所以农村信息资源的建设主要是以数据库的形式体现出来。农村数据资源涉及社会主义新农村建设的科技数据资源、教育数据资源、农村基础设施资源、农村生产数据资源、农村人口资源、用工需求资源、产品需求及价格数据资源、农村土地资源、农村自然资源、农村经济数据资源等等方面，上述数据库关乎农民的生存、发展，是农村发展的最真实的指标，能够反映我国经济发展最真实的面貌。

（二）农业信息系统

信息系统是指借助现代信息技术对信息进行采集、传递、存储、加工、维护和使用，以提供信息服务为主要目的的数据密集型、人机交互的计算机应用系统。农村信息系统是信息系统在农村信息管理中的应用，它是以现代信息技术为基础和手段，对农村各类信息资源进行收集、加工、处理，为农业生产经营、宏观管理、科学研究提供信息服务和支持的信息系统。我国农村信息系统的应用起步较晚，但发展速度较快，在对其探索开发过程中，针对农业信息采集处理的全过程，建成了一批性能良好的农业信息系统。

（三）农村信息平台

农村信息平台是指用来收集、处理、发布各种农村信息，为农村信息交换提供必要支持的信息系统。农村信息平台是解决信息"进村入户"和"最后一公里"问题必不可少的前提条件。基于我国农村现有的信息平台应用实践，总体而言可以划分为以下几种类型：农民电话热线服务系统、农村广播电视平台、农村网络信息网站、移动农业信息服务平台、村级和乡镇级无线局域网平台、农业综合服务集成信息平台。

三、农村信息化服务体系

（一）信息服务机构

信息服务机构是指由政府牵头组织，网络运营商提供网络支持，社会力量参与运营，利用计算机、互联网、局域网及电话等信息技术手段，采取有偿经营和无偿服务相结合的方式，为农民提供信息浏览、查询、采集、发布和娱乐等信息服务的场所。包括农村综合信息服务站点以及农村专业信息服务站点。

（二）信息服务渠道

农村信息化服务渠道是建立在电信网、广播电视网、互联网基础上，并与各种信息源实行互联，最大限度地利用现有网络资源，为用户提供各种信息资源的通道。农村信息服务渠道是农村信息化建设与应用的重要环节之一，专门用来收集、处理、发布各种涉农信息，为农村信息交换提供所需的环境和条件。农村信息渠道是解决信息"进村入户"和"最后一公里"问题必不可少的前提条件。

（三）信息服务队伍

信息服务队伍是推进农村信息化的重要主体。广义的信息服务队伍涉及信息化建设的管理者、信息服务提供者和以从事农业生产经营各环节的农业从业人员为主体的信息服务消费者三大基本部分。当前具体参与农村信息服务的主要包括农村信息员队伍、农民专业合作社和农村经纪人等。

四、农村信息化应用

（一）农业生产、经营信息化

农业生产信息化是指在微观尺度上，普遍应用通信技术、计算机技术和微电子技术等现代信息技术对农业生产资源的利用和农业生产过程中各生产要素实行数字化设计、智能化控制、精准化运行、科学化管理的程度与过程，通俗地说是农业产前和产中的信息化。按照农业行业的划分，农业生产信息化主要包括大田种植信息化、设施园艺信息化、畜牧业生产信息化和渔业生产信息化。农业生产信息化的目标是充分利用现代信息技术装备农业生产过程，努力提高农业的生产效率，降低生产劳动成本，改变农业生产方式和发展方式，推进传统农业向现代农业的转变，确保农业高产、高效、优质、生态、安全、标准。农业生产信息化的主体是生产者，即农户、生产型农业公司（集团）、农垦生产系统。

农业经营信息化是指通信技术、计算机技术和微电子技术等现代信息技术在农产品加工、储运、交易、市场等环节实现普及与应用的程度与过程，通俗地讲就是农业产后的信息化。按照农业产后的环节，农业经营信息化主要包括：农产品电子商务、农产品市场与流通信息化。农业经营信息化的目标就是要提高农产品加工质量和效率，减少流通环节和交易环节，降低交易成本，增加市场透明度，保障农产品质量安全。农业经营信息化的主体是经营者，即：农产品加工、仓储、物流、商务企业。

（二）农村社会管理及服务信息化

农村社会管理及服务信息化是指在宏观尺度上，普遍应用通信技术、计算机技术和微电子技术等现代信息技术对农村电子政务、农村医疗卫生、农村教育、农村文化生活等实行信息化、科学化、透明化管理的程度与过程。农村社会管理信息化的目标是提高政府的监督管理水平、工作效率以及农业相关部门对农民的服务能力和服务水平。

五、农村信息化发展环境

农村信息化发展环境是指农村信息化建设所需要的经济、社会、政治和人文环境。只有当农村经济发展到一定阶段，农民人均纯收入达到一定水平，能够承担开展农村信息化的基础成本；农村社会具备了信息化意识，接受了信息化的理念；政府开始重视信息化建设，制定政策规划并承担信息化基础投入；农民文化素质得到普遍提高，具备了应用信息技术的知识和能力，农村信息化建设才能够正常推进。

参考文献

[1] 潘文君. 福建省农村信息化评价体系研究[D]. 福建农林大学, 2013.
[2] 狄艳红. 北京市农村信息化发展与对策研究[D]. 中国农业科学院, 2008.
[3] 毛静. 农村信息化建设绩效测评研究[D]. 湘潭大学, 2013.
[4] 李雪. 黑龙江省农村信息化发展模式研究[D]. 中国农业科学院, 2008.
[5] 吴吉义. 国内外农业信息化现状分析[J]. 信息化建设, 2006, 6:50-53.

基础建设篇

▲ ▲ ▲ ▲ ▲

中国农村信息化发展报告(2013)

第二章

农村信息化基础设施

农村信息化是通信技术和计算机技术在农村生产、生活和社会管理中实现普遍应用和推广的过程。农村信息化基础设施建设是国家信息化建设的重中之重，又是新农村建设的基础。我国农村信息化基础设施建设虽已取得巨大的成就，但是仍任重道远，既面临集成化、专业化、网络化、多媒体化、实用化、普及化、综合化、全程化等重大趋势，又面临广大农村由于市场经济不断发展和小康社会建设全面推进而日益增强的信息服务需求。

第一节 农村广播、电视网建设情况

一、全国整体情况

（一）工作总体情况

农业信息化建设受到中央高度重视。2012 年 6 月 28 日，国务院发布《国务院关于大力推进信息化发展和切实保障安全的若干意见》，明确指出要推进农业农村信息化，实现信息强农惠农。2012 年 9 月 15 日，习近平同志指出，"要让物联网更好地促进生产、走进生活、造福百姓"。2012 年 11 月，党的十八大提出的"四化同步"发展战略为加快推进农业信息化指明了方向，明确了目标和任务。2013 年 6 月 13 日印发《农业部关于认定 2013 年度全国农业农村信息化示范基地的通知》（农市发〔2013〕5 号），正式认定了示范基地，用于鼓励、引导信息技术在农业生产、经营、管理及服务等领域的应用创新，引领农业农村信息化发展。

2012 年 2 月 6 日，国家广电总局、发改委、财政部召开会议，部署全国"十二五"期间广播电视村村通工作。会议部署了"十二五"时期村村通工程的任务，重点解决 20 户以下已通电自然村覆盖，完善高山无线发射台站基础设施，积极推进直播卫星广播电视公共服务，基本实现广播电视"户户通"。截至 2012 年，农业部投入财政和基建资金 1 亿多元，结合地方配套资金，先后搭建了 32 个省级、78 个地市级和 352 个县市级"三农"信息服务平台。

全国绝大多数省（自治区、直辖市）已开通 12316"三农"服务热线，每年咨询人数达上千万人次，帮助农民增收和为农民挽回直接经济损失超过 10 亿元。辽宁、吉林等省 12316 总话务量均已突破 200 万人次，目前日话务量在 6000 个以上，峰值达 2 万个。据统计，12316 热线已覆盖全国 1/3 的农户，成为农民和专家的直通线、农民和市场的中继线、农民和政府的连心线。每天通过 12316 服务热线将农业生产技术、农产品市场营销、农资供求、农业政策、法律法规等信息推送到千家万户。

我国农业信息化建设取得显著成效，农业信息化基础设施不断夯实，信息技术在农业生产经营、管理和服务各个环节中的应用不断深入。各地农业部门统筹规划语音电话、手机短信、广播电视、互联网络等现代传播手段，以电脑、电视和电话"三电合一"项目为推手，利用社会力量，创新工作方法，逐步建立起了集 12316"三农"热线电话、农业信息网站、农业电视节目、手机短信服务等于一体，多渠道、多形式、多媒体相结合的农业综合信息服务平台。

（二）农村广播电视覆盖情况

广播电视是城乡公共服务体系的重要组成部分。随着生活水平的提高，广大农民群众越来越迫切地要求收听并收看中央的广播电视节目，及时了解党和国家的方针政策，接受科普教育，提高自身素质，丰富文化、精神、娱乐生活。

我国已经形成了一个遍布城乡、覆盖全国、有相当规模和实力的广播电视网络。针对有线网络未通达的广大农村地区，2011 年 4 月中宣部、国家广电总局正式启动直播卫星"户户通"工程，着力推进农村地区广播电视由"村村通"向"户户通"延伸，用户通过直播卫星专用接收设施，即可免费收看直播卫星的 25 套电视节目和收听 17 套广播节目，截至 2012 年 11 月 15 日，全国共开通直播卫星"户户通"用户 394 万户。

我国 13.6 亿人口，46%以上在农村，全国 4.3 亿户家庭，全国有线电视用户 2.15 亿，农村有线电视用户 8432 万户，48.5%以上的农村群众主要依靠无线方式接收广播电视，其中收听收视质量不高的又占了相当比例。2012 年，农民居民家庭彩电拥有率持续提高，达到每百户 116.9 部，比上年增加 1.4%。广播电视综合覆盖能力继续提高。2013 年年底，全国广播节目人口综合覆盖率达到 97.8%，全国电视节目人口综合覆盖率达到 98.4%。

截至 2013 年 3 月，全国共有对农广播频率 41 套。对农广播频率大多以政策解读、市场咨询、农技培训为主要内容，形成了"实用、亲切、淳朴、自然"的风格，对满足农村听众的生产生活需求起到了重要的作用。

2013 年，继续推进直播卫星"户户通"工程，在 19 个省实施整省推进工程建设，开展增值服务试点工作，建立完善符合我国国情、满足农村群众需求的直播卫星服务体系和技术体系，积极扩大直播卫星服务内容，拓展服务领域。截至 2013 年 5 月底，全国有 23.4 万个行政村被划入直播卫星广播电视"户户通"服务区域，占全国行政村总数的 35.58%，覆盖用户近 6000 万户，设立专营点超过 2 万个，安装开通用户近 910 万户，在内蒙古、海南、云南、贵州、陕西、甘肃、青海等七省区开展整省推进工程建设，目前北京、上海、宁夏、甘肃、青海等省市已经基本实现户户通。

二、各省市情况

（一）东部地区

2013 年针对北京市广播电视建设实际，北京市广电局对五座高山转播站、行政村北京新闻广播发射站、有线广播村村响系统进行维护管理，确保农村群众收听收看广播电视节目。开展转播站备用设备安装工程和有线广播村村响工程建设，确保农村广播电视覆盖区域逐步扩大，设备设施运行良好，充分发挥广播电视在农村公共文化领域的作用。2012 年，北京农村广播节目综合人口覆盖率达到 100%，电视节目综合人口覆盖率达到 100%，农村有线广播电视用户数 70.51 万户，农村有线广播电视用户数占家庭总户数的比重为 60.89%。

2013 年，天津农村广播与天津区县联盟广播在静海林海设立实践基地，进一步强化了对当地农业、农村、农民的关注与支持。2012 年，天津农村广播节目综合人口覆盖率达到 100%，电视节目综合人口覆盖率达到 100%，农村有线广播电视用户数 36.35 万户，农村有线广播电视用户数占家庭总户数的比重为 29.45%。

浙江农村广播节目综合人口覆盖率达到 99.44%，电视节目综合人口覆盖率达到 99.52%，农村有线广播电视用户数 808.64 万户，农村有线广播电视用户数占家庭总户数的比重为 68.38%。农村地区有线电视用户 872.5 万户，其中有线数字电视用户 745.8 万户，完成比例约为 85.5%，已有 2/3 以上的市（县、区）基本完成了整体转换任务；双向化网络覆盖用户 577.3 万户，完成比例为 66.2%，已有近 40%的市（县、区）基本完成了双向化改造任务。

2013 年山东乡村广播践行群众路线，把直播间搬到山东畜牧业博览会现场，为全省的听众介绍山东畜牧业的发展成就并推荐山东特色畜禽品种，搭起了政府、企业和农牧民交流互动的平台。2012 年，山东农村广播节目综合人口覆盖率达到 97.89%，电视节目综合人口覆盖率达到 97.53%，农村有线广播电视用户数 870.02 万户，农村有线广播电视用户数占家庭总户数的比重为 45.2%。

海南农村广播节目综合人口覆盖率达到 95.36%，电视节目综合人口覆盖率达到 93.83%，农村有线广播电视用户数 26.16 万户，农村有线广播电视用户数占家庭总户数的比重为 21.53%。海南省经国家广电总局批准设置的广播电台有 19 家，其中省级 1 家，地市级 2 家；广播节目 24 套。电视台 19 家，其中省级 1 家，地市级 2 家；电视节目 14 套。全省广播节目综合人口覆盖率为 96.48%，电视节目综合人口覆盖率为 95.45%。建成有线广播电视传输网络总长 2.279 万公里。全省有线电视用户达 95.08 万户，比上年增长 11.2%，有线电视普及率为 36.59%，其中数字电视用户达 75.89 万户。2012 年全面实施广播电视村村通工程，完成"十二五"第二批 10 万套直播卫星接收设备安装，实现了自然村全覆盖，提前 3 年完成了国家下达的目标，全面实现了全省农村数字电影全覆盖。

上海农村广播节目综合人口覆盖率达到 100%，电视节目综合人口覆盖率达到 100%，农村有线广播电视用户数 67.54 万户，农村有线广播电视用户数占家庭总户数的比重为 74.17%。辽宁农村广播节目综合人口覆盖率达到 97.52%，电视节目综合人口覆盖率达到 97.66%，农村有线广播电视用户数 257.66 万户，农村有线广播电视用户数占家庭总户数的比重为 38.33%。河北农村广播节目综合人口覆盖率达到 99.08%，电视节目综合人口覆盖率达到 98.99%，农村有线广播电视用户数 266.56 万户，农村有线广播电视用户数占家庭总户数的比重为 16.93%。江苏农村广播节目综合人口覆盖率达到 99.99%，电视节目综合人口覆盖率达到 99.85%，农村有线广播电视用户数 1204.13 万户，农村有线广播电视用户数占家庭总户数的比重为 84.73%。福建农村广播节目综合人口覆盖率达到 97.69%，电视节目综合人口覆盖率达到 98.35%，农村有线广播电视用户数 395.13 万户，农村有线广播电视用户数占家庭总户数的比重为 51.8%。广东农村广播节目综合人口覆盖率达到 98.89%，电视节目综合人口覆盖率达到 98.82%，农村有线广播电视用户数 520.02 万户，农村有线广播电视用户数占家庭总户数的比重为 43.45%。

（二）中部地区

安徽省数字广播和有线电视网络建设取得新进展，2012 年，安徽农村广播节目综合人口覆盖率达到 97.33%，电视节目综合人口覆盖率达到 97.69%，农村有线广播电视用户数 184.09 万户，农村有线广播电视用户数占家庭总户数的比重为 12.8%。

自 1998 年开始，实施"村村通"工程建设 15 年以来，江西省通过"卫星锅+小片有线网"的形式，完成了 3503 个行政村的"村村通"工程建设任务，让 350 多万村民能够免费收听收看到 4 套以上的广播电视节目。通过有线光缆延伸至村联网的形式，完成了 2644 个 50 户以上自然村的"村村通"工程建设任务，让 100 多万村民能免费收听收看到 12 套以上的广播电视节目。通过卫星直播锅的形式，完成 18411 个 20 户以上自然村和 16522 个 20 户以下的自然村"村村通"工程建设任务，让 100 多万村民能免费收听收看到 52 套以上的广播电视节目。2012 年，江西农村广播节目综合人口覆盖率达到 96.75%，电视节目综合人口覆盖率达到 98.01%，农村有线广播电视用户数 395.33 万户，农村有线广播电视用户数占家庭总户数的比重为 48.3%。

2013 年 1 月，山西晋城农村广播开播，以城乡居民为受众，制作《生活很有味道》等深受听众喜爱的节目，在城镇化进程中发挥了重要作用。2012 年，山西农村广播节目综合人口覆盖率达到 95.25%，电视节目综合人口覆盖率达到 96.97%，农村有线广播电视用户数 153.22 万户，农村有线广播电视用户数占家庭总户数的比重为 29.16%。

截至 2012 年 12 月，湖北省已全面完成 20 户以上广播电视"村村通"工程建设任务。根据国家计划和湖北省最后核定的计划，31217 个 20 户以上自然村中，有 17265 个采用直播卫星接收方式，占 55%；12504 个采用有线电视联网方式，占 40%；1448 个采用 MMDS 无线覆盖方式，占 5%。湖北省农村广播电视中央无线覆盖工程共涉及 79 个发射台、161 部发射机，中央财政投入资金 8414 万元，工程建设已全部完成。省级节目无线覆盖一、二期工程 63 个台、97 部发射机更新改造，省级财政共投入资金 6600 万元。2013 年将继续完成省级无线覆盖收尾工程 15 个台的设备更新改造任务，实现无线覆盖既定目标。2012 年，湖北农村广播节目综合人口覆盖率达到 98.34%，电视节目综合人口覆盖率达到 98.29%，农村有线广播电视用户数 468.93 万户，农村有线广播电视用户数占家庭总户数的比重为 40.02%。

2013 年，湖南省基本完成所启动的 24 个农村广播"村村响"建设单位任务。2013 年 10 月 8 日正式启动的湖南岳阳华容县新建乡农村广播"新建之声"以对农宣传为核心定位，致力于推进新农村建设，服务"三农"及传递正能量，打造农民群众喜闻乐见的节目形式和节目内容。2012 年，湖南农村广播节目综合人口覆盖率达到 88.82%，电视节目综合人口覆盖率达到 95.6%，农村有线广播电视用户数 216.57 万户，农村有线广播电视用户数占家庭总户数的比重为 19.06%。

黑龙江省广电部门通过有线电视、广播、卫星等多种方式实现了 100% 的行政村、50 户以上的自然村广播、电视"村村通"。2012 年，黑龙江农村广播节目综合人口覆盖率达到 97.92%，电视节目综合人口覆盖率达到 98.23%，农村有线广播电视用户数 198.54 万户，农村有线广播电视用户数占家庭总户数的比重为 34.44%。

吉林农村广播节目综合人口覆盖率达到 97.96%，电视节目综合人口覆盖率达到 98.09%，农村有线广播电视用户数 183.04 万户，农村有线广播电视用户数占家庭总户数的比重为 37.99%。河南农村广播节目综合人口覆盖率达到 97.52%，电视节目综合人口覆盖率达到 97.64%，农村有线广播电视用户数 303.16 万户，农村有线广播电视用户数占家庭总户数的比重为 14.71%。

（三）西部地区

"十一五"期间，云南省县级广电部门和设备中标厂商以"委托、代理、合作"等形式，在全省 129 个市（县、区）和 1030 个乡（镇）均先期建立了"村村通"直播卫星售后服务网点。2012 年，云南农村广播节目综合人口覆盖率达到 95.21%，电视节目综合人口覆盖率达到 96.45%，农村有线广播电视用户数 143.8 万户，农村有线广播电视用户数占家庭总户数的比重为 15.69%。"十二五"期间云南广播电视"村村通"工程建设还将有 60583 个 20 户以下通电自然村"盲村"需要规划建设，新时期"村村通"工程建设将具有"盲村更边缘、居住更分散、交通更闭塞、条件更艰苦、实施更困难"的特点。

贵州省广电系统通过不断探索，开创了一个致力于保障和改善民生，服务"三农"的广播影视工作新思路，以政府主管部门为主导，广电企业为主体，乡镇广播影视综合服务站为依托，构建有线数字电视、调频广播、直播卫星、农村公益电影放映"四位一体"的广播影视综合服务体系。2012 年，贵州农村广播节目综合人口覆盖率达到 86.59%，电视节目综合人口覆盖率达到 91.89%，农村有线广播电视用户数 218.2 万户，农村有线广播电视用户数占家庭总户数的比重为 22.18%。预计到"十二五"末，全省广播影视直播卫星用户总量将达到 500 万户，有线数字电视用户达到 400 万户，农村公益电影年放映量超过 24 万场。

四川省通过坚持不懈地实施西新工程、村村通工程和无线数字地面覆盖，全省电视覆盖人口超过 7000 万。联合新华社、农科院倾力打造的新媒体专业队伍，全新打造一个《新农天地》服务节目，已于 2013 年 10 月 28 日在平台上线。2012 年，四川农村广播节目综合人口覆盖率达到 96.04%，电视节目综合人口覆盖率达到 97.26%，农村有线广播电视用户数 658.59 万户，农村有线广播电视用户数占家庭总户数的比重为 32.35%。2012 年年底，全省已发展地面数字电视用户 20 余万，预计在 2015 年将突破 100 万户以上，为建设"四川省广播电视对农服务数字电视信息传播平台"创造了十分有利的条件。

在"十一五"期间，陕西省投入 3.5 亿元，安装 92 余万套"村村通"直播卫星接收设备，完成了 35033 个 20 户以上自然村通广播电视工程，使 92 余万用户近 400 万农民看到了高质量的电视节目，同时完成了 71 家无线广播电视台建设，初步建起农村公共电视覆盖网络。2012 年，陕西农村广播节目综合人口覆盖率达到 96.47%，电视节目综合人口覆盖率达到 97.57%，农村有线广播电视用户数 163.99 万户，农村有线广播电视用户数占家庭总户数的比重为 22.96%。全面启动"数字化城镇"示范工程，全省首批 7 个镇成为数字化示范镇。部署全省有线电视未通达农村 300 万农户直播卫星"户户通"工程建设，该工程是"村村通"工程的延伸，是新中国成立以来国家投资最大的覆盖工程。

宁夏回族自治区农村广播节目综合人口覆盖率达到 92.95%，电视节目综合人口覆盖率达到 98.37%，农村有线广播电视用户数 1.6 万户，占家庭总户数的比重为 1.48%。农村有线数字电视用户达到 93 万户，300 万人。在全国率先实现了广播电视"户户通"，电视综合覆盖率达到 99.8%。

新疆维吾尔族自治区在全国率先采用直播卫星加地面数字电视"双模"技术开展"户户通"工程建设，新疆财政投入 15 亿元，项目惠及 260 万户、近 1000 万农牧民。新疆农村广播影视公共服务体系建设和维护经费 7.3 亿元，用于"村村通"、"户户通"和"农村电影放映"等重点工程建设，其中"村村通"工程完成 6844 个盲点村、15.7 万户农牧民的广播电视覆盖任务，大喇叭工程完成 9000 个自然村的工程建设，"户户通"工程完成 50 万户建设任务。"农村电影放映"工程补贴资金 2093 万元，部分县实现了"一村一周一场电影"。

新疆维吾尔族自治区农村广播节目综合人口覆盖率达到 94.85%，电视节目综合人口覆盖率达到 94.6%，农村有线广播电视用户数 63.44 万户，农村有线广播电视用户数占家庭总户数的比重为 20.31%。广播电视农村直播卫星用户 121.51 万户。农业、农村信息化支撑能力不断增强。

西藏自治区以保障和改善民生、维护广大群众享受广播影视文化权益为出发点和落脚点，扎实推进了"西新"工程、"村村通"工程、"农村电影放映"工程、"广播影视进寺庙"工程等重点工程建设，推进了广播影视全覆盖，加快了广播影视公共服务体系建设。2012 年，西藏农村广播节目综合人口覆盖率达到 92%，电视节目综合人口覆盖率达到 93.27%，农村有线广播电视用户数 2.78 万户，农村有线广播电视用户数占家庭总户数的比重为 5.33%。截至 2012 年年底，完成了 5.05 万户已通电农牧民的"户户通"建设，全区广播、电视人口综合覆盖率分别达到 93.38% 和 94.51%，85% 以上农牧户实现了户户通；全部实现了全区 1787 座通电和未通电寺庙广播电视舍舍通、寺寺通。全年农牧区公益放映 13 万多场，观影人数达 1525 万多人次，全面实现了农牧区电影放映数字化。

2013 年将进一步推进广播电视"户户通"工程、西藏广播电视网络传输中心与拉萨市有线电视网的整合和拉萨市区有线数字电视的整体转换工作。力争完成新增 7.5 万户的"户户通"建设，继续打造《圣地西藏》、《西藏诱惑》等一批品牌栏目节目，创作生产《达瓦卓玛》、《唐蕃古道》、《西藏唐卡艺术》、《驻藏大臣》等广播影视作品。不断优化各级电视台、广播电视台频率频道节目板块设置和编排，提高广播影视译制能力。

重庆农村广播节目综合人口覆盖率达到 97.58%，电视节目综合人口覆盖率达到 98.44%，农村有线广播电视用户数 194.92 万户，农村有线广播电视用户数占家庭总户数的比重为 27.03%。甘肃农村广播节目综合人口覆盖率达到 96.25%，电视节目综合人口覆盖率达到 97.02%，农村有线广播电视用户数 15.98 万户，农村有线广播电视用户数占家庭总户数的比重为 3.32%。广西农村广播节目综合人口覆盖率达到 95.49%，电视节目综合人口覆盖率达到 97.39%，农村有线广播电视用户数 251.25 万户，农村有线广播电视用户数占家庭总户数的比重为 24.87%。内蒙古农村广播节目综合人口覆盖率达到 96.23%，电视节目综合人口覆盖率达到 94.58%，农村有线广播电视用户数 89.66 万户，农村有线广播电视用户数占家庭总户数的比重为 24.73%。青海农村广播节目综合人口覆盖率达到 91.88%，电视节目综合人口覆盖率达到 95.04%，农村有线广播电视用户数 2.47 万户，农村有线广播电视用户数占家庭总户数的比重为 2.84%。

第二节　农村固定、移动电话普及情况

一、全国整体情况

农村基础设施之一的通信建设，是带动农村经济发展的重要保障。农村移动通信的发展过程中，虽然存在种种困难，但农村仍拥有巨大的通信市场潜力。随着技术的不断提高，运营成本的日益下降，农村经济的稳步增长，农村移动通信的发展充满了机遇。

继行政村实现"村村通电话"之后，为解决边远贫困地区分散人群的通话问题，2012年，自然村通电话工作持续开展，全年开通电话的偏远自然村新增 11475 个，全国 20 户以上的自然村通电话比例从 94.7%提高到 95.2%。

农村固定电话拥有量呈下降趋势，2012 年农村固定电话普及率为 13.9%，比 2011 年下降了 0.4 个百分点。2012 年农村固定电话用户 8922 万户，比 2011 年减少 466 万户。2011年的每百户家庭用户的固定电话为 43.1 部，2012 年下降为 42.2 部。2013 年 1—12 月，全国固定电话用户减少 1116.8 万户，总数为 2.7 亿户。其中，农村固定电话用户净减 680.2万户，总量为 8241.7 万户，在固定电话用户的比重为 30.9%。

我国农村移动电话普及率较低，仅为 39.2%。移动电话保持快速增长趋势，由 2011 年的每百户 179.7 部上升为 2012 年的 197.8 部。随着城镇化进程的加快，农民收入的不断增长，农村移动通信市场仍具有较大的增长空间和开发潜力。我国农村的中低端用户偏多，农民的移动通信消费支出有限，农民对话音资费变动比较敏感。据调查，70%的用户每月移动通信消费支出在 50 元以下，每月手机流量费在 10 元以下的占 64.7%。

二、各省市情况

（一）东部地区

2012年，天津农村电话用户4.5万户，其中住宅电话用户0.7万户。20项民心工程之一的农村信息服务提升工程建成了涉农信息资源服务平台、1100个信息服务站和1700个信息服务点，农技通、农信通、农校通等一批信息服务系统开通。

上海2012年农村电话用户有11万户，有关部门发布了《关于进一步加强为农综合信息服务平台的通知》，在浦东、奉贤、宝山、金山、嘉定、崇明六个区县建立12316"三农"服务热线区县分中心，推进12316"三农"服务热线在全市联网，实现全市统一服务标识、服务用语、服务程序、考评标准和服务规范等。

江苏省加大农村新一代移动通信基础设施建设，实现无线网络在农村地区全覆盖，从而确保"十二五"末全省"新三通"等网络接入、无线覆盖目标的全面实现，为农村信息化应用提供强有力的支撑。江苏省2012年农村电话用户1046.2万户，其中住宅电话用户840.3万户。

浙江省移动电话普及率快速提高，移动通信持续快速发展，固定电话被替代的趋势逐渐增强。2012年，浙江农村电话用户755万户，其中住宅电话用户533.9万户。农村居民家庭平均每百户拥有固定电话76.3部，移动电话211.5部。城乡居民电话拥有量基本相近。

海南省电信固定资产投资累计完成26.97亿元，同比下降2.14%，其中3G投资累计完成4.83亿元，农村通信投资累计完成4.22亿元。2012年，全省电话用户总数达到948.6万户（其中固定电话用户173万户，移动电话用户775.6万户），全年新增电话用户101.99万户（其中移动电话新增103.98万户，固定电话用户减少1.97万户），农村电话用户51万户（其中住宅电话用户38.2万户）；全省电话普及率达到107部/百人，其中移动电话普及率达86.6%；已通电话行政村比重100%，20户以上自然村通电话率100%。2012年，3G移动电话用户数198.8万户，比2011年增长86.42%。

2012年，福建农村电话用户384.5万户，其中住宅电话用户300.8万户。福建省基础电信业完成电信业务总量516亿元，增长14%，比全国高2.9个百分点。全省电话用户总数达到5066万户，净增498万户，其中，固定电话用户1017万户，移动电话用户4049万户（3G电话用户达到840万户）。

广东省"农村手机报"、"农信通"等涉农短信服务覆盖人数不断增加，在2012年超过700万人，辐射带动100多家龙头企业、50多家产品批发市场。广东农村电话用户914.9万户，其中住宅电话用户666.6万户。

2012年，北京农村电话用户177.7万户，其中住宅电话用户141.8万户；辽宁农村电话用户423.8万户，其中住宅电话用户407.9万户；河北农村电话用户356.9万户，其中住宅电话用户318.1万户；山东农村电话用户786.8万户，其中住宅电话用户675万户。

（二）中部地区

黑龙江省通信网络的装备水平及技术层次已与世界通信新技术接轨。目前共有 11 条国家一级干线光缆途径黑龙江，省内二级干线形成 10 个市区、107 个县区的长途光缆传输网，多媒体通信网拨号端口近 2 万个，GSM 移动通信交换机总容量达到 292 万门，可满足不同层次用户的需求，建成了以光缆为主，数字微波、卫星通信为辅的大容量、高速率的骨干传输网络。全省"村村通"电话工程村通率超过 97%，全省 100% 的行政村通上了电话。

2012 年，吉林农村电话用户 144.1 万户，其中住宅电话用户 133.6 万户。吉林省农业信息化向纵深推进，以服务能力提升为重点，倾力打造 12316 三农信息服务平台。一是重点加强 12316 新农村热线专家队伍建设。通过规范管理制度、创新运营方式、分行业领域设首席专家等，热线服务能力有了新提升。二是大力推进 12582 短信平台建设。对短信平台进行了升级改造，由原来 16 座席升级到 24 座席，整合省农科院 12396 号码并入 12582 短信平台，同步建设了农业物联网、远程视频诊疗、电子商务等省级监控与指挥调度平台。

安徽省累积投入"村村通电话工程"专项资金近两亿元，新建光缆、杆路 2000 多公里，建设并开通了安庆、池州等偏远山区的 200 多个村通基站。2012 年，安徽农村电话用户 450.5 万户，其中住宅电话用户 390.3 万户。

2012 年，江西省自然村实现了村村通电话。全省农村信息化建设通过完成"1333"工作目标，初步建立全省农村信息化服务体系。"1"即建立和完善 1 个省级综合信息服务平台。"333"即建设 300 个"信息化乡镇"，其中重点建设 300 个乡级信息服务中心站；建设完善 3000 个村级信息服务站；开展"信息技术乡村行"培训活动，培训 30000 名农村信息化人才。江西农村电话用户 238.8 万户，其中住宅电话用户 201.3 万户。

2012 年，湖北智慧农村信息平台开通。"116114 农业新时空"向农村、农民、农户提供全面的农情气象、惠农政策、种养殖技术、市场价格、农机农技等实用、有效信息，破解"三农"信息传播"最后一公里"难题。农民通过智能手机，可以随时查看农产品价格波动，一键式与相关农技专家交流。湖北 2012 年农村电话用户 337.4 万户，其中住宅电话用户 287.1 万户。

2012 年，湖南农村电话用户 308.7 万户，其中住宅电话用户 252.2 万户，湖南省 90% 的市县区和 33% 的乡镇设立农业信息服务机构，"农信通"实现乡村全覆盖，在全省聘请 240 名不同领域的农业专家，组成农信通信息发布权威团队，设立了 12582 农信通热线，免费向农民赠送了 8000 余台农村信息机，帮助农民及时掌握市场价格动态，实现产销对接。湖南已建成省级和 14 个市级、101 个县级农业信息网络服务平台、18 个农产品市场信息服务平台、12 个电子商务交易服务平台和 43850 个农村综合信息服务站，村级服务站覆盖率达到 97.34%，用户数超过 300 万，列全国第八位。

2012 年，河南农村电话用户 498.8 万户，其中住宅电话用户 405.7 万户；山西农村电话用户 203.2 万户，其中住宅电话用户 176.7 万户。

（三）西部地区

由贵州省农委主办，贵州省农科院和中国移动通信集团贵州有限公司承办的"12316"

农业信息咨询服务平台正式开通，服务内容包括农业政策法规解答、农业生产技术咨询、农资打假投诉举报等。2012 年，贵州省全年新增 2152 个自然村通电话，全省 20 户以上自然村通电话比例达 96%，比上年提高 1.9 个百分点。贵州农村电话用户 115.5 万户，其中住宅电话用户 98.7 万户。

2012 年，四川省通信业累计投入 15.3 亿元，完成 2830 个自然村通电话任务，均超额完成年度实施计划。四川完成 2000 个 20 户以上自然村通电话，力争使全省 20 户以上自然村通电话比例达到 92.6%，不断提升农村信息化水平。四川农村电话用户 419.4 万户，其中住宅电话用户 360.8 万户。

2012 年，云南农村电话用户 159.6 万户，其中住宅电话用户 118.4 万户；重庆农村电话用户 168.4 万户，其中住宅电话用户 149.9 万户；广西农村电话用户 222.8 万户，其中住宅电话用户 192.5 万户；内蒙古农村电话用户 57.6 万户，其中住宅电话用户 46.1 万户；陕西农村电话用户 230.8 万户，其中住宅电话用户 192.3 万户；宁夏农村电话用户 21.6 万户，其中住宅电话用户 17.4 万户；甘肃农村电话用户 105.3 万户，其中住宅电话用户 84.9 万户；新疆维吾尔族自治区农村电话用户 126.9 万户，其中住宅电话用户 102.4 万户；西藏自治区农村电话用户 1.4 万户，其中住宅电话用户 0.7 万户；青海农村电话用户 16.9 万户，其中住宅电话用户 14.5 万户。

第三节　农村互联网接入情况

一、全国整体情况

截至 2012 年年底，工业和信息化部批准建设了 16 个国家级两化融合试验区，努力探索信息化和工业化融合发展的途径模式；主要行业中大中型企业数字化设计工具普及率超过 60%，关键工序数控化率超过 50%；智慧城市建设扎实推进，在城市建设管理中加快推广云计算、物联网等技术应用，引导城镇产业集聚发展，促进城镇可持续发展；中央部门和省级政务部门主要业务信息化覆盖率已达到 70%，99%的乡镇具备宽带接入能力，88%的乡镇建立了农村信息服务站。

截至 2012 年 12 月 20 日，全年为 19300 个行政村新开通宽带，行政村通宽带比重由 84%提高到 87.9%；全国 2011 年新增 2039 个乡镇实施信息下乡活动，新建乡信息服务站 2084 个、村信息服务点 29675 个、乡级网上信息库 9940 个、村级网上信息栏目 66780 个。开展信息下乡活动的乡镇比例达到 82%。农村地区教育、医疗、社会保障、劳动就业、社区服务等领域信息化水平不断提升。

2012 年 3G 基站总数达到 104.1 万个，同比增长 27.9%，3G 网络已覆盖全国所有县城以及大部分乡镇。农村地区网络覆盖力度明显增强，城市地区室内覆盖成为重点建设内容，3G 网络服务质量稳步提升。随着运营商 3G 网络的全面覆盖和对业务的大力宣传，农村用户对 3G 的认知和使用都有明显提高，2012 年农村市场正在使用 3G 网络或者 3G 号码的用户占 30.8%，较 2011 年提高了 15 个百分点。

中国互联网络信息中心（CNNIC）第 33 次《中国互联网络发展状况统计报告》发布，该报告显示，截至 2013 年 12 月，中国网民规模达 6.18 亿，互联网普及率为 45.8%，呈持续增长状态。其中，手机网民规模达 5 亿，继续保持稳定增长。手机网民规模的持续增长促进了手机端各类应用的发展，成为 2013 年中国互联网发展的一大亮点。

中国网民中农村人口比例进一步增加，中国互联网在农村地区的普及速度不断加快。截至 2013 年 12 月，农村网民规模达到约 1.77 亿，比上年增加 2096 万人，增长率为 13.5%。我国网民中农村人口占比为 28.6%，是近年来占比最高的一次。自 2012 年以来，农村网民的增速超越了城镇网民，城乡网民规模差距继续缩小。农村网民已经成为中国互联网的重要增长动力（见图 2-1）。

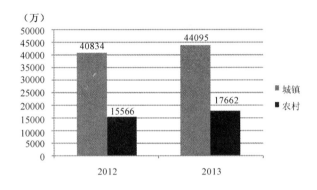

图 2-1　2013 年城镇和农村的网民规模

农村互联网普及工作已得到成效。近年来，随着中国城镇化进程的推进，我国农村人口在总体人口中的占比持续下降，截至 2013 年底，已降至 47.4%，但我国农村网民在总体网民中的占比却依旧保持上升趋势，农村地区依然是目前中国网民规模增长的重要动力。

截至 2013 年 12 月，中国农村互联网普及率达到 27.5%，呈继续增长态势，较 2012 年提升了近 4 个百分点，与城镇 62% 的互联网普及率差距较去年同期下降了近 1 个百分点，降至 34.5%，城乡互联网普及差距进一步缩减（见图 2-2）。

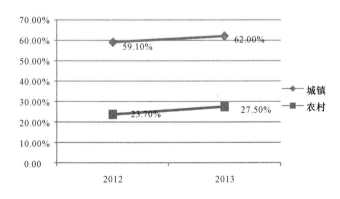

图 2-2　2013 年城镇和农村的互联网普及率

智能手机价格的不断降低和 3G 网络的快速普及使互联网的接入门槛逐渐降低，为网络接入、终端获取受限制的人群和地区，尤其是偏远农村地区居民，提供了使用互联网的可能。手机成为农村网民的主流上网设备，使用率高达 78.9%，远高于台式计算机和笔记本电脑的使用率，说明手机在满足这些人员基本上网需求的同时，推动了中国互联网的进一步普及（见图 2-3）。

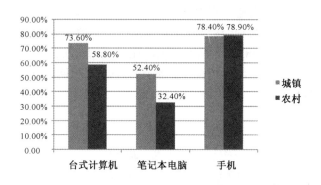

图 2-3 2013 年城镇和农村的上网设备使用率

二、各省市情况

（一）东部地区

由于地理、历史及体制方面的因素，东部地区经济水平一直较高，总体来说，东部地区的农村互联网接入水平在全国处于绝对领先位置。

北京在全国率先建成城乡一体化的高速宽带信息网络，到 2012 年，互联网家庭入户带宽超过 20M。北京市上网用户人数达到 398 万，占全国上网用户总人数的比例为 5%，是北京市总人口的 28%。上网计算机数为 198 万台，占全国上网计算机总数的比例为 6.4%，平谷、怀柔、密云、延庆等已建成全县范围的宽带信息网络。

2012 年，天津市农业区县宽带网络覆盖达 95% 以上，行政村拥有网站 568 个，互联网上网用户 15 万户；20 项民心工程之一的农村信息服务提升工程建成了涉农信息资源服务平台、1100 个信息服务站和 1700 个信息服务点，农技通、农信通、农校通等一批信息服务系统开通；物联网技术在设施农业和蔬菜、猪肉等农产品质量溯源领域应用不断深化。

上海市在浦东、奉贤、宝山、金山、嘉定、崇明六个区县建立 12316 "三农"服务热线区县分中心，推进 12316 "三农"服务热线在全市联网，实现全市统一服务标识、服务用语、服务程序、考评标准和服务规范等，并制定了《上海农业物联网发展实施方案》，启动实施粮食作物 "产加销"、能繁母猪保险、水产养殖等农业物联网示范工程。

2012 年，辽宁省上网用户人数为 291.5 万，占全国上网用户总人数的比例为 3.7%，是辽宁省总人口的 6.9%。上网计算机数为 96 万台，占全国上网计算机总数的比例为 3.1%，许多农民通过互联网增收。

河北省不断加大对互联网建设的投资力度，并积极推进互联网在各个领域的实际应用，互联网资源需求逐年呈上升趋势，2010年，全省IPv4地址数量达到8884380个，占全国IPv4地址总量的3.2%，拥有量在全国居第7位。2010年，全省互联网域名总数为260101个，居全国第9位，占全国域名总数的3%。2010年，河北省进一步加大了网站备案力度，网站备案数量也大幅增加，总数达到187314个，占全国网站备案总数的4.2%。

江苏省重点加大对苏北和农村地区信息化建设的推动力度，加快农村光缆建设与网络升级改造，推进光纤宽带进自然村，大幅提高农村家庭宽带接入能力；加大农村新一代移动通信基础设施建设，实现无线网络在农村地区全覆盖，从而确保"十二五"末全省"新三通"等网络接入、无线覆盖目标的全面实现，为农村信息化应用提供强有力的支撑。

2013年以来，中国人民银行杭州中心支行组织实施了浙江省农村"易e支付工程"，大力推广网上支付和手机支付业务应用，改善农村支付服务环境，促进农村电子商务发展。2012年，浙江省新建3G基站6401座，新建无线宽带接入点5.3万个，3G网络实现城市全覆盖，农村行政村基本覆盖。

山东省农村信息化综合服务平台在全国率先开通，农村信息化服务体系初步建立，涉农信息资源得到初步整合，各类综合农村信息服务站快速增长。大力推进信息化与工业化深度融合，全面提高制造业两化融合水平，引导电子商务与物流信息化健康发展，牵头做好行业生产性服务业工作，启动实施农村信息化"311"工程。

海南省信息网络主干网通达各市县，支线网覆盖全省乡镇。建成了"三纵两横"覆盖海南全省各市县的光纤骨干网络，城市光纤延伸到小区、商住楼，农村光纤通达乡镇并向建制村延伸，已建成的风景区实现光纤全覆盖；海域利用北斗卫星、3G无线网络完成全省18个市县城区、乡镇、高速公路、高速铁路、景区全覆盖，在全省陆地面积覆盖率90%以上。2012年，海南省本地局用交换机容量达到85万门，移动电话交换机容量达到1512.4万户，以本地网中继和接入网光缆建设为重点的基础传输网建设，为各种电信业务提供了大容量、高质量的基础网络平台。2012年，全省的乡镇通宽带率100%，行政村通宽带率90%以上，互联网用户数达到725.3万户（宽带接入用户数95.53万户，手机上网用户数612.27万户）。3G网络建设和推广应用进一步加快，3G网络覆盖所有城区和乡镇，行政村覆盖率达到96%以上。

福建省的互联网宽带接入端口达到1110万个，光缆线路长度达到57万公里，光纤入户用户累计达145.3万户；城市地区20M及以上接入带宽覆盖率达91%，农村地区2M及以上接入带宽覆盖率达98.3%；建制村光缆通达率达98%，商务楼宇光缆通达率达100%。

广东省重点扶持广东省东西两翼、北部山区和贫困地区的宽带网络基础设施建设，提高农村地区宽带普及率，扩大无线宽带网络在农村中小学、农村卫生站等村镇公共服务区域的覆盖面。广东省信息技术应用向农村生活生产各领域加速渗透，在2012年，20个地级以上城市共完成150多个通用应用平台、近400个特色应用系统的建设与部署，提供涉农信息咨询服务970多万次、涉农视频课件达800多集。

（二）中部地区

2012年，黑龙江联通完成了400个行政村通宽带的村通目标，累计新建光缆2932公里，新增宽带端口4.5万个，新增语音端口5.2万个，全面推进了农村区域的宽带普及提速工作。结合光缆布放，进一步深度覆盖330个自然村，对超过200个村屯进行了宽带升级提速优化改造，农村宽带行政村覆盖率超过 95%，新建及改造宽带端口全部具备 20M 接入能力。

2012 年，吉林省积极推动农网网站体系创新发展。建设"农村吉林"乡镇网站，全省网站群共发布各类信息 30 余万条次，其中报送中国农业信息网信息量比 2011 年增长 11%。2012 年，"吉林农网"被省政府评为"政府优秀特色网站"。吉林农机技术推广中心将先进的农业新技术送到农民手中，为农民提供可视网络水稻生产示范培训，发展可视农业。可视农业是利用 PC 互联网技术、移动互联网技术、GPS 卫星定位技术、远程监控技术及远程会议系统等组合应用，力求构建全市农机化技术宣传、培训、推广三位一体的信息化立体推广体系，并形成市、县、农机合作社三级联通和互动的农机化技术推广通道。

2012 年，河南省农村基本实现行政村通光纤和自然村通宽带，城市用户接入能力平均达到 20Mbps，商住楼用户接入能力基本达到 100Mbps，农村用户接入能力平均达到 4Mbps，城乡"数字鸿沟"进一步缩小。计划到 2020 年，基本建成宽带、融合、泛在、安全的下一代通信信息网络体系，实现家家通宽带的目标，城乡基本公共信息服务趋于均等化。

安徽省互联网宽带网络通达所有乡镇，覆盖到 80% 的行政村，实现了"村村通宽带，乡乡有网站"。2012 年，安徽省上网用户人数为 183.5 万，占全国上网用户总人数的比例为 2.3%，是安徽省总人口的 2.9%。安徽省农村用户接入能力平均达 4Mbps，城乡差距进一步缩小。

江西省的"中部山区新农村信息化关键技术研究与应用"项目通过验收。在南昌、吉安、鹰潭等 7 个市区开展农村综合信息服务平台建设和应用示范。项目已取得国内专利 8 项，研制新装置 1 项。同时江西进贤县、瑞昌市、信丰县、万年县、安福县获批农村商务信息服务试点县（市）。江西省的 3G 网络覆盖所有乡镇。

山西省为提升农村流通网络信息化水平，充分发挥"万村千乡市场工程"网络作用，按照商务部试点工作要求出台了《山西省"万村千乡市场工程"信息化建设实施方案》。全省将对 5000 个农家店进行信息化改造，充分发挥信息化改造后的农村流通网络的平台优势，扩展农家店服务范围，提高农家店盈利水平，进一步促进农村消费。

湖南省农产品网上交易额达到 200 亿元。农村党员干部远程教育实现了行政村全覆盖。在湘西自治州建成了"党员 E 信通"党员远程教育平台，实现了广大农村党员干部和群众在任何时间、任何地点均能采用有线与无线网络、PC、TV 及智能手机等多种方式，享受科技在线咨询服务、农村电子商务、农村卫生健康知识服务、电子图书阅览、劳动技能培训等服务。

（三）西部地区

重庆市农村信息化体系基本形成。截至 2012 年年底，全市政务信息化乡镇覆盖率达到 100%，行政村覆盖率达到 90%，商贸信息化涉农企业、合作社覆盖数超过 2000 家，民生信息化覆盖农户数超过 580 万户，覆盖率达到 80%。

广西信息基础设施建设力度不断加大，通信网络能力不断提高，信息网络覆盖全区，形成了以电信、网通、移动、联通、铁通、广电网络等运营商互为补充、覆盖全区的信息传输网络，基本实现了村村通电话和互联网。截至 2012 年年末，全区固定互联网宽带接入用户达到507万户，网民数达1586万人，互联网普及率34.2%，无线网络信号覆盖全区99.6%以上的行政村，新增859个行政村通宽带，全区行政村通宽带率达到90.6%。

2012年，云南省中国电信云南公司3年内累计投入超过80亿元资金用于网络建设，已实现90%的行政村3G网络全覆盖和100%乡镇宽带全覆盖。

2012年，贵州省全省新增1848个行政村通宽带，行政村通宽带比例达到63.61%，比上年提高9.8个百分点。宽带普及提速工程实施成效显著。互联网数据出省宽带同比增长5.5%；互联网宽带接入端口达到435.79万个，新增光纤到户覆盖家庭35.1万户。

四川省的农村信息化水平不断提升，加快实施"农村中小学通宽带"工程，设立农村公共宽带互联网服务中心，加强各类涉农信息资源的深度开发。2012年，全省的行政村通宽带比例达到74%。

陕西省全面启动"数字化城镇"示范工程，全省首批7个镇成为数字化示范镇。部署全省有线电视未通达农村300万农户直播卫星"户户通"工程建设，该工程是"村村通"工程的延伸，是新中国成立以来国家投资最大的覆盖工程。在全省大力推广农业信息化"白河模式"，即"三个中心支撑三支专家队伍，三支专家队伍对应三个农业技术推广区域中心站，三个区域中心站分片辐射镇、村信息站"，实践证明"白河模式"的运用实现了三个倍增：技术推广倍增、服务能力倍增以及农民收益倍增。

甘肃省工信委积极推进陇药信息建设，构建陇药集群供应链，以信息化助推陇药产业快速发展。围绕特色农牧业和特色农产品，支持通信运营商参与农村信息化平台建设，积极促进全省涉农信息资源交换共享。支持农业监测预警系统建设和物联网在农业生产中的应用。促进农业生产环节的标准化和智能化、农产品生产质量安全控制信息化（RFID，即射频识别或条码的应用）与农产品安全可追溯系统、地理信息系统（GIS）在农业中的应用。

2012年，新疆维吾尔自治区乡镇上网率达到100%，农业信息采集数据库和粮食生产数据库已初步搭建。农村信息服务体系逐步完善，全区64%的地州农业局设立了负责信息工作的职能机构，部分县（市）农业局也建有信息服务机构，321个乡镇建立了综合信息服务站。

截至2013年年底，西藏自治区互联网用户数达到202.7万户，普及率为67.5%。2013年全年完成905个行政村通宽带建设任务，累计实现3231个行政村通宽带，行政村通宽带率达到61.41%，并新增110所农村地区中小学宽带接入。

第三章

农村信息资源建设

农村信息资源是农业资源的抽象，是农业自然资源和农村经济技术资源的信息化。按照信息论奠基人申农的观点，信息是用来消除随机不确定性的东西。从内容上看，农村信息资源至少应该包括反映农业生产和农村生活所必须的自然资源信息和社会经济信息两大类。前者包括气候和天气信息、土壤信息、水分信息、作物生长及病虫害信息等自然方面的内容，为农业生产提供资源环境方面的信息支持，为农业精确发展提供了可能性。后者包括农业产品市场信息、农村资本信息、技术信息、法规政策、管理信息以及科研教育等，为农村生产提供必要的社会经济信息支持，是农业精确化由可能性变为现实性的必要保障。从形式上看，农村信息资源包括互联网络信息、图书报刊信息、广播电视媒体信息及其他信息。随着计算机信息技术在农业生产的成功运用，网络信息资源开发已经成为农村信息资源的主体内容之一，各类农业网站和涉农数据库纷纷建立，从而逐步实现各类农村信息资源的共享和交流，提高农业运作效率。从服务上看，农村信息资源包括与农业信息生产、采集、处理、传播、提供和利用有关的各种资源，如农业信息技术与信息机械，农业信息机构与系统，农业信息产品的服务等。农村信息资源是农村信息化的基础，在我国农村信息化建设过程中起着极其重要的作用。

第一节　农业网站

农业网站作为农业以及相关从业人员在互联网上活动的最主要平台，是农业信息化建设的重点，农业网站的建设也是发展现代农业的重要组成部分。近日国内第三方独立分析机构数据专家（CNZZ）根据网站、网民行为等客观数据，对涉农网站在2000—2011年期间发展情况的数据分析显示，目前涉农网站的建设已经进入了快速发展期，涉农网站的站点数目从2000年的2200个上升到2012年的近6万个，其中仅在2009年1—8月间就增加了7257个，增长率达到32.8%，远远高于全国互联网站平均增长速度，从这一点来看，农业网站的发展并没有受到全球经济不景气的影响。这主要是由于政府加大对涉农网站的建设力度，同时农村互联网用户快速增长也对农业网站的发展起了推动作用。由此可见，农业类网站是实现农业现代化的重要手段之一，应充分发挥农业信息为政府部门、农业生产、农业科研及成果产业转化和农产品交易市场服务的功能，提高政府工作效率，加快农业从业者对政策信息、供求信息和科技信息的获取速度，推动我国农业产业化和现代化的进程。

一、农业网站服务状况

我国农业网站服务建设起步于 20 世纪 90 年代初期，1994 年，"中国农业信息网"和"中国农业科技信息网"相继开通运行，标志着网站资源在农业领域应用进入了一个新的发展阶段，经过 20 多年的发展，我国的农业网站数量已经有了相当的规模，农业网站的服务已经成为促进农业经济发展、提高农业竞争力的重要支撑手段和推进我国农业战略性转变的一个重要枢纽。尤其是近几年，国家和社会对"三农"问题尤为关注，面向农业生产咨询信息内容的网站服务得到了飞速发展。截至 2013 年，在中国农业信息网上自愿登记注册的农业信息类网站已近 8000 家。目前，我国农业部已经初步建成了以中国农业信息网为核心、集 20 多个专业网为一体的国家农业门户网站。中国农业信息网的影响不断扩大，在社会上引起越来越多的关注，日均点击量达 240 万人次，在国内政府网站中名列前茅，在国内农业网站中居首位，在全球农业网站中居第二位。

网站建设者属性方面主要分三类：一是政府部门建立的农业信息网站，二是农业科研和教育部门建立的网站，三是涉农企业以营利为目的建立的自身产品推销宣传网站。据有关机构统计的结果，农业企业成为网站建设的主力军。在所有农业信息服务网站中，企业公司类占 82.6%，政府部门类占 11.0%，教育科研类占 2.6%。而在农业网站信息内容的分类方面，科技、教育、气象、水利等涉农部门以电子政务为核心，积极推进各级各部门网站的建立和应用工作，许多部门都建立了面向农业农村提供信息服务及培训的网站。许多中介组织、大的涉农企业集团甚至民营企业结合自己的服务对象和业务，也开设了具有特色的面向农业农村的信息服务网站。在农业网站监管层面，随着农业网站建设工作的不断深入，农业部对于农业网站的发展极为重视。多年以来，不惜在各地各省市投入重金以加快整个农业行业的信息化、现代化发展。例如，农业部信息中心将从政府监管和政策颁布机构的角度，和 CNZZ 这样有作为、有实力的数据专业公司一起，共同开拓农业类站点的广阔市场。以具体的客观数据为依托，更为客观翔实地了解整个行业的关键数据。这非常有利于深化农业信息化改革的进程，非常有利于深入了解农业网络供求两端的具体需求，将大大加快规范和细化行业信息化政策的力度，进而优化整个农业行业的信息产业结构。

在农业网站服务用户方面来看，随着农业网站数目的增长，农村地区互联网基础设施的不断完善以及农民收入水平的不断提高，使更多农民具备上网条件，整个农业类网站的站点流量也也保持着一定的增长。据不完全统计，全国农业网站每天的独立访客和页面浏览数分别达到342626人和1206324次，这两项数据分别比2009年的统计结果增加了15.1%和19.4%。在这些访问者中，有 24.9%的访客是通过直接输入网址和收藏夹进入网站的，而且这种类型的访客比例有稳步提升的趋势，而通过网址站点和其他网站的链接方式访问农业类网站的访客比例均表现较为稳定，分别在 36.50% 和 12.70% 左右，与此形成对照的则是通过搜索引擎方式访问农业类站点的比例为 25.51%，这种访客的比率有下降的趋势。从这些访客进入农业类网站的途径分析可以看出，超过 60% 的访客是通过直接输入网址以及本地和网络收藏夹的方式进入站点，这部分访客对自己的访问目的地很明确，同时对网站的回访率较高，而访客比例的不断提高也意味着一部分农业网站在不断的成长，成为访客的固定访问对象。通过搜索引擎访问网址的访客有着明确的目的性，这部分访客比例的下降也同样说明越来越多的访客在自己记录的网站上就可以找到自己所需的信息，同时也说明对农业类网站并不熟悉的新独立访客增长缓慢。在访客的来源方面，95% 农业网站的访客来源于国内，这与全国其他网站的访客来源基本相同，而在农业类网站的国内访客的城乡分布中，来自农村的访客比例占 29.5%，这与中国农村网民占全国网民的总比例相当，但随着农村信息化建设的加快发展和农村居民收入的不断提高，农村访客的比例在一直稳步提升。这表明农业网站的最大受众应该是农民，农业网站中农村访客就应当占据更大的比例，因此，在服务建设方面，就必须先提高农业行业整体站点的平均水准。特别是为数众多的、最为贴近广大网民的构建基础站点群，为农业网站服务于农业行业生产奠定坚实的基础。

由上述分析可见，无论从行业站点数还是行业流量来看，我国农业信息服务网站经过近年的发展，取得了很大的进步，并已初步建立起省、市、地、县四级网站服务体系。同时，鉴于农业生产的复杂性和农业生产的实际需求，农业部正在会同其他相关部门对农业信息网站建立更复杂、更精细、更适合农业实际的体系架构。例如，对农业政策法规网站，需要从中央到地方建立条状网络体系；农产品供销信息网站，需要从客户角度出发，按照市场区域建立体系；而农业科技信息服务网站，则要在本地网络针对实际特点和需求，分门别类建设网站体系等。然而，在我国农业网站取得的巨大成就的背后，还存在着某些不足，具体表现在以下几个方面。

第一，农业类网站的绝对数量还很少，仅占全国所有网站的 3.8%，这与农业产值占国民生产总值的 11.3% 这一水平并不匹配，与农业现代化的要求也相距甚远，同时农业类网站的主要服务对象农民有 6 亿之多，农村网民接近 1 亿，农业类网站还有着非常广阔的发展空间，需要进一步加快发展。

第二，农业类网站的地域分布依然很不均衡，呈现了明显的地域差别，近半数以上的农业类站点都集中在北京、上海等整体经济对农业依存度不高的地区，而在农业占经济总量比重较大的中、西部地区的农业类网站只占总数 3 成不到，尽管互联网的开放性和全局性能够在一定程度上弥补网站在地域分布上的问题，但随着农业产业结构的不断深化调整，不同地区的农业从业者所需求的农业信息各有不同，而本地网站在了解当地情况和提供相应信息方面更具优势，毕竟北京的网站很难了解贵州农村的确切信息。网站地域分布不均衡意味着中西部农业从业者很难在网上得到符合本地区实际情况的信息。

第三，农业网站的独立访客整体数量太小，与每日超过一亿的农业相关从业者的网民数量差距甚大，这说明大多数农业网民并不访问自己所在行业的网站。而平均每个站点每天只有 41.6 次的页面访问数，这远远低于全国的平均水平，农业类站点还需要进一步提升网站结构的合理性和内容的可读性。

第四，农业行业关注度还有待提高。行业搜索关键词是一个行业发展的重要标记，行业搜索关键词越多，被搜索引擎收录的概率也就越大，意味着该行业网站的内容越丰富（在同一类站点中，出现于超过 1%数量的行业站点之中的关键词，称为行业搜索关键词）。目前总数达到近 3 万农业类站点的行业搜索关键词数量仅为 7852 个，这与其他行业网站的平均水平有着较大的差距。说明整个农业网站的总体有效信息量还比较少。有竞价的关键词是指网站通过报价提升自己在该关键词上的搜索排名，整个行业的竞价关键词数则代表着该行业网站对于花钱提升自身在搜索引擎上排名的意愿。农业类行业有竞价的关键词数目为 385 个，这是一个很小的数据，说明整个农业类网站愿意花钱吸引流量的意愿还相当低，网站对流量不重视，其对网站内容建设也不会太重视。

第五，网站使用"黏性"不足。据统计，2009 年 8 月农业类网站访客的平均在线时间为 5.81 秒，比前期的 5.31 秒略有提高，但仍比较少，说明大多数访客在农业类网站停留时间很短，访客对网站提供的多数内容并不感兴趣。这与前面农业类网站访客较少、关键词较少等现象一同说明了农业类网站的吸引力较低。

由此可见，对于我国农业网站服务来说，在未来若干年中，还有相当的工作需要开展和改进。

二、农业网站服务内容

农村信息是非常复杂的，对农村信息的获取、处理、管理、共享是农业网站服务的主要内容，同时也对农业网站服务提出了更高的要求。由于农业同时受自然、社会条件的制约，种植业、畜牧管理、农田牧场管理、农村市场直至农业生产的每一环节都需要多门类、全方位的信息支持。我国农村人口众多，对农村信息需求量大而信息接受能力弱。以上这些特点决定了农业网站在服务内容上必须具有独特的特征才能满足实际需要。因此，农业网站不能满足于仅仅提供简单的初级信息的搜集，而是要把能掌握的信息资源整合加工，来提高信息的利用率和延长信息的有效时间。尤其是市场类信息可以通过对历年以及各地相关信息的收集，对市场信息进行时间上的纵向比较和不同地区同一时间上的横向比较，通过提供整合后的信息，使农民在制定种养计划时做到有据可循，在种养之初就能预期到将来的收益，尽量避免种养时的跟风行为，降低农产品的价格波动。农民最需要的是能针对农业生产的农事指导、农业实用技术，农业网站在服务内容上就要提供更多的实用信息和针对农业生产中遇到问题的解决方案。农民对于农业网站科教性的需求，要求网站在种养技术指导版块加大投入，能提供农业知识视频点播、网络远程诊断等技术含量高的内容；同时增设部分能提供双向交流功能的农民论坛和在线交流的答疑等，吸引农民的注意力，从而提高网站服务内容的关注度。在农业网站的实际服务过程中，其服务内容涉及到政府类农业网站、行业类农业网站和农业电子商务类网站，这些网站互相结合，共同形成了完整的农业网站服务体系。

（一）政府类农业网站

目前，政府类农业网站已经初具规模，农业部建成了以中国农业信息网为核心、集30多个专业网站为一体的国建农业门户网站。各省、自治区、直辖市农业行政主管部门、83%的地级市和60%以上的县级农业部门建立了农业信息网站。此外，其他中央有关部门也纷纷建设或参与建设农村信息服务网站，商务部建设了信息农村商网，开展了农村商务信息服务；国家气象局建设了联通33个省、自治区、直辖市、270多个地级市、1300多个县的中国兴农网，直接为"三农"提高农业气象和经济信息服务。

通过金农工程的多年资金支持，农业部网站按照统一规划、统一标准、统筹建设的原则，实现了一组信息标准（统一采编发规范、统一政务公开目录体系、统一子站建设标准等）、一个门户平台（统一内容管理、统一用户管理、统一权限管理、行业门户整合等）、一组服务功能（全文检索、统一消息、信息资产管理等）的建设目标。与此同时，农业部以用户为中心建设了中国农业信息网政务版（www.moa.gov.cn）、服务版（www.agri.gov.cn）及商务版（www.agri.org.cn）。政务版由领导子网站、司局子网站和直属事业单位子网站组成，是农业部对外发布权威信息、提供在线服务和政民互动的国家农业电子政务和信息服务平台，即"网上农业部"；服务版为社会提供最全面、权威的新闻、政策、市场、科技、生活等信息服务，是国家农业综合信息服务门户网站和全国农业网站的旗舰；商务版引进社会力量参与，由北京华夏神农信息技术有限公司承办经营，在取得良好社会效益的前提下，谋求一定的经济效益，为实现持续经营创建有利条件，培养农村市场信心服务主体，健全农村信心服务市场体系，促进农村信心服务产业发展。

2006年商务部决定开展新农村商务信息服务体系建设（简称信福工程），大力开拓农村消费市场，加强农村流通体系和市场建设，使商务公共服务更大范围地覆盖农村，为农民增加消费提供信息服务和购销便利，全力支持新农村建设发展。信福工程以建设社会主义新农村为宗旨，全面推进新农村商务信息服务体系建设，提升农村信息化应用水平，为农民获取和发布信息服务，为政府采集信息服务，推动农村流通发展，拉动农村消费市场，帮助农民引福致富。此项工程目标在于逐步建立覆盖全国农村的公共商务信息服务网络，将商务信息服务推广到农村基层，提供商品、市场商务信息，提供商务信息化能力培训，促进农村流通工作，推动农村经济发展。在信福工程过程中充分考虑了信息化推广特点，扩大和规范信息源和建立健全信息传播渠道，并培育提高信息化应用能力，根据农村基层信息化实际情况，鼓励开展多种类型商务信息服务形式进行试点，降低试点进入门槛。在实施方式上，信福工程以下述方式开展工作。

1. 建立农村商务信息服务站点

向农民提供从新农村商务网、其他农业商务信息网等网站上收集的农副产品商务信息，协助农民上网发布农副产品信息，为农民开展商务信息咨询服务。建立村级商务信息服务站。2006年起在全国选择1万个村（按每省约300个村计）进行建立农村商务信息服务站的试点工作。与"万村千乡市场工程"相结合，依托龙头企业建立村级商务信息服务站。2006年起结合"万村千乡市场工程"，选择10个龙头企业，鼓励其在农村营销店附近的行政村延伸建设村级商务信息服务站，支持已有大学生担任村官的村建立商务信息服务站。2006年起在担任村官的大学生中选择 3000 名，支持其建立本村商务信息服务站。发挥高等院校的作用，对口支援建立农村商务信息服务站。2006 年起商务部将会同教育部选择 10 所高等院校对口支援农村建立商务信息服务站，与省市商务主管部门开展信福工程相结合，开展商务信息服务。主要任务是：每所高校支援 100 个村建立商务信息服务站，并选派大学生到农村对口开展商务信息应用培训，每学期到农村对农民培训的时间不少于 3 天。

2. 完善体系建设的其他形式，支持兼职乡镇商务信息助理

2006 年起在全国 2000 个商务信息服务站试点村的归属乡镇（按每个乡 5～10 个试点村计）中聘任 1 名乡镇干部作兼职商务信息助理，其主要任务是：负责本乡镇商务信息服务的组织实施，开展本乡镇直接面向农户的各项农业信息综合服务；组织培训和收集农民对生产资料和生活资料的需求信息，并利用网络媒体向农民发送生产、生活资料市场信息，组织本乡镇设立的村级商务信息服务站的工作；培训农户骨干基本商务信息应用能力。2006年起在全国 10 个省市 20 个县培训 1 万名农户骨干，并为培训合格人员颁发"农村商务信息员培训合格证书"，其主要任务是：培训农户骨干使用互联网，提高其掌握和利用农产品市场供求信息开展经营的能力，更好地开展经营，带动其他农民致富；建立信息资源体系，培育涉农网站的农产品专门数据库，为农民提供农村商务信息。2006 年起在全国选择 10个已有农村商务信息服务基础的涉农网站建立农产品专业数据库，其主要任务是：扩大农村商务信息来源，增加服务方式，开辟面向"三农"的服务栏目，为农民提供更加便捷有效的信息查询和发布等服务；依托农副产品综合市场，开展公共信息服务。2006 年起在全国选择 60 个县级以下的农副产品集散地进行试点，其主要任务是：在大宗农副产品集散地，建立公共信息查询服务系统，通过信息发布栏、演示屏等形式，向广大农户提供实时农产品公共商情信息及综合信息服务；开展上述形式试点的地点应相对集中，建立村级商务信息服务站、支持兼职乡镇商务信息助理、培训农户骨干和农副产品综合市场商务信息服务建设等形式应在同一个市（地）、县试点，以利于形成体系，发挥综合作用。

（二）行业类农业网站

网站向规模化（门户）和专业化（特色）方向发展是网站发展的必然趋势。首先，种植业和养殖业的技术与管理是农业网站的重要内容，在各类农业网站中都占有重要的位置；其次是农产品加工工业。另外，休闲农业类网站近年来发展迅速。我国行业类网站在网站运营模式上做了很多探索，为农业网站可持续性发展提供了很好的参考。

种植业和养殖业技术管理是农业网站的重要内容，在各类农业网站中占有重要的位置。具体的农业种植业类网站有水稻、小麦、棉花、油料、蔬菜、茶叶、烟草、果树和花卉苗木等专门网站，主要介绍新品种和名优品种、农药化肥新成果、种质资源和使用技术及市场信息等，但这些网站还是以成果介绍和科普性的内容为主，专业性不够，信息服务缺乏针对性。养殖业网站数量较多，内容涉及畜牧兽药、饲料、水产种苗、水产加工等，目前这类网站在新品种宣传推荐、新技术宣传介绍和常规技术普及方面发挥了较好的作用，但信息的实时性和个性化服务方面还有很大差距。

目前，农产品加工类网站的主要内容包括粮油产业、茶叶产业、乳业乳品、畜禽肉类、蔬菜产业、食品饮料、渔业水产、干鲜果品、饲料产业、糖酒烟草、食品包装、农业机械、加工技术、农产品贸易、食品安全等方面。网站提供地方特产和资源的加工技术、农产品加工机械和农产品市场信息服务。

行业类网站充分发挥市场引导作用，积极探索农业网站服务的运营活力，探索农业网站可操作性和可持续性运营模式。如中国辣椒网以专业网站为平台，积极开展多种服务，促进当地特色经济发展，带动农民利用信息技术致富，实现椒农、企业、网站和政府等方面的多赢，逐渐从开通初期的无偿服务转变为"微利保本"的运营模式。又如中国e养猪网为猪企、养猪产业相关企事业单位及从业人员提供一个展示自我、互动交流、快速全面获取行业资讯的多媒体网络平台，开发了新产品"吉祥三宝"——猪e手机报、猪e周刊、猪e短信。并采用广告、网上电子商城的模式和电子信息产品等盈利模式。

其他一些典型农业行业类网站信息如下所示。

1．中国农牧网（http://www.nm18.com）

中国农牧网是集农牧科技信息、政策信息、供求信息为一体的大型综合农业网站，是中国通信管理局批准的正规网站。网站以传播农牧信息，架起致富桥梁为己任，力求打造海量、灵活、互动、准确、及时的农牧民需要的网站。

2．中国畜牧业信息网（http://www.caaa.cn）

中国畜牧业信息网由中国畜牧业协会主办。旨在成为服务于畜牧行业的信息共享平台。中国畜牧业信息网是畜牧业人士及时了解行业发展的信息渠道。自 2003 年 5 月正式发布以来，网站内容不断丰富。

3．三农直通车（http://www.gdcct.gov.cn）

中国三农第一网，三农领域最具影响力的综合门户。关注三农领域的科技与市场、时政与民生，为农村信息化建设提速。

4．中国玉米网 （http://www.yumi.com.cn）

主要面向大型粮食贸易企业、饲料企业、玉米深加工企业、粮食仓储企业和国家各大部委、国内外各大权威粮食信息机构、科研院校、各地区粮食部门，信息内容丰富、详实、准确。

5．中华粮网（http://www.cngrain.com）

郑州华粮科技股份有限公司（中华粮网）是由中国储备粮管理总公司控股，集粮食B2B 交易服务、信息服务、价格发布、企业上网服务等功能于一体的粮食行业综合性专业门户网站。

6．中国水产养殖网（http://www.shuichan.cc）

水产行业门户网站，提供水产行业信息、水产养殖资料信息及水产贸易信息。

7．鸡病专业网（http://www.jbzyw.com）

鸡病专业网正式运营于 2005 年 5 月，依托于多年畜牧网站运营经验和强大的专家团队支持。面向全国行业用户开放浏览，是国内领先的养鸡与鸡病防治领域互联网信息服务提供商。致力于不断提高用户体验，为客户创造价值。

8．中国畜牧招商网（http://www.zgxmzs.com）

中国畜牧招商网是畜牧行业专业招商网站，网站提供企业、产品招商、最新资讯、新品预告、经销商库、企业动态、招商方略、政策法规、疾病防治、《今日畜牧兽医》电子版等。

9．养殖商务网（http://www.yangzhi.com）

养殖商务网隶属于华夏信息服务有限公司，下属企业之一为唐山金江经济动物养殖场，是全国最早养殖芬兰狐狸并对国产狐狸进行人工受精技术改良的企业之一。

10．淘牛网（中国牛业商务网）（http://www.taoniu.com）

中国最大最专业的牛业行业网站，是肉牛、奶牛、水牛、牦牛、牛肉、牛副、牛皮、饲料、兽药、畜牧机械、兽用医疗器械的网上交易市场。是牛业及牛产业链企业的资讯、人才、技术交流中心。

11．中国种猪信息网（http://www.chinaswine.org.cn）

中国种猪信息网是在北京飞天畜禽软件研究中心基础上组建的高新技术企业。主要业务为畜牧业应用软件开发研究、网络技术、畜牧场设计与施工、畜牧技术咨询、饲料及添加剂开发研究、畜牧机械设备开发研究等。

12．农产品加工网（http://www.csh.gov.cn）

农产品加工网（通用网址：农产品加工；网络实名：农产品加工网）。每日 18 个小时发布信息，天天更新，是国内农业产业化和农产品加工资讯最全面、最权威的行业门户网站之一。该网是国内农业产业化和农产品加工行业的重要信息来源。

（三）农业电子商务类网站

据世界食品和农业产业的领导银行罗冰银行统计，2003 年时农业电子商务贸易将占到全球农产品贸易额 4 万亿美元的 10%。美国农民开始触及电子市场是在 20 世纪 70 年代，这一时期的主要标志就是通过使用远程联系方式和数据处理系统把买卖双方及需要交易的产品联系在一起。这些成就的取得主要依靠电话的作用,而计算机只是用来存储相关数据。到 20 世纪 80 年代，由于电子商务可以提高工作效率，已经开始有相当数量的农民对这种交易方式产生了浓厚的兴趣。进入 20 世纪末，美国农场的数量以每年 1.5%的速度减少，农民及农场的工人数量只相当于全国劳动力的 8%。而今天的农民变得占有信息资源更丰富、更具有竞争性、对环境变化更加敏感。据美国农业部 1999 年的调查显示美国全国已经有 40%的农户购买或者正在租用计算机。1994 年美国第一家农业网络公司 Farm.com 成立，到 2001 年的时候这家公司已经发展成为销售额数百万、经营范围涉及农业大部分领域的大公司。而建立于 1995 年的"美国农业在线"（http://www.agriculture.com）于 2003 年在第 49 届 JesseH.Neal 年度最佳商业评选中，获得了最佳 BtoB 网站奖。

由于我国是一个农业大国，现阶段我国农业正处于传统农业向现代农业的转变之中，农业发展的突出问题是农户小生产和市场大流通之间的矛盾，电子商务可以很好地解决"小农户"与"大市场"之间的矛盾，实现农业生产与市场需求之间的对接。对农业来说，由于农业生产的特点以及农业标准化程度较低等众多原因，开展农业电子商务存在一定的困难，但我国农业电子商务模式方面探索了一些具有特色的成功模式。一般来说，我国电子商务总体上包括两大部分：一是提供待售商品或服务的基本信息，即网上商城；二是提供买卖双方网上洽谈、签订合同、电子支付等服务，即网上交易。

1. 网上商城

农业网上商城类似于现实世界当中的农产品商店，其差别是利用电子商务的各种手段，达成从买到卖过程的虚拟商店，从而减少中间环节，消除运输成本和代理中间的差价，对增加普通消费和加大市场流通带来巨大的发展空间。尽可能地还给消费者最大利益，带动农业企业发展和腾飞，引导农业经济稳定快速发展，推动国内生产总值提高。

相比传统店铺经营模式，农业网上商城的优点在于以下几个方面。

无时空限制：每天 24 小时，每周 7 天，都可以进行商品的浏览与购买，工作时间可以随时与客服进行交流，解决购物中遇到的困难。全球的任何人都可以通过互联网访问网上商店，不受空间限制。

服务优质：网上商店，不但可以完成普通商店可以进行的所有交易，同时它还可以通过多媒体技术为用户提供更加全面的商品信息。

客户遍布世界各地：倘若仅仅做线下市场太过于局限，而网络可以带来强大的流量，拓展市场及用户群体，将业务开展到全国乃至世界。

节约成本：这个成本从硬件和软件两方面体现，硬件包括店面、房租、装修、印刷、纸张等最需要用品；软件包括网上商城购物系统、网络信息、图片、视频等，都可长期使用、良性循环、非常经济和环保。同时省去了店面费用，总体的成本降低很多，所以表现在消费品上的价格也会相对传统店面便宜很多。

营销推广经济、便捷：互联网营销与传统媒体相比，更加经济简捷。传统媒体广告费用高昂，更适合于进行品牌塑造；而网络营销主要是策略与定位把控的问题，实惠很多，费用与传统媒体相比微乎其微，并且流量与用户也更加精准，ROI（投资回报率）高出许多。

信息更加立体、全面：通过互联网，企业的信息展示、品牌塑造和形象宣传可以通过文字、图片、音频、视频等多维度进行现实与虚拟相结合的展示，使用户对企业的了解更加立体和全面，有助于形成良好的形象与口碑。

稳定、安全、可靠：网上商城购物系统由软件公司专业开发，系统相关的维护及运营工作都由他们负责，服务器对于信息的统计、归档都受 24×7 小时的全面监控与管理，企业自身不必费时、费力、费人进行维护，所以非常稳定、安全及可靠。

管理高效、便捷：运用信息化的数据库管理，各类信息精准、清晰、无误的保存，再也不会出现人工操作出现低级错误的情况，可以随时查阅、核算、统计。

近年来，我国农业网上商城发展迅猛，各地出现了许多运营良好的农业网上商城。例如，陕西省周至县三湾神舟行绿色蔬菜专业合作社与西安市人人乐超市通过网络"联姻"，通过网上涉农平台，从未谋面的农商双方达成了西红柿、青瓜等 6 个品种的蔬菜交易，共计 20 吨，交易金额约 4 万元。据悉，农商对接服务平台建成 2 年多来，发布各类消息 6500 余条，收录企业信息超过 1000 家，达成交易 4400 个，交易额突破 2.5 亿元。

2. 网上交易

网上交易主要是在网络的虚拟环境上进行的交易，类似于现实世界当中的商店，差别是利用电子商务的各种手段，达成从买到卖的过程的虚拟交易过程。根据商务部 2007 年第 19 号所发布的《关于网上交易的指导意见（暂行）》，"网上交易是买卖双方利用互联网进行的商品或服务交易。常见的网上交易主要有：企业间交易、企业和消费者间交易、个人间交易、企业和政府间交易等"。农业电子商务网上交易包括 B2B、B2C、C2C 等多种交易服务。其中，B2B 是企业之间通过商务网络平台进行交易，如农资企业、农业生产企业、农产品及其加工品销售商企业之间通过网络平台交易等；B2C 是企业与经销商，即农资企业与农户、生产企业与经纪人、销售企业与消费者之间进行的网络交易，它的交易方式以网络零售业为主，如经营各种农资、特色农产品等；C2C 是消费者之间的交易，即农户与农户、经纪人与经纪人之间的网络交易。网上交易的内容主要包括会员诚信认证、网上商谈、电子合同、网络支持等服务。

农业网上交易的特点如下。

电子商务以现代信息技术服务作为支撑体系：现代社会对信息技术的依赖程度越来越高，现代信息技术服务业已经成为电子商务的技术支撑体系。首先，网络交易（电子商务）的进行需要依靠技术服务，即电子商务的实施要依靠国际互联网、企业内部网络等计算机网络技术来完成信息的交流和传输，这就需要计算机硬件与软件技术的支持。其次，网络交易（电子商务）的完善也要依靠技术服务。企业只有对电子商务所对应的软件和信息处理程序不断优化，才能更加适应市场的需要。在这个动态的发展过程中，信息技术服务成为电子商务发展完善的强有力支撑。

以电子虚拟市场为运作空间：电子虚拟市场（Electronic Market Place）是指商务活动中的生产者、中间商和消费者在某种程度上以数字方式进行交互式商业活动的市场。电子虚拟市场从广义上来讲就是电子商务的运作空间。近年来，西方学者给电子商务运作空间赋予了一个新的名词"Market Space"（市场空间或虚拟市场），在这种空间中，生产者、中间商与消费者用数字方式进行交互式的商业活动，创造数字化经济（The Digital Economy）。电子虚拟市场将市场经营主体、市场经营客体和市场经营活动的实现形式，全部或一部分地进行电子化、数字化或虚拟化。

以全球市场为市场范围：网络交易（电子商务）的市场范围超越了传统意义上的市场范围，不再具有国内市场与国际市场之间的明显标志。其重要的技术基础——国际互联网，就是遍布全球的，因此世界正在形成虚拟的电子社区和电子社会，需求将在这样的虚拟的电子社会中形成。同时，个人将可以跨越国界进行交易，使得国际贸易进一步多样化。从企业的经营管理角度看，国际互联网为企业提供了全球范围的商务空间。跨越时空，组织世界各地不同的人员参与同一项目的运作，或者向全世界消费者展示并销售刚刚诞生的产品已经成为企业现实的选择。

以全球消费者为服务范围：网络交易（电子商务）的渗透范围包括全社会的参与，其参与者已不仅仅限于提供高科技产品的公司，如软件公司、娱乐和信息产业的工商企业等。当今信息时代，电子商务数字化的革命将影响到我们每一个人，并改变着人们的消费习惯与工作方式。BIMC 提出的"高新与传统相结合"的运作方式，生产消费管理结构的虚拟化的深入，世界经济的发展进入"创新中心、营运中心、加工中心、配送中心、结算中心"的分工，随之而来的发展是人们的数字化生存，因此网络交易（电子商务）实际是一种新的生产与生活方式。今天网络消费者已经实现了跨越时空界限在更大的范围内购物，不用离开家或办公室，人们就可以通过网络电子杂志、报纸获取新闻与信息，了解天下大事，并且可以购买从日常用品到书籍、保险等一切商品或劳务。

以迅速、互动的信息反馈方式为高效运营的保证：通过电子信箱、FTP、网站等媒介，网络交易（电子商务）中的信息传递告别了以往迟缓、单向的特点，迈出了通向信息时代、网络时代的重要步伐。在这样的情形下，原有的商业销售与消费模式正在发生变化。由于任何国家的机构或个人都可以浏览到上网企业的网址，并随时可以进行信息反馈与沟通，因此国际互联网为工商企业从事电子商务的高效运营提供了国际舞台。

以新的商务规则为安全保证：由于结算中的信用瓶颈始终是网络交易（电子商务）发展进程中的障碍性问题，参与交易的双方、金融机构都应当维护电子商务的安全、通畅与便利，制订合适的"游戏规则"就成了十分重要的考虑。这涉及各方之间的协议与基础设施的配合，才能保证资金与商品的转移。

目前，我国的农业网上交易平台技术日益成熟，用户群体不断扩大，对农产品的供销经营和流通发挥了极大的作用。涌现出"中华粮网"、"我买网"、"菜管家"等一批著名的农业网上交易平台。其中，"我买网"是中粮集团于 2009 年投资创办的食品类 B2C 电子商务网站，是中粮集团"从田间到餐桌"的"全产业链"战略的重要出口之一。"我买网"不仅经营中粮制造的所有食品类产品，还优选、精选国内外各种优质食品级酒水饮料，囊括全球美食和地方特产，是居家生活、办公室白领和年轻一族首选的"食品网购专家"。同时，"我买网"拥有完善的质量安全管理体系和高效的仓储配送团队，以奉献安全、放心、营养、健康的食品和高品质服务为己任，致力于打造全国领先的安全优质、独具特色的食品网上交易平台。

三、农业网站服务发展方向

随着我国农村信息化的深入，我国的农业网站取得了巨大的成绩。然而，应当指出的是，在我国农业信息内容建设中存在着许多不足，其中，最关键的原因是缺乏大量高价值的信息资源。而要获得足够丰富的信息，必须依靠政府和涉农部门的强力支撑。我们国家在几十年的经济建设中，已经积累了大量的社会信息服务资源，但是由于条块分割、信息封锁，使用效率很低，而且效果也不好。比如，大量的科技信息和科技成果，本来是面向农民的，但往往到不了农民手里，或者到了农民手里也看不懂、用不好。又比如，农产品的价格和质量标准信息，一些大的经营主体与农民之间存在着明显的信息不对称，农民在交易中常常处于不利地位。要做好信息内容建设，必须建立在政府和涉农部门对大量信息资源开放的基础上。

专家指出，农业信息内容服务，具有基础性和公益性的特点，政府和涉农部门应当提供无偿的强力支持。农业信息化是一个持续不断的过程，是自然再生产和社会经济再生产相结合的过程。这一过程与生物、环境、经济、技术、管理等系统相互渗透、相互作用，形成内容上的广义性和信息建设上的复杂性。信息分散在农业生产、加工、贮运、销售、消费等众多环节，涉及自然、社会、经济三大系统。同时，农业信息内容主要服务于农民，具有典型的基础性和公益性。从做好社会公共服务的角度说，各级政府和相关部门必须开放资源，为信息内容建设提供支撑。

因此，要解决横向"信息孤岛"和纵向"网站内容雷同"的问题，政府的资源支撑作用必不可少。在此次调研中，接受采访的农业专家均指出，必须加强与涉农部门的沟通与协调，建立信息交换制度，开发数据交换接口，实现涉农信息共享。要通过制度化建设，改变信息重复采集、分割拥有、垄断使用和低效开发的局面，推动各级农业部门、农业企业和科研机构的信息资源开放。同时，我们也要看到，高价值的信息资源要靠政府和涉农部门支撑，而农业信息服务的提供，则需要专业公司通过商业手段来运作。在农业信息化发展初期，主要是依靠政府投入。目前，信息内容建设已经逐步过渡到社会各方围绕内容平台共同建设开发的新阶段。在这一阶段，农业信息资源的开发和整合，不仅会产生巨大的社会效益，同时也将带来一定的经济效益。据本报信息化应用调研小组调查的情况看，虽然我国农业发展还比较落后，但农民已经能普遍接受每月十元左右的信息内容消费，这也就意味着每年数以百亿的市场。

由此可见，要推动农业信息服务的长期持续发展，信息内容平台的建造者一方面要加大合作力度，协调各方开放资源，通过整合向农民提供高度实用的信息；另一方面也要探索合理的微利的商业模式，包括引入专业的SP，以商业化的手段来运营农业信息服务。通过引入专业公司，能够建立完善的信息采集指标体系，开发通用的信息采集软件，推行统一的数据标准，采用公用模块的方式，实现一站式发布，全系统共享，全面提升农业系统信息资源开发水平。

总之，农业信息内容建设，缺乏政府的支撑，就难以避免浅层重复；而缺乏商业化的运作，则不利于长期持续的发展。只有依靠政府资源，实行商业运作，进行适度开发，才是在现阶段最有利于农业信息内容建设的方式，才能实现社会效益和经济效益的双丰收。

第二节　农业数据库

农业科技的发展需要农业科学数据共享环境来支撑，同时也释放出对农业科学数据的巨大需求。在我国经济发展进入新阶段后，农业科技发展面临新的挑战，农业科技尽管基本满足了农业和农村经济发展的需要，但与新时期农业提升、转型和跨越式发展的要求相比仍有差距。这些挑战客观上需要农业科技有一个大的发展。事实上，国家近年来正在逐步加大农业科技的投入，提升农业科技创新能力，可以说又迎来了一个新的农业科技发展的春天。面对农业科技的迅速发展，对支撑农业科技发展的一些基础条件和环境的建设提出了新的要求，要加快农业科技的发展，就要营造一个良好的（如科学数据共享等）基础工作环境。

随着农村信息化的推进，我国农村数据资源的挖掘、整合、管理工作取得了很大的进展，一些数据从无到有，从不完善到逐步完善，目前，我国已建成大型涉农数据库100多个，约占世界农业信息数据库总数的10%。我国农业信息数据库建设也正朝着多元化、平民化、多媒体化、智能化、联合化和网络化的方向发展，涌现出一批学术界影响较大的农业共享平台以及提供农业数据资源的共享机构。

一、主要农业共享平台

（一）国家农业科学数据共享中心

农业科学数据共享中心（项目编号 2005DKA31800）是由科技部"国家科技基础条件平台建设"支持建设的数据中心之一。项目在"国家科学数据共享工程"总体框架下，立足于农业部门，应用现代信息技术，以满足国家和社会对农业科学数据共享服务需求为目的，以农业科学数据共享标准规范为依据，按作物科学、动物科学和动物医学、农业资源与环境、草地与草业科学、食品工程与农业质量标准等12大类对农业科学数据进行整合，为农业科技创新、农业科技管理决策提供数据信息资源支撑和保障。

农业科学数据共享中心以数据源单位为主体，以数据中心为依托，通过集成、整合、引进、交换等方式汇集国内外农业科技数据资源，并进行规范化加工处理，分类存储，最终形成覆盖全国，联结世界，可提供快速共享服务的网络体系，并采取边建设、边完善、边服务的原则逐步扩大建设范围和共享服务范围。

农业科学数据共享中心由中国农业科学院农业信息研究所主持，中国农业科学院部分专业研究所、中国水产科学研究院、中国热带农业科学院等单位参加。

鉴于农业科学数据类型多样，专业众多且跨度大，分散存在于科研院所和高等学校，如果全部以科研单位为依托来整合困难会非常大，为此，农业科学数据中心采用以学科为龙头的资源整合策略，建立了包括作物科学、动物科学和动物医学、农业资源与环境、草地与草业科学、食品工程与农业质量标准、农业生物技术与生物安全、农业信息与科技发展、农业微生物科学、水产科学、热作科学、农业科技基础数据等 12 大类学科的资源整合框架。截至 2012 年，已经整合了 60 个农业核心主体数据库，数据库（集）731 个，在线数据量 513.2GB。同时打造了一批精品数据库，如作物遗传资源数据库、作物育种数据库、动物遗传资源与育种参数数据库、动物营养与饲料数据库、鱼类生物资源野外观测调查数据库、水域资源与生态特征数据库、综合农业区划数据库、草地数据库等。成为国内农业科学数据的"蓄水池"和"聚集地"。

已整合的农业科学数据资源几乎涵盖了农业各个学科领域，部分重点学科领域，如作物科学、动物科学、渔业与水产科学、热作科学、草地与草业科学、农业区划科学等，其资源整合量占国内总量的 85% 以上，其余学科的资源整合量占国内总量的 60% 以上。这些数据有的是历史珍贵资料、有的来源于实地调查、有的直接源于科研结果，内容真实、可靠，有较大的科学价值。

（二）农作物种质资源平台

作物种质资源（又称品种资源、遗传资源或基因资源）作为生物资源的重要组成部分，是培育作物优质、高产、抗病（虫）、抗逆新品种的物质基础，是人类社会生存与发展的战略性资源；是提高农业综合生产能力，维系国家食物安全的重要保证；是我国农业得以持续发展的重要基础。

作物种质资源不仅为人类的衣、食等方面提供原料，为人类的健康提供营养品和药物，而且为人类幸福生存提供了良好的环境，同时它为选育新品种，开展生物技术研究提供取之不尽、用之不竭的基因来源。保护、研究和利用好作物种质资源是我国农业科技创新和增强国力的需要，是争取国际市场参加国际竞争的需要。1992 年联合国在巴西召开环发大会签署国际性《生物多样性公约》，强调所有国家必须进一步充分认识所拥有遗传资源的重要性和潜在价值。信息已成为生产力发展的核心和国家的重要战略资源。作物种质资源数据在农业科学的长期发展和在我国农业持续发展中具有不可替代的重要作用，它是农业生产和农业科学的重要基础，既为农业生产提供直接服务，又是农业应用科学与技术发展的源泉，它对加强农业基础条件建设，增强农业科技发展后劲，解决农业前瞻性、长远性、全局性的问题是十分必要的。

中国作物种质资源信息系统的建立，对发展我国农业科学具有极高的实用价值和理论意义，可以实现国家对作物资源信息的集中管理，克服资源数据的个人或单位占有、互相保密封锁的状态，使分散在全国各地的种质资料变成可供迅速查询的种质信息，为农业科学工作者和生产者全面了解作物种质的特性，拓宽优异资源和遗传基因的使用范围，培育丰产、优质、抗病虫、抗不良环境新品种提供了新的手段，为作物遗传多样性的保护和持续利用提供了重要依据，使我国作物种质信息管理达到世界先进水平。通过国家"七五"、"八五"、"九五"科技攻关，我国已建成了拥有 200 种作物（隶属 78 个科、256 个属、810 个种或亚种）、41 万份种质信息、2400 万个数据项值、4000MB 的中国作物种质资源信息系统（CGRIS）。CGRIS 是目前世界上最大的植物遗传资源信息系统之一，包括国家种质库管理和动态监测、青海国家复份库管理、32 个国家多年生和野生近缘植物种质圃管理、中期库管理和种子繁种分发、农作物种质基本情况和特性评价鉴定、优异资源综合评价、国内外种质交换、品种区试和审定、指纹图谱管理等9个子系统、700多个数据库、130万条记录。中国作物种质资源信息系统用于管理粮、棉、油、菜、果、糖、烟、茶、桑、牧草、绿肥等作物的野生、地方、选育、引进种质资源和遗传材料信息，包括种质考察、引种、保存、监测、繁种、更新、分发、鉴定、评价和利用数据，作物品种系谱、区试、示范和审定数据，以及作物指纹图谱和DNA序列数据，为领导部门提供作物资源保护和持续利用的决策信息，为作物育种和农业生产提供优良品种资源信息，为社会公众提供作物品种及生物多样性方面的科普信息。中国作物种质资源信息系统的主要用户包括决策部门、新品种保护和品种审定机构、种质资源和生物技术研究人员、育种家、种质库管理和引种及考察人员、农民及种子、饲料、酿酒、制药、食品、饮料、烟草、轻纺和环保等企业。

中国作物种质资源数据采集网是在"七五"、"八五"、"九五"国家科技攻关项目的基础上组建的，由全国400多个科研单位、2600多名科技人员组成，包括一个信息中心（中国农科院作物科学研究所）、20个作物分中心（中国农科院蔬菜所、果树所、油料所、麻类所、水稻所、棉花所、草原所、中国热带农业科学院等）、50个一级数据源单位、近400个二级数据源单位。中国农作物种质资源数据采集是在国家统一规划下，有组织的在全国范围内进行的；鉴定的项目是依其重要性，经专家评审后确定的；鉴定的方法和技术是在对国内外多种鉴定方法对比分析的基础上，征求国内有关专家意见而统一的；数据采集表是在已制定的农作物种质资源信息处理规范的基础上制定的。

（三）国家水稻数据中心

水稻分子生物学研究产生了海量数据，水稻育种也用到越来越多的生物数据，国家水稻数据中心致力于建立生物数据和育种需求之间的桥梁，不仅为育种家进一步提高水稻育种效率提供数据支撑，也为分子生物学家了解基因与相关农艺性状的关系提供渠道。国家水稻数据中心网站数据库采用"表型—遗传群体—分子标记—基因定位—克隆"技术关系的框架结构，整合与育种相关的特异种质、突变体、遗传群体、分子标记、基因、分子辅助育种以及品种的区域试验、审定和生产应用等信息，实现水稻综合信息资源的共享。

（四）江苏省农业种质资源保护与利用平台

江苏省农业种质资源保护与利用平台于2005年经省科技厅批准建设，总投入2690万元，省拨款900万元。经过5年建设，该平台已建成47个专业种质资源库，其中国家级24个，保存了81个物种、近12万份种质资源，建立了72个数据库，共有130万个共性和特性描述数据，已然成为全省保存种质资源遗传密码的"诺亚方舟"。

该平台拥有全省目前建设规模最大、种质资源保存最多、配套设备最先进的现代化种质资源保存库——种质资源中期库。该中期库建筑面积总计$2800m^2$，建有中期冷藏库，短期库，入库前种质处理工作室，种质遗传鉴定与评价实验室，种质资源的信息控制、处理与发布用房，学术交流与成果展示用房，办公用房以及其他公共用房等。拥有$824\ m^3$库容容积的冷藏库，共分4个子库，配置5台进口制冷除湿机组。目前，该平台建成了省农业种质资源共享服务系统（http://jagis.jaas.ac.cn），实现了农业种质资源信息的远程查询和网上订购。近年来，育种单位利用平台提供的种质资源，选育出动植物新品种 21 个，累计推广种植 5000 多万亩，带动水产养殖 2 万多亩，帮助农民增收 2 亿多元。截至目前，平台服务系统访问总人次逾 2 万次，各类种质资源开展了 43453 份次共享服务，比上年增长了 4 倍，产生了较好的社会效益。

（五）玉米病虫草害诊断系统数据库系统

玉米病虫草害诊断系统数据库系统包括玉米无公害生产信息数据库、玉米专家人才数据库、玉米知识数据库、玉米病虫草害标准图像实例数据库等多个子数据库。玉米病虫草害标准图像实例数据库主要包括玉米病害（32 种）、虫害（44 种）、杂草（50 种）的典型形态特征文字描述知识库和彩色图像实例库，入库标准图谱 3800 余张，信息丰富、质量高。玉米无公害生产信息数据库，入库数据达到 23 万条；玉米专家人才数据库中包括我国各地从事与玉米生产相关专业的 560 位专家。

针对目前我国的农业科技推广、教育和科技服务过程中农业专家不足、农业信息传播周期长、技术支持到位率和时效性差等问题，以玉米生产过程中病虫草害诊断和防治信息化的实现为突破口，依托玉米综合植保最新研究成果，综合运用数字图像处理技术、模糊逻辑理论、模式识别等领域技术，研究开发了玉米病害自动诊断系统；运用专家系统、人工智能、网络信息技术，研究基于图像规则的玉米病虫草害诊断专家系统以及专家在线咨询等服务系统，构建了玉米病虫害诊断的信息化平台，实现了作物病虫草害诊断的信息化、智能化，并成为我国信息技术在植保精准监测技术方面的新突破，提高了我国植保监测的精准化水平，促进植保工作管理水平上一个新台阶。

（六）中国植物主题数据库

中国植物主题数据库是在基础科学数据共享网资助下建成的，由植物学学科积累深厚和专业数据库资源丰富的中科院植物所和中科院昆明植物所联合建设。以 Species 2000 中国节点和中国植物志名录为基础，整合植物彩色照片、植物志文献记录、化石植物名录与标本以及药用植物数据库，强调数据标准化和规范化。

系统建成后的基本数据量包括以下几方面。

植物名称数据库：155290 条（包括科、属、种及种下名称，Species 2000 中国节点有110449 条，中国植物志有 44841 条）。

植物图片数据库：18338 种，1009386 张（中国植物图像库 283317 张，中国自然标本馆 726069 张）。

文献数据：共计 3652312 条名称—页码记录（BHL 中国节点数据 129105 条，BHL 美国节点 3523207 条）。

药用植物数据库：11987 种，22562 条记录。

化石名录数据库：1093 条，其中《中国化石蕨类植物》（2010）有 953 条，《中国煤核植物》（2009）有 140 条。

化石标本数据库：312 个名称，662 份标本。

（七）中国植物物种信息数据库数据库

该数据库由植物学学科积累深厚和专业数据库资源丰富的昆明植物研究所、植物所、武汉植物园和华南植物园联合建设，面向国家重大资源战略需求和重大领域前沿研究需求，紧密围绕我院独具特色、有着长期积累的、成熟的植物学数据库，充分运用植物学、植物资源学和植物区系地理学等有关理论、方法和手段，在顶层设计的基础上，依靠植物学专家，通过重复验证，制定通用的标准、规范和数据质量保证措施，以中国高等植物为核心，采集、集成、整合现有的各相关数据库，打造一个符合国际和国家标准、有严格质量控制与管理、具有完整性和权威性、具国际领先地位的中国植物物种信息数据库（参考型数据库），共涉及高等植物约300余科、3400余属、31000余种，其数据内容主要包括：植物物种的标准名称、基本信息、系统分类学信息、生态信息、生理生化性状描述信息、生境与分布信息、文献信息、图谱图片与微结构和染色体等信息。在可持续发展的运行机制下，向植物学研究者、决策者、爱好者等不同用户提供便捷的网络服务。

此数据库的完成将是数百年来科学家宝贵知识积累的升华，将为我国的生物技术产业发展和生命科学研究提供所需的植物资源基础信息和相关内容，促进我国生物技术产业和社会经济的可持续发展，为实现生物多样性的有效保护、合理利用和可持续发展战略奠定基础。

（八）桃树病虫害数据库

由北京市农林科学院植物保护研究所、北京市农林科学院农业科技信息研究所和国家桃产业技术体系病虫害防治研究室共同建设，数据库内容包含五大部分：桃树病害、虫害、生理病害及其他有害生物生物、天敌昆虫、无公害药剂，为桃树的病虫害防治提供科学信息。

（九）国家实验细胞资源共享平台

实验细胞资源共享平台是国家自然科技资源平台的重要组成部分。实验细胞资源共享平台的主要任务包括：资源系统调查；规范制定及检验完善；实验细胞标准化整理整合；实验细胞资源数据库建设整合；实验细胞资源评价；实验细胞资源信息共享；实验细胞实物共享；珍贵新建资源的收集整理保藏。

实验细胞平台建设的实施，稳定了一批从事实验细胞资源保藏的科技人员队伍，已标准化整理、数字化表达实验细胞1150株系，已实现实验细胞实物共享10000余株次。使用单位包括清华大学、北京大学、中国科学院、中国医学科学院所、国家疾病预防控制中心、军事医学科学院及各高校从事生命科学研究的分布在全国30余省市的机构，为国家973、863、自然科学基金等国家项目，省部级基金项目，新药开发基金项目，研究生培养项目等提供了实验研究细胞，起到了良好的技术平台作用。各成员单位为不计其数的科研人员提供了信息咨询和技术支持，平台单位良好规范起到了带头示范作用，为许多单位介绍、推广了细胞培养经验及操作规范。

（十）中国科学院科学数据库生命科学网格

中国科学院生命科学数据网格旨在科学数据库数据资源的基础上，连接中国科学院分布在全国的多个研究所，通过先进的数据网格技术，实现对科学数据库中大量分布式、异构数据资源的有效共享，实现数据资源、存储资源、计算资源和学科领域知识资源的有效整合，使得科研工作者可以方便、透明地访问和使用资源，为科研工作者提供一个高效、易用、可靠的研究平台。

中国科学院生命科学数据网格由中国科学院微生物研究所、中国科学院计算机网络信息中心和中国科学院武汉病毒研究所联合开发。目前为止，收录了几十个常用的生物学数据库、十多个微生物和病毒主题数据库等，数据容量超过1.8TB，记录数目超过3.8亿。目前大多数数据库保证每日更新。生命科学数据网格中的数据库对外提供数据查询服务，用户通过关键字可以对几十个数据库进行异步查询；网格中整合了超过150个生物信息学应用程序，结合大规模计算资源，能够满足用户提交作业运算。

下面简介几个特色应用：

（1）生物数据库检索服务提供多数据库的联合检索，用户通过关键字的提交，可以获得几十个数据库的检索结果；

（2）灵芝数字标本馆数据网格应用提供灵芝数据库的数据与网格数据的交互查询，并实现部分生物信息学计算服务；

（3）微生物基因组数据的网格应用提供微生物基因组的查询和数据检索，并完成微生物基因组可视化。

（十一）黄土高原生态环境数据库

黄土高原是全球唯一完整的陆地沉积记录，深厚黄土所蕴藏的丰富的环境变化信息成为开展全球变化研究的"天然实验室"。黄土高原也是我国生态环境脆弱地区之一，其存在的生态环境修复、土壤侵蚀与水土保持、旱地农业发展等一直是科学研究的重点和热点。中国科学院于20世纪50年代和80年代分别进行了大规模的学科齐全的综合科学考察，中国科学院、水利部、农业部等部门开展了长期的定位观测研究，建立了生态研究观测站、水土流失试验观测站、农业综合试验站等；近年来，多项973项目、国家科技支撑计划重点项目、中国科学院西部行动计划项目等都将黄土高原或生态环境命题列为研究对象。

黄土高原生态环境数据库正是基于科技发展和国家需求而建立，并确立了以黄土高原地区为重点，面向西北干旱半干旱地区构建生态环境科学数据共享服务平台。瞄准区域和学科发展中的全球变化、环境演变、生态修复、区域发展等重大科学问题形成黄土高原地区生态环境数据资源存储仓库、数据汇集与集成加工基地、数据保护与共享和谐的服务体系的建设目标。

此数据库正在运行的数据库（集）有20余个，形成了野外站观测数据，大气边界层观测数据，多尺度、多专题、多时段的专题图形数据，黄河流域水文泥沙、水土流失试验观测数据，黄土的组成、性质和分布以及黄土高原土壤侵蚀、生态环境、农业发展领域的综合研究数据等一批特色数据集。

黄土高原科学数据的主要来源包括：（1）结题科研项目的历史数据，从档案、出版物、科学家个人手中整编；（2）收集整编社会上相关机构的数据；（3）汇交在研项目的数据。数据类型主要包括：专题图形、关系数据库、Word 和 Excel 数据表等。针对异构的数据类型提出了相应的数据整合和数据库建设策略，包括数据的组织方式、发布方式、共享政策、用户授权等。

二、主要农业共享机构

（一）中国农业科学院北京畜牧兽医研究所

中国农业科学院北京畜牧兽医研究所成立于 1957 年，隶属于农业部。畜牧兽医研究所定位为国家级社会公益性畜牧兽医综合科技创新研究机构，以畜禽和牧草为主要研究对象，以资源研究和品种培育为基础，以生物技术为手段，以营养与饲养技术研究为保障，以生产优质安全畜禽产品为目标，开展动物遗传资源与育种、动物生物技术与繁殖、动物营养与饲料、草业科学、动物医学和畜产品质量与安全等学科的应用基础、应用和开发研究，着重解决国家全局性、关键性、方向性、基础性的重大科技问题。

1996 年畜牧兽医研究所被农业部评为全国农业科研机构科研开发综合实力"百强研究所"和"基础研究十强所"；2006 年被中国畜牧兽医学会评为"感动中国畜牧兽医科技创新领军院所"；2011 年被科技部授予"十一五"国家科技计划执行优秀团队奖；2012 年在农业部组织开展的第四次全国农业科研机构科研综合能力评估中排名第五，专业、行业排名第一。

（二）中国农业科学院作物科学研究所

中国农业科学院作物科学研究所是按照国家科技体制改革的要求，于 2003 年 7 月由原作物育种栽培研究所、作物品种资源研究所和原子能利用研究所的作物育种部分经战略性重组，形成以作物种质资源、遗传育种、栽培生理和分子生物学为主要研究领域的国家非营利性、社会公益性研究机构，是我国作物科学领域的创新中心，国际合作中心和人才培养基地。

作物科学研究所的研究工作围绕"以种质资源研究为基础，以基因发掘为核心，以品种培育为目标，以栽培技术为保障，为解决我国农业发展中基础性、关键性、前瞻性重大科技问题提供技术支撑"的总体目标，加强学科交叉融合、队伍整合和科技人才资源共享。基本上形成从种质资源的收集保存、鉴定评价、基因发掘、遗传机理解析，到育种技术、种质创新、新品种培育、栽培生理、示范推广等一体化研究格局，并取得良好的进展。

（三）中国农业科学院植物保护研究所

中国农业科学院植物保护研究所创建于 1957 年 8 月，是以华北农业科学研究所植物病虫害系和农药系为基础，首批成立的中国农业科学院五个直属专业研究所之一，是专业从事农作物有害生物研究与防治的社会公益性国家级科学研究机构。2006 年，农业环境与可持续发展研究所原植物保护和生物防治学科划转至植物保护研究所。在农业部组织的"十一五"全国农业科研机构综合实力评估中排名第二，专业排名第一。中国农业科学院 2012 年度科研院所评估中人均发展实力第一。

研究所现设有植物病害、农业昆虫、农药、分子植病、有害生物天敌、农业有害生物监测预警、生物入侵、生物农药、杂草鼠害以及功能基因组与基因安全 10 个研究室，全面涵盖了当今植物保护学科的内容，基本形成了植物病理学、农业昆虫学、农药学、杂草鼠害科学、生物安全学以及功能基因组学等学科。

研究所构建了较为完善的植物保护科技平台体系，建成了由国家农业生物安全科学中心、植物病虫害生物学国家重点实验室、农业部作物有害生物综合治理重点实验室（学科群）、农业部外来入侵生物预防与控制研究中心、中美生物防治合作实验室、MOA-CABI 作物生物安全联合实验室等组成的植物保护科技创新平台体系；以依托我所建立的农业部转基因植物环境安全监督检验测试中心（北京）、农业部植物抗病虫性及农药质量监督检验测试中心（北京）为主体构成了科技服务平台。河北廊坊、内蒙古锡林格勒、河南新乡、甘肃天水、广西桂林、吉林公主岭、山东长岛和新疆库尔勒 8 个野外科学观测试验站（基地）的植物保护科技支撑平台体系已初具规模。

（四）中国水稻研究所

中国水稻研究所是一个以水稻为主要研究对象的多学科综合性国家级研究所。1981 年 6 月经国务院批准在杭州建立，1989 年 10 月落成，是建国以来我国一次性投资最大的农业科研机构。现隶属于中国农业科学院和浙江省人民政府双重领导。2003 年经科技部等部门批准为非营利性农业科研机构。

研究所以应用基础研究和应用研究为主，着重解决稻作生产中的重大科技问题。具有从事水稻群体、个体、组织、细胞、分子等各层次的科研能力。主要任务包括以下几个方面。

（1）水稻种质资源的收集、保存、评价和种质创新与利用研究；

（2）研究有关提高稻米产量、品质、耐不良环境和经济效益的重大科学技术和理论问题；

（3）组织和协调全国有关水稻重点科技项目和综合发展研究；

（4）开展国内外水稻科学技术交流、合作研究与人员培训工作，编辑出版水稻学术刊物和理论著作。

现研究所内部科研机构设有国家水稻改良中心、稻作技术研究与发展中心、农业部稻米及制品质量监督检验测试中心、科技信息中心和水稻生物学国家重点实验室，简称为"四个中心、一个实验室"。

（五）农业部环境保护科研监测所

农业部环境保护科研监测所坐落于天津市高新技术产业园区，1979 年经国务院批准成立，编制 150 人，直属农业部领导，1997 年划归中国农业科学院。2002 年经科技部、财政部、中编办批准为非营利性科研机构，创新编制 110 人。

研究所以中国农业科学院资源环境学科群为主体，建设农业环境污染防治、农业环境与信息、农业环境工程与风险评估、产地环境控制与标准、生物多样性与生态农业五个二级学科。主要研究领域包括：土壤、水体和农产品污染防治，农业生态环境监测与风险评估，生物多样性与生态农业，农业废弃物资源化利用，转基因生物生态环境安全，农业环境相关标准，气候变化与农作物适应性等研究，以及建设项目和规划环境影响评价、农业环境及农产品质量委托检测、污染事故技术鉴定和仲裁、农业环境管理相关决策咨询与服务等。

近年来，紧密围绕提高农产品质量安全和农业生态环境质量，在重金属污染土壤修复研究、农业废弃物资源化再利用、农产品产地环境质量研究、转基因生物环境安全及生态农业研究等方面取得新进展，形成了相关集成技术与设备，在江苏、云南、天津、湖北、湖南、广西、安徽等地进行了示范推广，取得了良好的社会效益。

该研究所是我国最早从事农业环境科学研究、监测和信息交流的专门机构。经过 30 多年的建设与发展，已初步成为我国农业环境科研领域的科技创新中心、监测网络中心和信息交流中心，是全国农业科研机构综合实力百强研究所。

（六）中国科学院武汉病毒研究所

中国科学院武汉病毒研究所坐落于武汉市风景秀丽的东湖之滨，始建于 1956 年，是专业从事病毒学基础研究及相关技术创新的综合性研究机构。

武汉病毒研究所的使命定位是针对人口健康、农业可持续发展和国家与公共安全的战略需求，依托高等级生物安全实验室团簇平台，重点开展病毒学、农业与环境微生物学及新兴生物技术等方面的基础和应用基础研究。着力突破重大传染病预防与控制、农业环境安全的前沿科学问题，显著提升在病毒性传染病的诊断、疫苗、药物以及农业微生物制剂等方面的技术创新、系统集成和技术转化能力，全面提升应对新发和突发传染病应急反应能力，为我国普惠健康保障体系、生态高值农业和生物产业体系、国家与公共安全体系的建设做出基础性、战略性、前瞻性贡献。按照"四个一流"的要求，建设具有国际先进水平的病毒学研究、人才培养和高技术产业研发基地，实现研究所科技创新的整体跨越，成为具有国际先进水平的综合性病毒学研究机构。

科研布局上设有分子病毒学研究室、分析生物技术研究室、应用与环境微生物研究中心、中国病毒资源与信息中心和新发传染病研究中心。共设有 34 个研究学科组。拥有病毒学国家重点实验室（与武汉大学共建）、中—荷—法无脊椎动物病毒学联合开放实验室、HIV 初筛实验室、中科院农业环境微生物学重点实验室、湖北省病毒疾病工程技术研究中心和中国病毒资源科学数据库等研究技术平台。科技支撑中心由大型设备分析测试中心、单抗实验室、实验动物中心、《中国病毒学》编辑部、网络信息中心组成。管理系统设置综合办公室、组织人事处、科研计划处、财务处和研究生处五个职能部门。

"中国病毒资源与信息中心"拥有亚洲最大的病毒保藏库，保藏有各类病毒 1300 余株。创建了具有现代化展示手段的我国唯一的"中国病毒标本馆"，集学科性、特色性和科普性于一体，是第一批"全国青少年走进科学世界科技活动示范基地"。

（七）陕西省微生物研究所

陕西省微生物研究所是西北地区专业从事微生物技术研究的科研机构，开展微生物研究已有 40 多年历史。该所的科研方向以应用微生物技术开发为主，主要从事微生物菌种资源保藏和利用、发酵技术研究及微生物生化药物等方面的研究。涉及范围主要有：淀粉及农副产品深加工、生物医药、微生物菌种筛选、选育、代谢产物研究、微生物农药和肥料的研制等方面，涵盖了轻工、医药、食品、酿造、农业、环保等诸多领域。

（八）上海生物信息技术研究中心

上海生物信息技术研究中心（Shanghai Center for Bioinformation Technology，SCBI）成立于 2002 年，隶属于上海科学院，是由上海市科学技术委员会依托中国科学院上海生命科学研究院、国家人类基因组南方研究中心、复旦大学、上海交通大学、上海医药工业研究院等 11 家科研单位，整合上海生物信息学主要研究力量投入 1140 万元资金，正式组建了上海生物信息技术研究中心。中心是国内第一个以推动我国生物信息学数据共享为目的，专业从事生命科学研究、生物信息研究和数据库建设、生物信息学软件开发的独立事业法人单位，是上海市生物信息学会的依托单位。中心旨在开展和促进生物信息技术领域的原始性创新研究，建立具有广泛应用前景和国际先进水平的生物信息分析、数据挖掘和知识发现的技术体系，促进上海乃至全国生命科学、生物技术和生物医药产业的发展，主要任务包括生物信息资源的收集和管理服务、生物信息学研究、技术开发和人才培养等四个方面。

（九）中国科学院亚热带农业生态研究所

中国科学院亚热带农业生态研究所的前身是中国科学院桃源农业现代化研究所，1978 年 6 月在湖南省桃源县成立，1979 年迁至长沙市并更名为中国科学院长沙农业现代化研究所，2002 年 5 月进入中国科学院知识创新工程试点序列，2003 年 10 月更为现名。现有职工 280 人，其中研究员 30 名、副高级专业技术人员 51 名。设有生态学博士、硕士学位授予点和动物营养与饲料科学以及环境工程硕士学位授予点，生态学博士后科研工作站、流动站。

研究所学科方向为亚热带复合农业生态系统生态学，重点开展农业生态系统格局与过程调控、畜禽健康养殖与农牧系统调控技术和作物耐逆境分子生态学机理及其品种选育等三个方面的研究，目前设有区域农业生态、畜禽健康养殖、作物耐逆境分子生态等三个研究中心，拥有中国科学院亚热带农业生态过程重点实验室、农业生态工程湖南省重点实验室和湖南省畜禽健康养殖与环境控制工程中心，设立有桃源农业生态系统观测研究站、环江喀斯特生态系统观测研究站、洞庭湖湿地生态系统观测研究站、长沙农业环境观测研究站 4 个野外站。

（十）中国科学院微生物研究所

中国科学院微生物研究所是国内最大的综合性微生物学研究机构，从事微生物学基础和应用研究。微生物所成立于 1958 年 12 月 3 日，所址位于北京市海淀区中关村。2007 年，微生物所的大部分从中关村迁至朝阳区中国科学院奥运村生命科学园区。

微生物所由戴芳澜先生领导的中国科学院应用真菌研究所和方心芳先生领导的中国科学院北京微生物研究室合并而成。微生物所的诞生，揭开了我国微生物学研究的新篇章。

1998 年 6 月，中国科学院知识创新工程正式启动。2001 年 8 月 15 日，微生物所整体进入中科院创新试点序列，翻开研究所发展史上又一崭新的篇章。微生物所确立了微生物资源、分子微生物学、微生物生物技术三个主要研究领域，并将科研机构相应调整为微生物资源研究中心、分子微生物学研究中心和微生物生物技术研究中心。2004 年，微生物所将研究领域进一步调整为微生物资源、工业微生物和病原微生物三大领域，并重组成立了分属三大领域的九个研究中心，分别是微生物资源中心、微生物基因组学联合研究中心、极端微生物研究中心、能源与工业生物技术中心、微生物代谢工程研究中心、环境生物技术中心、农业生物技术中心、分子病毒中心和分子免疫中心。

2008 年以来，微生物所面向工业升级、农业发展、人口健康和环境保护等方面的国家重大需求，瞄准国际微生物学前沿，积极优化学科布局，努力构建高效联动的创新价值链，形成了以微生物资源中心、科学研究体系和技术转移转化中心为单元的"转化链"式科研布局。研究所以微生物资源、微生物生物技术、病原微生物与免疫为主要研究领域，开展基础性、战略性、前瞻性研究。

目前，微生物所的科学研究体系由五个研究室组成，它们是微生物资源前期开发国家重点实验室、植物基因组学国家重点实验室（与中国科学院遗传与发育生物学研究所共建）、真菌学国家重点实验室、中国科学院病原微生物与免疫学重点实验室、工业微生物与生物技术实验室。拥有亚洲最大的 48 万多份标本的菌物标本馆和国内最大的含 4 万 1 千余株菌种的微生物菌种保藏中心，建有微生物菌种与细胞保藏中心、微生物资源信息管理平台、大型仪器中心和生物安全三级实验室等技术支撑平台，拥有一个藏书（刊）5 万余册的专业性图书馆及拥有 2 万余册电子书、9000 多种中西文电子期刊的电子图书馆。目前挂靠微生物所的单位有中国微生物学会、中国菌物学会、中国生物工程学会 3 个国家级学会，微生物所与相关学会共同主持编辑出版的学术刊物有《微生物学报》、《微生物学通报》、《菌物系统》及《生物工程学报》（中英文版）。

经过 50 多年的不懈努力，微生物所已经发展成为一个具有雄厚基础、强大实力和广泛影响的综合性微生物学研究机构，也是国内学科最齐全的微生物学专业机构。

参考文献

[1] 陈良玉，陈爱锋. 中国农村信息化建设现状及发展方向研究[J]. 中国农业科技导报，2005，7(2): 67-76.

[2] 中国互联网发展报告（2013）[R]. 北京: 中国互联网络信息中心，2013.

[3] 2012 年中国农村互联网发展状况调查报告[R]. 北京: 中国互联网络信息中心，2013.

[4] 赵颖文，乐冬. 中国农业信息网站发展面临的困境及对策分析[J]. 农学学报，2011，(4): 54-57.

[5] 张涛，吴洪. 涉农网站发展中的问题及解决措施[J]. 北京邮电大学学报（社会科学版），2010，12(3): 9-14.

[6] 瞿晓静. 农业网站的比较研究[D]. 四川大学，2005.

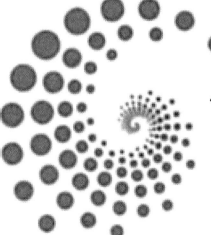

应用进展篇

中国农村信息化发展报告（2013）

第四章

农业生产信息化

第一节 种植业信息化

一、大田种植信息化

（一）发展现状

1. 农情调度和土壤墒情监测信息化建设成效显著

农情信息调度系统建设成效显著。自 2001 年探索建立该系统以来，已实现了部、省、地市三级农情信息调度网络化报送、自动化处理，系统还延伸到 13 个省的县一级，同时建立了 500 个部属农情基点县信息调度网络。2012 年，农业部种植业司通过农情信息调度系统共调度 40 多万个农情数据、收集 2 万多件（条）文字信息。

土壤墒情监测与自动灌溉系统取得初步应用。目前，一些科研单位研发了土壤墒情监测与自动灌溉系统，并在新疆生产建设兵团、黑龙江农垦、北京、上海、河南、广西开始试点应用。新疆第一师八团建立了使用传感器技术的墒情监测系统，在一定程度上实现了墒情自动采集，能够实现土壤墒情信息的统计、检索、分析和预测等功能，并且可对土壤墒情变化规律进行实时监测，提高水肥利用率。各地整合项目资金，按照"五统一"要求加快建立健全土壤墒情监测网络，同时，在全国 400 个县开展土壤墒情定期监测工作，据不完全统计，全年采集数据 6 万多个，发布简报、报告 4000 多期（次）。广西金穗农业投资集团有限责任公司采用全自动电脑化控制滴灌系统，节水效果显著，管理及维护成本低，灌溉系统中的设备可得到最大限度的保护，实现了真正意义上的精准灌溉，节省了大量的人力物力。

2. 植保信息化建设逐步深入

全国植保信息化网络体系初步构建。到 2012 年，建成了农作物重大病虫害监控信息系统、蝗虫防控指挥系统、全国植物检疫计算机管理系统和全国病虫测报数据库，实现了重大病虫害监测预警数据的网络化报送、自动化处理、图形化展示预警和可视化发布。各地重大病虫害监测预警网络体系初具规模，截至 2012 年 10 月，共有 27 个省级单位开发建设了病虫测报数字化系统，应用对象覆盖主要粮食、经济作物以及果树、蔬菜病虫害近百种。

农药监管系统初步建立，监管力度进一步增强。我国已初步形成了以农药登记审批电子化系统为核心，以中国农药信息网为政务公开平台，以农药试验单位管理系统、全国农药价格和供求采集系统、农药监管联动系统、农药综合查询系统等为补充，集市场准入备案、农药条码统一标识、追溯查询等功能为一体的农药监管综合信息服务系统。目前，农药登记审批电子化系统中登记的农药品种近 650 种、农药产品 25000 个，涉及的产品登记信息达 500 万条以上。全国农药价格和供求采集系统覆盖全国 30 个省（市、区），拥有近 300 家信息采集点。针对高毒农药的监管网络化管理和联防联控能力有效加强。

3. 精准农业技术和测土配方施肥进一步应用到大田农业生产

精准农业技术逐步走向生产一线，全球卫星定位系统、地理信息系统、遥感系统、自动控制系统等技术在北京、上海等地农业示范园区取得了良好的应用成效，并在新疆生产建设兵团、农垦系统以及各地大型国营农场进行了推广应用。以信息采集技术为突破口，建立了不同区域类型的精准农业处方决策模型，能够开展肥、水、药精准作业的智能装备实现产品化和工程化应用，应用环节覆盖了从播种到收获的整个农业生产过程，应用领域从传统的大田粮食生产发展到果园、设施、水产和林业等不同产业领域，提高了农业生产设施装备的数字化、智能化水平。

测土配方施肥信息化建设进一步发展。为了规范测土配方施肥数据管理和开发应用，2012 年，农业部委托江苏省扬州市土壤肥料站，按照"统一技术规程、统一数据标准、统一数据管理平台，统一配方肥追溯体系"的要求，研发了"县域测土配方施肥专家系统"工具软件，供各地无偿使用。各地依托测土配方施肥数据库和县域耕地资源管理信息系统，利用"测土配方施肥专家系统"工具软件，积极开发建设本地的"县域测土配方施肥专家系统"。一些地方因地制宜开发基于手机短信、触摸屏、智能配肥机等信息设备的测土配方施肥专家系统信息发布平台，利用现代信息手段为农民提供直观、方便、快捷的施肥技术服务，提高测土配方施肥技术覆盖率。肥料管理数据平台不断健全，初步实现肥料登记网上申请、查询办理、结果公布等功能。加快土壤肥料信息网点建设，组织全国 339 个全国肥料信息网点，开展肥料价格和使用情况调查分析。据统计，到 2012 年年底，全国共有 2498 个项目县完成了县级土壤肥料实验室建设，建成 33 个省级化验室和国家测土配方施肥数据管理平台，全国推广测土配方施肥技术 13 亿亩（次）以上，免费为 1.8 亿农户提供技术服务，初步建立了全国性的测土配方施肥数据管理网络。

4．育种信息化技术逐步成熟并得到初步应用

智能化浸种催芽环节开始融入信息化手段。国家农业信息化工程技术研究中心在黑龙江农垦总局八五六农场、佳木斯市、密山市建设了智能程控水稻催芽浸种车间，每个水稻催芽车间配备一套智能程控系统，仅需 2～3 名技术人员在监控室内进行远程集中监控管理，精确控制和促进水稻芽、种的生长，辅助提高水稻品质，有效提高了水肥利用率和生产管理效率，减少了资源浪费和人力成本，真正实现了水稻浸种催芽的科学化、标准化、智能化生产管理，得到了基层用户的广泛好评。

（二）存在的主要问题

1．农田信息采集、管理系统不完善

农田信息采集主要包括农田土壤环境信息、农作物营养及长势信息、病虫害信息等方面，其快速获取、处理与理解是精准农业发展的关键。目前我国大田种植业在信息采集、组织、加工、管理和服务等方面没有形成相对统一的专业技术标准与应用模式，信息采集标准化程度低。虽有一定数量的农作物病虫害监测调查规范，但由于缺乏统一定制报表格式等，监测调查自由度较大，影响了数据采集的广度、深度、质量、利用率和可比性，信息共享和互联互通难以实现。全国还有 300 个地级市、2000 个县（市、旗、场）农情机构由于缺乏相应的信息设备、数据库和运转经费，尚未建立农情信息传输网络系统，只能靠查阅纸质资料进行综合分析，通过电子邮件和传真、电话报送农情信息，影响农情调度的及时性和综合分析水平。虽然部分省、市、县植保机构实现了数据的电子化管理，但格式各不相同、收集整理仍以人工录入为主，全国协调统一、自动化处理程度高的网络化数据库管理系统尚未建成，影响了监测预警数据利用效率。而目前我国农情监测普遍以遥感技术为主，农田调查数据为辅，且农田数据采集依然以传统人工方式完成。整个过程中大部分工作都通过调查员实地取样和测量，这种传统调查方法有一定的局限性：工作量大，需大量的人力物力才能完成；信息获取过程中有太多的人为因素，造成信息的不稳定性，信息获取和汇总存在延期。此外，农情信息监测过程中产生大量数据和信息，数据和信息复杂、多源、异构，易产生数据的网络化传输和高效管理、共享等不能满足需求等问题。

2．监测预警平台有待完善，应急管理能力有待提高

目前，农田监测预警平台主要应用于农作物病虫害数字化监测预警、农业干旱监测、土壤墒情自动监测技术等方面。我国大多预报预警信息显示仍以文字材料为主，缺乏对病虫发生分布及发展动态的时空分析，缺乏病虫害发生动态按地域图形化实时、直观展示和自动警示。基层农情（灾情）流动监测和远程会商系统尚未建立，流动监测车及车载信息采集、传输设备缺乏，重大农情（灾情）无法实现实况传输、远程会商，农业生产和抗灾救灾的会商、决策和应急指挥能力有待提高。

我国农作物重大病虫害监测预警平台建设起步晚，相比之下，美国农作物病虫害数字

化监测预警网络体系则比较健全，主要包括病虫害诊断预警与综合治理网络、远程互动视频系统和信息制作与发布系统，功能涵盖了病虫害发生信息交流、分析处理、监测预警和情报发布等方面，从联邦政府到州政府均建有功能齐全的网络系统。与我国相比，美国农作物有害生物数字化监测预警建设系统具有实用性强，信息采集自动化程度高，统一的数据库标准和发达的系统推广制度等特点。在墒情监测方面，目前我国对农田土壤墒情信息的监测预警平台还存在着监测数据准确度差、墒情传感器布设不合理、监测点太少等问题，监测预警平台不能形成有效反映全国农田墒情的覆盖区域的现象。

3. 信息技术产品不成熟，智能化农机装备落后

信息技术商品化产品成熟性还不高，技术应用还处于起步阶段，农田传感器的精确性和灵敏度等指标达不到技术要求，智能控制系统的稳定有待进一步加强和改进。例如，受大田雨水、阳光和农田淹水等极端环境影响，农业传感器网络必须足够结实耐用，并做到不影响重机械进入农田作业，传感器节点要求易于安装和拆除等特性，技术要求度及适用性很高，而目前我国与国外发达地区在信息技术产品上的差距仍很大。与国外相比，我国信息化智能农机具、监测设备、数据处理设备、数据库、管理系统和应用软件的研发周期长、投入高、产品成本高、技术系统的可靠性差等，而发达国家农业装备向大型、高速、复式作业、人机和谐与舒适性方向发展，其联合收割机、变量施肥机、变量播种机械已广泛应用，规模化应用效果好。

4. 大田信息化示范力度不够，社会化服务推广相对滞后

目前我国在大田信息化示范及推广应用范围主要局限在黑龙江农垦等规模化农场和示范基地，集成示范应用力度不够。同时农业物联网资金投入大，基础建设、系统运行、信息服务等方面的费用高，除非政府投资，农民更不愿意自己去投资，我国生产缺乏集成连片的大面积规划和管理，这种生产经营方式也是阻碍大田农业信息化应用推广的问题。另外，还存在人才匮乏、信息资源库存量偏少、资源整合力度不够的问题，信息服务的价值未得到普遍认可，基层信息技术推广人员存在着不同程度的人手缺乏、能力不足、人员不稳定等。农业信息技术推广手段单一，服务机构人员素质不高，提供信息服务的能力严重不足，专业化和社会化服务相对滞后等问题，导致示范应用仅局限在某一个层面，离真正实现信息化到种植户手中、全面进入寻常百姓家还有很大距离。

（三）典型案例

案例一：黑龙江农垦总局红星农场

1. 总体概况

红星农场位于小兴安岭南麓，轱辘滚河畔，是一个环境优美、风景秀丽、资源丰富、人杰地灵的现代化国有农场。它位于黑龙江省北安市境内，隶属黑龙江农垦总局北安分局。农场占地面积 58.8 万亩，耕地面积 41 万亩，总人口 1.3 万人。农场耕地土质肥沃，宜于耕

作，极有利于农作物生长；周边的三个国有林场、两个地方林场和本地自有林地把农场装扮得郁郁葱葱、绿波荡漾；柳毛河、鸡爪河，自东向西，穿流而过。这里黑土流金、山林环抱，牛羊肥壮，五谷飘香，在这片广袤而富饶的土地上红星农场已经建成为一个农、工、贸综合经营，产、加、销一体化发展的现代化农垦企业。

农场始建于 1951 年，是黑龙江垦区开发建设较早的国有农场之一。五十多年来，经过转业官兵、支边青年、下乡知青和新一代垦荒者的开发建设，把百里荒原变成了集农、林、牧、副、渔综合经营，工、商、运、建、服全面发展，社会基础设施齐备的现代化大型国有农业企业。全场人口 13360 人，总户数 4800 户；资产总额 10939 万元；拥有农业机械总动力 2.7 万千瓦，各种农机具 1437 台套。

红星农场在加快发展现代化大农业的进程中，拥有了垦区之首、全国领先、世界一流的北大荒红星现代农业发展中心。中心占地 8 万平方米，拥有库房 118 间，停放约翰迪尔、凯斯等世界先进大型农机具 220 台（套），农机总动力 4.7 万千瓦。同时，红星农场大力发展有机食品生产产业，成立的"北大荒亲民有机食品有限公司"是目前国内最大的有机食品产、加、销一体化龙头企业，真正的实现了"市场+公司+基地"的经营模式；高度重视科技进步，多方引进人才、引进技术、引进项目，并积极开展对外经济合作和对内发展横向经济联合。

在农业生产的经营与服务中，红星现代农业发展中心实行公司化经营、社会化服务和集约化管理，为农业提供产前、产中、产后的管理与服务。在农业结构调整上，坚持科学发展，调优种植业结构，以玉米为突破口，优良品种和农业标准化覆盖率达到 100%，实现了农业经济效益和粮食产量的双倍增收。

红星农场大胆实施了"走出去"战略。近年来，先后走出场门、国门，实施跨区、跨国作业 400 万亩，增加机车收入 4000 多万元。目前，红星农场已获得国家无公害农产品示范基地农场、国家级生态示范区、全国绿色食品原料标准化生产基地、农业部保护性耕作示范场、黑龙江省法制环境先进农场等多项荣誉。

2. 红星农场在种植业信息化方面的工作

在农业生产的管理和指挥上，以实施智慧农业、打造智慧农场为目标，建立以农业生产、物联网技术为核心，集管理、服务、决策为一体的现代农业信息管理平台。其中以 GPS、RS、GIS 为技术核心的"技术核系统"，将土壤、水利、林业、气象等十三项信息及农业动态等相关数据进行综合分析，对农业生产全过程实施精准农业、数字农业管理。在此基础上，与中国科学院遥感所等国内大中专院所合作，开展了作物长势监测、病虫害监测、作物单产遥感预测、作物收获时间和产量的卫星遥感监测等；与国家农业信息化中心等科研机构合作，利用物联网技术，实现了农业生产种、管、收全过程的数字化管理。数字化和网络化在农业生产上的成功运用，使红星农场在由传统农业、现代农业向现代化大农业发展的历程中，树起了一座丰碑。

农业遥感技术即通过卫星或飞行器上安装的传感器，对地面上的农作物进行监测分析的一项技术，是集空间信息技术、计算机技术、数据库、网络技术于一体，通过地理信息系统技术和全球定位系统技术的支持，在农业资源调整、农作物种植结构、农作物估产、生态环境监测等方面进行全方位的数据管理、数据分析和成果生成与可视化输出，是目前一种比较有效的对地观测技术和信息获取手段。近年来，红星农场利用农业遥感技术完成了大量的基础性工作，取得了很大的进展，在农业资源调查与动态监测、生物产量估计、农业灾害预报与灾后评估等方面，取得了丰硕的成果。

农业地理信息系统即在计算机软、硬件支持下，以采集、存储、管理、检索、分析和描述空间地理实体的定位分布及与之相连的属性数据而建立起来的计算机化的数据库管理系统，是集计算机科学、地理学、信息科学、管理科学和测绘科学为一体的一门新型学科。它采用数据库、计算机图形、多媒体等最新技术对地理信息进行处理，能够实时准确地采集、修改和更新地理空间数据和属性信息，为决策者提供可视化的支持。红星农场利用农业地理信息技术的数据采集与编辑、数据存储与管理、数据处理与变换、空间分析和统计等基本功能，辅助农场进行农业资源调查，并利用农业地理信息系统调查监测土地利用动态变化，研究农场农业生态环境，评价农用土地适宜性，有效进行测土配方施肥、农业灾害控制以及农作物监测与估产。

精准农业技术是利用现代高技术改造传统农业、提升农业现代化水平的伟大实践，能有效提高我国农业机械化、信息化、智能化水平，大幅度提升土地产出率、资源利用率和农业劳动生产率，是我国今后农业的发展方向，对构建我国现代化农业技术体系、引领现代农业发展具有重大意义。精确农业的关键是建立一个完善的农田地理信息系统（GIS），可通过遥感技术获取田间土壤信息、作物产量信息、田间杂草及病虫害发生信息，作为其重要信息源。红星农场从最主要的变异入手开展精准农业建设，进行土壤和作物属性空间变异的统计学研究，实现有关属性的定量预测模拟，通过与空间变异相对应的可变量控制操作技术，将关键技术与现有农业机械设施结合起来，实现精确灌溉和施肥。并引入"专家系统"，对种植业、畜牧业、有机产业、林业等现代化大农业进行数字化管理。随着农垦企业深化改革扩大开放、实行农场经济战略性调整和实现可持续发展，红星农场正在打造中国精准农业示范场、数字农业第一场，并推进了作物专家系统知识的精确化管理（见图4-1）。

图4-1 红星农场精准农业技术

案例二：新疆昌吉国家农业科技园区

1．总体概况

新疆昌吉国家农业科技园区于2002年经国家科技部批准，是全国第二批国家级农业科技园区试点单位，是全国36个国家级农业科技园区之一，是新疆第一个国家级农业科技园区。园区地处准噶尔盆地南缘、天山北麓的昌吉市，距新疆首府乌鲁木齐市35公里，距乌鲁木齐国际机场18公里。位于新疆经济发展最具活力的天山北坡经济开发带的前沿，是天山北坡经济带和乌昌都市经济协作圈的核心区，北疆铁路、乌奎高速公路、312国道穿境而过。

园区的总体布局分为核心区、示范区、辐射区。核心区以昌吉市为主，示范区以昌吉州为主，辐射区以天山北坡为重点，辐射南北疆各地。总规划面积49.8万亩，其中核心区3.6万亩（集体土地和部分国有土地），示范区46.2万亩（国有土地）。2004年园区实现国内生产总值4.5亿元，完成出口创汇70万美元。

园区以"政府引导、企业运作、中介参与、农民致富"为定位，以建设新疆现代农业的绿色"硅谷"为目标，按照自治区农业结构战略性调整的基本要求，围绕昌吉州农业产业链的实施，充分发挥昌吉地区的资源优势，以市场为导向，以社会化服务为手段，突出昌吉特色，加强农业技术的组装集成和科研成果产业化快速发展，以改革创新为动力，完善运行机制，吸引和培养一支高水平、高素质的农业科研和营销队伍，促进体制创新和科技创新，把农业科技园区建成集科研、试验、示范、推广、培训、旅游观光于一体的多功能的农业现代化基地。通过科技创新和技术集成与示范、推广，充分发挥昌吉特色农产品资源优势、科技优势，发挥园区农业科技示范与技术辐射功能，现代化农业科技产业的孵化功能和新型农业科技人才的培训功能，促进农业、畜牧业、林业、水利、农机、加工等整体发展水平，实现优质农产品生产标准化、专业化和产业化，提高农产品加工的附加值和国际竞争力，提高农业整体效益，增加农民收入，改善生态环境，带动自治州乃至全疆农业结构调整和区域经济快速发展。

结合昌吉州及全区的实际，根据区、州农产品资源优势的特点，大力发展一批科技含量高、国际竞争力强的农产品。努力把昌吉国家农业科技园区建成农业技术组装集成的载体，市场与农户连接的纽带，现代农业科技的辐射源，人才培养与技术培训的基地，建成适合昌吉特点的高新科技农业种植及示范基地、适合新疆特点的农副产品加工中心，为提高昌吉乃至全疆农业的整体效益，加速农业产业化与现代化进程做出积极的贡献。

2. 新疆昌吉国家农业科技园区发展农业信息化的优势

优越的地理环境。新疆属西北内陆地区，热量足、气候干旱少雨、耕地连接成片，有利于精准农业的大规模推广。精准农业本是针对集约化、规模化程度较高的生产系统提出来的，在规模较大的农场实施，效益会更好，在以棉花为主要经济作物的新疆，收效更快。新疆的环境条件更有利于发展精量节水灌溉农业和发展基于作物模拟模型的栽培管理决策系统。新疆开展精准农业研究应用，得到了新疆各级领导的重视，领导层层分管，组织实施得力，在项目布局规划，部门协调，人员调配，经费落实等方面给予了大力支持。各农场领导部门均积极配合，全面开展测土施肥，开展大规模土壤普查，为精准农业的实施奠定坚实的基础。国家西部大开发的战略实施，给新疆农业的转变带来了新的发展，国家重点对西部的农业及其基础设施重点投资，引进大批的投身农业建设的人才，这一系列政策措施都给新疆精准农业的发展带来了契机。另外，新疆农业面临着国内外市场竞争的严峻挑战，也必须要提高商品化农业的竞争力，这也是推进新的农业科技革命的重要时机。新疆可以利用这一机会，开发适合新疆本地特色的精准农业。

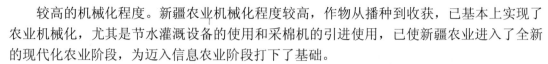

较高的机械化程度。新疆农业机械化程度较高，作物从播种到收获，已基本上实现了农业机械化，尤其是节水灌溉设备的使用和采棉机的引进使用，已使新疆农业进入了全新的现代化农业阶段，为迈入信息农业阶段打下了基础。

农业信息化需求迫切。新疆作物布局单一，棉花已成为国民经济的支柱产业，但在发展过程中，地膜、化肥、农药的大量使用造成了环境的恶化，化肥、农药的利用率也只有30%左右，水资源利用率也较低，农业生产力、资源环境问题日益突出，针对这些问题，有效利用生产资料、节约成本、合理的投入和产出、生产的高效性、农业的可持续性等问题都迫切需要发展精准农业。

3. 新疆昌吉国家农业科技园区在信息化方面的工作

精准农业技术快速发展应用。近年来，昌吉市加大推进农机化示范基地建设向标准化、精准化的建设力度，计划在现有示范基地基础上，结合先进的卫星导航自动驾驶机械化作业技术，着力打造棉花、番茄、甜菜、制种玉米"年千万亩"精准农业农机化示范基地。高科技与实用并举，突出高新技术的示范作用，突出示范区的辐射作用，通过园区示范，带动了相关产业技术发展，同时也推动了精准农业技术的应用规模和范围，充分利用了新疆的农业规模化经营和先进的机械化设备，实现了信息技术与农业工程技术的集成应用，为农业高产、优质、高效和农业的可持续发展做出贡献。

利用遥感技术进行农业资源调查，土地利用现状分析，农业病虫害监测，农作物估产等农业应用的综合技术，主要包括利用遥感技术进行土地资源的调查，土地利用现状的调查与分析，农作物长势的监测与分析，病虫害的预测，以及农作物的估产等。昌吉国家农业科技园区利用其环境优势，积极开展农业遥感技术建设。2013年，昌吉市安装车载拓普康 AES-25 型卫星导航终端 10 套，首次进行了整、播、中耕等作业，经过一年的试验使用，卫星导航自动驾驶技术在该市推广取得圆满成功。2014年，昌吉市计划安排新农村发展专项资金 348 万元用于卫星导航设备购置补助，确保精确农机化作业。该技术的推广应用，能够降低农业生产成本，增加效益，提高土地利用率，大幅度提升农机化示范基地建设标准和规格，加快推进率先实现农业机械现代化的进程。

案例三：北京小汤山国家精准农业研究示范基地

1. 总体概况

小汤山国家精准农业研究示范基地是 1999 年在国家发改委、北京市发改委、北京市科委、北京市农委、北京市财政局支持下，由北京市农林科学院信息技术研究中心承担建设的我国第一个精准农业技术研究试验示范基地，2002 年 10 月竣工完成，占地 2500 亩，总投资 5209 万元。该基地建立了以 3S 技术为核心和以智能化农业机械为支撑的节水、节肥、节药、节能的资源节约型的精准农业技术体系。

目前，园区已有先正达生物科技（中国）有限公司、北京奥瑞金种业股份有限公司、吉三多（北京）油脂科技有限公司、北京森淼种业有限公司、北京市正兴隆生物科技有限公司等 42 家农业企业入驻园区，形成了国有企业、股份企业、外资企业、民营企业投资主体多元化的格局。企业总占地 18875 亩，其中国有土地 6865 亩，联栋温室、日光温室、塑料大棚等设施 52.6 万平方米，保鲜库、加工车间等 7.1 万平方米。

国家精准农业研究示范基地2001 年被国家科技部等 6 部委命名为北京市昌平区国家级农业科技示范园，是北京市唯一一家国家级农业科技示范园区。几年来，分别被北京市政府、国家外国专家局、国家旅游局等部门命名为"北京市科普教育基地"、"北京市爱国主义教育基地"、"引进国外智力成果推广示范基地"、"全国工农业旅游示范点"、"科学实验基地"、"北京市花园式单位"等（见图4-2）。

图 4-2　小汤山国家精准农业研究示范基地

2．小汤山国家精准农业研究示范基地在种植业信息化方面的主要工作

小汤山国家精准农业研究示范基地是我国第一个精准农业技术研究试验示范基地，基地开展的大田精准生产试验示范区集成现代信息技术和智能装备技术，在定量决策的基础上，生成施肥、灌溉和喷药处方图后，由机械进行精准施肥、灌溉和喷药作业，实现了作物管理定量决策、定位投入和变量实施的精准作业管理。

基地的精准灌溉试验区将农艺节水和工程节水有效连接，通过远程监控节水技术、精确灌溉技术、节水专家系统和墒情监测技术实现"工程节水"与"管理节水"的对接，进行了绿水系列节水灌溉信息采集与控制系统、墒情监测系统、地下滴灌系统和负水头灌溉系统等应用示范。基地的精准灌溉系统由智能化系统、GIS 和 GPS 系统、遥感和遥测系统、农田信息采集与处理系统、农田环境生物系统信息等系统组成。地理信息系统（GIS）主要作用于基地土地管理、土壤成份、土层厚度、土壤中氮磷钾及有机肥含量、基地建成以来历年的气温、降雨、雷雨及大风风速等，以及作物苗情、病虫害的发展趋势、作物产量的空间分布等方面的信息处理。全球定位系统（GPS）应用于基地农田土壤墒情、苗情、病虫害的信息采集。遥测技术主要应用于基地大田信息实时采集，通过完善遥感和遥测技术，在昌平区气象预报的基础上，结合田间土壤墒情的监测，进行实时灌溉预报，并确定是否需要进行灌溉及需要灌溉的强度，进一步提高用水的效率。精准农业灌溉的设施按灌水出流方式的不同，分为滴灌、渗灌、微喷灌、脉冲灌四种方式。其主要特点都是在植物的株行距之间放置安装了灌水器的聚乙烯（PE）软管以及相应的管道系统组成的网络，通过灌水器以缓慢而精准的流量，向植物的根部直接供水及养料。小汤山基地在此基础上，按照技术集成和机械化程度，增加涉及土壤墒情、肥力、病虫害、作物苗情等的检测、测量和监控，利用 GIS 进行查询和辅助决策。农田信息采集与处理系统主要是利用不同的传感技术采集数据，采用适当的方法对数据进行处理，转变为易理解和可利用的可视化空间分布图信息，为基地精准灌溉系统提供精细空间尺度上的农作物生长相关空间分布信息。

此外，基地还实现了肥水药等生产要素按需精准定位投入，提高了资源利用率，减小施用化肥、农药造成的环境污染，成为全国现代农业高技术的示范窗口。依托基地研发的50 多个技术产品，已经在全国 14 个省市得到不同程度地示范和应用，已经成为我国现代农业高技术的重要展示平台。

二、设施园艺信息化

设施农业为园艺、畜牧、水产等农产品商品化各阶段提供最适宜环境和条件，以摆脱自然环境和传统生产条件的束缚，获得高产、优质、高效、安全农产品的现代农业生产方式，具有技术装备化、过程科学化、方式集约化、管理现代化的特点。设施园艺是目前我国现代农业发展的一个重要方向，也是提升居民生活水平和质量的有效途径，设施农业也是衡量一个国家农业现代化程度的重要标志之一。根据《我国设施农业十二五规划》和《全国设施农业发展十二五规划（2011—2015 年）》的要求，我国设施园艺产业发展环境日益改善，经过多年努力，在设施建设的标准和技术规范制定，设施机械化耕作技术、灌溉与病虫害防治技术、高效栽培技术、信息化技术和蔬菜嫁接技术研发方面取得显著成效。信息化技术手段开展助力设施产业发展，为完善设施农业信息化基础设施、开发设施农业信息资源和构建设施农业产业体系提供新的动力，这对我国设施农业长远发展和发展方式转变具有重要意义。

2012 年以来先后召开"中国国际设施农业及园艺资材展览会"、"2012 年全国设施农业'三化'技术培训班"和"2013 中国现代农业大会暨设施园艺产业论坛"等相关会议和论坛，为繁荣我国设施产业、提升农业生产水平发挥了重要作用。我国已初步形成了以设施品种繁育设备、设施栽培管理设备、营养和植保设备、温室设施设备以及设施农机具为主的设施园艺装备体系；以规模化饲养设备、养殖管理和标识设备、畜禽舍冲洗消毒设备、环境调控设备以及粪污处理设备为主的设施养殖装备体系；以工厂化基础设施、水质检测及处理设备、精准饲喂设备、产地保鲜设备为主的设施水产装备体系。2012 年是我国农业信息化高速发展的一年，数据显示，2013 年我国设施园艺面积达 350 万公顷，设施园艺产业总产值为 7080 亿元，同比增长 22.07%。2013 年，我国花卉种植面积、销售额和出口额分别达到了 112.03 万公顷、1207.72 亿元和 5.33 亿美元。最新统计数据显示，2012 年全国花卉设施面积为 10.64 万公顷，其中，温室 2.81 万公顷，比 2011 年增长 20.15%；大（中、小）棚 4.68 万公顷，比 2011 年增长 18.98 万公顷；遮荫棚 3.15 万公顷，增长了 3.24%。产量方面，设施瓜果类产量 2.67 亿吨，约占蔬菜瓜类总产量的 34%。总体看，2013 年我国设施农业在推动农村经济发展、保障城市蔬菜、水果、花卉供应方面发挥了重要作用。但是，设施农业在发展过程中也面临着诸多问题。农药、化肥使用过量，农民种植产品单一，与市场对接不紧密，产品销售难等因素均制约了农户进行设施农业发展的积极性，设施园艺产业信息化整体水平与国外相比还有不小差距，其发展面临着巨大的机遇和挑战。

（一）发展现状

1. 研发现状

（1）智能环境监控技术与设备

设施环境调控在农业生产中起着重要作用，如何对设施内的相关环境参数进行快速、准确监测，并根据作物不同生长阶段的需要进行环境参数的智能调控是实现设施产业现代化和信息化的重要内容。2013年我国在设施环境智能监控技术研发方面取得了一定的成果，对已有的常规环境参数传感器进行了进一步研发改进，逐步实现科研成果转化和重点示范。

设施园艺的环境调控目前得到了许多国家的重视，并展开了一系列的创新性研究。例如，采用计算机综合调控技术和应用先进的调控设备，包括 CO_2 发生器、自动加温设备、温度调控设备等；此外在设施农业生产技术上，加大蔬菜和花卉育秧播种流水线、冷藏保鲜、节水灌溉、饲料加工、自动饲喂、喷淋降温、畜禽排泄物无害化处理等技术在设施种养中的广泛应用。

设施园艺自动控制系统开始在部分园区展开应用示范，通过集成温室大棚内相关传感器设备提供的环境参数到服务器，在数据智能分析的基础上根据已经建立好的生产模型对温室环境进行自动调控，实现农业生产的节本增效。2012年北京市开展设施农业气象多点同步适时监测和预警系统试验研究，市农机试验鉴定推广站将在原有基础上，向研制智能化监控、人工辅助管理温室发展，目的是对设施农业进行智能化实时监控，通过动态决策方案进行人工管理，其关键技术主要包括温室综合环境实量监控系统、各种温室作物智能化管理决策系统、系列传感器和计算机芯片与机电一体化系统。

（2）设施农业肥水一体化与节水设备

设施作物数字化栽培是提高设施作物生产资源利用率、保证适时地向市场提供优质安全产品的有效方法。作物生产模型是温室生长智能化操作与管理软件的核心部分，对温室设施中作物生长环境参数的调控和发挥设施农业优质高效的生产功能具有重要作用。

在农业节水方面，先后研究出微灌设备流量与水动力响应间的关系，建立了微灌首部田间管网系统选型配套关键技术参数。首次建立了设施农业微灌管网"30式逆向布置模式"，解决了设施作物平播、垄作倒茬导致滴灌系统利用效率低下的问题；明确了设施农业施肥器、过滤器、灌水器等关键微灌设备的流量与水动力特征响应关系；明确了设施无土栽培常用基质水动力学特性与优化配比方案；研发了设施花卉潮汐式灌水技术和智能灌溉施肥器测试装置；研发出不同设施规模的农业智能水管理系统，研制出墒情监测设备和灌溉控制器；研发了适用规模集中、分户分散等不同管理模式的设施农业智能水管理系统；开发了现代农业园区智能水管理系统和北京市农业用水管理信息系统；构建了适合田块、园区、区域不同尺度的农业水管理模式。北京市进行了"设施农业高效节水技术研究与示范推广"等重大科技攻关项目，项目开展了设施农业灌溉决策技术、高效灌水技术、智能用水监控技术等研究与示范推广工作，建成了面向全市（区、县）政府、企业、农户的多层次、多方位节水技术推广模式，为北京市设施农业节水事业进一步发展提供了重要的科技支撑。

（3）设施农业物联网技术与设备

农业物联网设备是我国未来重点发展的战略型新兴产业，其近几年在设施农业方面的应用取得了一定成就，先后在信息感知、传输和应用处理方面开发了许多先进的技术和设备，对设施环境的监测、控制起到了关键作用。

在网络传感器方面开发了基于多种技术的高精度植物生命信息获取设备、动物行为信息传感器、环境信息传感器，具备实时获取农业生产中各个环节信息的技术手段和能力。作物长势分析仪，便携式叶绿素、氮素和水分一体化测定仪，作物成像光谱仪，土壤参数时域反射仪（TDR）原理样机，土壤剖面水分、紧实度实时获取样机等一批作物信息监测和诊断仪器实现了技术突破并得到应用推广，特别是突破了棉花等农作物无损监测技术的难题，构建了适合黄瓜、番茄等农作物病害的高精度自动诊断模式识别系统。在网络应用方面开发了设施农业智能管理系统，运用物联网技术，实时远程获取温室内部的空气温湿度、土壤水分、土壤温度、CO_2浓度、光照强度及视频图像等参数信息，通过 WSN 和 GPRS网络传输到上位机的设施农业智能管理系统，可远程自动控制湿帘风机、喷淋滴灌、内外遮阳、加温补光等设备，保证温室内环境最适宜作物生长，从而实现温室的集约化、智能化管理，有效降低劳动强度和生产成本，减少病害发生，提升农产品品质和经济效益。

（4）农业机器人等设施智能装备

农业机器人是智能机器人在农业方面的应用，其工作对象是形态各异的农作物。通过引进和学习国外在农业机器人方面的先进技术和经营方式开展二次创新，先后在设施监控、农产品采摘等环节开发了系列产品。我国"十二五"时期紧紧围绕农业智能装备与自动化管理机器人技术开展了大量研究和科技攻关，先后研制了自动嫁接机器人、育苗机器人、移苗机器人和喷药机器人等，精量播种机、大棚耕整机、小型耕整机、单/双垄起垄机、蔬菜精量直播机、蔬菜移栽机、开沟机、喷灌/微灌/滴灌设备、喷雾机、以及棚植保、运输/割草机等设备。设施施肥施药、臭氧消毒、无线网络化卷帘机、自动控制吹风机等已经得到大面积示范应用；育苗嫁接机器人实现了快速嫁接，大大减少了人工成本和投入；滚齿式温室电动松土机、设施农业移动式智能小型喷药设备开始进行试点示范，取得了良好的额示范效果。浙江省开展"智慧农机"建设，即通过信息化与农机化的完美结合，将地理信息定位系统（GIS）、全球定位系统（GPS）和遥感系统（RS）与农机装备完美融合，实现通过互联网、物联网等手段完成农机化生产作业。

2．应用现状

（1）总体情况

设施智能装备功能由单一化应用向集成化应用方向转变。随着信息技术在农业领域的深入推进，设施园艺作为农业中的高附加值产业越来越成为信息化设施应用的重点领域。无线传感器网络技术、现代通信技术、智能控制技术、计算机视觉技术、空间技术等高科技被引入设施农业，使设施环境监控系统朝着自动化、智能化和网络化方向发展。通过政府培训和社会宣传，农户对农业信息化的认识越来越深刻，对产品功能的需求也更加多元化，希望能够使用集成化技术将设施装备对设施产业的提升发挥到最大效果。在北京、寿光等地的蔬菜种植大户和专业合作社中，依靠政府的帮助和扶持，许多农户购买和安装了整套的设施产业信息化管理系统，基本能够实现温室环境监控、诊断和控制等，大大降低了劳动力成本，提升了农产品产量。

应用主体由政府试点示范开始走向市场化和商业化。我国农业信息化起步较晚、基础薄弱，因此政府在促进农业信息化的过程中起到了重要引导作用。在设施装备推广应用方面，主流模式依然是在政府引导下的试点示范，通过政府投资、项目示范和政企合作等模式，在具有一定规模和水平的设施园艺基地、合作社和农业企业中进行典型应用。除此之外，不断探索的市场化和商业化模式在部分地区获得成功应用，如以北京派得伟业科技、北京农信通、北京奥科美和江苏中农物联网等为代表的一批农业信息化龙头企业快速发展，通过与政府、科研单位和大专院校的合作开发、联合示范以及成果转化等方式实现了设施装备产业在全国范围内的推广应用，为促进农业信息技术产业化和我国农业现代化做出了重要贡献。

产学研更加密切，部分成熟产品走向产业化，产业体系初步形成。2013年我国设施园艺产业发展迅速，信息化基础设施进一步完善，信息化和智能化设备的应用水平和应用规模进一步扩大，部分产品逐步走向产业化，设施装备产业在推动我国设施农业发展中起到了举足轻重的作用。在政府农业部门的大力支持下，一批农业生产企业开始参与设施装备产业化进程，设施园艺信息化技术和产品开始由实验室走向生产线，部分成熟产品进行了批量化生产，我国农业信息化的产业体系初步形成，在其带动下我国设施农业产业化规模不断扩大，科技水平和信息化水平进一步增强。北京农业信息技术研究中心研发的嫁接切削器和自动嫁接机在北京通州国际种业园区实现推广应用，其产品嫁接性能和使用效果获得相关企业肯定。基于 3G 等技术的基层农技推广信息化平台在新疆吐鲁番地区的开通和应用，为设施生产中病虫害的发生及防治提供技术支撑。2012 年山东寿光有 105 个大棚安装了山东移动"大棚管家"。截至 2012 年年底，潍坊将有 2 万个大棚使用"大棚管家"，该系统利用中国移动农业物联网平台，自动监测、自动控制、灌溉施肥等在手机上均可轻松完成操作，帮助农民实现专业化、精准化的农业生产管理。"智能温室娃娃"大范围推广应用于设施温室大棚中，通过智能监测和分析有效指导农民进行生产管理。

（2）典型案例

案例一：北京金福艺农农业科技集团有限公司

北京金福艺农农业科技集团有限公司是以有机果蔬生产为基础，集高效设施种植、农业休闲旅游观光、餐饮娱乐、采摘垂钓、科技示范、农技科普教育产业于一体的综合配套大型现代都市生态农业企业。园区 2008 年开始实施数字农业项目，于 2011 年成为农业部设施蔬菜标准园，并对园区农业物联网技术提升完善，成为北京市农业物联网示范园区。

建立无线网络监测平台即北京金福艺农基地农业物联网监控平台，实现了对农产品的生长环境（空气温度、空气湿度、空气露点、土壤温度、土壤湿度、光照强度和 CO_2 浓度）及生长过程通过数据信息和视频信息进行全面监测和精准调控。

安装了基于物联网感应的自动灌溉控制系统（利用土壤水分传感器测定的数据判断相应蔬菜的最佳土壤湿度。当湿度低于设定标准值时，相应的电磁阀就会打开，开始自动滴灌；当滴灌的水分达到足量时，系统会自动关闭滴灌系统。从而实现棚室的自动灌溉，达到精准浇灌节约用水的目的。）、风口自动开关控制系统（利用空气温湿度传感器得到的数据，当相应的棚室的温湿度太高时会自动打开通风口进行降温，达到最适温度时通风口会自动关闭，减少工人劳动量、节约人力，减轻病害发生概率，提高安全生产水平。）实现了节省人力、节水、节药、节能、高效安全生产的目的。

应用温室病虫害预警和成熟度预报系统，可根据环境的变化随时预报病虫害发生的概率，实现了以预防为主的病虫害防治途径，减轻病害发生概率及次数；根据作物生长积温与发育的关系，预报果实成熟度，提供适时采摘标准，保障农产品质量安全。

建立数字农业物联网服务管理层，充分利用农业科研单位及农业专家资源，对设施蔬菜作物生长的基本环境参数进行统一的编制设定，实现通过对实时数据进行智能、科学、快速、高效分析，明确温室作物环境参数变化与作物病虫害、成熟度变化之间关系的目的，发挥专家指挥实际生产的作用。

建设基地农业物联网程控展示中心，实现对整个农业物联网系统中心控制、指挥日常生产，同时作为科技旅游项目展示现代农业景观，也是示范推广该项技术的直接窗口，在展示中心可以共享到全国各地的农业园区应用的先进技术及生产技术，将展示中心打造成为农业交流的示范基地及农业科普基地。

案例二：田村海舟慧霖葡萄园

田村海舟慧霖葡萄园成立于 2010 年，占地面积约 600 亩，园内建有一座 6000 平方米的大型日光温室，22 栋温室大棚、16 栋大棚和 19 栋陆地避雨棚。共种植葡萄 80 多亩，引进世界各地的优良葡萄品种 50 多个。2011 年，通过葡萄无公害可追溯认证，同年园区被确定为"北京市现代农业物联网应用试点单位"，2013 年 10 月自费完成全园物联网建设，统一整合农业远程智能专家系统管理平台，并加装全园监控系统、背景音乐系统和展示平台，真正进入物联网数字智能化农业的初步阶段。2013 年年底，田村葡萄园区的全部温室安装了数据监控设备，统一整合农业远程智能专家系统管理平台，使物联网在园区发挥更大的作用；并建设供参观演示大屏幕，更直观地展示物联网科技为农业带来的重大发展，充分体现园区的科技生态绿色环保理念；同时加装了整个园区无死角安防摄像头 24 小时监控及全园背景音乐系统，通过光纤设备上传视频画面及数据信息。设备安装完成后，园区派专人对设备的使用进行了认真学习，并及时登录网站接收相关信息，通过手机、平板电脑等设备实现了对温室大棚的实时监控和管理，大大提高了现代农业生产精细化和科学化管理水平。园区物联网的应用可以改变粗放的农业经营管理方式，提高植物疫情疫病防控能力，确保农产品质量安全。通过数字化数据的呈现，更有效更直观地对生长期的葡萄进行监控预警，降低了葡萄病虫害发生的概率，从而引领现代农业的发展。传感技术在精准农业的应用包括智能化专家管理系统、远程监测和遥感系统、生物信息和诊断系统、食物安全追溯系统等。通过实时传感采集和数据存储，能够摸索出植物生长对温、湿、光、土壤的需求规律，提供精准的科研实验数据；通过智能分析与联动控制功能，能够及时精确地满足植物生长对环境各项指标的要求，达到高幅度增产的目的；通过光照和温度的智能分析与精确干预，物联网对园区种植葡萄起到了重要作用。

案例三：陕西大明绿色蔬菜开发有限公司

陕西大明绿色蔬菜开发有限公司成立于 2004 年，是以蔬菜生产、种植、销售为一体的股份有限公司。公司在宝鸡市陈仓区千河镇张家崖村建立无公害蔬菜基地 300 多亩，年累计种植面积达 1200 多亩，总产约 2000 吨。2013 年，在宝鸡市农业宣传信息培训中心技术支持下，陕西大明绿色蔬菜开发有限公司示范性建设了一个基于 GSM 技术的物联网灌溉控制大棚。因资金投入问题，示范面积小，功能单一，但技术相对先进，企业比较满意。目前，根据大明公司的使用情况，宝鸡市农业宣传信息培训中心计划进行功能升级，实现在一个大棚内的灌溉、卷帘、通风三大机电设备的远程控制管理，为下一步大范围、大面积实施推广，做好示范引导和必要的技术准备。

案例四：济南安信农业科技有限公司

济南安信农业科技有限公司，位于济南市济阳县现代农业科技示范园，主营蔬菜种苗培育、新品种的引进与试验。公司为 80000 平方米的育苗温室建设温室育苗物联网管理系统，安装 100MB 光纤宽带，配备温室环境监测系统、视频监控系统、中心控制系统、智能语音系统、太阳能采暖管道系统、降温系统、精量播种流水线、高效水肥一体机、智能决策系统，实时采集、存储温度、水分、空气湿度、光照等育苗基质和环境参数。这些数据将传送到智能信息管理中心，技术人员可在办公室通过计算机随时掌握温室内实时温/湿度、光照等参数和秧苗生长情况，然后根据这些精确的信息，来调控温室通风降温设备、启动肥水一体化移动喷灌车等，实现蔬菜育苗生产的智能化、标准化和全程质量安全管理控制的即时化。

另外，该管理系统能够实时在线动态监测工厂的育苗过程，对肥水管理、病虫害防控、种苗长势等进行记录，将种苗标准培育和蔬菜高效管理流程和技术通过计算机、手机等传输到用户终端，为农民提供远程培训、学习和交流，实现种苗的可追溯服务，并把服务延伸到高产优质蔬菜种植领域，对农户实行"统一定期技术培训、统一育苗农资供应、统一栽培跟踪服务、统一种苗安全运输"的"四统一"服务，解决种菜农民的后顾之忧，形成用户与公司稳定、紧密的依赖关系。此公司还将管理系统与政府监管部门、科研机构院所连接起来，增强政府相关部门的监管能力，推进公司与科研机构院所的交流、合作。

案例五：湖南省农作物种质资源保护与良种繁育中心

湖南省农作物种质资源保护与良种繁育中心（原湖南省优质果茶良种繁育场）是国家农业部和湖南省政府共同投资建设的国家级果茶薯等良种繁育示范基地，是隶属湖南省农业厅管理的正处级事业单位。自 2009 年以来，该中心与中国电信湖南分公司等合作，开发建设了基于下一代互联网和物联网技术的现代设施农业智能监控系统。该系统 2009 年度被评为 "中国农村信息化最佳解决方案"，得到了国家发改委和湖南省政府领导及有关专家的高度评价。2012 年，通过实施农业部"三电合一"农业信息化服务试点项目—智能农业物联网应用示范工程，在名优花卉、特色瓜果蔬菜、名贵中草药等温室（大棚）生产示范中，实现了设施设备智能化管理、智能灌溉、精准施肥和生产要素智能监控，率先在湖南省实现了现代信息技术与设施农业的融合。2013 年 6 月被农业部评为全国首批农业农村信息化示范基地。

① 示范应用内容

在温室大棚等设施内，共部署安装温度、湿度、光照、基质含水量及视频采集等传感器设备 350 多个。通过各种传感器的数据采集和物联网传输，可对温室大棚内的温度、湿度、光照、基质含水量等动态数据及作物生长发育状况进行远程精确监测和智能精准调控。

在各温室（大棚）和果茶生产示范园内安装了智能监控的微滴、喷灌系统，管理人员只要通过电脑或手机登录网络，轻点鼠标，可以"远程"给温室大棚里的名优花卉盆景、特色瓜果蔬菜、名贵中草药等浇水、施肥（药）。

在各温室（大棚）等设施农业示范区的多个监控节点安装了红外网络高速球机，可进行远程监控，并能及时发送报警信息。

② 示范应用成效

为农业科学研究和生产管理提供了高效、精准的远程感知与监控平台，可大大减少现场生产管理人员，降低劳动强度，既能节约用工，又能确保各项操作和培管措施的精准性，劳动生产效率有了显著提高。以往五座温室大棚需要 10 个人左右忙活大半天才能完成的浇水、施肥（药）工作，现在只要 1 人轻点鼠标半个小时就可以轻松完成。

有利于高效利用温、光、水、肥资源，减少资源和能源等浪费，既节能降耗、节水环保，又增产增收。5 座智能温室大棚每年可生产特色瓜果蔬菜、名优花卉、中草药等优质种苗 50 万株以上，生产特色瓜果蔬菜、中草药等产品 20 吨以上，每年产值可达 160 万元以上，扣除生产成本和设施设备折旧、管理、销售等费用支出，纯利润可达 80 万元左右。与项目实施前相比，单位面积产出可提高 20% 以上，收入增幅可达 30% 以上。

（二）存在的主要问题

1. 设施园艺信息化发展起步晚、差距大

信息技术在我国设施农业中的应用研究相较于发达国家起步晚，设施农业环境监控技术及产品在自动化、智能化、适用性等方面与欧美、日本等发达国家相比存在较大的差距。

（1）温室环境信息获取技术落后

温室环境信息主要包括温室内温、光、水、气等小气候信息，土壤温度、湿度、EC 值、pH 值等环境信息和室外温、光、水、气、风、雪等气象信息。在温室环境信息获取方法方面，主要是通过传感器获取相应的环境信息，并通过变送和传输装置实现传输，其中传输方法分为有线和无线传输方式。温室是以园艺作物为主要对象进行生产的，如何将作物—环境—装备作为一个系统进行管理，尤其是作物生理和生长信息的获取其研究工作还需要进一步深化。目前我国针对作物的外观品质、营养元素的亏缺、病虫害的识别诊断方面开展了相应的探索研究工作，但能够用作温室作物生理生长信息探测的商品化传感器目前还较少，需要加紧研发；此外，在信息监测技术及产品方面缺乏具有自主知识产权的信息获取技术和统一的应用体系标准，尤其是针对大型温室群，需要采用多传感器实现信息的监测，同时温室内的环境之间具有耦合性，因此在构建温室无线网络时应考虑如何实现多传感器的信息融合，以提高监测的准确性。

（2）温室环境智能化控制设备缺乏

设施园艺发达国家研发作物自动化生产管理和环境智能化控制体系，从育苗、定植、栽培、施肥、灌溉等过程全部实现自动化运作，温室环境如温度、光照、湿度、水分、营养、CO_2 浓度等综合环境因子全部实现计算机智能监控。美国、日本、荷兰研发出一种基于控制器局域网总线（CAN）和无线传感器网络（WSN）的控制系统，能够对温室内温度、

湿度、土壤温/湿度以及光照等参数进行自动采集，同时控制风机、暖气、水泵等温室环境调控设备，使温室环境达到农作物生长的最佳环境。目前我国温室环境智能化控制技术设备缺乏，无法满足农业生产精确控制需求。生产管理凭经验进行，无法满足对作物、环境复合系统做出定量分析和科学决策。

（3）产品的适用性和配套集成性差

我国设施园艺物联网的建设离不开大量传感器监测获取和传输的数据。由于农业应用对象复杂、获取信息广泛、缺乏统一标准的传感器所采集的数据无法进行统一应用，产品的适用性和配套集成性差，无法满足我国设施农业生产领域广、类型多、个性化需求。而目前已有的产品往往稳定性差、精度偏低，不能真实反映当前作物生长的情况，难以满足设施农业生产数字化管理的需求，而国外在设施环境信息采集及处理的精确度很高。

2．设施园艺生长模型与管理专家系统欠缺

设施作物生长发育模型是数字化设施栽培的基础，旨在通过研究环境因子（温、光、水、气、营养等）对设施作物生长发育及产量和品质的影响，按照系统科学思想和设施作物生理生态学、水分养分平衡原理等建立相关数学模型，借助计算机科学、栽培学、农业经济学、控制工程学、植物保护学和生物学等学科与设施作物生长发育和产量综合动态研究基础，对其生长发育进行模拟控制，指导设施作物生产，达到优化栽培、均衡供应的目的。温室作物模拟研究始于 20 世纪 80 年代初，国外对设施园艺主要作物模型的研究与应用已相当成熟。我国开展作物模型研究的历史较短，主要集中在大田作物上，如小麦、水稻、棉花等作物，但是对温室园艺作物模型的研究则刚刚起步。

（1）生长模型实用化程度差

国内对设施园艺主栽作物的生长模型研究当前主要集中于温室栽培的黄瓜、番茄、甜瓜等作物品种，其他作物（如茄子、辣椒、生菜等）仅仅局限于光合速率模型方面的报道。大多数作物模型仅限于几个相同因素的限制水平，并没有将模型所有限制因子考虑在内，因而造成模拟的准确性不够、模型通用性较差。例如在干物质分配模型建立过程中，要充分考虑各种栽培与管理措施（如摘叶、整枝和疏花、疏果、果实采摘等）、肥水影响因子的影响，故需要在现有的作物模型研究基础上，研究与提供设施园艺中作物肥水管理模型、经济效益分析模型，完善作物生长系统体系。

另外，模型的有效性检验缺乏。由于缺乏模型运行所需的设计环境、气候、土壤等资料，模型所需生产对象参数和环境参数的代表性差、重复性不理想，因而模拟模型的可靠性验证与有效性检验存在一定困难。因此应加强不同棚型、温室类型下作物模型研究，注重模型的地域性和适应性，强化作物发育阶段性模型研究，完善作物整个栽培周期体系模型。建立的作物模型应该具有适应性和准确性。根据作物生长条件变化情况，开展重复、大量的试验，获取详实、有理有据的数据（包括异地采集的数据），对建立的作物模型进行必要的参数校验和可靠性验证，从而提高我国设施园艺作物生长模型的实用化程度。

此外，要加强温室作物模型的多样性和理论研究。有些模型的特点是有完整的理论框架，但子模型往往采用经验性很强的参数化方案。参数的选择以及模型的参数验证往往不够合理。模型得通过对系统参数、变量的优化分析，建立适应我国环境资源特征、品种生理特性和设施栽培管理的参数库和各种数据库。在吸收国外作物模型的理论与经验的基础上，扩大国内温室设施栽培品种的生长模型，加强模型的多样性和理论深度研究，避免简单和重复。随着基质栽培在温室设施中推广应用，应加强各种基质栽培条件下作物生长模型尤其是根系吸水模型的深入研究，更好地指导作物精准灌溉。

（2）温室作物管理专家系统缺乏

在作物生长模型相当稀少和缺乏的情况下，利用机器学习、模式识别等人工智能技术建立作物生长控制和管理的辅助决策系统（专家系统），帮助种植者设定每一阶段、每一周期的温室环境目标值，以期实现智能日常管理，这是解决目前种植问题较为理想的途径。通过研究温室作物生长发育与环境、营养之间的定量关系，建立作物生长发育信息化模型，开发出适合不同作物生长发育的温室控制、咨询及管理专家系统。目前我国设施作物的产量、品质远远低于国外生产水平，其中一个主要原因就是温室环境及栽培管理、病虫害防治方面的技术欠缺，缺乏相应的专业知识和专家系统。例如以色列和荷兰开发出番茄和黄瓜等蔬菜作物生育模型和专家系统，包括整枝方式、栽培密度、针对天气和植株生育状况的环境指标、不同生育阶段的水肥指标、病虫害预防和控制技术等。荷兰瓦赫宁根大学通过将作物管理模型与环境控制模型相结合，实现温室环境的智能化管理，大幅度降低了温室系统能耗和运行成本。

3. 设施园艺物联网应用推广难

（1）分散经营的生产模式制约了物联网应用规模和效率

目前，我国农业基本是包干到户、分散经营的小农经济，不适合物联网应用的大规模推广。个体农户要部署诸如土壤养分检测和配方施肥的应用只能自购设备，这样单体使用的方式，成本高，风险大，效益也不明显。我国设施园艺生产缺乏集成连片的大面积规划和管理，这种生产经营方式是阻碍设施农业物联网应用大范围推广的根本问题。

（2）物联网应用基础设施建设成本较高造成应用推广困难

物联网应用首先要部署传感器，农用传感器多为土壤监测、水质监测等化学类传感器，而传感器成本较高则是难以突破的瓶颈。如测温度、湿度、CO_2浓度的传感器价格昂贵，后期维护成本又高，而农作物利润率普遍较低，因此物联网应用部署投入产出比不高，使得农民购置意愿不强。所以物联网应用对低附加值的普通园艺作物目前还不适用，只能用于高附加值、经济利润较高的园艺作物，如稀有花卉、水果、药材等的种植。另外，互联网基础设施还不完善，用户对于互联网的熟悉程度和学习能力也是造成推广难的重要因素。

（3）物联网技术产品尚不成熟，设备性能远远低于应用预期

和环保等其他行业应用领域一样，我国农业传感器的可靠性、稳定性、精准度等性能指标不能满足应用需求，产品总体质量水平亟待提升。如土壤墒情监测传感器、CO_2浓度测量传感器、叶表面分析仪等技术和设备还不成熟，且设备需要长期暴露在农田设施环境之下，经受高温、高湿、暴晒，经常出现故障，严重影响使用。经用户使用验证，与国外设备相比，国内传感器设备的使用寿命和维护周期较短，精准度不高，性能差距较大。虽然国内产品价格上占优势，但由于其质量严重影响应用实施的效果，极大地挫伤了用户使用的积极性。因此能长期稳定工作的、低成本、低功耗的国产农业传感器、物联网设备产

业的建立是应用推广的重要影响因素。此外，设施农业物联网产业尚缺乏行之有效、成功的商业模式，在促进产业的良性循环方面仍需要探索创新。

（三）对策与建议

1. 培育良好的发展环境

围绕《全国蔬菜产业发展规划（2011—2020 年）》的总体要求，以深入推进新一代信息技术和产品在设施园艺产业中的应用，切实提高设施园艺信息化水平为重点，坚持"统筹部署、政企合力、应用驱动、因地制宜"的原则，优化产业布局，加大资金投入，增加农民收入，提高设施园艺产业的智能化装备水平和农民的信息消费能力。

（1）加强统筹规划，优化产业布局

设施园艺属于高投入、高产出、高风险产业，需要强有力的政府支持。按照全国蔬菜产业发展规划，依据产业发展优势区域，切实保障蔬菜供给安全，应加强政府统筹规划，研究制定全国节能日光温室和塑料大棚区划和设施园艺产业重点区域发展规划。在优势产区和大中城市郊区，重点加强设施园艺基地的基础设施建设，着重品种选育、集约化育苗、田头预冷等关键环节，加大科技创新和推广力度，健全生产信息监测体系，壮大农民专业合作组织，促进生产发展，提高综合生产能力。

（2）加大资金投入力度，建立多元化投/融资机制

完善以政府投入为引导、社会投入为主体的多元化投/融资体制，不断加大农业科技研究、基础设施建设、设施园艺信息化项目和人员培训等投入。研究制定设施园艺生产基地设施建设补贴政策以及设施园艺产业重大技术补贴政策，对基地网络基础设施、环境智能调控设备以及农产品质量安全检测技术和产品进行补贴，加大政府对设施农业装备的购置补贴力度，全方位推进设施园艺信息化建设进度。目前，国家已经把设施农业设备列入全国农机购置补贴机具种类范围，支持设施农业发展。

（3）开展技术培训，提高农民信息素养和信息装备消费能力

组织开展面向农民的信息技术培训，培养出一批懂技术、有文化、有经验的农村专业科技人员，提高农民的文化素质。针对农业从业人员的实际综合能力与要求，进一步积极推进适用信息技术的开发和应用，从而正确培养农民的信息观念，全面提升农民接收和应用能力。大力推进农业产业化生产，提高农业的综合生产能力和整体效益，以确保农业增效、农民增收，从而实现农民信息装备消费能力的提升。

2. 加快信息化技术和产品研发，深化信息技术应用

在加快推进农业现代化建设中，充分发挥科研院校的人才优势，坚持引进吸收与自主创新相结合，加快信息化技术产品研发和信息系统应用，积极推进科技成果转化，努力应用现代先进信息技术改造提升传统农业生产方式，逐步向数字化、智能化、实时指挥和控制的自动化精准农业过渡。

（1）加快信息化技术和产品研发

围绕生产实际需求，以设施农业发展技术瓶颈为重点，大力提高原始创新、集成创新

和引进消化吸收再创新能力，充分发挥科研院校的人才优势，加大政策扶持和资金投入力度，鼓励和支持科研机构、IT产品生产和信息服务企业研究适应农村特点、具备基本功能、质优价廉、运维简便的信息系统及终端产品，让农民用得了、用得起、用得好。开展物联网技术在设施园艺生产领域的关键设备与应用技术体系的研发、应用与示范，全方位推进设施园艺信息化水平，使信息化成为推进现代农业建设的有力支撑。

（2）加快信息系统应用，提高智能装备水平

大力推广应用设施种植用水管理设备、自动化灌溉设备、低成本无线宽带传输网络、智能决策服务技术和反馈控制技术装备等设施农业物联网感知控制技术体系与业务应用系统，实现病虫害远程诊断、监控预警、指挥决策，肥、水、药一体化智能实施，设施蔬菜质量安全监管与追溯等，积极建设植物工厂，探索实用农业机器人，全面提升设施农业装备研发水平，确保温室实现集约、高产、高效、低耗、生态、安全。

3. 加快培育农业物联网产业

目前，农业物联网的发展尚处于不断摸索完善的阶段，应加快核心技术研发步伐，建立健全农业物联网标准体系、高起点研究行业发展路径与扶持优惠政策。同时，引导市场化企业参与行业发展，带动市场化需求、生产与技术研发形成互动，加快培育农业物联网产业。

（1）建立健全农业物联网标准体系，保障信息安全

探索研究农业物联网相关基础标准和行业应用标准，鼓励企业、高校、科研院所积极参与物联网领域的标准化工作，参与物联网技术参考模型、统一标识和解析等标准化顶层设计，提出适合我国农业特点的农业物联网传感器技术标准、数据传输通信协议标准和农业传感网项目建设、运营和管理规范等。深化信息安全工作，强化在感知、传输、应用等环节的信息安全管理，落实信息安全等级保护制度，强化网络与信息安全应急处置工作，建立并完善应急预案。

（2）鼓励企业参与投资，推动市场化发展

完善多元化的投入机制，探索建立"政府引导、市场主体"的农业物联网双轮驱动发展机制，建立财政扶持农业物联网的长效机制，研究建立农业信息补贴制度，加快推动将农业物联网相关产品和装备纳入农机购置补贴目录，以此鼓励电信运营商、IT涉农企业、科研院校等社会力量的积极性，逐步形成政府引导下的投资主体多元化、运行维护市场化，合力推进农业物联网发展。

（3）加强统筹规划，引领行业可持续发展

加快研究制定农业物联网发展专项规划，建立跨部门议事协调机制，统筹推进农业物联网产业化和推广应用，把农业物联网作为战略性新兴产业的重要组成部分，纳入现代农业和自主创新的政策体系，安排专项资金并整合相关资金加强对农业物联网研发应用的扶持，鼓励各地结合自身实际积极发展农业物联网。

三、果园种植信息化

我国是世界果品产量大国，2012 年我国果品总产量达到 2.4 亿吨，其中园林水果产量 1.5 亿吨，稳居世界首位，连续 12 年产量增长，是 1978 年的 23 倍。我国南方的柑橘和北方的苹果产量，均位居世界之首。以苹果为例，我国鲜果的年增量就接近世界第二苹果生产大国美国年产量的一半。果业的发展，不仅带动了农民增收，而且带动了产业链的发展。然而，在我国果业蓬勃发展的背后也隐藏着种种矛盾。

信息不对称：农民种植的果品与市场的需求脱节。一方面是果农种植的果品难以出售；另一方面是市场需要的品种严重短缺。

人工短缺：随着我国经济发展和人口结构的变化，我国人工短缺现象越来越明显，人工成本明显上升。到 2012 年，我国苹果人工成本已经占总成本的一半以上。

组织化程度低：我国果品经营，主要以散户经营的形式出现，经营规模小，影响了生产经营、技术推广等的组织实施效果。

果园种植信息化，是有效破解我国果园经营难题的主要途径，积极推广组织专业化、经营规模化，通过生产标准化、机械化、信息化，达成果园种植的流程简单化、工作省力化、效益最大化。

（一）总体概况

自动化农业是目前农业研究者研究的方向之一，国外的果树标准化、机械化以及组织化程度高，信息化程度相应较高。而我国果园信息化较低，基本上处于起步阶段，应用比较简单，表现为应用规模小，应用水平低。应用形式主要以科研成果的展示为主，以政府的投入为主。最受欢迎的应用形式是水肥一体的（智能）自动化灌溉系统。

环境监控系统在果园管理中得到初步应用。北京市 221 平台 2013 年开始从"监测"向"应用"发展。云南昆明市新型农业经营主体直通式气象服务驻进果园，安宁红梨基地，监测空气湿度、风力以及叶面温度、土壤水分等，气象局将观测站设在果园，为病害防治、果园灌溉等提供服务。浙江慈溪市、温州惠山区阳山有机水蜜桃基地等利用物联网技术，快速采集种植信息和环境信息，实现了葡萄、梨和水蜜桃的智能化精细管理。浙江省农科院在嘉兴南湖区大桥镇的葡萄大棚内，用短信触发的方式远程获取大棚内的空气温/湿度、土壤水分含量等。山东农业大学利用数码相机监测苹果生长发育的动态和病虫害发生情况。清华同方融达公司开发的智慧果园系统，可以监控园区内的环境温/湿度、降雨量和土壤墒情以及病虫害发生。中国农业科学院农业信息研究所研发了果园现场服务器，监控果园空气温/湿度、土壤温/湿度、光强、CO_2 浓度等参数，并可以动态监控果树生长动态和病虫害发生状况，为果园生产管理提供决策支持，该技术在北京、辽宁兴城、陕西洛川、河南新乡等地得到应用。

生产过程监控融入信息化手段。福建省平和是中国蜜柚之乡，平和蜜柚协会利用二维码技术，监督果园施肥、灌溉、嫁接的各个环节，实现了生产有记录、产品能查询、质量可追溯。山东农业大学与国家农业信息化工程技术研究中心利用现代科技服务农业，在山东省肥城潮泉镇利用电子标签技术为果树编码，记录果树名称、品种、负责人等相关信息，并可记录施肥的时间、肥料的名称、施用量等生产信息。江苏临安愚公生态农庄，利用二维码技术记录水蜜桃的物候期和生产节点，为果树建立电子档案。联想控股旗下佳沃集团涉足蓝莓、猕猴桃、车厘子等高端水果生产，利用二维码技术，实现全产业链、全程可追溯，用 IT 业模式打造现代农业。

水肥一体化精准灌溉系统得到初步应用。山西临猗县通过物联网技术，实现了水肥一体化和果园信息监控，带动全县果园的科学化管理。河南仰韶奶业公司果园乡李家大杏基地成功引进智能精准灌溉施肥系统，建成了渑池县首家精准农业示范园，200 亩地的施肥灌溉作业从原来的半个月缩短到现在的半小时，大大提高了工作效率。陕西省陕县二仙坡果园种植基地利用互联网技术，实现了智能节水灌溉，通过物联网建设带动建成了"二仙坡"牌苹果。中国农业科学院郑州果树研究所研究开发了柑橘信息化精准管理系统，系统实现了对高温、冻害、干旱的实时预警和水肥系统的远程管理、智能决策和自动控制。系统在浙江临海和重庆忠县等地得到了应用。

果园生产辅助管理系统取得初步应用。中国农业科学院农业信息研究所研发了果园数字化生产管理系统，并在北京、辽宁、河北、陕西、四川、河南等开始试点应用。系统可以根据环境信息及果树长势的历史和现实数据，提出果园生产管理的建议。

（二）果园种植信息化发展的瓶颈

尽管近几年果业种植信息化发展较快，特别是推进较为迅速。但是，信息化技术应用水平低，限制了果园种植信息化的进一步发展。具体表现为以下几个方面。

果园基础设施落后。园内水电、通信、道路基础设施落后，影响信息化的正常实现。

传感器种类少、技术落后。针对果园的专用传感器严重不足，土壤果树养分诊断传感器、果实成熟度传感器、果树生长模式传感器等，在国内基本上见不到。部分常用传感器质量较差、性能不稳定，同样影响了各类信息化应用系统的正常使用。

缺乏模型支撑。信息化的应用平台缺乏相应的模型支撑，目前，信息化的应用系统基本上处于监测水平，系统缺乏控制功能。尽管很多系统实现了智能控制功能，但是，由于模型的应用性能很差，在实际应用中基本上处于手动控制的水平。

机械化程度低。我国大多数果园整体上是分散经营，大型的果园往往分布在山区，基础条件落后，再加上经营的果树树体大，品种落后，也不适应机械化作业，因此造成目前果园的机械化程度较低的局面，信息化体系中缺乏相应的执行机构，不能完成采摘、喷药等日常果园的农事活动，因而信息化应用的实用性较差，难以激发企业实现信息化的热情。

信息化投入太高。果园单位面积的盈利能力较低，信息化前期投入高，回报低。果农接受信息化的热情不够，信息化的推广应用困难。

（三）推进果园种植信息化的建议

果园种植信息化是提升果业产业形态的重要手段。政府要加强果园种植信息化作为国家基础设施建设的意识，推动果园种植信息化向广度和深度两个方向的发展。

加强果园基础设施的建设。由政府投资加强果园水电通信道路等基础设施的建设，为信息化建设奠定良好基础。强化政府投入主体的意识。树立先投入后受益的意识，信息化建设初期的投入大，见效慢，属于滚雪球效应，初期很难很慢，越到后期回报越大。因此，要坚定信心，持续投入，把果园种植信息化做强做大。

加强科研投入。在果树基础研究方面加强投入，强化科研院所和企业的研发能力，研制果树专用的传感器，研发果树生长与管理专有的各种模型。

加强培养符合果园种植信息化发展的复合型人才。果园种植信息化涉及众多学科交叉，目前，无论是在科研阶段还是应用阶段，均凸显复合型人才的不足，应加强培养。

第二节　畜牧业生产信息化

现代畜禽养殖业的发展标志之一就是朝着智能装备、全面"感知"、生产过程可跟踪与产品质量可溯源、行业技术及经济数据实施网络化管理等信息化迈进。以信息技术为基础的物联网技术逐步渗透到畜牧生产的各个领域，通过集成与自主开发，不断有研究报道畜禽精细饲养物联网、畜产品质量安全溯源物联网等内容。信息技术已经成为影响畜牧业生产力的主要因素，为助推畜牧业产业升级、合理利用饲料资源、提高畜牧业数字化管理水平、提高畜禽经营者的收入发挥着不可或缺的作用。总之，建设信息型畜牧业也是新形势下促进新农村经济社会全面发展的重大战略部署，是践行新"四化"战略的重大举措，也是解决"三农"问题的新动力。

一、畜类养殖从环境到饲喂从管理信息化向物联网控制迈进

畜牧养殖的规模化、标准化与智能装备化的趋势越发明显，养殖方式也随之发生了深刻的变化。以自动化、数字化技术为平台，通过模拟生态和自动控制技术，每一个畜禽舍或养殖场都成为一个生态单元，能够通过迅猛发展的物联网技术，在感知环境数据的基础上，利用移动智能终端手机远程调控温度、湿度和空气质量，而且能够自动送料、饮水，甚至自动进行产品分拣和运输等。

案例一：我国最大的畜禽养殖企业——温氏集团，用敏锐的眼光，犹如"春江水暖鸭先知"般预见了物联网的巨大应用前景，率先开展企业畜牧业物联网的应用研究，建成了畜牧养殖生产的监控中心、畜禽养殖环境监测物联网系统，及畜禽体征与行为监测传感网系统等。主要采用物联网技术及视频编码压缩技术，将企业所属各地养殖户及加工厂的重要实时监控视频、主要位点的传感器监测数据（温度、湿度、空气质量、水质、冷库温度等）自动感知与收集，并在指挥中心的大屏幕上集中显示（图4-3），管理者只要点击鼠标就可获得相应养殖户或工厂的各项实时或历史数据、统计报表及视频等，方便提出与当前关注问题相关的、重要的信息，由此进行可视化的日常管理、巡查会应急指挥。在该企业的物联网系统的应用中，采用了大数据的理念，即建立不同类型数据之间的关联，远离数据孤岛，令人欣慰。

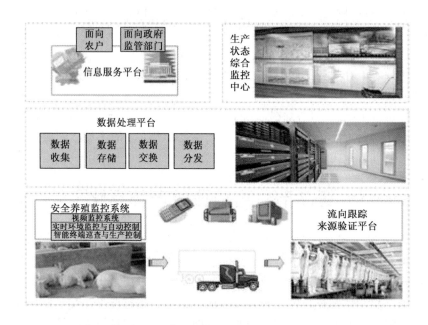

图 4-3 温氏集团物联网数据采集与分析中心及远程采食的鸡舍视频

案例二：畜禽养殖环境物联网系统构建。中国农业科学院北京畜牧兽医研究所联合无锡富华科技责任有限公司，研究开发了畜禽养殖环境监控物联网，主要利用环境感知传感器，如温湿度传感器、光照度传感器，CO_2 传感器等，对连续变化的环境参数进行远程监测，并将获得的数据首先通过 2G 或 3G/4G SIM 卡传输到数据服务器中贮存，开发的手机客户端 APK 文件则可在线查看连续变化的环境参数及历史数据，依据监测的数据及预设的环境参数的阈值，系统会提醒用户开启相应的控制设备，如水帘、电暖、风机的开启与关闭等。图 4-4 显示了手机客户端的处理结果。需要特别提到的是，对现场设备实现远程控制，首先需要事先对现场设备的控制开关进行集成，须追加可接受远程信息的控制端口。

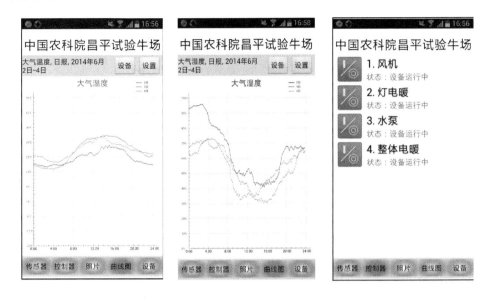

图 4-4　畜禽场环境监测物联网系统中温度、湿度的连续监测及对环境设备的远程控制

案例三：最新一代妊娠母猪电子饲喂站及哺乳母猪饲喂器研究取得显著进展。众所周知，我国是世界第一养猪大国，也是繁殖母猪的饲养大国，目前全国母猪存栏数量达到了 4800 万头以上，但母猪的生产力水平仍然相对落后。就最能反映繁殖母猪生产力水平的 2 个指标分析，我国目前一头繁殖母猪每年可提供的断奶仔猪数和商品猪头数分别为 16 头和 13.8 头，而欧洲发达的养猪国家如荷兰和丹麦的水平为 26 头和 24 头，足见水平之间存在数据鸿沟。但这同时也意味着提高水平的潜力巨大。事实上，我国母猪的遗传潜力与国际比较不存在差异，关键在对于母猪的精细饲养管理。而智能化、无应激与开放式的管理系统正是提高母猪生产力的关键。

母猪的生产力水平代表了一个国家养猪业的科技含量，不仅影响到商品猪饲养的成效，还最终影响一个地区甚至国家的价格指数。因此，近些年来，国际上一直在智能电子饲喂母猪的设备装备（母猪电子饲喂站，简称 ESF）及控制软件上推陈出新，通过 ESF 的多年应用，证明了 ESF 的优点如下：1）可以按个体做到精细饲喂；2）一个小群体可共用一套设备，减少设备投资；3）母猪可分组灵活；4）使用数字化管理，从生理营养上满足个体需要，实现动物本身最大的福利；5）母猪的繁殖生产力表现好。

就 ESF 系统本身而言，具有典型的物联网核心技术特征，包含了感知、数据采集与传输及饲喂控制 3 个层面，可以称之为母猪精准饲喂物联网系统。

在国内从事母猪 ESF 研究的相关设备制造企业不多，主要有郑州九川自动化设备有限公司、河南河顺自动化设备公司及河南国商农牧科技责任公司等。上述公司在设备的研究与推广方面，由先期的模仿到目前的自主创新的过程，可谓屡战屡败，屡败屡战，才在目

前取得巨大的突破，为我国母猪饲养物联网的设备自主创新做出了贡献。典型的物联网系统主要有由河南国商农牧科技责任公司与中国农业科学院北京畜牧兽医研究所联合研制的第 5 代妊娠母猪及哺乳母猪智能饲喂系统，均已经获得及申请发明专利及实用新型专利近 10 项，获得计算机软件登记 3 项。

图 4-5 所示为最新研制的妊娠母猪电子饲喂站，进入门采用传感器+电动门+中央控制器协同工作的方式，提高母猪有序进入饲喂器的效率；根据感知的母猪的标识信息，通过计算机提出其历史档案，决定饲喂的数量及次数，实施具有阈值设定下的自动饲喂，形成了基于感知、数据分析及饲喂控制的完整闭环控制生产，基本达到了在无人控制下按个体的体况进行精细化饲喂，是通过物联网技术应用提高畜牧业生产力的典型案例。

图 4-5　妊娠母猪电子饲喂站

图 4-6 所示的哺乳母猪自动饲喂器，同样通过采集母猪个体的体况数据，包括体重、哺乳胎次及抚养的仔猪头数，根据营养需要量模型，计算不同哺乳天数的采食量作为阈值，通过中央控制器或移动智能手机控制饲喂次数及每次的饲喂量，实现基于物联网技术与阈值下的精细饲喂。特别是如果中央控制器中嵌入 SIM 卡，将手机端 APK 文件与 SIM 卡关联，再通过手机端可以实时查看每头母猪的采食数据，并对每头母猪的饲喂程序进行远程控制，也就是可以通过手机远程养猪（见图 4-7）。

图 4-6　哺乳母猪自动饲喂器

图 4-7　手机远程控制饲喂参数

案例四：种畜生产的全过程数字化监管与云分析计算平台投入应用。畜牧业生产中，最为复杂的生物系统莫过于种畜的生产。例如，种猪及奶牛的生产周期中，从发情、配种、孕检、妊娠到分娩，到空怀或干奶，直到下一个繁殖周期或淘汰，不断的产生个体及群体的状态数据及周期性数据，周而复始，需要不断地记录和进行数据的模型分析，产生诸如繁殖性能参数、泌乳性能参数等，及时对繁殖或育种方案进行优化，以保持种畜的高效与稳定的生产。在国际上从 20 世纪 70 年代初，利用信息技术就开启了种畜禽场的全程计算机管理，为基于物联网技术的云计算及大数据分析奠定了数据基础。典型的有新西兰开发的种猪场用 Pigwin 系统，西班牙农业技术软件公司开发的 Porcitec 系列系统，尤其是与奶牛发情监测计步器及牛奶品质在线检测系统物理连接的阿菲牧管理软件系统。该系统是一个典型的牧业物联网软、硬件系统，在大型奶牛养殖企业得到广泛应用。在国内，长期关注并研制开发种畜场计算机管理网络系统的相关单位有北京飞天软件开发中心、中国农业科学院北京畜牧兽医研究所、南京丰顿科技有限公司等。其中，中国农业科学院北京畜牧兽医研究所、东北农业大学等一直结合物联网技术的快速发展，充分融合畜牧业的专业领域模型与种畜禽场的生产实际，主要研制了种猪场及奶牛场的全程生产过程与数据分析网络平台及出版多部专著，取得了一系列的计算机软件版权登记。在 2013 版的网络软件系统中，特别增强从已知数据派生与分析未知数据的数据挖掘分析功能，即从最少的已知数据中，通过数据的关联与模型的嵌入，挖掘出最大量的繁殖与生产性能参数，为管理者提升数据的升值服务。图 4-8 为针对吉林精气神养殖场开发的规模化种猪场开发的种猪繁殖与管理数字化平台，以及基于平台采集或收集的数据展开的各种业务需求的数字化及可视化分析。

图 4-8　种猪生产管理网络数据库平台及数据挖掘分析结果

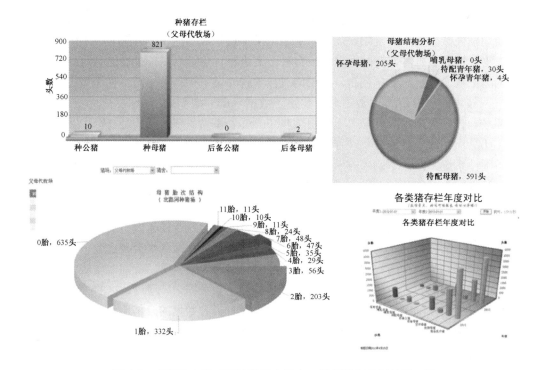

图4-8　种猪生产管理网络数据库平台及数据挖掘分析结果（续）

　　而从一个区域或者国家层面开展种猪生产性能比较的云计算平台，管理与分析的不是一个种猪场，而且通过网络数据库群将数以百计或千计的种猪场的基础数据，采用元数据规范进行物理的或虚拟的集中式管理与分析，实时云存贮与云计算。该项基础性工作正在由中国农业科学院北京畜牧兽医研究所与养猪动力网联合构建，且希望得到国家项目的立项持续支持。图4-9为种猪场场际间的云计算平台的界面。

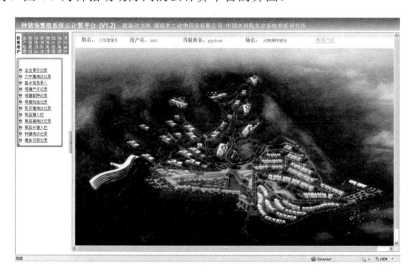

图4-9　种猪场场际间的生产过程数字化管理及云计算平台

产仔母猪繁殖记录一览

记录数：1281　刷新　猪场：岔路河种猪场　猪舍：　重新统计　导出到Excel

序号	场名	猪舍编号	猪号	耳号	在群舍	胎次	与配公猪	配种日期	配种次数	第二次妊检	产仔日期	活仔数	木乃伊	出生窝重	断奶日期	转进个数	转出个数	断奶个数	断奶窝重	乳仔死淘
1	岔路河种猪场	A区5舍	CLHA0002310		√	12	CLHAG0128	2012/10/12	3	正常	2013/2/5	7		7	2013/3/10			5	35	2
2	岔路河种猪场	A区2舍妊娠舍	CLHA0013316			11	505	2012/4/11	1	正常	2012/8/6	9		9.6	2012/9/20	2		7	49	3
3	岔路河种猪场	A区5舍	CLHA0018	564-1		1	CLHAG0141	2012/5/21	2	空怀	2012/9/12	9		10.8	2012/10/11			8	56	1
4	岔路河种猪场	A区5舍	CLHA0018	564-1		10	CLHAG0139	2012/10/15	3	正常	2013/2/8	7		8.4	2013/3/10			7	49	
5	岔路河种猪场	A区8舍	CLHA0019578			11	CLHAG0147	2012/7/23	2	空怀	2012/11/178			9.6	2012/12/17			5	35	2
6	岔路河种猪场	A区8舍	CLHA0019578			11	CLHAG0147	2012/7/23	2	空怀	2012/11/178			9.6	2012/12/17			5	35	2
7	岔路河种猪场	A区1舍	CLHA002732		√	9	445	2012/2/18	2	正常	2012/6/11	9		11	2012/7/30			9	63	
8	岔路河种猪场	A区1舍	CLHA002732		√		CLHAG0118	2012/8/24	2	正常	2012/12/2010			12	2012/12/282					12
9	岔路河种猪场	A区5舍	CLHA002921		√	10	553	2012/4/10	1	正常	2012/8/4	9		9.6	2012/9/13	1		9	49	2
10	岔路河种猪场	A区5舍	CLHA002921		√	11	CLHAG0089	2012/9/21	2	正常	2013/1/14	9		9.6	2013/2/17	5		9	63	1
11	岔路河种猪场	A区8舍	CLHA0030459			11	CLHAG0136	2012/7/23	2	空怀	2012/11/176			7.2	2012/12/171	1		6	42	
12	岔路河种猪场	A区1舍	CLHA003160			9	476	2012/5/11	2	正常	2012/9/5	11		12.1	2012/10/11	2		3	21	6
13	岔路河种猪场	A区1舍	CLHA003452-1			9	536	2012/6/10	1	空怀	2012/10/5	12		14.4	2012/11/3			5	84	
14	岔路河种猪场	A区1舍	CLHA003694			10	527	2012/3/6	2	正常	2012/6/28	10		10	2012/8/18	1		5	56	1
15	岔路河种猪场	A区1舍	CLHA003694		√	11	CLHAG0109	2012/8/22	1	正常	2012/12/1611			13.2	2012/12/234	8				7

图 4-9　种猪场场际间的生产过程数字化管理及云计算平台（续）

二、禽类养殖以过程信息化为主，基于个体标识的计算机育种平台在开发中

家禽养殖与家畜养殖的生产过程具有明显的差异，就是肉禽与蛋禽的养殖也有明显的差异，有群养、笼养、散养（网上、地上）等。基于个体的信息采集显然难度较大，因此不同于家畜，尚不存在基于家禽个体的信息采集及精细饲喂，使得信息技术在本领域的应用不及种畜（猪、奶牛）的研究细致深入。从饲喂本身而言，也无智能化的装备设备。信息技术主要应用在行业各种咨信的收集、分析与发布，促进家禽业的健康发展。

2013 年，对于从事家禽养殖、活禽产品加工及禽类产品经销的人们来说无疑是大考的一年。一场"H7N9"禽流感就像大海啸，袭卷了全国的家禽行业，其破坏性之强，波及范围之广，致使养殖业所受到的打击和损失不可估算。禽流感事件，让不少养殖户明白，要想养鸡、养鸭赚钱，合理正确的饲养管理很重要，在此危难之时，家禽行业迫切需求一盏指路明灯。全新改版的家禽行情资讯门户网站——禽联网，逐渐崭露头角，甘为家禽行业的引路者，做引领行业发展的风向标。

案例一：禽联网（http://www.qinlianwang.com）正建设成为禽业发展的风向标

禽联网创办于 2012 年 5 月，是目前国内最全面、最专业的以肉鸡、蛋鸡、肉鸭为主的家禽价格行情资讯类门户网站。该站致力于打造成为家禽价格行情分析师的角色，以家禽价格行情精确分析、实时行业资讯发布为核心，综合各种网络服务以满足家禽养殖行业及周边相关产业的网络需求。网站已经积累了丰富的技术与人力资源，整合了海量的家禽行业资讯和价格行情信息采集源，形成了以精确市场价格行情分析、实时家禽行业资讯整合

发布为主导，以综合提供专业的各类家禽养殖技术、市场供求信息、产品在线销售和论坛交流互动等为辅的格局。

对于生活在当今信息时代的我们来说，早已深刻地体会到了信息的重要性，有的时候，掌握信息就等于把握到了先机与商机。我国的家禽养殖行业所涉及的种类繁多，养殖地区跨度较大，如此海量的价格信息，自己想了解的话，不但难度大，信息的准确性也没有保证。能够随时随地地了解家鸡蛋价格行情，第一时间掌握肉鸡行情走势等，成为所有家禽养殖从业人员的期盼。

禽联网的手机短信报价服务不失为一个好的选择，网站为广大客户提供专业手机短信定制服务，涵盖了肉鸡、蛋鸡、肉鸭、玉米、豆粕及饲料的最新最及时的价格行情信息。对于广大家禽养殖从业人员来说，这无疑是最贴心的服务。不仅大大节约了自己的时间与成本，还可以获得最专业的行情分析和趋势预测。近期，该网站还推出了一款特价手机报价短信，每年只收取 18 元的短信费用，就可以每天收到一条鸡蛋报价短信。区区 18 元，可为千万养殖从业人员带来的获益将远远超出短信本身的价值。

除此之外，禽联网的商家供应和求购板块还为广大商家提供养殖设备、饲料添加剂、消毒剂以及各类禽苗、种蛋等商品的发布平台。

案例二：计算机对商品蛋鸡生产的各个环节实现数字化管理

由兴华软件公司开发的"兴华蛋鸡饲养管理系统"主要对蛋鸡饲养的全过程进行操控，从鸡苗的购进到饲养再到产蛋，直到蛋鸡淘汰，及鸡蛋销售各个环节进行管理，并对饲养成本自动进行计算，是蛋鸡饲养厂家的理想管理系统。其主要的功能模块包括：进鸡管理、物料管理、饲养管理、鸡蛋管理、结算管理及查询分析计算。图 4-10 为系统主界面及图形分析界面。

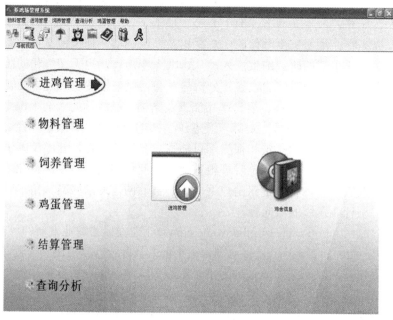

图 4-10　兴华蛋鸡饲养信息化管理系统

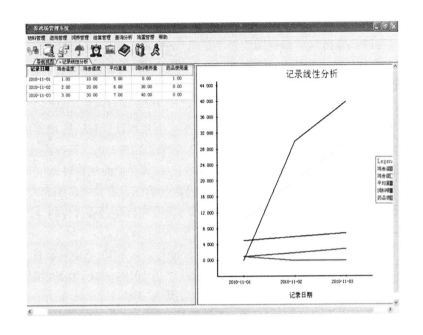

图 4-10 兴华蛋鸡饲养信息化管理系统（续）

案例三：蛋鸡育种计算机管理系统还在开发中

与商品蛋鸡的信息化管理不同，蛋鸡育种的信息化除了生产过程的信息化管理外，需要记录种鸡个体的翅号，系谱等。由此设计的主要功能模块包括：种禽场管理、禽舍管理、鸡笼管理、耳标管理、品系编号管理、种蛋入孵管理、生产性能测定记录管理、种禽转群管理等。该系统开发涉及的元数据项目复杂，需要进行顶层设计。例如，仅种蛋的孵化过程需要考虑的数据项目应包括：序号、父号、母号、留种期起始日期、留种期截止日期、留种期产蛋数、入孵种蛋数、入孵蛋重、一照检出数、二照检出数、落盘数、健雏数、弱雏数、活雏数、毛蛋数、种蛋入孵率、一照检出率、二照检出率、种蛋受精率、入孵蛋健雏率、受精蛋健雏率、入孵蛋孵化率、受精蛋孵化率、一照人员、二照人员、出雏人员、备注等。

该系统正由中国农业科学院北京畜牧兽医研究所信息中心与家禽育种室专家协同开发，部分模式在试运行中，系统的全面开发与运行有望到 2014 年年底实现。

第三节　渔业信息化

2013 年是渔业发展史上浓墨重彩的一年。3 月，国务院印发《关于促进海洋渔业持续健康发展的若干意见》（国发〔2013〕11 号），这是新中国成立以来，第一次以国务院名义发出的指导海洋渔业发展的文件。6 月，国务院召开全国现代渔业建设工作电视电话会议，这是改革开放以来，第一次以现代渔业建设为主题召开的全国性会议。国务院文件的出台和会议的召开，开启了全面推进现代渔业建设的新征程。7月5日，农业部制发了《关于贯彻落实<国务院关于促进海洋渔业持续健康发展的若干意见>的实施意见》（农渔发［2013］23号）。辽宁、河北、福建、广东、新疆、安徽等省（区）政府出台了相应的文件。国家发改委、财政部、金融与保险等部门和机构进一步支持渔业。在全国现代渔业建设工作电视电话会议上，国家发改委、财政部明确表示落实政策、加大投入、全力支持现代渔业建设、促进渔业持续健康发展。在财政支出压缩5%的情况下，全年共落实下拨财政预算、转移支付、基本建设、渔业油价补助等资金281亿元。其中，渔港建设投资同比增加42%，部属渔业单位能力建设投资同比增长30%，农业综合开发项目投资同比增长62%，渔业油价补助同比增长8.6%，以船为家渔民上岸安居工程安排5亿元。6月20日，住建部、农业部、国家发改委、国土资源部联合下发了《关于实施以船为家渔民上岸安居工程的指导意见》（建村［2013］99号），使以船为家的渔民终于享受到了改革发展的成果。

2013年，我国渔业取得了丰硕成果，按当年价格计算，2013年全社会渔业经济总产值19351.89亿元，实现增加值8984.35亿元。其中，渔业产值10104.88亿元，实现增加值5703.63亿元。渔业产值中，海洋捕捞产值1855.38亿元，实现增加值1056.81亿元；海水养殖产值2604.47亿元，实现增加值1481.54亿元；淡水捕捞产值428.71亿元，实现增加值236.98亿元；淡水养殖产值4665.57亿元，实现增加值2644.42亿元；水产苗种产值550.74亿元，实现增加值283.88亿元（渔业产值、增加值以国家统计局年报数为准）。渔业产值中（不含苗种），海水产品与淡水产品的产值比例为47：53，养殖产品与捕捞产品的产值比例为76：24；渔业增加值中（不含苗种），海水产品与淡水产品的增加值比例为47：53，养殖产品与捕捞产品的增加值比例为76：24。

全国水产品总产量6172万吨，比上年增长4.47%。其中，养殖产量4541.68万吨，同比增长5.91%，捕捞产量1630.32万吨，同比增长0.68%，养殖产品与捕捞产品的产量比例为74：26；海水产品产量3138.83万吨，同比增长3.48%，淡水产品产量3033.18万吨，同比增长5.53%，海水产品与淡水产品的产量比例为51：49。

远洋渔业产量135.20万吨，同比增长10.5%，占水产品总产量的2.2%。全国水产品人均占有量45.36千克（人口136072万人），比上年增加1.73千克，增长3.97%。

全国水产养殖面积8321.70千公顷，同比增长2.88%。其中，海水养殖面积2315.57千公顷，同比增长6.17%；淡水养殖面积6006.13千公顷，同比增长1.67%；海水养殖与淡水养殖的面积比例为28：72。

渔业人口2065.94万人，比上年减少7.87万人，降低0.38%。渔业人口中传统渔民为712.46万人，比上年减少11.12万人，降低1.54%。渔业从业人员1443.06万人，比上年减少0.99万人，降低0.07%。

一、水产养殖信息化

（一）水产养殖信息化关键技术快速发展

2013年11月21日，由中国水产科学研究院黄海水产研究所、中国农业大学、莱州明波水产有限公司、山东省农业科学院科技信息研究所、山东省渔业技术推广总站共同完成的"水产集约养殖数字化技术与智能装备"技术成果，通过山东省科技厅组织的专家鉴定。该成果在国家"863计划"、国家科技支撑计划等项目的支持下，历时10余年，通过多年产学研结合和多学科交叉研究，从提高生产自动化水平、提高生产效率、降低生产风险等角度出发，重点突破了水产养殖先进传感技术、养殖信息可靠传输技术、水产养殖智能装备技术，构建了养殖信息智能处理模型及系统，研发了系列水产养殖智能装备及仪表，在理论、技术、产品等方面取得了多项发明和技术创新，实现了水产养殖信息化技术与智能装备的国产化和产业化，共获国家授权发明专利17项、实用新型专利授权27项，出版专著4部，获得软件著作权32项，发表SCI收录48篇，并在山东威海、烟台、东营、滨州、青岛及江苏、浙江、广东、福建等国内16个省市进行了大面积推广应用，取得了显著的社会、经济和生态效益。专家经过听取汇报、审阅资料、观看现场演示，经质疑讨论，认定该项目创新性强、技术先进实用、总体上达到了国际领先水平，建议进一步加强成果的推广应用。

7月6日，受农业部科技教育司委托，中国水产科学研究院组织有关专家在上海对渔业机械仪器研究所"水产养殖智能控制系统"成果进行鉴定。该成果从现代信息技术、养殖工程技术和数字水产等方面入手，主要针对水产养殖中水质信息采集系统、水质智能预警系统、分布式集成控制系统等关键技术难点，开展以数字化技术对集约化养殖所涉及的对象和全过程进行数字化和可视化表达、设计、控制、管理的研究与应用。研究成果包括智能化投饲、增氧调控、远程监控等智能化控制系统装备，并大面积应用于池塘、工厂化和网箱养殖，推广示范应用范围包括上海、广东、北京、新疆、河南、福建、宁夏、浙江等地。经实际生产证明，池塘养殖节约用电超过40%，节省人力成本50%以上，经济效益增加10%，技术稳定可靠，管理维护成本低，具有良好的社会效益和应用前景。鉴定委员会一致认为该项目成果总体技术达到国际先进水平，用数字水产和水产智能化装备大幅度提升了我国渔业高技术的自主创新能力与国际竞争力。

（二）水产养殖信息化技术应用不断加速

舟山市普陀区政府与11家参与提升工程的研究所、技术推广站、养殖协会、公司签约，每一家单位有明确的任务，协力合作共同推进行动计划的实施。舟山新明舟水产食品有限公司此次承担了三疣梭子蟹工厂化立体养殖的课题，在该公司的工厂化养殖示范车间，一个养殖池中，正在铺设"立体魔方"一样的增氧纳米管和循环水、过滤水设施，在这些"魔方"上面，一层可透气的塑料布与"魔方"相隔，塑料布上方就是仿梭子蟹野生生长空间的沙土层。生产车间的旁边是配备了锅炉和空调设备的水循环车间。据了解，这里主要负责控制生产车间的水温、水处理和水循环。按照这一个个"生产车间"的模式建一个多楼层的"生产工厂"，就能形成工厂化的高产养殖模式。工厂化项目实施后，将形成一整套符合当地条件的工厂化高产养殖技术和操作规范，带动当地养殖户从相对效益较低的池塘养殖转向效益更高的工厂化立体养殖，为三疣梭子蟹的高产养殖和产业可持续发展开拓一条崭新的通途。

天津市大港区首个利用低碳循环水机械化健康养殖技术的试点基地已经初具规模，该基地也成为华北地区首家运用该技术的无公害生态型养殖工程。目前 4 万尾鲈鱼已经在基地试点投放养殖，以填补天津市面仅有冷鲜鲈鱼而没有鲜活鲈鱼的市场空白。 在两个试点鱼塘的中间，一个外观看起来很简单的建筑里放置着该养殖工程的核心设备——循环净化系统，在这里经过多种设备的净化，原本污浊的养殖废水将重现清澈，可实现循环使用。污水要进入的第一道"关卡"是固废分离器，一个像传送带一样的装置将把大块固体污物"留下"集中收集起来，这些污染物将会成为有机肥料的制作原料。养殖场负责人表示，池中的生物滤片附有多种有益菌，是真正绿色的净化方式。一个满是"毛刷"的过滤池则将去除水中微小的蛋白质成分。利用这套先进设备，4 个小时就能够将整个养殖池的水全部过滤一遍，可以真正实现零排放无污染。低碳循环水养殖技术依靠大量先进的机械设备，不但能够顺应低碳环保的养殖趋势，而且能够为养殖户带来很丰厚的回报。普通的鱼塘一亩大约养殖鱼 1000 斤，但是低碳高位循环水养殖可以实现每亩 1.5 万斤的产量，是普通鱼塘的 15 倍。良好的养殖条件也能够让养殖户尝试养殖鲈鱼等高经济附加值的鱼类，经济回报也将大幅提高。

在烟台市渔业主管部门的大力支持下，莱州明波水产有限公司和中国水产科学研究院黄海水产研究所合作试验开发了具有自主知识产权的、集成深水网箱养殖和循环水养殖技术优势的"陆海接力创新"养殖模式。该模式验收合格后，在明波水产的海上养殖场对石斑鱼和红鳍东方鲀进行繁育并取得成功，该模式根据季节变化对鱼类交替进行养殖生产，不但让传统"南鱼"得以北养，还比封闭循环水养殖降低了成本，让"南鱼"更大程度接近野生的水平。该模式养殖的石斑鱼大量销售到南方和北方各大城市，成为烟台市又一张水产品城市名片。由于北方冬季海水温度过低，一些原产南方的珍贵鱼类不能在北方海域过冬，成为该市温水性鱼类养殖的瓶颈。莱州明波水产有限公司和黄海所合作研发的模式很好地解决了这个问题。该模式养殖的红鳍东方鲀、石斑鱼成活率均在 95% 以上，与传统流水养鱼相比，节电 69%，节水 90%；废水排放量减少 90%。而且鱼类生长速度快，石斑鱼和红鳍东方鲀在室内循环水养殖月均增重分别为 50 克和 100 克，5 月初海水达到合适温度后由室内转移到海上网箱养殖，两种鱼月平均增重 100 克和 150 克，7 月即可达到上市标准。产品达到无公害标准，符合现代化渔业生产的要求，节能减排效果明显，在保证了产品质量的同时，还可以保证全年不间断稳定供应，目前除了在国内各大城市销售以外，还大量出口到日本、韩国等国家，让该市多了两条"创汇鱼"。"陆海接力"模式顺利解决了北方网箱养殖鱼类无法越冬的难题，而且为其他名贵水产品在烟台市"安家"奠定了基础。"陆海接力"项目不但让烟台成为全国最大的"陆海接力"养殖基地，也为该市海水养殖业蓬勃发展引领了一个新的方向。

浙江省水产养殖行业首套水质在线物联网监控系统成功在上虞科强水产养殖有限公司投入使用。水质在线物联网监控系统的应用实现了四大功能：一是 24 小时不间断实时水质检测，在液晶界面控制器、总控制柜、科强公司显示屏和上虞市水产技术推广中心显示屏上同步滚动更新；二是设定测量值范围，异常数据自动报警；三是通过网络在任何一个地方实时查看检测数据，实现远程监控；四是将测量数值以短信形式发送到指定的手机用户，即使出差在外也能实时掌控水质情况，另外还可以借助农民信箱等平台，将水质数据发给各养殖户参考并提供养殖建议，将对上虞市的水产养殖业具有积极的指导意义。水质在线物联网监控系统的顺利运转，紧密联系了技术单位、科研单位和生产单位，有利于整合各方力量，根据测定的数值安排相应的生产活动，降低养殖风险，提高养殖质量，增加经济产出，同时积累水质数据，总结变化规律，提前防范，避开不利因素，促进上虞水产养殖业稳健发展。

中国水产科学研究院渔业机械仪器研究所将最新研制的太阳能肥水机组装在安徽省巢湖市功富水产良种有限公司的池塘中，并开展试验应用。该机利用太阳能发电作为动力，搅动水层，将池塘底部淤泥中的氮、磷等有机物释放，从而培肥水质，加速浮游生物生长繁殖，为鱼类提供饵料，在不增加饲料的情况下提高鱼产量，同时改善底质，降低水体中氨、氮、亚硝酸盐含量，增加溶氧量，改善鱼类生长环境，加快鱼类生长速度，达到增产、增效、环保的目的。

2013 年 11 月 1 日上午，由中国核工业二三建设有限公司华东分公司总承包建设的国内最大的渔光互补项目——宝应 30 兆瓦渔光互补光伏电站正式并网发电。该项目位于扬州宝应县射阳湖镇，总安装容量 30 兆瓦，占地约 930 亩，建成后预计年均发电量 3 000 万度，每年可节约标准煤 8972 吨、减排 CO_2 23945 吨。工程将光伏组件立体布置于水面上方，下层用于水产养殖，上层用于光伏发电，其渔光互补、一地两用的特点，能够极大的提高单位面积土地的经济价值，正是长三角经济发达、土地稀有地区最为适合的一种光伏电站建设类型。

移动互联网的飞速发展，目前已经超过了传统互联网，成为了现在人们上网的主要工具。而随着智能手机用户的持续增长，更是让 APP 开发市场得到了顺势爆发。"中国江苏水产养殖行业门户"国江苏水的上线，标志着水产养殖行业移动互联网信息时代的到来，也是移动互联网行业细分的必然结果。该客户端通过云搜索、云抓取、云发布技术，实现行业资讯的自动更新。只要有智能手机，就可以下载客户端，从而随时阅读行业资讯、发布供求信息，实现与业内同行对接互动。水产养殖网 APP 上线，抢占行业信息高端平台，具有无限的市场开发前景，不仅改变、影响、优化产业及市场格局，拉动产业提质增效，也会给自身带来重大经济价值。

2013 年以来，荣成市大力促进海带产业自动化作业机械研究与开发工作，俚岛海科公司、蜊江水产等海带生产骨干企业纷纷投入该项工作，收到明显效果。俚岛海科研发的多工位智能海带打结机，整机运行平稳、可靠，海带片形状识别误差小于 1 毫米，厚度测量误差小于 0.2 毫米，次品海带条误判率小于 1%，海带打结机打结成功率超过 95%。蜊江水产研发的海带烫煮船，海带不再运输回陆地而是在海上直接烫菜作业，节省了大量人工和时间。俚岛海科研发的海带收获船，在不改变现有养殖模式的情况下，作业时可直接将海带用绳架起，船体在行进过程中，海带苗绳依次进入船舱实现吊绳解绑、海带整齐码放的技术效果，该收割设备作业效率可达到人工作业的 5～8 倍。

（三）水产养殖信息化技术推广成效显著

2013 年 6 月 18—19 日，全国农业信息化工作会议在江苏召开，中国移动、大唐、阿里巴巴等 ICT 企业应邀参会。农业部副部长陈晓华参观农业信息化应用成果展区时，对江苏宜兴智能水产养殖系统给予了高度评价。据了解，智能水产养殖系统集远程操控、数据查询、视频监控、预警资讯、产品溯源等功能于一体。自推广以来，有效提高了水产养殖技术水平与品质管控能力。统计显示，蟹苗存活率提升 10%～15%，每亩综合经济效益增加 1000 元左右，该系统得到农业部、发改委、江苏省政府的高度关注。智能水产养殖系统目前已应用于宜兴高塍、官林、徐舍、新建、杨巷等地区的养殖中心区，累计安装水质参数采集设备 1000 多个，覆盖面积达 50000 亩。下一阶段该系统还将推广到江阴、溧阳、金坛等地区。

2013 年 6 月 28 日，全国水产技术推广总站与中国农业大学联合在洛阳市组织召开了现代渔业物联信息服务平台研讨会。来自中国农业大学、天津农学院、黄海水产研究所、辽宁省水产技术推广总站、湖北省水产技术推广中心、浙江省水产技术推广总站、山东省渔业技术推广站、广东省水产技术推广总站以及有关水产养殖龙头企业的代表，约 30 人参加了会议。会上，中国农业大学介绍了国内外渔业物联网技术及设备的研究进展，辽宁、湖北、浙江、山东、广东水产技术推广站以及有关龙头企业介绍了各自水产养殖信息化的需求。会议代表还围绕传感器研发、示范基地建设、公益性服务平台创建以及物联网在水产养殖中的应用前景等主题进行了深入地讨论。通过讨论确定了传感器集成化与自主化相结合的发展思路，并就公益性示范基地建设、公益性服务平台开发等合作事宜达成了初步意向。全国水产技术推广总站李可心副站长在会上指出："目前各地渔业物联网发展很快，要进一步集中力量，加快项目技术集成和设备研发。重点是提高传感器准确性和可靠性，要加大国外传感器技术集成与转化，在精确投喂、远程诊断、水产品质量追溯、水下机器人监测等领域建立物联网服务平台，选取部分条件成熟的省、县进行系统平台的测试，为示范推广做好准备。"

2013 年 12 月 19—20 日，养殖渔情信息分析会议在南宁召开，来自全国 16 个养殖渔情采集省（区）水产技术推广站分管领导、省级审核员以及中国农业大学、水科院黄海水产研究所、天津农学院等有关专家 60 余人参加会议。会议交流了各地 2013 年养殖生产形势，广西、辽宁、山东、广东、浙江、江西等养殖渔情采集省（区）进行典型发言，各品种分析专家开展了常规鱼类、鲆鲽类、南美白对虾、海水蟹、贝类、藻类、中华鳖、海参等养殖品种的专题报告，并审定了《2013 年养殖渔情信息分析报告》。另外，会议还对养殖渔情信息服务平台建设方案进行了研讨，并对信息服务平台建设重点工作进行了部署。丁晓明处长充分肯定了 2013 年各采集单位和人员的工作，指出今后要进一步加强采集数据的审核、增强采集点设置的科学性和合理性、确保信息的准确性和可靠性。袁晓初副处长指出养殖渔情信息采集是渔业统计工作的重要组成部分，养殖渔情在渔业生产者价格核定中发挥了重要作用，建议今年应进一步加强数据的分析和应用，为渔业形势分析和决策提出有力支撑。李可心副站长总结指出在各采集单位和人员的共同努力下，2013 年养殖渔情信息采集工作取得了显著成效，并强调："养殖渔情信息采集工作是一项创新性工作，要不断针对工作中出现的新问题，改进工作，提高水平。明年，一是要进一步加强采集点的科学设定。目前全国渔情信息采集点已具有充分的代表性，能够全面体现全国养殖生产情况，但对于部分养殖品种采集点较少，要重点关注，加强科学设置。二是要进一步加强数据审核。对异常数据，要认真查找原因，及时审核处理；在采集点发生重大灾害损失时，根据采集区域的情况进行加权处理，防止小样本数据对总体形势产生重大影响；当调整采集点时，对新增养殖面积进行科学核定，用科学的方法去除相关影响；对总投入和总收入要根据各主养品种情况按加权的方式进行汇总分析；对于汇总分析的样本要科学核定，逐步建立分析样本表。三是要进一步加强工作的督导落实。要努力稳定并加强养殖渔情信息采集员队伍建设，加强对基层采集员的督导，防止数据疲劳；要建立相关考核机制，明年拟对优秀采集队伍和个人进行表彰，以保证养殖渔情信息采集工作能够长期、有效的开展。"

2013年全国各类养殖模式监测总面积450多万亩，占全国水产养殖总面积的3.7%。全国设置病害测报点4222个，8000余名测报员参与这项工作，共监测了73个养殖种类，监测到75种疾病。全年发布9期全国水产养殖动植物病情月报。此外，针对全国主要养殖种类易发疾病的预测预报范围进一步扩大，由原来的17个省增加到25个省。全年发布7期水产养殖病害预测预报信息，并且通过《中国水产》等媒体和网络平台及时发布，为渔业管理和基层养殖生产提供了及时准确信息。

在10个省（市、区）、30个县、90个养殖企业及渔业合作社等安装了水产品质量追溯系统，启动养殖水产品质量追溯系统建设试点工作，参照其他农产品质量追溯制度，加快探索各种形式的养殖水产品质量追溯制度。上海按照"强化源头管理，加强供应监测，完善产销对接，实施全程监控"的原则，开展了水产养殖场食用水产品"准出"试点工作。

部分省市推广机构充分发挥体系优势，承担了水产品质量安全监管服务工作，如农业部监督抽查、无公害水产品认证、市场监督检查、产地抽检等。江苏产地认定规模和产品推荐认证数量均创2004年以来最高水平。河南在省内主要养殖区域不仅开展了水产品质量检测，对饲料、渔药等养殖投入品也进行了抽检。湖南在长沙试行凭证入市制度，探索建立质量安全监管新模式。

组织16个省（区）水产技术推广部门开展养殖渔情信息采集和分析，重点加强了渔情数据的分析和利用，完成了海水、淡水养殖渔情信息采集系统整合工作。"水生动物疾病远程辅助诊断服务网"建设进一步完善，对188种疾病进行了详细描述，"自助诊断"养殖品种从17个增加到32个。开通了"养殖水产品质量安全信息服务网"。渔业物联网建设取得新进展，开展了平台的手机客户端、知识库、数据库等相关建设，并新建5个高水平渔业物联网示范基地。北京顺应"微时代"潮流，开通微信公众服务平台。天津将信息化手段引入水产养殖示范园区提升工程建设中，提高了养殖企业信息化管理水平。海南利用省电视台公益性农业栏目《绿色进行时》开办水产养殖病害防治专题讲座，反响良好。

二、水产捕捞信息化

（一）水产捕捞信息化关键技术快速发展

远洋渔业捕捞船对装备的总体要求较高，主要体现在设备要高度自动化，操作要简便；具有完善的检测控制功能；捕捞机械系统集成化程度高，对效率和可靠性要求高；安全性能要求高，设备具有较强的超载能力。此外根据捕捞对象、作业环境和作业方式不同，其性能要求也各不相同。渔船装备是远洋渔业发展的基础，渔船及装备的制造水平，是一个国家远洋渔业发展水平的体现，也是工业基础和综合科技能力的体现。由于我国远洋渔业起步较晚，走出国门初期的装备主要以老旧落后渔船为主；发展中期的渔船特别是大洋性渔船完全依靠引进国外二手渔船；加上此后国产化更新速度缓慢，远洋渔业装备十分落后，严重制约着我国远洋渔业的发展。根据我国目前的基础和条件，要缩短上述差距，还面临着不少困难。一是我国远洋渔业起步晚，渔船装备起点低，总体技术水平与国外相差20年，近3～5年渔船更新换代任务重。二是国家对渔业科研支持不够，科技体系结构不合理，科技投入少，人才缺乏。三是远洋渔业装备核心技术尚未掌握，渔船船型设计、建造及配套设备制造水平落后，渔捞设备和网具、探渔设备、通信和定位监测等设备均需要进口。此外，国家缺乏统一协调的管理部门牵头组织远洋渔船装备制造业的发展。随着海洋强国战略的提出，国家对远洋渔业发展更加重视，远洋渔业发展被提到前所未有的高度，随之而来的是远洋渔船将进行大规模更新换代。

虽然近年来我国成功设计、建造了深冷金枪鱼延绳钓船，并开始研制大型金枪鱼围网船，但大型远洋拖网加工船的研制尚未起步。目前，我国仅有的少量大型远洋拖网加工船都是从国外引进的二手旧船，其关键的捕捞设备也主要依赖进口。以绞纲机为例，虽然我国已采用液压传动技术，但在控制和自动化方面的技术水平还相对落后，产品规格也较小，适用于大型拖网渔船的绞纲机的研制，国内还是一片空白。国家"863计划"项目《节能型大型远洋拖网加工船船型开发》近日启动，这不仅标志着我国大型远洋拖网渔船即将实现"中国造"，也预示着我国相关的渔船配套产品即将实现国产化。目前，《节能型大型远洋拖网加工船船型开发》的子课题"大型远洋拖网加工船综合推进及自动电站集成系统"、"大型远洋拖网加工船捕捞机械关键技术"、"大型远洋拖网加工船电子助渔技术装备"、"大容量冷海水预冷、快速冻结、智能鱼品加工处理系统"等进展顺利，相关预研工作已经基本完成，并进入与船东商讨技术协议及供货合同的阶段。"大型远洋拖网加工船综合推进及自动电站集成系统"子课题由中国船舶重工集团公司第七〇四研究所承担，主要包括轴带发电/电动机轴与主轴的联动及转换技术、轴带发电/电动可逆式电机研制技术、导管调距桨性能试验、高载荷桨毂组件结构设计、电站系统集成技术、主配电板及电站监控系统等研究，这些都是大型远洋拖网加工船综合推进系统功能完整实现的关键。"大型远洋拖网加工船电子助渔技术装备"子课题内容主要包括雷达、水平鱼探仪、网位仪等的研制。其中，雷达的研制重点在于其高可靠性、小型化、低成本以及高密度渔场作业船舶避碰技术；水平鱼探仪研制要攻克耐海水、透声材料的选型及相关成阵工艺、海底杂波抑制技术、鱼获量估计技术及显示技术等难关。"大容量冷海水预冷、快速冻结、智能鱼品加工处理系统"子课题人员开展了冷冻冷藏设备、智能鱼品处理设备、大容量鱼获物预冷却技术研究，并将完成大容量鱼货保鲜系统自动控制、监控报警系统，自动控制融霜系统的研发和实船应用。此次项目的实施，将填补我国相关领域的多个空白，形成多项技术专利，为我国大型节能型远洋拖网加工船的国产化创造条件。此次一系列节能型大型远洋拖网加工船配套项目的实施，将改变我国大型远洋拖网渔船设备技术落后、小型化、安全性及自动化不足的现状，打破美国、日本、北欧等国家在这方面的垄断，具有极其深远和重要的意义。

从2007年开始，为了适应国际渔业管理趋势，树立我国"负责任渔业"的良好形象，提高我国远洋渔业管理水平，确保渔船海上航行和生产作业安全，农业部要求对所有远洋渔船分期、分批实施船位监测。远洋渔船船位监测系统由四部分组成：船载卫星终端、卫星链路和卫星地面站、监测指挥中心及远洋渔船船位监测系统网站。船载卫星终端采集船舶航行状态数据，通过卫星空间链路和卫星地面站传给监测指挥中心；监测指挥中心存贮、处理卫星传来的数据，同时远洋渔船船位监测系统网站提供丰富的图形操作界面，各级行政部门和远洋渔业企业可以方便、快捷的获取自己渔船的动态信息。利用卫星实现渔船船位监测具有覆盖广、全天候工作、可靠性高等特点。系统组成框架如图 4-11 所示。

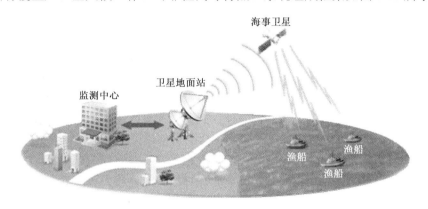

图 4-11　远洋渔船船位监测系统组成框架

远洋渔船船位监测系统在渔业管理、科学研究和渔业企业管理中有重要的作用。

在渔业管理中具有以下功能。

（1）检视渔船作业动态：如作业状态或航行状态；

（2）判断渔船是否违规：如侦测跨洋区作业、跨渔区作业、多日未回报船位；

（3）可统计渔船长期资料：如回报与未回报天数、进港天数、违规天数；

（4）提供渔业管理决策参考：渔船在渔场移动实况，有助管理辅导措施调整；

（5）提升渔获回报准确度。

在科学研究中具有如下功能。

（1）比对渔船监测系统船位与渔船填报船位；

（2）掌握渔船长期作业动态变化，有助渔业资源评估及渔场分析。

对于远洋渔业企业有如下作用。

（1）远洋渔业企业可以通过网络访问远洋渔船船位监测系统，协助公司掌握渔船动态；

（2）远洋渔船船位监测系统可以给搜救部门提供船位资料，协助寻找遇难渔船。

国务院于 2013 年 9 月底出台的《国家卫星导航产业中长期发展规划》，首次从国家层面明确了北斗应用涉及的基础设施、政策法规、标准、知识产权等方面的工作目标和思路。根据国务院的规划，北斗系统除了将在电力、金融、通信等关系国计民生的重要领域全面应用外，在个人消费市场以及社会公共服务领域也将实现规模化应用。

由交通运输部北海航海保障中心建设完成的、我国首个自主研发的沿海北斗连续运行参考站系统——"北方海区 3D 高精度定位渤海湾示范系统"近日投入运行。这标志着我国海上定位系统首次进入"厘米时代"，将为船舶安全航行、海道测量、海洋资源勘探等提供更加精准的三维（3D）定位服务。这套系统由参考站网、控制中心、数据中心、用户终端、通信网络共 5 个子系统组成，其中，参考站网由建设在京唐港、天津港和东营港的 3 个北斗连续运行参考站组成。系统全部采用我国自主研制的接收机、北斗高精度定位定轨处理软件等具有完全自主知识产权的软硬件设备，彻底改变了我国沿海导航定位完全依赖国外技术的现状。经严格测试，这套系统定位精度达到平面优于3厘米，垂直优于4厘米，有效覆盖范围为离岸45海里，可以在任何天气条件下，向渤海湾地区水上航行的船舶提供实时厘米级定位和分米级导航服务。

为配合海洋捕捞业向外海及远洋捕捞发展，以保持海洋捕捞的可持续发展，必须造大船并提高捕捞船的装备水平以提高渔船在外海作业的抗风险能力，另外在外海作业面临着海洋风暴及国际争端等风险，为作业渔船和服务船配备先进的导航和通信设备，并由陆上渔业管理机构进行统一监控调度是很有必要的。先进的导航通信装备为渔船闯深海夺高产创造了条件，也有利于渔政及气象部门及时发布有关通知和气象消息，便于渔船遇险后搜救工作的开展并提高遇险渔民获救的可能性。北京北斗星通导航技术股份有限公司构建了一个海天地一体化的北斗卫星海洋渔业综合信息服务网络，开展基于位置的现代信息服务。其核心是建设一个安全可靠、定位准确、信息内容丰富的网络化北斗卫星海洋渔业综合信息服务平台，研制面向不同用户的海洋渔业船载终端、船位监控指挥管理系统产品。为中国及周边地区的数十万海洋渔业用户、渔业管理部门、渔业经营者及海洋渔业相关人员提供信息服务。

目前在世界各大洋和江河湖泊行驶的各类船舶大多都安装了卫星导航终端设备，使海上和水路运输更为高效和安全。针对中国的渔船和海防系统，北斗卫星导航系统早已提供了在任何天气条件下，为水上航行船舶提供导航定位、监视跟踪、传输报警信息的功能。同时，北斗卫星导航系统特有的短报文通信功能也对渔船的安全作业提供了保障。船舶在远行期间，船上工作人员对天气条件和海风海浪格外重视。中国兵器集团推出了"北斗气象探空应用系统"，这一系统既有北斗卫星导航系统，又"搭配"了北斗气象通信终端，早已应用在气象监测和气象信息的预报和发布，提供诸如大气风向风速、水汽含量、海风海浪、雷电观测和预警等功能。近10年来，北斗导航系统对海洋渔业产生了积极的效果。刚开始向渔民推广比较困难，现在北斗已经成为渔民的"保护神"。特别是在海上环境非常复杂的情况下，北斗海洋渔业位置信息服务中心在渔船遭遇灾害性天气、海况、火灾等险情时，能够实时获取相关渔船的位置信息，及时组织救援。另外，渔船行驶的海域都有禁渔区或者国家海上边界，渔船一旦超过了边界，北斗导航系统就会以短报文通信的方式自动报警，避免渔船受到不必要的损失。目前，全国有近4万艘出海渔船安装了北斗卫星导航系统终端。北斗主管部门的统计结果显示，北斗海洋渔业综合信息服务的海上用户量已达4万，已开通北斗终端与手机短信息互通服务的手机用户超过7万，短信量月高峰可达70万条。

在东海、南海作业的渔船多安装了北斗导航终端，其中东海渔船安装数量可达8000多台。这些终端能向渔业管理部门提供船位监控、紧急救援、政策发布、渔船出入港管理服务，亦可向海上渔船提供导航定位、遇险求救、航海通告、天气、海浪、渔市行情等服务。船与船、船与岸间的短消息服务，提高了渔业管理部门的渔船安全生产保障水平。中国兵器集团的"数字渔船系统"和"边海防监控系统"是北斗应用系统在渔业应用中的成果。其中，"数字渔船系统"不仅包括定位和导航系统、航线与航行计划制定子系统，还有避礁与避碰子系统，这样的系统为船只的安全航行提供保障。"边海防监控系统"集指挥控制系统、防控系统、通信与调度系统、保障系统为一体，通过北斗定位设备、固定监控站系统、移动监控系统、空中监控系统、周界报警系统等监控手段构成了立体的防范系统。完备的系统装置可以监视、跟踪和记录非法越境目标，船只工作人员可以在发现意外情况时，将相关的图像、位置和报警信息传送到上级部门。

（二）水产捕捞信息化应用加速推进

2013 年 1 月 24 日，农业部和财政部发布了《2013 年农业机械购置补贴实施指导意见》，将渔船用北斗船载终端和 AIS 船载终端纳入全国农机购置补贴机具种类范围。国家农机补贴政策的支持，将大大提高渔民购买和配备北斗船载终端和 AIS 船载终端的积极性，大幅度提高北斗和 AIS 船载终端在渔船上的覆盖率，有效预防和减少渔船碰撞事故发生，增强渔船安全生产和应急救助能力，有力保障渔民生命财产安全，推进"平安渔业"建设。同时，也将有力促进实施国家北斗导航战略，推动信息化和海洋渔业融合发展。

烟台武警边防支队在"条形码船舶管理系统"的基础上，在全市推广"磁卡式船管模式"。渔船条码管理系统每条船舶都有"渔专属条码"。只要轻轻扫描一下贴在船身上的条形码，民警很容易查询到每条渔船的信息，如船主、船身颜色、出海记录等情况。"条形码船舶管理系统"由船舶条形码数据库、手持式读码器和条形码打印机三部分组成，每艘船都有一个属于自己的条形码，并在系统管理软件中将信息电子标签的代码与所在船舶的条形码——对应。条形码编号就粘贴在《出海船舶户口簿》、《船舶档案》及《出海船民证》上，为防止条码受到外界污染，还专门制作了防水、防晒、防变形的 PVC 材质条形码卡片，统一钉在船舱右侧位置。通过这个系统，船舶检验、年审、报关时间缩短至 1 分钟以内。在条形码管理系统的基础上，今年烟台所有渔船进出港有望实现"磁卡式刷卡管理"。"磁卡式船管模式"就是以现有的条形码系统为基础，逐步取消《出海户口簿》等纸质证件，改为给每名渔民发放磁卡，磁卡上张贴对应船只的条形码。同时，在船舶集中的码头上安装读取设备，渔船出海无须再到边防派出所办理手续，只要刷一下卡就可以了。记者了解到，这一船舶管理模式将首先在芝罘岛试行，今年有望覆盖烟台所有渔船。 眼下，边防已联合相关部门将 RFID 进出港监控系统、AIS 船舶防碰撞系统、"三网合一"定位系统纳入条形码，通过安装识别装置，实现对所有船舶进出港及海上作业动态的实时监控。这意味着，今后如果渔船不刷卡就私自出海，几分钟内就会"暴露"。实现刷卡管理后，现有的视频将与各码头停靠点、养殖场的现有视频连接，实现对船舶进出港的更有效管理。

威海市投资近百万元的海洋渔业应急救援指挥系统日前正式建成并投入运转。至此，全市范围内以市级指挥平台为中心，涵盖荣成、文登、乳山、环翠区四个分系统的两级海洋渔业应急救援指挥网络基本形成。按照农业部和省海洋与渔业厅要求，自 2007 年开始，威海市各级海洋与渔业主管部门有重点、分批次地开展了渔船船用终端配备工作。截至 2012 年底，共配备渔船船用终端 5960 台（部），60 马力以下渔船 CDMA 手机的配备率达到 96%；60 马力以上的渔船 AIS 船舶自动识别终端配备率达 90%；北斗卫星定位通信终端配备率达 91%；90%的渔船安装了 RFID 射频识别终端。为确保渔船终端能够正常发挥作用，全市各级海洋与渔业主管部门加快与船用终端配套的指挥平台建设，建成了以 CDMA 移动通信网、AIS 自动识别网和北斗卫星定位网"三网"为主体，以卫星定位等现代通信技术为主要手段的海洋渔业救援指挥平台。平台建成后，基本形成了对全市所有在册渔船的全覆盖、无缝隙、动态实时监控网络，极大地提高了灾害性预警信息发布、海上遇难遇险船舶救助、涉外渔船管控的效率，渔船监控区域为全亚太地区。

"北斗在渔业领域的示范项目已经批复，更多渔船将安装北斗终端。"在第二届中国卫星导航与位置服务年会上，知情人士接受中国证券报记者专访时表示，继交通运输部的北斗应用示范项目之后，北斗在渔业的应用将接棒。将有 20 多个行业应用北斗系统，其终端的量级多为百万级。大量应用需求的推出，这将促使主管部门进一步加大北斗基站建设以提高精度，一个基站建设的费用达数十万元。此外，市场约有 4000 多个 GPS 基站，这些基站也面临升级。渔业是北斗应用的重要领域，渔业中北斗终端数量已发展到近 3 万台。北斗终端可为渔船提供定位导航、发送短消息和事故报警等多项实用功能。在北斗一代的应用中，渔业北斗终端安装量超过了 60%。此前，渔业局"十二五"规划细则指出，要为 90%以上渔船配备必要的安全通信、避碰设备，各地政府提供 70%船配备必须的补贴采购"北斗"接收机，系统平台运营费用由地方各级政府承担。地方政府也在大力推行北斗终端安装。以烟台为例，规定凡是渔船没有配备 AIS 防碰撞、北斗卫星和 CDMA 通信定位设备的，责令渔船所有人或经营人限期整改，整改合格后方可签发渔船检验证书。计划在 2014 年年底前，全市所有在册渔船安全救助信息系统船载终端配备率力争达到 100%，并将渔业安全应急救助信息系统监控平台延伸到重点乡镇和渔港码头。

从 2013 年开始，大连市的渔民只要花费 270 元，就能装上价值 2700 元的渔船电子定位装置，目前，辽宁省大连市 3.6 万艘渔船已经全部装上了电子定位装置。这种"电子身份"为渔政部门加强对渔船的管理提供了极大的方便，也让渔船多了一份安全保障。据了解，只要所辖区域的渔船在海上作业，大连渔港监督局指挥中心的电子海图上就会显示出许多"小旗帜"或"十字"符号，而当工作人员移动鼠标点击这些符号时，每艘船的相关信息、所处位置坐标就会立刻显示出来，渔政部门通过统一的中心平台，可实现对渔船、渔港及船员的一体化监控、管理、服务和救助。

江苏省换装了二代电子《渔船身份标签》，《渔船身份标签》采用电子智能卡，有表面可视、二维码、电子三种识读方式，卡中储存有渔船编码、船舶主尺度等基本数据及最近 30 次实船查验数据。在渔船上的安装固定采用背面胶粘与二侧专用铆钉铆固双重固定的防伪防拆安装方式，永久固定在渔船船体显著位置处。

2011 年以来，中国移动浙江公司与浙江省海洋与渔业局合作建设的海洋渔业船舶安全救助信息系统投入使用，该系统基于自动识别避碰、卫星定位监控以及通信等技术，全省 4 万余艘海洋渔业船舶安装了集成 AIS、GPS/GPRS、北斗卫星、视频监控、雷达、短波通信和超短波通信等系统。浙江率先成为全国第一个利用 AIS 和卫星通信技术提高渔船的海上防碰撞和有效救助能力的省份。该系统具有渔船避碰、定位监测、通信、海上航行、气象信息接收、开发渔船管理、进出港识别等多种功能。2011 年，通过渔船安全救助信息系统终端相互救助，全年共救起渔民近 2500 多人，渔民生命安全得到了有力保障。此外，中国移动浙江公司还和舟山海洋与渔业局合作建设了海洋与渔业综合系统平台，通过该平台向全市 5000 多名养殖户和捕捞渔民发送养殖、捕捞等科技信息，天气、水温等气候信息，特别是像台风、大风警报、冷空气、雾等特殊天气，系统可随时、实时发送气象短信，第一时间提醒渔民做好各方面的准备，注意生产安全。同时平台还向渔民随时传递市场信息，渔民即使在海上作业过程中也可及时准确地得到舟山国际水产城和宁波、上海等地水产城的收购价格行情。目前，该平台日均发送相关信息超过 5000 余条。

参考文献

[1] 崔然. 浅析计算机视觉技术在农产品检测及分级中的应用[J]. 电子测试，2013，9: 274-275.

[2] 费玉杰，徐赞吉，冯莉，王静，赵雪，张建峰. 物联网技术在农业生产与管理上的应用研究[A]. 中国科学技术协会、贵州省人民政府. 第十五届中国科协年会第 10 分会场：信息化与农业现代化研讨会论文集[C]. 中国科学技术协会、贵州省人民政府，2013:10.

[3] 工业和信息化部电信研究院规划设计所，高艳丽. 农业物联网应用推广难在哪？[N]. 人民邮电，2013，07-08006.

[4] 何勇，聂鹏程，刘飞. 农业物联网与传感仪器研究进展[J]. 农业机械学报，2013，10: 216-226.

[5] 韩健，池宝亮. 作物生长模型发展现状及应用前景[J]. 山西农业科学，2011，8:900- 903.

[6] 韩祥波，刘战丽. 计算机图像处理技术在农产品检测分级中的应用[J]. 安徽农业科学，2007，34:11292-11293.

[7] 焦文兴，潘天丽，李月娥. 计算机视觉技术在农产品品质检测中的应用[J]. 陕西农业科学，2003(5):29-33.

[8] 李道亮. 物联网与智慧农业[J]. 农业工程，2012，01:1-7.

[9] 李红霞. 信息技术在设施农业中的管理应用[J]. 农业科技与信息，2011，6:6.

[10] 李萍萍，王纪章. 温室环境信息智能化管理研究进展[J]. 农业机械学报，2014，4: 236-243.

[11] 李作伟. 物联网技术在设施农业中应用的调查研究[D]. 河南科技大学，2012.

[12] 李作伟，丁捷，毛鹏军. 设施农业物联网关键技术及工程化应用探讨[J]. 农业工程，2012，(2): 35-39.

[13] Lieth J H，Pasian C C. A simulation model for the growth and development of flowering rose shoots[J]. Scientia Horticulturae, 1998(74): 83- 111.

[14] 罗新兰，李天来，姚运生，等. 日光温室气象要素及番茄单叶光合速率日变化模拟的研究[J]. 园艺学报，2004, 31(5): 607-612.

[15] 马伟，王秀，毛益进，刘大印，周舟，吉建斌. 温室智能装备系列之五: 精准变量施肥技术在设施园艺生产中的研究与应用[J]. 农业工程技术（温室园艺），2009, 6:13-14.

[16] 毛鹏军，杜东亮，贺智涛，等. 农产品视觉检测与分级的研究现状与发展趋势[J]. 河南科技大学学报:自然科学版，2006, 27(4):76-79.

[17] 聂磊. 浅谈农业信息技术在农业生产中的应用[J]. 农业机械，2012，26:198-201.

[18] 秦怀斌，李道亮，郭理. 农业物联网的发展及关键技术应用进展[J]. 农机化研究，2014，4:246-248+252.

[19] 孙忠富，陈晴，王迎春. 不同光照条件下温室黄瓜干物质生产模拟与试验研究[J]. 农业工程学报，2005，21（增刊）:50-52.

[20] 王纪章. 基于物联网的温室环境智能管理系统研究[D]. 江苏大学，2013.

[21] 王纪章，李萍萍. 江苏省设施园艺产业发展现状与对策[J]. 北方园艺，2012，18:70-72.

[22] 伍德林，毛罕平，李萍萍. 我国设施园艺作物生长模型研究进展[J]. 长江蔬菜，2007，

2:36-40.

[23] 谢云，Kiniry J R. 国外作物生长模型发展综述[J]. 作物学报，2002，28(2):190-195.

[24] 熊双林. 国内外农业信息技术发展应用现状简介[J]. 农业网络信息，2004，9:4-7+27.

[25] 许世卫. 我国农业物联网发展现状及对策[J]. 中国科学院院刊，2013，6:686-692.

[26] 徐珍玉. 基于物联网技术的设施农业生产管理系统设计与实现[D]. 电子科技大学：电子科技大学，2014.

[27] 阎晓军，王维瑞，梁建平. 北京市设施农业物联网应用模式构建[J]. 农业工程学报，2012，4:149-154.

[28] 杨宝祝. 我国农业信息技术与农业信息化发展战略研究[J]. 农业网络信息，2007，9:4-8.

[29] 杨洪伟.以计算机为核心的信息技术在农业领域的应用[J]. 安徽农业科学，2007，35(2):619-620.

[30] 曾小红，王强. 国内外农业信息技术与网络发展概况[J]. 中国农学通报，2011，8:468-473.

[31] 张文博. 物联网在现代设施农业中的应用[A]. 天津市电视技术研究会. 天津市电视技术研究会 2013 年年会论文集[C]. 天津市电视技术研究会，2013:5.

[32] 张智优，曹宏鑫，陈兵林，刘岩. 设施作物生长发育模型研究进展[J]. 江苏农业科学，2011，2:15-17.

[33] http://bbs1.people.com.cn/post/129/0/0/139391836.html

[34] http://zhidao.baidu.com/question/207935420.html

[35] http://tech.qq.com/a/20140401/024022.htm

[36] http://news.xinhuanet.com/info/2014-06/11/c_133398669.htm

[37] http://szb.farmer.com.cn/nmrb/html/2014-06/13/nw.D110000nmrb_20140613_10-01.htm?div=-1

[38] http://peterxin.diytrade.com

[39] http://www.newland.com.cn/

[40] 严亚军，张运祝，赵冀. 动物防疫可追溯体系解析[J]. 北京农业，2009.

[41] 陆昌华，王立方，胡肄农等. 动物及动物产品标识及可追溯体系研究进展[J]. 江苏农业学报，2009，25(1):197-202.

[42] http://www.mofcom.gov.cn/aarticle/h/redht/201106/20110607602279.html

[43] 罗卫强，陆承平. 基于激光技术的生猪二分体检疫标识关键技术研究[J]. 中国动物检疫，2011，(11):4-5.

[44] http://www.bio-tag.com.cn/

[45] http://www.fofia.com/

[46] http://www.icar.org/

[47] 国家信息中心. 农村信息化可持续发展模式研讨及经验交流会（参阅资料）. 2014.

[48] 傅衍. 国外母猪的繁殖性能及年生产力水平[J]. PIC 中国技术期刊. 2010,16(3):32-34.

[49] 杨亮，曹沛，王海峰，熊本海. 妊娠母猪自动饲喂机电控制系统的优化设计与实现[J]. 农业工程学报，2013，21(29):66-71.

[50] Agrovision B.V.2012. http://www.pigwin.com/productline

[51] 禽联网网址 http://www.qinlianwang.com

第五章

Chapter 5

农业经营信息化

随着信息技术与传统农业的深度融合，物联网、云计算、移动互联、3S 等现代信息技术逐步在农业企业经营领域得到广泛应用。农业信息化成为转变农业农村经济发展的重要方式，也为农业生产经营引领技术发展方向、优化农业科技资源配置、提高自主创新能力等方面提供了支撑。

目前我国农业的信息化水平虽然不高，但在政策推动与国民经济快速发展的大环境下，无论是发展环境还是发展速度，都让人欣喜。2013 年，我国农业经营信息化水平明显提高，农业企业、农民专业合作社信息化快速推进，农产品电子商务快速发展，农产品批发市场信息化水平大幅提高。

第一节　农业龙头企业信息化

我国农业龙头企业作为农业生产的主力军之一，是发展我国农业经济最活跃的因素之一。随着互联网的普及，农业龙头企业更加重视企业经营信息化建设，选择生产、经营、管理与决策等关键环节，以现代信息技术与传统农业龙头企业结合为切入点，通过使用企业资源计划 EPR、业务流程重组 BPR 等管理信息系统，提高企业在采购、生产、销售、营销、财务和人力资源管理等环节的信息化水平，推动企业经营管理信息化，大幅度提高了农业龙头企业生产、经营、管理和决策的效率。

在农业信息化服务过程中，由于农民的自身素质偏低及自身的信息需求不强，出现了农业信息化服务转化为生产力的效率普遍较低的现象。农业龙头企业凭借自身的规模、实力、与农民的带动关系则可以及时将信息传递给分散的农民，间接地使部分农民使用了农业信息化的信息服务，解决了农业信息化服务中"最后一公里"的难题。

一、建成农业产业化龙头企业运行情况调查系统

为了提高农业龙头企业经济运行调查工作质量，及时掌握农业龙头企业的经营发展状况，由农业部牵头建立了相应的内部数据采集系统，要求龙头企业根据经济运行调查指标体系，通过调查系统定期汇总各季度数据。截至 2013 年底，农业部已建成部、省国家级农业产业化重点龙头企业经济运行情况调查系统，并组织系统管理人员培训，加强调查系统应用，为管理人员提供实时、动态的管理和决策信息，为科学制定宏观调控政策提供重要参考。山东省是全国农业产业化龙头企业的重要省份，2013 年监测数据显示，山东省拥有国家级农业产业化龙头企业 89 家，山东省已建成本省农业产业化龙头企业的监测系统；山东省农委也开展了国家级和省级农业产业化龙头企业监测，2013 年山东农委要求被监测企业对照国家级和省级龙头企业认定标准开展自查，通过龙头企业项目申报系统认真填写农业产业化重点龙头企业经济运行情况表，其他相关证明材料以附件形式上传。各市农业部门对本辖区内省级以上重点龙头企业进行监测，并按照龙头企业监测评审表对每个企业提出合格、警告、不合格三类监测意见。通过上述措施，有效地掌握了山东省农业龙头企业的发展情况。

二、农产品加工信息化建设步伐加快，内部管理信息化水平明显提升

在农产品加工过程中，自动化、智能化技术大量应用，生产效率迅速提升，农产品加工信息化技术已形成了多层次农产品加工信息网络，建立了农产品加工国际标准跟踪平台、全国农产品加工技术推广对接平台、以及农产品加工市场信息预警服务体系。同时，信息技术在农产品加工领域推广步伐加快，部分农产品加工企业运用信息技术改造传统产业，开始建立资源规划（ERD）、客户关系管理（CRM）、供应链管理（SCM）等管理系统。一些农产品加工企业对农产品原料、生产过程、产品管理等信息进行广泛收集和处理，通过建立相关数据库和分析模型，为农产品生产和质量管理提供了科学依据。

吉林省长春皓月清真肉业股份有限公司，是以牛羊肉系列精深加工为主营的、相关多元化发展为一体的、国家级现代农业产业化重点龙头企业。该企业通过肉食品质量安全追溯系统平台项目，对其 5 个生产基地（长春、德惠、开封、牡丹江、大庆）、10 个养殖基地、15 个销售分公司、1000 家销售门店进行信息化改造，实现集养殖、屠宰、分割、仓储、运输、销售全程以 RFID 为核心的皓月牛肉食品质量安全追溯系统，系统与皓月在建的 ERP 系统进行融合，实现了企业信息化管理。另外，建设接口池，实现对政府各监管部门接口、对销售门店接口、对物流企业接口、对仓储企业接口、与物联网终端接口，形成可为公众提供食品溯源信息查询功能、为政府提供监管元数据、为企业提供生产管理数据的全链条的牛肉溯源平台。

三、龙头企业广泛应用先进的农业信息技术，大大提高了生产率

在信息化时代，信息技术在农业生产和发展中发挥着越来越重要的作用，农业企业信息化建设的重要性不言而喻。龙头企业生产控制逐步信息化，对农产品生产进行全过程监测与控制，提高了企业生产效率；推进龙头企业供应链信息化，有效提高了企业经营效益。

辽宁金实集团有限公司成立于1994年，当时国内的农业信息化正处于起步阶段，社会尚未对农业信息化形成广泛的认识，禽畜养殖业务是该公司的基础业务。该公司养殖基地中分布着大量的自然信息采集装置，包括温度、湿度、通风量、日照情况，这些设备都是通过计算机控制的自动化设备，在规定时间间隔内自动对自然情况进行采集后上传到计算机，计算机对采集到的数据进行记录，通过与控制系统中的参数比较做出自动控制指令。通过长期的数据积累，企业能掌握养殖场内家禽的繁育情况，能更有效筛选优秀种雏，以达到产出的最大化。同时，在家禽饲养过程中，与农业专家机构、农业专家不断进行沟通，随时掌握优良品种信息、先进技术信息、病虫害防治信息等有关信息，从而让企业能够改良品种、提高饲养产出率、防治病虫害，大大提高了生产水平和效益。

家事易以B2C电子商务平台为核心构建农产品的流通平台，集电子商务、科技农业生鲜加工、食品安全、饮食营养等多领域专家智慧，打造低碳、环保、健康的生鲜农产品产业链，形成从农产品种植与采摘、分拣和加工、仓储至配送的科学、高效生产流程。武汉市家事易公司大力推广"电子菜箱"的网上订菜功能，直接将菜送到订户楼下的智能生鲜柜里，"电子菜箱"就是一种基于物联网技术的电子商务配送终端，它把电子商务平台系统、中央厨房系统、仓储管理系统、自动分拣系统、物流管理系统、ERP系统、生产供应链管理系统、农产品追溯系统和呼叫中心系统等九大信息系统融为一体，创造了全新的产品经营模式。

四、示范基地通过信息化实现经营管理水平和效益双提升

发展农业产业化示范基地，通过引导龙头企业集群发展，向农业导入资金、技术、人才、管理等现代化生产要素，发挥集聚效应，培育壮大区域主导产业，促进新型农业经营主体发展，打造完整产业链条，推动农业转型升级，不断加强农业化与城镇化、工业化、信息化的互动，实现"四化同步"发展。农业产业化示范基地与信息化形成互动。例如开发信息化营销，浙江诸暨珍珠产业化示范基地打造了珍珠电子商务中心，与阿里巴巴等网络营销商合作，在组建"暨阳电商园"基础上，设立"暨阳电商园山下湖珍珠分园"、"天猫珍珠城"，开设珍珠品牌专栏，引导龙头企业依托网络开拓市场，扩大市场份额。在与城镇化、信息化互动的基础上，湖北监利县新沟镇依托福娃粮食产业化示范基地，将稻谷加工产业打造为支柱产业。2013年新沟镇工农业总产值超过100亿元，比2006年增长5.26倍，其中农产品加工业产值占整个工业产值的95%。

五、以龙头企业为中心，形成了良性互动的多元化的信息服务主体

农业生产类型、产品结构等千变万化，农业生产者、经营者在信息需求上也多种多样，政府为主的信息服务在很大程度上难以满足用户的个性化信息需求。要提高农业信息服务的针对性，就需要建立多元化的信息服务主体，各服务主体在服务内容、服务对象和群体上有所侧重，不同服务主体之间形成良好的互补性，才能够提高农业信息服务的针对性和效率。

以龙头企业为中心建立了由政府、社团、企业等组成的多元化信息服务主体。农业管理部门、科研机构、龙头企业等信息服务主体形成了良性互动，农业部门的任务主要体现在搭建公共信息服务平台，以及制定农业政策上。科研机构的任务主要是农业技术开发和应用研究，集科研、推广、经营于一体，科研机构不仅进行基础性的生产技术应用研究、为农民提供先进的农业技术，同时也开展农业技术培训，还开发创新技术，并为农民提供种子及农产品加工品等。专业合作组织为组织成员提供技术信息和市场供需信息服务，并作为独立实体与信息服务媒体为农民提供信息服务，是基层农业信息服务的重要主体。

海南综合集成利用现代先进信息技术的监管系统正在海南农业领域得到广泛推广和应用。海南省大力推广冬季瓜菜质量安全田头监管 3G 系统，通过田头信息员专用手持移动终端机等软硬件系统为瓜菜贴上二维码，使海南瓜菜有了自己的"身份证"，利用手机终端扫描可获取瓜菜产地、农药使用等信息，使各类瓜菜价格每公斤提高 2～10 元，起到了农业增效、农民增收的效果，该系统已在海南全省重点瓜菜市县铺开推广，省级以上瓜菜产销龙头企业全面应用部署，出岛入市的瓜菜普遍贴有二维码标识。

第二节　农民专业合作社信息化

2013 年，我国农民专业合作社发展势头良好，农民专业合作社总量迅速增长，业务领域不断拓展，日益成为增加农民收入的有效途径。截至 2013 年底，全国依法登记的专业合作、股份合作等农民合作社达到 95.07 万家，实有成员达 7221 万户，占农户总数的 27.8%，这些农民专业合作社所涉及的产业主要包括种植、畜牧、农机、渔业、林业等。

各地农民专业合作社纷纷建立网站，通过网站发布合作社内部农产品供求信息，实现在线交易、发布农产品新闻等功能，同时还形成了"网上联合社"，逐步促进了农民专业合作社建设的规范化、标准化。

一、农民专业合作社自身信息化建设不断得到加强

为了加强农业生产经营组织化程度，促进农产品产销衔接，农业部组织开发了农民专业合作社经营管理信息系统，鼓励建设合作社成员管理、社务管理、财务管理、市场管理

等系统，提高合作社日常管理效能，规范合作社内部管理。成都龙泉驿区十陵禽业合作社大力完善自身信息化建设，建立了合作社信息服务平台商务网站和鸡蛋兽药残留快速检测系统，建成了质量安全可追溯的绿色标准化养殖基地，大力发展电子商务，健全生产、加工、包装、运输、销售等方面的信息记录；每天定期抽检社员生产鸡蛋，实时在网站更新检测结果。信息化建设带来了明显的品牌效应和经济效益，年均销售无公害及绿色鸡蛋 550 万公斤以上，年总产值突破 2.2 亿元，实现销售收入 6500 万元，其中电子商务销量占到总销量的 25% 以上，合作社新增销售网点 1000 个，成功打入成都、重庆、云南、贵州、西藏等市场，带动 2600 户社员发展蛋鸡养殖，成员年户均增收 1.9 万元以上。

二、各地农民合作社重视打造网络平台

农业部通过建立集中统一的农民专业合作经营信息管理平台，及时开展农民专业合作社经营管理示范应用工作，充分发挥农民专业合作社在提高农民生产经营组织化程度、促进农产品产销衔接的作用、扩大专业合作社的宣传、推进电子商务、加速三资管理，实现生产在社、营销在网、业务交流、资源共享，不断提高农民专业合作社的综合能力，降低生产经营成本，抵御市场风险，促进农民增收等方面发挥重要作用。农民专业合作社经营管理系统示范应用是 2012 年农业部为农民办实事的重要事项之一，2012 年启动了 12 个省市、自治区共 600 个农民专业合作社作为示范点，2013 年省级农民专业合作社管理系统已经全面运行，市级农民专业合作社管理系统部分运行。各地农民专业合作社依托省部级合作社门户网站，加入合作社交流平台，通过网站平台，了解政策、市场、技术信息，实现生产在社、营销在网、业务交流、资源共享互通。合作社搭建门户网站或利用第三方涉农网站，提供通知通告、合作社介绍、产品展示、技术标准和留言板等功能模块，为合作社提供展示窗口。各地合作社还通过网站发布合作社内部农产品的信息，通过在线交易、发布农产品新闻等功能，形成了"网上联合社"，促进了农民专业合作社建设的规范化、标准化。2009 年安徽省开始实施农民专业合作社信息化建设工程，全省 1500 家农民专业合作社加入"安徽农民专业合作社网"，实现了"生产在社、营销在网、业务交流、资源共享"。截至 2012 年 3 月底，安徽实施信息化建设的合作社达到 3100 余家，其中，仅省农委建设的"安徽农民专业合作社网"就吸纳了 1340 家合作社，日交易量达 100 余万元。

三、充分利用信息化技术创新销售方式

大批农民专业合作社受益于以信息化为支撑的直供直销模式。各地不断创新农产品流通方式，利用新一代传感技术、物联网和无线通信技术，形成了线上线下相结合的生鲜农产品直供直销模式，越来越多的农民专业合作社进城、进社区销售，形成了"农校"、"农企"、"农市"对接的各种稳定供销关系。目前，江苏省农产品现代流通业态销售率达 67.9%，其中通过直供直销的农产品销售率接近 15%，已有 145 家农业合作社联社开设 430 家直销店，年销售额 17 亿元，带动 2100 家专业合作社通过配送、专卖、网络等方式直接将农产品销售给消费者，其中"苏合"销售合作联社 63 家，年销售额达 8.3 亿元。直供直销模式

既有利于及时、按需调整农产品种植结构，又能在产销双方信任的前提下确保农产品质量，还能降低物流成本、增加农民收入、缩短与消费者距离，实现了生产者和消费者的双赢，已逐渐成为现阶段突破传统农产品销售模式悄然兴起的一种农产品流通新型业态。

四、农产品流通效率大大提高

信息化推进农产品流通现代化，突出体现在农产品价格发布和供求对接上。通过建立农产品批发市场信息采集系统、电子化交易平台、智能化产品质量监控系统等，实现电脑、手机等终端设备进行价格信息的发布、汇集、展示、查询。利用互联网、物联网等现代信息技术，建立农产品电子商务平台，开展线上线下结合的鲜活农产品网上批发和网上零售，以及农业合作社与城市超市对接、农业合作社与城市消费合作社对接和订单农业，多渠道多形式促进信息流、物流和资金流的融合，降低农产品交易成本。

据统计，我国农产品物流成本一般占产品总成本的 30%～40%，其中鲜活产品物流成本则占 60% 以上，而世界发达国家物流成本一般占产品总成本的 10% 左右。我国粮食从产区到销区的物流成本占粮食销售价格的 20%～30%，比发达国家高出 1 倍左右，由于运输装卸方式落后，每年损失粮食几百万吨。把现代信息技术应用到物流和商流的各个环节，给农村生产和流通企业以有力的支持，这就是要不断发展以连锁经营、物流合作社、自助会为代表的现代化农村流通方式和服务方式，并以这些现代流通方式和服务方式带动农超对接的建设和改造，以规范化管理、规模化经营和标准化服务为核心，提高"超市+合作社+农户"经营管理水平。

五、合作社与龙头企业、协会协作推进经营信息化跨入新阶段

大型龙头企业引领农民专业合作社跨入经营信息化新阶段。大型农业龙头企业有着先进的经营理念，具有品牌、技术优势和广阔的市场渠道，通过龙头企业整合带动农民专业合作社走信息化经营道路，发展连锁店、直营店、配送中心和电子商务，有利于发挥龙头企业的生产经营组织能力，实现农企双赢。

湖北土老憨生态农业集团是农业产业化国家重点龙头企业，几年前就以企业名义加入了湖北省第一家农民柑橘专业合作社，还倡导组建了湖北省首家柑橘集团合作社，形成了"合作社+龙头企业+基地联农户"的经营模式。在土老憨的带动下，合作社征地兴建集农用物资配送、柑橘商品化处理车间为一体的红花套柑橘专业合作社驻地，使合作社真正有场地、有资产、有实体，还投入专项经费铺设光纤，在橘园内安装视频摄像头，推进以全球市场为目标的网上"橘树认养营销"新模式，把虚拟的网上种菜、卖菜，变成现实版的网上种橘、采橘，通过自选和配定两种认养形式，聚集了大批忠实的客户群体，通过生态农业和创意农业理念，使柑橘从 5 元/斤卖到了 5 元/个，做响了宜都蜜柑的"土老憨"品牌，做大了柑橘销售市场，带动农民专业合作社步入了现代化的农业经营新时代。此外，农民合作组织主导的社会化运作模式也风生水起。山东省东营市"百姓科技"模式是以信息协会为龙头、以百姓使者为支撑、以农民会员为主体的信息服务模式，延伸到山东 6 个市 20

多个县，发展百姓科技农民会员 5 万多户。河南省兴华农业信息服务专业合作社，在 4 万多个村组建立了服务点，吸纳了 2.5 万多家基层商店成为社员店。

第三节　农产品电子商务信息化

农产品电子商务是在农产品的生产加工及配送销售过程中全面导入电子商务系统，利用信息网络技术，在网上进行信息的发布和收集，依托生产基地与物流配送系统，在网上完成产品或服务的购买、销售和电子支付等业务的过程。随着互联网的发展，越来越多的农业企业开始涉足电子商务，意图通过电子商务渠道，制定精准的营销策略，拓展销售，提升品牌知名度，农产品电子商务已经成为农业企业拓展销售渠道的必然趋势。农业电子商务是实现小农户与大市场对接的一个有效途径，对增加农民收入、解决农产品"卖难""买贵"的周期性问题、提高农产品质量追溯监管效率、培育新型农业经营主体具有重要意义。

一、农产品电子商务平台迅速发展

大型电商平台积极布局农产品电子商务。随着国内电子商务环境的逐步完善，各大电商平台倾力发展农产品电子商务，致力于将现代流通方式、销售渠道、信息系统逐步引向农村，力争将千家万户的小生产与数字化、现代化的网络购物市场对接起来，构建市场经济条件下的产销一体化链条，实现渠道、商家、农民、消费者共赢。中国农产品促销平台进一步加大农产品信息发布力度，密切产销联系；以菜管家、我买网、易果网、天鲜配等为代表的农产品电子商务网站丰富电子商务业务，实现了网上选购、物流配送、电子支付等全程服务；以新希望、爱农驿站等为代表的农产品生产经营企业纷纷自建电子商务平台，实现了自有农产品产供销环节的电子化，从而形成了多层次的农产品电子商务网络体系，部分已取得良好效益，形成了信息环境下的全国性和区域性市场，成为农产品信息发布和交易的活跃地带。

商务部电子商务和信息化司统计数据显示，截至 2013 年 11 月，全国涉农电子商务平台已超过 3 万家，其中农产品电子商务平台达 3000 家。阿里研究中心公布的"阿里农产品电子商务白皮书（2013 年）"显示阿里平台上的涉农网店数量继续增长，注册地在乡镇的农村卖家约为 72 万家，其中淘宝网（含天猫）卖家接近 48 万家，阿里巴巴诚信通账户为24 万家。阿里平台上经营农产品的卖家数量为 39.40 万家。其中淘宝（含天猫）卖家为 37.79万家，相较 2012 年的 26.06 万家，有了 45% 的增幅。数据表明，2013 年，阿里农产品销售在 2012 年的基础上，继续保持快速增长，同比增长 112.15%，其中淘宝网（含天猫）平台占 97.25% 的比重，1688 平台约占 2.71%。

二、专业化涉农服务商初现

行业的火热带来更多的服务商进入农产品电子商务领域，其中包括传统服务商向涉农领域转型，也包括许多新服务商的出现。2013年，许多具有传统农业资源的企业开始涉足电商领域，也有许多在其他行业的电商服务商开始试水农业，他们共同构成了农产品电商的专业服务商，发挥各自优势，弥补不足短板，借助淘宝网等社会化大平台为农产品网商提供专业化的服务。在涉农服务商领域，相关服务提供商也由需求催生，如针对农村电商人才欠缺现状，专注于客服外包的电商服务商应运而生，集中的客服管理，高效的客服专业化训练，很好地解决了农村网商的客服需求。

针对合作社内部管理需求，市场上出现了多种面向专业合作社的信息化产品，包括磁卡会员管理系统、内部办公系统、财务管理系统和社员培训系统等。磁卡会员管理系统以磁卡为存储介质，通过给社员发放磁卡，对社员进行统一管理；内部办公系统遵循合作社日常生产、销售流程，实现合作社进、销、存环节的信息化管理；财务管理系统通过设立日常收支、日统计、月结存、投资贷款等功能模块，实现合作社资金流的自动化管理和查询；社员培训系统通过建立培训数据库或利用远程在线系统为社员提供生产技能培训服务。在农产品电子商务服务商中，物流、仓储、运营服务、金融等相关行业发展迅速。以物流为例，随着农民网贩的兴起，以及农村网商的大批涌现，物流企业在农村市场迅速铺开。伴随农产品电商平台的快速发展，作为物流行业中进入壁垒较高，且市场空间巨大的一个领域，冷链物流正日益成为电商、物流企业抢占的高地。

三、特色鲜明的专业化涉农电子商务平台发展迅速

在大型综合性电商平台发展的同时，越来越多的涉农电子商务平台开始寻求差异化生存之路，行业类垂直网站成为重要的平台，具备了特色鲜明的专业化特征。中国网库通过单品电商模式快速打造全产业链，实现产销对接，探索出一条实体企业可持续发展的电商之路。如由中国网库联手好想你枣业股份有限公司共同打造的中国红枣交易网以红枣单品为聚合点，快速吸引行业上下游供求商入驻，集中资源，实现低成本、高效率的产品推广和企业品牌宣传。类似中国红枣交易网这样的农产品品类网站中国网库已经建设了200多个。成都天地网信息科技有限公司推出的中药材电子商务交易平台彻底改变了中药材行业传统的交易模式，通过提供公正透明的远程网络交易服务，利用线上线下服务来创新中药材市场交易模式，实现买卖双方的无缝对接，截至2013年底，旗下网站中药材天地网拥有专业会员60000多个，网上商铺20000多家，IP访问量近2万人次。吉林省农业电子商务交易平台以农资直销到户为主营模式，截至2013年底，实现农业生产资料成交额总计1.48亿元，带动形成了2000余万元的农产品成交额和200余万元的日用品成交额，平台总交易额突破1.5亿元，实现利税2100万元。

传统电商包括天猫、京东商城、1号店在内的一线电商涉足生鲜市场。作为电商崛起的"直接受害者"的超市，曾经把生鲜产品视作抵御电商抢食的最后一个法宝，但在电商销售生鲜产品的巨大冲击下，超市业也试图借电商"逆袭"，如联华超市旗下电商平台"联

华易购"、沃尔玛山姆会员网上商店、乐购、永辉、高鑫零售等，超市业掀起了加入电商的热潮，希望借此夺回快销品、生鲜等本属于超市的强势领域。

四、多层次农产品电子商务体系见成效

我国初步形成涉农政府信息网、农产品电子交易网等多层次的电子商务网络体系。2013年政府部门组织农产品网上购销对接会交易额达到840.54亿元，包括商务部先后在夏季、冬季两次组织农产品网上购销对接会的交易额。其中，2013年夏季农产品网上购销对接会，累计帮助农户销售农副产品2200多万吨，成交额达820亿元；2013年冬季农产品网上购销对接会，商户数9.1894万家，供应信息71.1241万条，求购信息10.1095万条，实际成交额19.33亿元，意向成交额16.99亿元。大宗农产品电子交易市场发展迅速。2013年，我国农产品交易与流通模式持续创新，相继建立了多个大宗农产品网上交易中心，依托互联网组织全体交易商成员直接上网报价、配对，以网上订货、电子购物的方式实现买卖双方面对面的大宗农产品现货交易。截至2013年，我国有大宗商品交易市场538个，其中农产品网上交易市场有161家，交易额达10万亿元。

吉林省通过以多元化信息服务主体为依托使得农业生产经营信息化取得突破性进展。近年来，吉林省紧紧围绕搭建网络平台开展农资与农产品网上交易、利用无线智能化技术辅助农业生产等，推进信息技术在农业生产经营领域的集成开发、试验示范和推广应用，发展农业电子商务，解决农民"买难卖难"问题的同时，把优质农产品输送到城市，还通过展销活动让更多新产品、好产品上线平台，提升农产品品牌知名度和市场占有率。2011年，吉林省启动农业电子商务试点工作，先后在双阳、蛟河、伊通等16个试点市（县）建设终端网店700个，统一为网店配发了电脑、刷卡机、标识标牌等，组织开发了"好汇购"吉林省农业电子商务交易系统，上网交易农资企业10家、产品3大类，农特产品生产企业100家、产品200多个，分试点市县建设了分平台和物流配送中心。截至2014年，共成交化肥7800多吨、农药125件、农机具188台（套）、农特产品20余万元，初步构建了一个安全、顺畅、便捷的农业电子商务平台，探索出一个农民足不出村就能购买到放心农资和卖出质量可追溯农产品的全新营销模式。

五、因地制宜地灵活运用信息传播手段，推动农产品电子商务发展

信息技术在农业生产经营中的集成、创新、熟化和示范应用，已经转化为新的生产力。以电子商务为代表的现代化的农产品流通方式，将农业生产、流通、市场、交易连成有机整体，实现了小农户与大市场的有效对接，降低了交易成本，促进了农民增收。同时，农民上网"触电"，不仅实现了从传统的、单一的生产者的改变，更大的变化则是农民真正成为了市场经济的经营主体，懂生产、会经营、善管理的新型农民队伍正在壮大。

网络化让农产品经营方式也正由"先产后销"向"先销后产"转变。如四川省北川县农民通过北川维斯特电子交易市场，将自己种的木耳、当归等特色农产品销到山东、北京等，销路宽了，价格高了，更重要的是，信息通了，生产更有针对性、组织性。北川县农办负责人表示，以交易平台获得的信息为导向，全县积极发展高山农特产品基地种植、

加工销售和种苗组培开发等产业，预计每年实现销售收入 5 亿多元。周兰英是浙江省湖州市长兴县东王村的一位菜农，经营十多亩大棚蔬菜。与大多数菜农不同的是，她跟弟媳注册了"太湖新鲜菜"网站。消费者每天上午 11 点前在网站下订单，周兰英根据订单采摘蔬菜，下午 2 点左右装车配送，5 点能将菜直送到订户家的菜箱中。她说，网络直销的利润比卖给采购商高些，最重要的是通过网络平台，她的蔬菜供不应求。现在，村里有好几家农户也加入"太湖新鲜菜"的行列，还带动着家禽和水产养殖户网络销售。网上销售正成为越来越多新一代农民的首选。

第四节　大型农产品批发市场信息化

20 世纪 80 年代初，我国出现了农产品批发市场，而后在政府引导和政策扶持下，发展迅速，已经成为我国农产品流通的主渠道。政府开始认识到农产品批发市场信息化对实现农业现代化的重要作用，采取了相应的措施逐步加大信息化建设力度，目的是为了加强市场业务管理与设备管理，提高市场管理工作的效率和质量，实现信息管理、设备管理、经营决策管理一体化服务，为领导提供完整的信息作为辅助决策的依据，最大限度地实现信息化、网络化管理。

一、大型农产品批发市场信息化系统建设成效显著

农产品批发市场是我国农产品流通的中心环节。我国 90%以上的鲜活农产品、95%以上蔬菜的流通由农产品批发市场承担，批发市场是农产品流通的主渠道。国家发改委从 2003 年开始连续十年支持农产品批发市场国债项目，每年约支持 100 家大型农产品批发市场物流园。"十一五"期间农业部在全国组织实施农产品批发市场"升级拓展 5520 工程"。2009 年，商务部开始通过"双百工程"支持建设和改造大型鲜活农产品批发市场，而近年来，逐步转向支持重点市场和专业市场。

农产品批发市场利用先进的信息化技术，结合各类农产品批发市场的现状和发展方向，充分考虑市场的实际需求，建立农产品批发市场信息平台，加强信息化基础设施的建设，建立农产品批发市场管、控、营一体化平台，实现信息管理、信息采集发布、电子结算、质量可追溯、电子监控、电子商务、数据交换、物流配送等应用系统的服务功能，最大限度地实现信息化、网络化管理。

宁夏四季鲜果品蔬菜批发市场信息系统总集成工程，信息系统硬件部分总体包括了机房及会商中心工程、监控系统、进门收费结算系统、广播系统、LED 显示屏工程、网络视频会议系统、市场网络、综合布线等网络及监控中心机房等；软件部分包括电子结算系统、综合管理系统、门户网站系统、电子商务平台等。

安徽马鞍山市安民农副产品批发交易市场综合管理系统，结合市场的实际需求，基于 B/S 的三层结构设计，客户端通过 IE 实现访问和管理。系统主要包括人事、租赁、财务、摊位、水电车辆、仓储、结算、信息发布、系统、网站等相关功能模块，涵盖整个批发市

场各个功能部门。该系统将马鞍山安民农副产品批发交易市场的人、财、物集成化管理，提高市场自身的工作质量和效率，为市场的低成本、合理化运作及实现效益最大化提供了最佳渠道。

二、农产品批发市场建成互联互通的信息化体系

针对当前农业生产与市场需求的信息不对称，建设农产品批发市场信息平台及农产品电子商务平台，及时、快捷地把农业经营信息传递给农业生产者和消费者，提高交易效率，降低交易成本成为迫切需求。重要农产品批发市场均建立了电子结算、电子监控、LED显示屏与触摸屏信息布等系统，价格信息在网站等媒体循环播报，依托农产品批发市场及多种类型农产品流通主体，整合各类涉农信息服务资源，构建覆盖生产、流通、消费的全国公共信息服务平台和多层次的区域性信息服务平台，促进农产品流通节点交易数据的互联互通和信息共享。建立、编制、发布农产品交易指数、价格指数和统计数据，山东寿光农产品物流园的"中国寿光蔬菜指数"就是成功的示范。作为我国首个蔬菜指数，为政府了解价格走势信息、分析菜价波动原因提供参考，为经销商了解蔬菜价格行情提供帮助，对防范农产品价格大幅波动起到一定的作用，"寿光蔬菜指数"的发布已经充分体现出信息化工作的重要作用及意义。

三、批发市场内部管理信息化、交易信息化同步推进

一批经济实力较强的农产品批发市场充分利用现代信息技术，实行了客户管理、摊位管理、人事管理、财务管理和治安管理的信息化。一些农产品批发市场摒弃了延续多年的"一手交钱、一手交货"的现金交易方式，采用电子统一结算（含双方刷卡交易）方式。少数农产品批发市场如深圳福田市场、山东寿光市场等尝试推行了电子拍卖交易，开通了电子商务交易平台。如河北省饶阳县瓜菜果品交易市场电子结算系统，采用的是中央电子结算与电子收费终端设备结算并用的方式，在保证交易速度、提高交易效率的基础上，增强了市场管理方对市场运营情况的全面了解；在保障商户资金安全、方便商户资金周转的基础上，提高了商户对市场的信赖程度；公开的交易统计信息促进了农产品的有效交易和流通，丰富了市场的交易功能。

四、农产品批发市场物流信息化程度明显提高

农产品批发市场电子商务快速发展，物流信息化程度明显提高。如郑州粮食批发市场、深圳布吉农产品批发市场等建立了电子结算系统、电子监控系统、LED显示屏与触摸屏信息发布系统等。北京市农产品配送系统是北京市农村到城市农产品配送的运营平台。该平台以运营中心为核心企业，从农产品采购开始，到产品的数字化分拣、包装、物流配送，最后由销售渠道把农产品送到消费者手中的过程，通过对信息流、物流、资金流的控制，将供应商、制造商、分销商、零售商直到最终用户连接成一个整体的功能网链，使农产品流通步入了高效、便捷的网络化高速路。

第六章

农业管理信息化

农业部门系统推进农业管理信息化始于金农工程一期，金农工程是国家电子政务"十二金"之一，历时10年，先后投入5.8亿元，初步建成了农业电子政务支撑平台，构建了国家农业数据中心和国家农业科技数据分中心，开发了农业监测预警、农产品和生产资料市场监管、农村市场与科技信息服务三大应用系统，建立了统一的信息安全体系、管理体系和运维体系。通过金农一期的实施，农业部门信息化基础设施水平明显提升，政务信息资源建设和共享水平明显提高，部省之间、行业之间业务系统能力明显增强，有效提高了农业部行政管理效率，提升了服务三农的能力和水平，为农业农村经济社会平稳健康发展提供了有力保障。

第一节　总体概况

金农工程一期项目于2005年11月正式立项，2007年8月启动实施，由农业部牵头，国家粮食局配合，中央和地方分别投资建设，2011年12月农业部本级项目完成工程初验。

项目主要内容是建设农业监测预警、农产品和农业生产资料市场监管、农村市场与科技信息服务三大应用系统，开发整合国内、国际两类农业信息资源，建设一个延伸到县乡的全国农村信息服务网络。

项目建议总投资5.8亿元，项目实际总投资5.69亿元。其中，中央本级项目投入资金1.74亿元，地方项目共投入资金3.95亿元（含中央补贴资金1.03亿元，地方配套资金2.92亿元）。

为推进项目顺利实施，农业部与国家粮食局共同组建了金农工程项目建设领导小组（由分管信息化的副部长任组长），领导小组下设金农工程项目建设办公室（设在农业部市场与经济信息司），下设综合、应用、网络与安全、财务四个工作组，具体负责项目建设的组织、协调、指导、管理与监督工作。农业部本级项目实施单位为农业部信息中心，下设金农工程项目实施办公室，负责金农工程一期项目实施工作。

经国家和省两级农业部门与粮食部门的共同努力，金农工程一期项目现已全面完成建设任务。农业部本级项目于 2011 年 12 月 31 日完成初步验收，国家粮食局本级项目于 2012 年 7 月 5 日通过验收，地方项目也已完成建设任务，并通过了验收或技术认定。

第二节　工作成效

通过金农工程项目的建设实施，各级农业部门信息化基础设施水平明显提升，政务信息资源建设和共享水平明显提高，部省之间、行业之间业务协同能力明显增强，有效提高了农业行政管理效率，提升了服务三农的能力和水平，为农业和农村经济社会平稳健康发展提供了有力保障。

一、农业信息服务能力明显增强

金农工程一期项目紧紧围绕"三农"问题，为现代农业提供服务，为农民增收提供服务，为城乡统筹发展提供服务，成为服务型政府建设的重要支撑。

一是建成了农业信息采集、分析、发布公共服务平台，农业系统各部门信息采集、处理和服务能力显著提升，对宏观决策的支撑能力明显增强。研发了全国统一的、可快速定制和复用的数据采集平台，开发了农业综合统计、物价监测、成本调查、农机事故、农情调度等 16 个农业行业数据采集系统，有效地提高了农业部门数据获取能力和统计工作效率。截至 2013 年 10 月底，系统信息填报用户 8 万个，累计采集省、地、县、乡镇、村等各级报表近 315 万张，抓取国外农业信息 563 万余条。与以往的数据填报等采集方式相比，极大地提高了工作效率和数据获取率，为领导和管理部门决策提供了强有力支撑。

二是开发了农产品监测预警平台，数据分析能力和效率显著提升，农产品市场风险监测能力和先兆预警能力明显提高。研发了小麦、玉米、稻谷、生猪等关系国计民生的 18 类重要农产品动态监测预警系统，实现了从供求安全、生产波动、市场价格波动、国际价格竞争力、进口影响指标等方面开展实时在线分析预警，支持部省联动分析。截至 2013 年 10 月底，已发布预警报告、新闻、数据资料等 3075 篇，其中《我国应尽快调整 CPI 结构》的分析材料促成了国家统计局对 CPI 结构的调整。监测预警平台有力地促进了农业部门提升能力促转变、防范风险保安全的作用，大大提高了国家的农产品市场风险监测能力和先兆预警能力，为粮食在多年增产的较高基础上实现"十连增"、农民收入增长实现"十连快"提供了有力支持，为农业部门实现"两个千方百计、两个努力确保、两个持续提高"目标发挥了重要作用。

三是建成了农产品批发市场价格信息服务系统，实现了每日农产品价格行情数据的在线填报和实时采集，覆盖了700多家农业部定点批发市场、共500余种农产品的交易价格，日报价数据8000余条。价格数据经整理后及时在国家农业综合门户网站以及中央电视台2套经济频道、中央人民广播电台、农民日报等传统媒体对外发布。同时，还开展了上海、无锡两家批发市场电子结算数据上报试点工作，日采集实时电子结算数据10万余条，为进一步推进农产品批发价格数据的深度利用和监测调控市场运行进行了有益探索。

四是建成了农村市场供求信息全国联播服务系统，服务农产品产销对接，为农产品买难卖难提供技术支撑。据统计，浙江、吉林、辽宁、海南和安徽等省通过该系统开展农产品网络促销，共达成交易额40多亿元。系统已发布有效供求信息15.9万余条、农业产业化龙头企业等信息6200余条，并提供英、日、韩、俄文服务，访问用户已覆盖到50多个国家和地区，为6700余家企业提供了中国国际农产品交易会网上申报服务，近年来已统计发布贸易成交额1562亿元，被称为永不落幕的网上农交会。项目还构建了部省农业科技信息联合服务系统，拓宽了直接面向社会公众的服务咨询渠道，目前已采集发布农业科技信息4万余条。通过项目建设，有效促进了农业新技术、新品种的推广和农产品的流通，加快了农业产业结构调整，为农民增收致富架起了信息桥梁。

五是拓宽了农业政策、科技、市场信息进村入户渠道，为引导农业生产、促进农民增收和现代农业建设提供了有力支持。项目建成了国家农业综合门户网站，整合了农业部机关司局及直属事业单位子站，链接了省、地、县农业部门网站，覆盖部、省、地、县四级的农业电子政务网站群初步建成。目前，网站群日均点击量约610万次，信息发布量日均超过700篇，充分发挥了发布"三农"信息、宣传"三农"工作、引导社会力量有序参与农业信息服务的重要作用。

二、农业行政管理水平明显提升

金农工程一期项目紧紧围绕农业部门政务目标，为履行职责提供支撑，为依法行政提供支撑，为应急处置提供支撑，成为法制型政府建设的重要保障和责任型政府建设的重要手段。

一是建成了行政审批、政务公开、市场监管网上办公平台，提高了农业部门依法行政、农产品质量监管水平和工作质量。项目构建了高效便捷的部、省统一农业电子政务平台，建成了较为完善的农资打假、农机鉴定、农机监理、农药监管等10类农产品及生产资料市场监管系统，以及功能完备、高效运行的农业行政综合办公（审批）系统。截至2013年10月底，综合办公系统已累计接受行政审批业务52万余件，平均办结时间缩短近2/3。其中，农药进出口监管系统已向海关电子口岸发送放行通知单近30.71万条，不仅大大提高了协同办公效率，有效降低了农药企业成本支出，而且堵住了原有的农药进出口管理漏洞，有力规范了农药进出口监管秩序。农药进出口监管系统多次在有关国际会议介绍与演示，得到了国外同行的广泛赞许，其应用已达到世界领先水平。农机监理系统已在线办理农机和驾驶证业务16.43万件，建立了全国集中的农机监管数据库，实现了农机监理行政审批和业务监督管理的规范化、标准化、网络化处理，提高了工作效率，增加了业务透明度，为农机所有人和驾驶员提供了便捷高效的服务。绿色食品监管系统已在线办理企业认定和产品认证业务 1482 件，通过信息化手段规范了产品认证、强化了证后监管，帮助中国绿色食品认证中心和省绿办工作人员提升了工作效率，加强了业务协同和信息共享。农资打假监管系统已推广至省、地、县农业部门，各级农业部门依据自身业务对农资打假数据信息进行采集，建立了农资打假基本信息数据库，有力增强了农资打假的监管力度，为提高农产品质量监管水平提供了保障。

二是建成了电子政务支撑平台，提高了各业务应用系统间的互连、互通、互操作和信息共享能力，初步具备了农业部门业务系统的定制开发、资源共享、业务协同及安全运行的能力。农业部市场监管与行政审批综合办公工作跨上新台阶，进一步规范了市场监管和行政审批行为，大大提高了为民办事的方便性、快捷性和透明度，提高了工作效率，降低了社会成本，为维护农产品和生产资料市场运行秩序奠定了坚实基础，得到有关领导和农民群众的好评。

三是完善了应急响应系统，农业部门应对自然灾害、处置突发事件能力明显增强。信息传输、指挥调度等是应急响应系统的基础条件。项目建设了集通信、指挥、展示、监控、会议、网络于一体的农业部应急指挥场所。项目建设的农业视频会议系统实现了部省之间双向高清视频会议直播，已成为农业部向各省农业部门传达中央有关精神、安排部署农业农村经济工作的重要平台，成为履行政府管理职能、提高工作效能、节约行政成本的重要手段。视频会议系统由部主会场、46 个省级分会场、700 多个地县级会场、4 个京外直属单位分会场组成，单次视频会议直接参会人数可达到 1 万多人。近 3 年来，保障 54 次"国务院应急办"召开的视频会议，召开全国视频会议 35 次，参会人数达 176227 人，节省会议经费 3.5 亿元。视频会议系统的建设，使农业系统重大突发公共事件的预防预警、快速响应和高效处理的能力明显增强，预防和减少了农业经济损失，有力地指导了生产开展，维护了市场稳定，取得了明显的经济效益和社会效益。

三、农业部门信息化基础初步建立

一是基础设施水平明显提升。建成了我国农业系统第一个国家级的农业数据中心，实现了国家农业数据中心与农业科技数据分中心、国家粮食流通数据中心、省级农业数据中心等横向和纵向部门的互连、互通，并使得国家农业数据中心成为农业部机关和直属单位的网络汇接中心和互联网接入中心，是其他涉农部门、地（市）和县级农业信息服务平台。1000 多平米的国家数据中心和国家农业数据中心机房，数据存储能力达到 32TB，可以满足 5 年内不断增长的需求。建立了覆盖全国的数据交换网络，为农业部与直属事业单位、地方农业机构、批发市场等的纵向数据交换，以及农业部与海关总署、国家粮食局等单位的横向数据交换奠定了网络基础。

二是建设了相对完善的安全保障体系，降低了应用系统的安全风险。切实加强了信息安全管理能力，提高了安全技术防护能力，增强了安全运维保障能力，使各业务系统能够面对目前和未来一段时期内的安全威胁，全面提升了金农工程信息系统的安全等级，为维护国家安全与社会稳定,保障和促进农业信息化建设健康发展发挥了重要的作用。截至2013年10月,金农工程一期安全系统共采集分析安全日志11.3亿条左右,其中检测攻击事件5622.3万起,大部分攻击事件已通过各种安全技术手段进行了有效防护,未对农业部网络和信息系统造成较大影响,不影响用户正常访问网络;排除各类安全隐患47余次,阻断恶意攻击源IP地址308个。

三是建立了统一的金农工程标准规范体系。共建设了总体标准、管理标准、信息资源、应用支撑、数据交换、业务应用、网络标准、安全标准8类标准规范,分体系共计32项标准;并分批发布实施。在标准规范建设过程中,有针对性地对省级金农工程建设进行了标准下发和标准培训,作为全国农业行业信息系统建设的重要依据,对推动和促进金农工程以及农业农村信息化建设的标准化、规范化产生了重要的规范指导作用。

四是建设完善了农村信息服务体系。建立了适用于我国农村的大型公共信息服务系统,巩固扩大了各级政府农业和农村信息化的工作成果。加强了农业部门内部信息整合,推进了跨部门农业信息共享和业务协同,提高了农业信息资源开发利用水平。初步建立起一支素质较高的管理、研发、服务队伍,提高了农业部门电子政务应用管理水平,推进了普遍服务,为逐步缩小城乡"数字鸿沟"、促进现代农业发展和社会主义新农村建设发挥了一定作用。

四、带动农业部门政务信息化蓬勃发展

金农工程是农业部门承担的第一个大型电子政务工程,金农工程的实施不仅直接提升了农业部门工作效率,更重要的是它掀起了农业农村信息化建设的热潮,尤其是引领和推动了农业部门政务信息化建设。通过金农工程,各级农口部门对信息化认识水平明显提高,用信息技术改造农业管理方式积极性明显提高。金农工程一期项目建设得到了各级领导的高度重视,各地在完成规定任务的同时,还积极争取建设特色项目,有力推进了农业农村信息化建设。如北京市建设了适合北京市特点的农业综合决策系统和专家服务系统,上海市建立了农村集体"三资"、土地管理系统,浙江省建设了"农民信箱"等。项目还初步实现了农业部与其他部门的数据共享和工作协同。目前,农业部已与国家粮食局建立了数据共享机制,实现了主要粮食品种的购、销数量和价格等数据共享;与海关总署建立了业务协同和信息共享机制,实现了农药进出口电子监管数据的实时交换。金农工程一期项目不仅较好地完成了自身建设,而且推动和引领了全国农业农村信息化建设工作,取得了较好成效。

第三节 工作建议

当前,农业农村经济社会发展形势发生了很大变化,粮食"十连增"后,产量基数高、

资源约束日益凸显，气候条件存在很大不确定性，农业防灾减灾压力加大；国际农产品市场竞争日益激烈，农产品价格波动频繁、周期缩短、涨跌急速转换，保持国内农产品价格稳定和农业稳定发展难度加大；随着经济发展和人民生活水平的提高，对农产品的数量和质量要求日益提高；随着改革的深入和市场经济体制的不断完善，对政府转变职能，建设服务型政府的要求越来越迫切。以上形势对农业农村信息化，尤其是农业电子政务建设提出了更高要求，迫切需要在完善和推进金农工程一期项目建设应用、总结项目建设成效和经验的基础上，围绕加快推进现代农业建设，认真研究谋划和建设金农工程二期项目。

初步考虑，金农工程二期项目将立足农业农村社会经济发展和国家电子政务建设要求，以保供给、保安全、保增收为总体目标，从农业农村信息化全局高度规划建设内容。为摸清农业资源底数，实现资源的有效配置和管理，确保粮食安全，建设以耕地质量信息为主的农业资源管理信息系统；为确保农业综合生产能力和农产品供给安全，对农业投入品的生产、经营、使用实行全过程监管，建设农产品供给安全信息系统；为确保不发生重大农产品质量安全事件，更好地满足社会对农产品消费的质量需求，建设和完善农产品质量安全风险评估与质量追溯系统；为加强以渔业生产和船舶安全为代表的农业生产安全管理，更好地加强安全生产信息采集、快速传输处理、农业综合执法能力建设，建设农业安全生产信息系统、农业行政管理和综合执法等信息系统。同时，注意整合资源，注意与其他部门配合，提高信息共享程度。

第七章

农业信息服务

实践表明，信息化是"三农"发展实现弯道超车的加速器，而农业信息服务就是加速器的核心动力，是用信息化手段实现快速为农业生产经营主体、农民赋能的过程，是缩小城乡"数字鸿沟"、实现城乡一体化发展的根本途径。农业信息服务的根本目的是让农民享受信息化发展的成果，只有不断总结农业信息服务取得的经验，探究新形势下农业信息服务发展的新问题和新动向，持续开拓创新，才能更好地实现信息惠农。

第一节 农业信息服务发展现状

农业信息服务作为农业信息化的关键环节，在体系不断健全的同时，正加速向各领域覆盖渗透，积极探索为"三农"提供信息服务新模式和新机制，逐步实现由重建设向重服务转变、由单一服务向综合服务转变、由被动服务向互动服务转变。

一、服务体系进一步健全，服务队伍不断壮大

健全的农业信息服务体系是做好农业信息化工作的根本保障。经过连续多年的发展，我国农业信息服务体系得到了进一步健全，信息服务队伍也在日益壮大。截至 2013 年底，全国 39%的乡镇建立了信息服务站、22%的行政村设立了信息服务点，全国专兼职信息员已经超过了 18 万人；在各地农业部门的不懈努力下，组建了一支覆盖种植、畜牧、兽医、水产、农机领域的专业门类齐全、结构合理、经验丰富的专兼职专家队伍，培养了一批训练有素、服务热情的专兼职信息员；以 12316 平台建设为契机，相继建设并开通了 29 个省级、78 个地级和 352 个县级语音平台，中央平台建设自 2011 年启动建设以来已经初具规模，为农业信息服务工作顺利开展打下坚实的基础。

北京市农业部门高度重视农业信息化组织管理体系建设，相继成立了市农委信息中心、市农业局信息中心等主管部门，通过"京市农信息平台"的建设工作带动并促进了郊区各区县农业信息体系工作机构的建立健全。目前，全市13个郊区县农委全部明确了农业信息服务体系的主管领导和职责部门。另外，通过"三电合一"农业信息服务综合系统建设，形成了郊区"三电合一"工作队伍体系；依托农产品市场信息服务体系建设，还建立了农产品市场信息员工作队伍。

上海市借助全面实施为农综合信息服务"千村通工程"，自2006年起，按"五个一"（一处场所、一套设备、一名信息员、一套管理办法、一个长效机制）标准建设为农综合信息服务点，通过互联网和政务网为农民提供农业技术、病虫害预警、价格行情、供求信息、村务公开等信息，解决农业生产、农民生活中遇到的实际问题。目前已实现1391个涉农行政村全覆盖，基本建立市、区县、镇和村四级信息服务支撑体系。

浙江省农业信息服务体系起步较早，发展较快，目前服务体系已经较为完备。全省建立县级以上农业信息工作机构100个，乡镇（街道）农业信息工作站1441个，符合"八个一"标准的1339个，占全省总乡镇数的92.9%，配备农业信息员1487人。已建立村（社区）农业信息站点29436个，符合"八个一"标准的26312个，占全省总村数的89.4%，配备农业信息员29686人。随着信息技术的不断发展，农业信息逐步通过网络渗透到农业各个领域，农业信息服务体系队伍正在对农业生产和农村经济的持续发展产生日益重要的影响。

内蒙古自治区着力构建农牧业信息化工作体系，把加强农牧业和农村牧区信息化建设作为推进现代农牧业和新农村新牧区建设的重点，在机构设置、人员配备上给予高度重视。目前，全区共有600个乡镇初步建立了农村牧区信息服务站，占全区乡镇总数的78%，专、兼职农牧业信息管理服务人员达到600多人，专、兼职三农服务热线专家653名，农牧业信息化体系的初步建成为自治区农牧业信息化建设提供了组织保障。

吉林省市县三级农业部门均有专门机构和人员负责农业农村信息化工作，在乡镇农业技术推广站和农经站明确信息服务职责。重点建设完成达到"五个一"标准的农村综合信息服务站2800多个，占全省村级信息服务站（点）的32%，其中星级站达到1000个。在全省谋划并组织实施了"万名骨干农村信息员培训计划"，结合阳光工程项目，通过采取县市申报任务认定基地、国家与省安排专项培训资金、推广"结+1"培训模式等形式，已在全省33个县市培训骨干农村信息员6000人，目前这部分受训人员已成为活跃在农村基层、懂信息会操作、能增收会致富的带头人。

山东省近年来重点在农村经纪人、种养经营大户、中介组织以及村、组干部（包括大学生村官）中发展农村信息员，全省累计培训55000多人，8万多个村都有了信息员，成为连通农村与外部世界的桥梁。

二、服务领域不断拓展，信息资源日趋丰富

农民的信息需求千差万别，农业信息服务已经远远超出了原有农业生产技术信息的范

畴。为此，各地不断拓展信息服务领域，除了为农民提供与生产生活息息相关的科技、市场、政策、价格、假劣农资投诉举报等信息外，信息服务范围已延伸到法律咨询、民事调解、电子商务、文化节目点播等方方面面。特别是借助12316热线，实现了信息直达农村、直面农民，迅速感知"三农"焦点热点，在很多地方，12316热线已经成为政府和涉农部门了解村情民意的"千里眼"和"顺风耳"，为行业决策、应急指挥提供了有力支撑。同时，经过多年的工作实践，各地在农业信息服务工作中，面向基层、面向农业信息服务工作，积极整合相关部门信息资源，积累了一批宝贵的、专业特色的、满足个性化需求的数据资源，大大丰富了为农信息服务的资源储备，还在一定程度上实现了信息资源的共建共享。

北京市大力推动全市信息资源的共建共享，通过实施"京市大行动计划"，形成了15个相关单位涉农信息资源共建共享的工作关系，建成了集合农业生产、市场、科技、经济、金融、社会等海量信息资源的"221信息平台"。为实现信息资源共享，建成了信息资源目录系统和数据共享交换系统，形成了比较完善的信息资源共享交换工作机制。目前，"221信息平台"农业生产信息资源超过20GB；农村经济基础数据达到60GB；农业科技信息资源建成近200个数据库，数据量突破了130万条。围绕"211信息平台"的建设及应用，重点形成了决策指挥、基础管理和郊区服务三个功能性信息平台，涉及60多个应用系统和网站，基本上覆盖了所有行业，信息系统对核心业务的支撑率超过90%。通过信息资源的整合共享应用，北京农业信息化已经渗透到农业生产经营工作的方方面面，三大主导服务功能日益凸显。

天津市持续加强涉农信息资源整合。一是按照农业部关于建设农村综合信息平台建设的有关要求，建设完成全市农村综合信息平台开发。该平台作为信息服务站点、手机短信、信息显示屏等多种涉农信息服务支撑公共平台，涵盖农业、党建、农民远程教育培训、农技培训、文化共享、邮政、农业气象、农村金融、农资、农村远程就医挂号和日用消费品等多项内容。二是聚合现有涉农网站，逐步建立全市涉农网站集群。在不断完善农业系统业务网站的同时，建立以"天津市农村工作委员会"政务门户网站、"天津农业信息网"信息服务网站为主的涉农网站群，不断提升涉农网站的功能和信息服务能力。三是为提升农业资源管理和决策水平，借鉴先进省市的经验，结合天津实际特点，开发现代农业资源管理决策系统。该系统以现有农业资源为基础，逐步建设数据中心，开发种植业、畜牧业、水产、林业、农机、农村经济、农业综合资源管理及辅助决策系统和基于物联网的设施农业监控平台，为领导决策和农业主管部门提供决策辅助支持，为农业资源的整合、开发和利用提供坚实基础。

浙江省注重实名用户资源的积累，为精准推送信息服务奠定了基础。浙江农民信箱系统自2005年建设以来，利用实名制用户注册功能，已经积累实名制注册用户超过260万户；各级涉农科技、管理、服务人员32万人；分类建设包括涉农企业、农民专业合作社、农家乐等六类16.26万家新型农业主体集群。庞大的实名用户资源与其他类型的数据资源一样，具有宝贵的利用价值，通过大数据技术可以进行数据挖掘、监测分析和定向推送，将为农业信息服务方式的变革和信息服务的精准化提供数据基础。

三、服务模式愈加成熟，12316平台成效凸显

自从我国开展农业信息化建设以来，农业信息服务从无到有、从弱到强，经历了一个较长的发展期。期间，通过各地的不断摸索和总结，先后涌现了大量的经典服务模式，其中一些模式在持续发展创新的过程中，保持了旺盛的生命力，依然发挥着重要作用，并且在各地模式探索的基础上，"从我国开展农业信息服务"这一品牌化模式逐渐沉淀下来，取得了良好的发展成效，正在通过全国平台和省级平台的互动进一步壮大。

各地服务模式在日趋多元的同时也愈加成熟，各地在实践中不断探索和创新，结合本地特点，形成了一批有实效、接地气的信息服务模式，有效满足了广大农民的信息需求。

浙江农民信箱系统持续拓展，建设了农民网上社会。农民信箱系统集通信、电子商务、电子政务、农技服务、办公交流、信息集成等功能于一体，对接农产品买卖、指导生产、防灾减灾、沟通社情民意，是为农民量身定制、直接服务于"三农"的农民网上社会。农民信箱系统自2005年建成以来，日点击量稳定在200万次左右，累计发送信件21亿封、短信20亿条；发布农产品买卖信息150多万条，达成农产品交易额84亿元。目前，该系统正在进一步完善升级。一是加强农产品网络营销服务。包括利用农业主体属性数据库组织发送"每日一助"农产品供求服务短信；办好网上农博会和农产品供求专场；组织农产品集团消费用户加入系统，提高农产品供求对接效率；推广应用农产品电子商务平台，拓展在线支付交易。二是建设一批二级业务管理平台。实施注册用户分类集群建设，目前已建立农机、粮油两个平台，下一步将建立畜牧、林业、渔业等行业的专用信息平台。三是强化万村联网工程规范建设，逐步实现村村（社区）建站、乡乡联网。目前全省共建设3.78万个基层网站，其中行政村（社区）网站2.61万个，超过行政村（社区）总数的90%。

吉林省不断探索社会化合作模式。自2006年吉林省农委与吉林联通公司、吉林省电视台、吉林省广播电台共同建成并开通"12316新农村热线"以来，电话呼入量累计达到1200多万个，同步直播《乡村四季12316》电视专题1800多期，直播《吉林乡村广播12316》和《长春乡村广播12316》节目3100多期，累计帮助农民节本增产增收达180多亿元。目前热线已经成为广大农民的连心线、致富线和解忧线。自2008年以来，吉林农委又与吉林移动公司共同建成并开通短信平台，目前全省注册用户发展到240万人、分类用户15万人，年群发各类短信息15亿条次以上、回复农民咨询短信20余万条次，同步建设开通了《吉林农业手机报》和开办了《零公里信息报》，已经成为全省推进信息进村入户的一个重要载体。

事实上，12316已经成为具有全国影响力的综合化通用型农业信息服务平台，正在走向全国统一、部省联动和云化支撑，其服务成效显著，截至2013年底，12316已覆盖全国三分之一农户，年均助农减损增收逾百亿元。12316也因此成为农业信息服务的标志，并被誉为农民和专家的直通线、和市场的中继线、和政府的连心线，是最受农民欢迎、最能解决实际问题、最管用的快捷线。

四、服务机制逐步完善，各地开展了有益探索

农业信息服务的持续发展，有赖于各地坚持不懈的探索和实践，但更需要通过体制机制的创新给予保障。在目前国家对农业农村信息化投入相对不多、工作任务又十分繁重的情况下，农业部门要完成好推进农业农村信息化发展的重任，需要注重体制机制研究，用体制促动发展，用机制拉动发展。只有这样，才能确保农业农村信息化各项事业运行发展可持续。

在服务机制的创新和完善方面，农业部分别与中国移动、中国联通、中国电信签署了战略合作协议，各地也与电信运营商和有关企业开展了多种形式的合作，统筹利用各自工作体系和资源，共同打造为农服务平台。注重加强与畜牧、水产、农机、粮食、统计等涉农部门的沟通协调，充分发挥各自优势，共建平台、共享资源。

福建省"世纪之村"强化可持续发展能力。福建省围绕"世纪之村"农村综合信息服务平台，集成了"村务公开、信息管理、三资管理、农家店"等27个功能模块，具有电子村务、电子商务、电子农务和便民服务四大服务功能，实现了可持续发展。在具体的应用过程中，广大农民创立了"网上农家店+实体农务产品公司+信息点"等多种商业模式，以网上农家店为运营中心，依托信息点收集、发布信息，进行农副产品采购、配送，实体农务产品公司则整合上下游供求资源信息，有针对性地寻找合作商家加盟网上交易，实现了多赢的可持续发展局面。目前，"世纪之村"平台已在福建、湖北、四川、山东等地推广，其所属的农家店月交易额达 2.1 亿元。

甘肃省广泛调动各部门参与信息服务的共建共营。聚合力量才能长远发展，甘肃省农牧厅广泛调动各界力量参与农业信息服务；甘肃省广电局积极组织新闻单位开展热线宣传和热线广播直播相关工作；甘肃省广电总台在甘肃人民广播电台新闻综合广播和农村广播"乡村之音"并机开通每天 40 分钟热线直播节目；甘肃省通信管理局协调各运营企业，提供技术支持和资费优惠政策；甘肃电信公司在"号码百事通"平台的基础上，投资 320 余万元建成热线"呼叫中心"，设有 30 个专家座席和话务员接转电话工作台、1 个专家直播室，主动承担系统运行相关费用。

辽宁省通过联动协同确保创新发展。随着农民生产经营需求和政府宏观决策需求的大幅度增长、信息服务在农业农村和涉农领域的不断拓展、市场监测和分析产品的逐年丰富，限于机构、编制、专业等因素，现有的队伍已难以满足日益增长的工作需要。经过多年探索，辽宁省通过委托、外包、合作等形式，将大量繁复的话务解答、网站维护、信息产品编发、市场监测等劳动密集型工作转移给企业等社会组织，有效的骨干力量全力投入规划实施、组织协调的重要工作中，12316 综合信息服务平台与大金农平台依靠创新机制保持长期健康发展。依托热线受益农户创新农产品产地价格采集报送机制，依托农产品产供销价格数据库、预警分析产品与辽宁电视台、辽宁乡村广播、辽宁省文化资源共享工程数字模拟频道、新农业杂志等广电和平面媒体创新合作模式，探索出一条政府主导、企业运营、社会广泛参与的发展新机制。

第二节 农业信息服务存在的问题

虽然农业信息服务工作取得了一定成效，但与全面建成小康社会的要求相比，与农业现代化建设的需要相比，还有相当差距，进一步提升农业信息服务水平，缩小城乡"数字鸿沟"的任务仍然十分艰巨。

一、服务体系下延不充分，与基层农业服务机构结合不紧

我国农村地域辽阔，发展不平衡，许多乡镇一级还没有独立的信息服务组织机构，信息服务能力自上而下在逐层递减，信息服务体系呈现出一个竖直的菱形状态。尽管服务体系在不断壮大，各地也采取了一些措施，依托合作社和种养大户建立了信息服务站，培训了大批农村信息员，但信息服务体系的延伸覆盖能力毕竟有限，因而乡镇信息服务仍存在断路、断腿情况，无法在离农民最近的地方形成有效的服务能力。因而，基层农业信息服务体系下延不充分是当前农业信息服务的一个现实问题。信息服务体系还没有真正地延伸到最贴近农民的环节，与农技推广等基层农业服务机构的工作结合不紧密，与农业生产经营主体的活动结合不紧密，与乡村公共服务和社会管理结合不紧密，乡、村信息站点和农村信息员队伍严重缺乏，与农民紧密的互动联系还没有建立，这是未来农业信息服务突破式发展必须解决的首要问题。

二、农业信息服务协同发展不足，条块分割现象依然严重

近年来，我国农业农村信息化受到社会各界广泛重视，多头投入造成了必然的多头管理现象，各地组织部、经信委、商务厅、气象局等单位都涉足了农业农村信息化领域，农业信息化建设缺少有效的统筹和协调，难以进行统一规划和有效管理，人为的条块分割造成难以协同发展。协同发展在一定程度上还反映在信息服务平台的建设方面，例如 12316 平台体系不协同，部省间、省际间、省内各级间服务平台在技术架构上不统一互连，在功能上不关联互动，在信息上不共享互换，在应用上不协同互助，12316 服务体系所汇集的庞大的农业部门服务资源优势不能实现统筹调度，是导致很多地方服务效果不明显的重要原因。

三、实用专业信息相对缺乏，信息服务效益低下

随着现代农业建设的不断深入，农业特色产业的快速发展，机械装备和先进技术已经与农业生产实现了高度融合，传统的农耕劳作方式正渐渐在广袤的土地上淡去。当前，农

民朋友对信息技术重要性的认识日益加深，种养殖大户、农事企业、农民专业合作社、家庭农场等新型生产经营模式不断出现，现有的农业技术推广方式、信息服务模式和内容已经难以满足农民群众日益迫切的信息服务需要。然而，当前信息资源总体表现为：宏观信息多专业信息少，统计信息多加工信息少，缺乏深度挖掘和有效整合；专业区域性信息资源不充足；用户数据库还没有普遍建立，缺乏实现精准服务的基础。由于高水准的农业信息服务网站和应用系统数量少，难以为公众提供一站式特色化的专业服务，造成了信息服务效益的低下，使得信息服务在促进农业增产、农民增收和农业增效上体现得不明显。

四、信息服务方式不灵活，自我造血机制尚未形成

信息技术的突飞猛进，以及互联网的创新发展，为农业农村信息化发展带来了新的机遇。但是，目前移动互联、物联网、云计算、大数据等新技术在农业信息服务领域应用并不多，农业信息服务显著落后于信息技术的发展步伐。对新技术手段的不敏感造成了信息服务方式的不灵活，"等客上门"和"大水漫灌式"的服务较多，在内容上没有紧扣农民基本需求，在渠道上没有满足互动要求，在时效性上没有实现快捷方便，导致农民用户体验不好、忠诚度不高。同时，农业信息服务机构对当前委托、联营、融资、混合所有等新兴经营运作模式也不敏感，无法捕捉市场化带来的新机遇，还在被动发展或者依靠政府拨款，难以建立可持续的发展机制，尤其是基层信息服务站点和农村信息员活力不够，缺乏服务农民的内生动力和自我发展的造血能力。

第三节 促进农业信息服务水平提升的建议

党的十八大提出了"四化同步"的战略要求，对市场信息尤其是农业信息服务工作提出了更新更高的要求。在新的形势下，围绕信息惠农这一目标，巩固农业信息服务工作基础，引入新思路、新理念，进一步拓宽农业信息服务范围，不断提升农业信息服务能力，加大信息进村入户力度，发挥好农业信息化对农业现代化的支撑引领作用，是未来农业信息化持续发展的关键。

一、强调统筹规划，结合农村实际做好信息进村入户

2013年是"十二五"承前启后的关键年份，"十三五"规划的编制即将开启。在"四化同步"、市场化发展等诸多新思路的指引下，农业信息服务应当统筹谋划、长远布局，特别是要围绕当前农业信息服务存在的实际困难和问题，谋划好信息服务进村入户工作，确保农业信息服务能够务实落地。在推动服务体系下延方面，要把12316农业信息服务体系延伸到离农民最近的地方，只有延伸到行政村、延伸到生产经营主体内部，健全村级信息

服务点和培育农村信息员队伍，将信息资源输送到最了解农民需求的环节，才能有效地把信息送到田间地头、送到农民手中。在完善信息服务站点和农村信息员队伍建设的过程中，要注意依托村委会、农村党员远程教育站点、新型农业经营主体、农资经销店、电信服务代办点等现有场所和设施，按照有场所、有人员、有设备、有宽带、有网页、有可持续运营能力的"六有"标准认定或新建村级信息服务站。还要进一步建立健全农业综合信息服务体系，着力强化乡、村农业信息服务站（点）建设，探索设置乡镇综合信息服务站和农业综合信息员岗位；加强农村信息员队伍建设，充分发挥农村信息员贴近农村、了解农业的优势，有针对性地满足农民信息需求。

二、深入调查研究，以需求为导向扩大信息服务领域

在农业生产经营主体不断丰富，信息需求呈现多样化的当下，深入调查研究，摸清不同农业生产经营主体的切实需求显得十分重要。根据农村发展和农民需求变化的实际，应当在坚持公益服务的同时，通过附加商业服务搞活农业信息服务，不断延伸扩展信息服务的领域，重点关注和提供四类服务：一是农业公益服务。利用12316短彩信等渠道精准推送农业生产经营、技术推广、政策法规、村务公开、就业等公益服务信息及现场咨询；协助开展农技推广、动植物疫病防治、农产品质量安全监管、土地流转、农业综合执法等业务。二是便民服务。开展水电气、通信、金融、保险、票务、医疗挂号、惠农补贴查询、法律咨询等服务。三是电子商务。开展农产品、农资及生活用品电子商务，提供农村物流代办等服务。四是培训体验服务。开展农业新技术、新品种、新产品培训，提供信息技术和产品体验。

三、坚持市场化原则，充分调动社会力量参与

发展农业信息服务，需要一个庞大的队伍体系，单靠政府投入难以为继，必须整合资源形成工作推进的合力，进一步加强政府职能部门与产业主体、技术推广单位、通信运营商、银信企业等协作配合，只有这样，才能调动社会各方面力量参与信息化建设和做到事半功倍，而调动社会力量参与的最有效方式就是市场化的发展方式。未来，农业信息服务领域要加大开放合作力度，推动形成多方参与的合作格局，围绕农民信息需求，积极主动对接中组部农村党员远程教育、新闻出版广电总局文化书屋、科技部科技特派员等服务体系，充分依托党建、文化、教育、医疗卫生、社会保障、就业、民政等各级业务管理部门信息资源，共建共享，集成建设一批政府主导的农村民生信息服务系统，为社保、金融、电信提供涉农信息服务通道，积极与通信运营商和有关信息服务企业合作，建立多方参与、合作共赢的工作格局。在多方参与的格局下，努力探索信息服务长效机制，充分发挥市场在资源配置中的决定性作用，同时更好发挥政府的引导作用，采用市场化方式运营，实现社会共建和市场运行。

四、紧跟技术发展步伐，探索应用新技术新手段

信息技术的快速发展为农业信息服务带来了前所未有的机遇，利用大数据、物联网、云服务、移动互联等信息技术助力"传统农业"向"现代农业"转变，提升农业生产方式，创新为农服务形式，探索产销对接模式，能够更加有力有效地促进农业增效、农民增收。未来，应当加快构建覆盖"三农"的信息高速公路，为农业大数据的集散和各方优质服务资源的汇聚提供通道，更好为农民提供全方位的信息服务；高度重视用户资源开发，注重汇集农户、农业生产经营主体、各类农业服务队伍基础信息并建立嵌入服务过程的动态修正机制，提供有针对性的精准服务；充分利用移动终端，积极开发农业专业的信息服务产品，满足农民的个性化信息需求。

地方建设篇

中国农村信息化发展报告(2013)

北京：加强示范引领，全面推进农业农村信息化建设

2013 年，按照中央"四化同步"发展战略及北京市信息化建设的总体部署，北京市按照《2013 年北京市农业农村信息化工作指导意见》及任务分工的要求，以"221 信息平台"建设为核心，加大统筹力度，深化资源整合，加强示范引领，在 3 家单位全部被认定为全国农业农村信息化示范基地基础上，首次开展了北京市农业农村信息化示范基地认定工作，23 家单位被确定为 2013 年度北京市农业农村信息化示范基地，反映出北京市农业农村信息化建设工作基础好、发展环境好、发展势头好、应用成效好。

第一节 发展现状

一、发展环境进一步优化

（一）政策环境

从国家层面上，先后出台了《关于促进信息消费扩大内需的若干意见》和《国务院关于推进物联网有序健康发展的指导意见》等多个信息化相关政策文件；从行业部门上，农业部发布了《全国农业农村信息化发展"十二五"规划》、《关于加快推进农业农村信息化的意见》，工业和信息化部等八部门联合印发了《关于实施宽带中国 2013 专项行动的意见》；从区域层面上，北京市也先后出台《智慧北京行动纲要》、《宽带北京行动计划》，北京市农委出台了《关于扎实做好农业农村信息化工作的意见》，全面推进全市农业农村信息化发展，促进城乡经济社会发展一体化，助力"智慧北京"建设。

（二）技术环境

2013 年，物联网、云计算、移动互联技术不断深入应用，新技术、新理念与系统平台有效集成，提高了农业生产水平。物联网技术应用到设施农业，北斗导航技术指导农机作业和调度，遥感技术实现对地面水域情况的监测，新媒体应用于农产品营销和宣传等，都取得了一定成效。同时，随着大数据时代的来临，农业大数据这一理念也得到了各界的关注，利用大数据挖掘指导农业生产、分析数据、预测市场已成为农业农村信息化发展的研究重点。

（三）认知程度

据北京市城乡经济信息中心对全市 106 家农业企业的调查显示，农业企业、农民专业合作社进行信息化建设的主动性较往年有所提高，2012 年农业企业平均投入信息化资金 142 万元，农民专业合作社平均投入信息化资金 32 万元。随着收入水平和消费水平的提高，农民更有意愿利用信息化设备改善生活条件，追求更优质的信息服务，农民的信息消费意识、消费需求和消费能力也普遍增强。据统计，2013 年仅前 10 个月京郊农村居民人均生活消费现金支出为 10780 元，同比增长 15.2%，其中用于通信和交通的消费支出为 1260 元，同比增长 13.5%。

二、基础设施建设进一步加强

（一）网络终端

2013 年《北京统计年鉴》数据显示，2012 年，全市政务光纤网络"村村通"覆盖率达到 95% 以上；京郊每百户农民家庭拥有彩色电视机 136 台；广播电视在实现"村村通"的基础上逐步向"户户通"延伸；安装有线电视的农村家庭占 90%，平均可接收电视节目 55.9 套、广播电视节目 23.1 套；北京市拥有电脑的农村家庭占到了 66%；移动电话和固定电话普及率分别达到了 91% 和 73%；2013 年北京移动农网共有信息机 188 台，农信机 4902 台，手机用户 38 万余人。

（二）装备研发

低成本、便捷化、智能化的农业信息服务产品受到广泛好评。北京农业智能装备技术研究中心研制了土壤信息传感器、环境监测传感器、水环境传感器及作物生理传感器等农业信息感知设备，无线温室娃娃、手持农业信息采集器以及无线网络设备等系列产品，实现了农业物联网信息采集与传输。开发了集信息采集、存储、远程发送于一体的远程墒情采集站，实现了墒情信息综合、自动监测。北京市农林科学院信息所面向全科农技员、信息站点管理员，继"U 农蔬菜通"后又研发了"U 农果树通"、"U 农花卉通"、"U 农旅游通"和"U 农畜禽通"等便携式信息服务系列产品。基于移动终端的信息服务产品的研发也扩展到农业生产、农产品流通、农产品价格监测、城市休闲农业等多个领域。

三、信息资源建设进一步深化

（一）涉农信息资源目录体系

北京市农委系统继续组织各单位开展《涉农业务目录》和《涉农信息资源目录》的编制工作。2013 年，通过对北京市农委系统各单位涉农网站、业务系统、信息资源进行摸底，形成 2346 条北京市涉农业务目录和 12124 条北京市涉农信息资源目录。初步建立了全市涉农信息资源目录体系，摸清了信息资源的种类与分布，为业务工作提供了有效的信息化支撑。

（二）农业生产信息资源

以北京"221 信息平台"为核心，进一步深化农业生产信息资源的集成与共享。2013 年北京"221 信息平台"进一步整合了市属相关单位和各郊区县农业资源数据，形成了土壤、气象、水、地貌等自然资源条件数据和人口、劳动力、经济发展状况等社会经济条件数据，以及科技资源、市场供应、金融政策等方面的涉农信息资源，数据容量 36GB。更新区县粮食作物、经济作物、蔬菜、特色作物种植、牲畜饲养及畜产品、林果、花卉等 29 类数据信息 18840 条。

（三）农业农村管理信息资源

2013 年北京市农经办（市农研中心）北京农村"三资"监管平台实现跨部门应用和信息资源共享。平台汇集了大量的农村社会经济发展信息和农村人口、劳动力、农户家庭经营信息，新增了北京农村基层组织和北京市一事一议财政奖补等信息资源。通过建设网管平台，实现了专网系统跨部门应用，并将农村管理信息化数据信息向市（区县）组织部门、市农工委和市农委免费开放，实现了信息资源共享。

（四）惠民服务信息资源

2013 年，北京市农委及相关涉农单位继续加大惠民服务力度，集合、更新及完善了众多优质信息资源，方便市民生活，指导农民生产。其中成效显著的包括：通过北京移动农网及区乡村三级信息传递网络发布的预报预警类信息资源、全市各类涉农网站提供的农业休闲类信息资源、北京现代农业信息网全新整合的 GIS 地图信息资源、各类展示都市农业建设成果的多媒体信息资源。

（五）农业科技信息资源

围绕北京农业数字信息资源中心建设，农业专题数据库资源、数字化农业科技文献资源等开发建设进展顺利。2013 年，北京农业数字信息资源中心维护更新北京农业数字信息资源中心数据 56444 条。重点开发了包括 5 大类 2925 种常见品种的园林花卉品种数据库和 4 大类 277 种常见花木害虫的花木虫害数据库，累计更新数据 21136 条。果树品种技术数

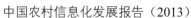

据库收集整理了 3590 多个果树品种信息和 430 多个栽培技术信息，同时在果树病害防治、虫害防治数据库中分别收集防病防虫数据 600 条，累计整理编辑高清图片 6000 多张。

四、农业生产信息化取得新进展

（一）农业物联网应用

按照国家物联网建设总体部署和建设"智慧北京"的要求，北京市高度重视农业物联网的建设与应用，充分发挥科技和人才优势，推动物联网在产业和区域的应用不断扩展，逐步实现了在设施农业、种植、畜禽、农产品质量安全监管、生态环境监测、农机服务和加工配送等领域的应用。北京市城乡经济信息中心建设的"北京 221 物联网监控平台"运行稳定，注册会员用户达到 66 个；北京市农业局积极推进物联网技术在设施农业上的应用，完成了"国家物联网示范项目——北京设施农业物联网示范应用项目"的申报工作；北京农业信息技术研究中心研发了面向专家的远程科研育种物联网应用公共平台、种业园区设施环境综合调控及虫害预警防控系统等专业化物联网服务系统。

（二）农产品安全生产和质量控制

近几年，北京市各郊区县陆续建立了农产品质量监管系统，形成了从田间到餐桌覆盖全过程的监管制度，确保民众舌尖上的安全。朝阳区在农产品质量安全监管追溯体系建设上，启动农产品质量安全信息管理系统建设工作，实现从农产品安全检测管理向农田履历管理、投入品管理、检测管理、三品标识管理、追溯码管理、风险预警管理、视频监控转变。大兴区农产品质量安全监管系统各子系统已基本建成，监管部门能及时掌握农产品各个生产环节情况，形成了一套"源头可追溯、流程可跟踪、信息可查询、责任可追究"的农产品安全监管体系。

（三）农业生产管理信息化

北京市属相关单位、各区县、农业企业、农民专业合作社加强信息化管理，不仅减少了劳动力，降低了经营成本，而且提高了生产管理的安全性和可靠性，提高了工作效率，引导了科学化生产。北京市农业局基于北斗（BDS），集成应用地理信息系统（GIS）、遥感技术（RS），研制开发了监控型、调度型等多种农机北斗终端，构建出面向农机服务组织和大户的作业和调度系统。怀柔区利用 RFID 和物联网技术帮助农民及时掌握茸鹿生长周期和实用养殖技术，为管理者决策提供信息技术支持。

五、农业经营信息化应用探索新手段

（一）农产品电子商务平台

近年来，农业电子商务的发展有效地推动了农业产业化的步伐，减少了农产品流通环节，降低了成本，提高了效率，促进了农村经济的发展。全市陆续出现了众多优质高效的农产品电子商务平台。北京市农经办（市农研中心）携手北京首都农业集团有限公司，与北京奥科美有限公司合作，建设了安全优质农产品网络直销服务平台"京合农品"（www.jhnp365.com）。平台以智能化参与式保障体系为核心，创新了"社社对接"模式，即组建职工消费合作联盟，形成有组织、有规模的固定消费团体，与优秀的农产品生产者建立稳定的团购直销关系，减少流通环节，降低流通成本，既让广大职工社员采购到放心优质、价格实惠的安全农产品，也保护了农民的利益，探索了安全农产品参与式保障体系建设的新途径。北京天安农业公司建立 365tianan 电子商城（www.365tianan.com），与智能配送柜系统对接，消费者通过电子商城购买产品，并通过选择智能配送柜送货将产品配送至小区的配送柜中，消费者自行输入密码就可以完成提货，实现了销售、配送全程网上操作。北京北菜园农产品产销专业合作社电商平台—绿菜园（www.veggiegarden.cn），在全市率先推出"农宅对接"销售模式，市民上网下单订菜，合作社直接配送到家。

（二）移动智能应用

随着移动智能终端的广泛应用，移动终端营销逐渐涉足农业领域。北京市农业局开发建设北京智慧农业 APP，提供农业资源查询、信息发布、休闲农业推广等功能。北京市农科院信息所移动终端的信息服务软件开发扩展到农业生产、农产品流通、农产品价格监测、城市休闲农业等多个领域，相继启动开发了"掌上农庄"、"阳台农业课件资源 APP"、"农价新时空"、"农产品二维码展示平台"等软件产品。密云县"一品密云"移动电商门户平台，成为全国首家为合作社搭建的移动电子商务平台，集成了密云精品休闲民俗旅游和农特产品信息与销售。北京灵之秀生态农业专业合作社手机客户端 APP 成功上线，客户通过手机便可以了解合作社的情况并购买到称心如意的京西特产。

（三）网络定制服务

大兴区利用 Web 技术、触控、PC 等终端实现东辛屯村信息网络实时发布、点餐预定、民俗文化和特色菜网络推介等民俗旅游信息化建设。制作民俗户 3D 虚拟网上展厅，建立民俗文化特色推介查询系统、实时信息发布系统，加大了对外宣传力度，降低了管理成本；提供网上定制餐饮服务，使消费者及时了解各民俗户接待能力和用餐情况。

六、农业农村管理信息化迈上新台阶

（一）核心业务管控

北京市农经办（市农研中心）建设的农村"三资"监管信息平台全面提升了全市农村集体"三资"监督管理水平，实现了监管系统化、操作规范化、监控信息化，确保了资金安全完整、资产保值增值、资源合理利用。2013 年平台进行了新一轮优化完善，加强管理功能，完善村级审批事项，使村级土地交易、资产处置、大额资金使用等重大事项管理得到事前监管，同时通过数字证书管理，实现了一键登录，提高了便捷性以及使用数据的安全性。北京市园林绿化局利用物联网和智能监控等建设了中国第一片"智慧森林"——中国信息林，为树木设置二维码电子身份证，记录其基本信息和养护情况，方便管理与公众参与。北京市水务局编制完成了 ET（蒸散量）遥感图集，汇编了 2003 年-2010 年北京年 ET 数据、典型水库流域年 ET 数据、典型城市绿地年 ET 数据，为北京市农业用水、防洪等水资源管理提供数据支撑。

（二）社会服务管理

丰台区卢沟桥乡张仪村建设"张仪村丰仪家园社区化信息管理平台"，创新房屋出租"物业式"服务管理模式，破解城乡结合部社会管理难题。密云县网格化社会服务管理系统对流动人口、社救对象、民俗旅游户、入区企业等信息能够做到实时采集、动态维护、智能检索统计，为做好社会服务管理工作打下坚实基础。

（三）"智慧乡村"试点建设

市县两级信息化建设与应用责任部门在智慧乡村的建设上进行了积极尝试。北京市城乡经济信息中心选取平谷区西柏店村和顺义区北郎中村启动了"智慧乡村"的试点示范建设，通过研究设计和规范实施，尝试建设"社会主义新农村"发展示范典型，探索和建立"智慧乡村"的建设标准。大兴区开展"智慧示范村镇"的建设，推动信息化向镇级安防和村级管理等领域延伸，发挥信息技术对规范村务管理的促进作用。丰台区制定了《"智慧王佐"建设工程实施方案及计划安排》，创新房屋出租"物业式"服务管理模式，破解城乡结合部社会管理难题。

（四）基层党建工作

北京市农林科学院信息所开展北京市党员干部现代远程教育市级平台二期项目建设，增强了用户体验，实现了远程教育由简单覆盖向深度服务的转变；增加了移动学习功能，实现了远程教育由数字化向泛在化的转变；提高了易用性，实现了远程教育管理由报表统计向决策支持的转变。密云县智能党建平台——基层党建全程记实系统，通过了国家版权局版权认证，已在全县 327 个行政村铺设完成，实现了县镇村三级信息传输全覆盖。

七、公共信息服务各具特色

（一）综合服务平台

2013 年 12 月，北京市城乡经济信息中心建设的北京"221 信息平台"公众服务版——北京现代农业信息网改版试运行。网站在开发建设上探索尝试新手段、新方式，基于市级电子政务互联网云平台，创造性地开发了通用版、农民版、市民版三个版本近 80 个栏目，提供了信息的查询检索、GIS 地图展示与查询、多媒体展示等专题特色信息，为不同群体全面提供都市型现代农业特色资源与服务。2013 年网站总访问量 1228 万次，日均访问量 3.4 万次，均比上年增长 1.8 倍。北京市农业局建设了政务网上服务平台，规范了网上办事服务，丰富了农业特色服务内容，开展了互动交流，并开发了基于位置服务的手机 APP 应用，实现了农业资源的高效推送，提升了政民互动水平。各郊区县结合本区域特色对本区县农业信息网进行优化升级，保障了信息服务的优质高效。

（二）12316、12396服务热线

2013年，北京12316热线共提供农业信息咨询41548次，其中人工咨询5562次，自动语音查询35904次；北京12316综合信息服务网点击率近660万次；专家参与热线值班626人次，到场率达到83.1%以上，现场解答各类技术问题1870次，咨询服务满意率100%；到一线服务各类人员过万人，有效地帮助农（市）民解决了生产、生活中的问题。12396服务热线加强了对服务效果的反馈跟踪工作，全年专家人工接听咨询电话2111个，解决技术疑难问题718个，自动语音通话服务8802次，较上年提高了0.7个百分点，热线服务覆盖地区除北京郊区外，还扩展到全国近30个省市自治区。

（三）农业电视节目

北京市昌平区制作推出的一系列农业电视节目在社会上取得良好反响。"农民课堂"、"走进三农"，指导农民生产，宣传农业产品，展示农业产业发展现状；"信息直通车"栏目免费为优秀农业企业、农民专业合作社、特色产业和农户发布宣传信息。

（四）专题性信息服务

北京市城乡经济信息中心向中国农业信息网报送信息4168条，同比增长15.6%。向"首都之窗"报送京郊农业、农村、农民的相关信息2163条。所选信息内容新颖，数量、质量较高，更新及时、准确，得到了各方面的好评。北京市园林绿化局开发建设的公园风景区游人量自动语音报送系统，利用交互式语音应答技术建设自动语音报送平台，实现了数据的自动催报和入库。丰台区开发的中国种子交易网进行了新一轮改版，增加了展馆介绍、参展流程、参展须知等栏目，更好地承担起为第二十一届北京种子大会服务和宣传的功能。大兴区"政民通"项目为区内14家农民专业合作社、涉农企业在市民主页分别建立页面，并进行短信宣传，为农产品流通和农民增收助力。

第二节　主要经验

一、加强与完善工作机制

一是加大统筹力度。北京市城乡经济信息中心年初发布年度工作指导意见和任务分工，规划和指导全市农业农村信息化工作。并通过建设北京"221信息平台"升级改造项目、北京市农业农村信息化示范基地认定等工作，实现了全市涉农各部门、各区县信息资源有效整合和集中共享。二是注重规范化建设。通过规范引导工作，以制度保障工作质量，整体提高工作效率。先后印发了年度农业农村信息化工作意见、信息员队伍管理与考核办法、北京农业农村信息化示范基地认定办法、北京"221 信息平台"内网数据更新规范等指导性、规范性的文本。开展了"农业科学数据分类与编码标准研究"、"农业农村信息化标准体系研究"、"农技推广和农业信息化服务标准体系及重要标准研究"等工作。三是建立奖励机制。2013 年，北京市委农村工作委员会、北京市农村工作委员会、北京市人力资源和社会保障局授予 10 家单位社会主义新农村建设北京农村信息工作先进单位。北京市城乡经济信息中心对 2012 年度北京市农业农村信息化建设与应用的 17 项优秀成果予以表扬，极大地调动了各区县、各部门工作积极性，有效地促进了农业农村的发展。

二、突出典型示范引领作用

2013 年，农业部开展了全国农业农村信息化示范基地的认定工作。北京通州国际种业科技园区管理委员会、北京市农村合作经济经营管理办公室、北京农业信息技术研究中心三个单位全部被农业部认定为国家级农业农村信息化示范基地。参照农业部的认定办法和相关要求，结合北京市实际情况，北京市首次开展了北京市农业农村信息化示范基地的认定工作。认定工作得到了各区县、各相关单位的高度重视，经过各区县、各相关单位推荐和实地考察及专家评定，26 家单位被认定为北京市农业农村信息化示范基地（见表 8-1）。这些示范基地涵盖了政务应用、整体推进、生产应用、经营应用、服务创新、技术创新、科技创新 7 大类型，覆盖了郊区 13 个区县，包括了农业管理部门、事业单位、教学科研单位、企业、农民专业合作社等生产经营主体。这些示范基地充分发挥典型带动作用，促进信息技术在农业生产、农业经营、农村管理、信息服务领域的全面应用和提升水平，引领和带动了全市农业农村信息化的快速发展。

表 8-1　北京市农业农村信息化示范基地名单

基地名称	基地类型	认定级别
北京市农村合作经济经营管理办公室	政务应用型	国家级
北京通州国际种业科技园区管理委员会	生产应用型	国家级
北京农业信息技术研究中心	科技创新型	国家级
北京市大兴区农村工作委员会	整体推进型	市级
北京市朝阳区种植业养殖业服务中心		市级
北京海舟慧霖农业发展有限公司		市级
乐义（北京）农业发展有限公司		市级
北京吉鼎力达生物科技有限公司		市级
北京绿神茸鹿养殖专业合作社	生产应用型	市级
北京祥和源农业科技发展有限公司		市级
北京绿菜园蔬菜专业合作社		市级
北京市平谷区峪口镇西营村村民委员会		市级
北京金福艺农农业科技集团有限公司		市级
北京任我在线科技发展有限公司	经营应用型	市级
北京天安农业发展有限公司		市级

基地名称	基地类型	认定级别
北京顺鑫农业股份有限公司		市级
北京新发地农产品电子交易中心有限公司		市级
北京灵之秀生态农业专业合作社		市级
北京市房山区农村合作经济经营管理站	政务应用型	市级
北京市朝阳区农村集体经济办公室		市级
北京市农业局信息中心		市级
北京派得伟业科技发展有限公司		市级
北京市昌平区气象局	服务创新型	市级
北京奥科美技术服务有限公司		市级
丰台区种籽管理站		市级
北京市农林科学院农业科技信息研究所	技术创新型	市级

三、多途径提升信息服务质量

北京市城乡经济信息中心进一步丰富信息服务产品，完善服务方式。一是加强舆情信息监测，搭建舆情监测平台，编发舆情每日快报、月报、年报，编发了看两会城镇化、农业农村信息化、违规大棚房共 3 期专题报告分析，并通过手机做到了随时为领导发送最新信息，得到了领导的关注和肯定。二是推出新媒体应用。市相关单位、农民专业合作社围绕各自职责、经营范围等开展各具特色的微博、微信服务，相继开通了"首都农经"微博、"京合农品"微信、市农业局官方微博等，同时部分涉农政务管理系统、涉农信息网也推出手机版及 APP 应用软件，丰富信息获取途径，实现信息的高效推送。三是开辟信息化成果宣传平台。利用画册、专栏、电视节目等宣传媒介，挖掘全市典型、亮点，全方位直观地展示北京市农业农村信息化成果；全面系统编印《北京市农业农村信息化建设与应用成果集萃》，在《北京农村经济》期刊开设"三农信息化"专栏，完成 10 篇稿件，反映信息化工作的成果，展示好典型、好经验、好做法；与北京北广传媒移动电视有限公司合作，以"信息化改变生活"为主题制作了 10 期观众参与的互动节目，在全市 4000 多辆公交车上播放。

四、注重信息化机构队伍建设

全市各相关单位、各郊区县信息化工作体系建设得到进一步加强，履职能力得到提高。从部门看，市农职院第一次成立了信息化领导机构，建立了相关的管理规范和制度；市气象局建立了 9000 多名气象信息员队伍；其他相关部门也在队伍建设、工作规范、业务应用等方面有了更高的要求和进展。从区县看，平谷区农委新成立了信息中心，加大了信息化的工作力度；海淀区、大兴区、门头沟区等区县调整了信息化主管领导，加强了机房、宽带等基础设施建设，进一步保障了履职成效。同时，信息化队伍建设越来越得到各方面的

重视和加强，特别是围绕培训，区县开展了不同类型、不同层次的信息员培训，逐步提高了信息员的素质和能力。海淀区与中国农业大学合作举办了农村信息化人才培训班，97人完成培训。大兴区组织农业信息化相关培训50次，培训人数4000人次。

第三节　存在问题

2013年北京市农业农村信息化建设工作成效显著、亮点突出。然而面临社会转型、体制转型、产业转型的新形势，中央提出的新要求，北京市农业农村信息化工作虽然蕴藏着巨大的发展空间和机遇，但当前工作中仍存在的一些问题，主要表现在以下几点。

一、城乡"数字鸿沟"依然明显。

无论是从信息基础设施、信息技术产品，还是从应用水平看，农村和城市之间都存在明显的差距，宽带、光纤的进村入户率、无线覆盖率落后于城镇，贴近农民实际需求的有效信息资源缺乏，农业信息服务面窄，涉农信息资源的供给与农民的信息需求之间还存在一定的错位现象。

二、缺乏统一的顶层设计

尽管"221信息平台"在促进"三农"信息化建设上起到了整合和引领作用，但尚未实现各部门、企业、农户之间的信息顺畅流通，信息不对称现象仍然存在，数据整合困难，平台集成性不高，信息有效整合与分析相对缺乏且滞后。

三、缺乏有效集聚信息资源的手段

尚未形成挖掘、加工、利用信息资源的应用技能，涉农信息资源统筹开发、部门间的协作程度和共享利用水平还不是很高。同时，大部分农民应用信息化来改变生产生活现状的意识和需求不高，获取信息的能力不强，导致一些有用的信息无法及时到达农民手上，客观上也减缓了信息进入农户的步伐。

四、农业农村信息化建设的资金投入总量偏少且分散

在引导各种社会力量参与建设上存在短板。虽然近年来政府的政策性资金投入不断增加，但是与发达国家相比，与一些省市相比仍然存在着较大的差距。同时，积极调动各种资源，引导各种社会力量，合力推进农业农村信息化建设的相关政策缺乏，多方共赢的体制机制尚未形成。

第四节 下一步打算

2014 年北京市农业农村信息化建设工作的指导思想是：坚持以"221 信息平台"为核心，按照"新三起来"的工作部署，突出重点，围绕做好电子政务、做实信息服务、做强电子商务，挖掘新型农业经营主体的应用需求，调动社会力量发挥市场配置资源的决定性作用，推进信息化与农业现代化的融合，保障农产品数量和质量安全，提高和改善农民社会地位，切实提高"三农"信息消费水平，促进信息化应用。重点工作主要包括以下几个方面。

一、强化信息化工作体系建设

在面临社会、体制、产业转型的形势下，要努力寻找新机遇，满足新要求，建立起上下互、左右互联、共建共享的工作体系，进一步明确各方面职责和任务，坚持联席会议制度，建立协同工作机制，实现北京市农业农村信息化工作新的跨越。

二、改善信息化基础设施建设

按照"四化同步"、"智慧北京"、城乡发展一体化的要求，农村信息化基础设施，从基础网络到软硬件环境，都需要进一步提高，并研究解决"最后一公里"、进村入户的问题。同时，各涉农单位自身也需要及时摸清家底，掌握已有基础设施和现有技术的差距，确定能否满足当前更多更强的业务需求，加强基础梳理和改造。网络布设、机房建设、软硬件改造、安全意识培养等方面都还需要进一步强化。

三、注重信息资源的开发与利用

基于"221 信息平台"建设的体制机制，整合全市涉农信息资源，利用大数据和云计算等信息技术，开展北京涉农信息资源的挖掘、加工、分析与利用工作，建立起北京市涉农信息资源数据中心，努力打造信息产品，为不同的对象提供个性化、综合性信息服务，从过去技术支持外延为技术服务、分析服务，为领导提供更有效的决策分析。

四、提升信息服务能力

从提升公共服务能力入手，做好门户网站（群）的运行维护；从为民服务的角度出发，拓展服务领域、丰富服务内容、提高服务质量与效率，在做好移动农网、12316 与12396 的基础上，响应移动互联的时代要求，开发特色 APP 应用，强化政府公共服务能力，满足综合性要求和个性化服务要求。同时，在政府领导决策服务上进行深度研究，加强分析。利用舆情监测、农产品产地价格监测等体系，对"三农"热点、难点、关注点进行热力分析。

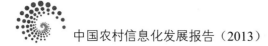

五、探索新技术应用

在生产领域，广泛推广物联网应用，加强生产管理，确保农产品生产安全。在经营领域，拓展农村电子商务应用范围，探索农产品电子商务运行模式和相关支持政策，推动休闲农业电子商务应用。在管理领域，围绕治理能力的现代化和决策的科学化，深入开展数据分析与趋势判断。在服务领域，通过开展农产品运输的信息化示范应用，对农产品流向、流量等情况进行分析，实现运输过程的智能化控制。

第九章

天津：物联网助力天津现代都市型农业发展

天津市委、市政府高度重视农业农村信息化建设和发展，认真贯彻落实"中央一号"文件中关于全面推进农业农村信息化建设精神，以全国农业农村信息化"十二五"发展规划和天津市信息化"十二五"规划为指导，围绕天津现代都市型农业发展工作重点，通过夯实基础、整合资源、增强调控、强化服务、营造环境，积极探索为"三农"提供信息服务新模式。2013 年，天津市作为农业部农业物联网区域试验工程试验区之一，全面推进农业物联网建设。通过一年多的实践证明，农业物联网是推进天津现代都市型农业快速升级的新举措。

第一节 发展现状

2013 年，天津市 9 个农业区县和滨海新区共计有 151 个乡镇、3747 个行政村全部实现了"村村通"，移动电话拥用量为 82.2 部/百人，计算机拥有量为 57.07 台/百户，数字电视拥有量为 52.58 台/百户，宽带入户率达 44%，光纤入村率达 74%。基础设施建设的不断加快，为农业农村信息化的发展奠定了坚实基础。

一、农业网站集群效应显现，信息资源不断丰富

2013 年，全市拥有涉农网站 568 个，其中在市、区（县）两级财政资金的支持下，重点建设了"天农网"、"天津农业信息网"、"天津农业科技信息网"、"天津气象信息网"、"天津奶业信息网"和"天津水产网"等，形成了集"三农"政务公开、科技信息传播、专业技术指导、市场信息传递等功能为一体的农业网站群；建立了 25 个农业数据库，数据总容量达 2T 以上，农业多媒体资源总量近 5T。与此同时，以 12316 和"三电合一"平台为基础，搭建了天津市涉农综合信息服务平台（津农网：www.tjjnw.cn），聚合各类

涉农信息资源，实现了与市级有关涉农部门信息的互联互通。上述信息服务平台与资源建设的完成，极大地丰富了服务天津的"三农"信息资源，为天津市开展农业物联网建设奠定了坚实基础。

二、农业信息服务模式创新，服务形式灵活多样

围绕粮食生产、设施农业、特色产业的建设，创新农业信息化服务模式，将传统农技推广模式与"三电一刊"（电话、电视、电脑"三电合一"与《农民致富信息》刊物相结合的信息服务模式）、12316"三农"热线模式、"一站三中心"（即乡镇街设立经济发展服务、社会事务服务、群众来信来访接待"三个中心"和村（居）级便民服务站"一站"，配备相关软硬件设备，农技人员在这里为农民提供上网服务或帮助拨打12316解决生产经营问题）等新型服务模式相结合，充分利用 Web 网站、移动终端、信息显示屏、农村大喇叭、农技触摸屏等各种服务终端，广泛开展形式灵活多样的农业信息化服务。

2013 年，全市建成了 12 个区县级农业信息服务平台和 140 个乡镇信息服务站，覆盖全市所有区县和乡镇；建设达到"五个一"标准的村级综合信息服务点 2000 个，其余村庄则充分利用党员远程教育村级服务站进行信息化服务，实现了村级信息服务全覆盖；采取以会代训、培训班与"351"绿色证书培训工程相结合等方式开展了农村信息员队伍培训和认证工作，建立了一支覆盖面广拥有 6000 多名信息员的农村信息员队伍。"一站通"注册会员发展到 2208 个，每年发布大量的农产品供求信息；接听 12316"三农"热线、专家答疑的专家队伍目前达到 123 人；形成了以市、县、乡、村信息员队伍为主干，带动合作组织、企业、基地和农户参与的"五级四纵"信息服务体系，实现了省域内区县、乡镇、村全覆盖。

三、物联网建设稳步推进，研发应用成果显现

农业物联网是推动信息化与农业现代化融合的重要切入点，天津作为农业物联网区域试点省市之一，以实施农业物联网区域试验工程为契机，加快推进物联网、云计算、大数据、移动互联等新兴信息技术在农业生产领域的应用，利用信息化推动农业产业升级。围绕现代都市型农业发展的需求，以需求为导向，以企业和农民专业合作组织为主体，实施农业物联网区域试验工程，开展"一个平台、三个工程、两个体系"建设，通过一年多的实施，取得了初步成效。

（一）"平台"达到国际先进水平

天津市与中科院合作，建成了天津农业物联网平台。总平台围绕企业应用平台、行业示范平台、创新研究平台、公共服务平台、生产支撑平台、资源集成平台、农产品溯源平台、农产品电子商务平台 8 个方面建设，可为各类用户配置开放、共享、协同的农业物联网服务资源。目前，平台涵盖了市场价格、遥感、知识规则等领域数据库 17 个，集成各类农业应用系统 168 个，实现了 25 个基地传感数据的在线采集，实现 16 个基地、21 条线路的视频接入。2012 年 9 月 24 日，农业部组织汪懋华院士等 9 位专家对平台进行了评估，

专家组一致认为天津农业物联网平台处于国际先进水平。

（二）"三大工程"建设初见成效

1. 农业生产经营物联网智能化控制与管理工程

应用种植业设施环境信息监测、智能化控制与管理，水产养殖水质在线监测，畜舍环境监控、全封闭自动挤奶等物联网技术，建设核心试验基地 10 个，总面积 1 万余亩，开展了约 1000 栋节能温室、5 万平方米工厂化养殖车间、70 万平方米养殖水面、30 多个大型企业牧场及养殖场示范应用。物联网技术的应用提高了水产养殖、设施蔬菜生产的智能化水平，减少了人工成本，提高了生产效率和农产品质量。

2. 农产品质量安全追溯工程

建立了农产品质量安全综合监管平台。放心菜基地信息管理系统已监管全市 10 个区县、50 个乡镇和 122 个基地，各基地配备了 16 通道农残速测仪、农事信息采集手机、条码打印机等设备，实现了生产档案全程在线采集管理。另外，畜产品质量安全监管平台实现了从动物养殖到出栏的全过程动态监管和可追溯；水产品质量安全管理平台对水产品养殖基地实现数据即时传递和反馈。

3. 农业电子商务示范工程

结合天津市发展实际，天津市农业部门会同天津市商委、天津市供销社等有关部门，组织开展农业电子商务示范工程建设，鼓励农产品销售企业、合作社和农民开拓网络零售市场，开发部署了"天津休闲农业"、"农资电子商务"等服务系统，并进行数据资源完善；并出台了天津市农产品电子商务示范工程实施意见，制定了具体实施方案，组织开展农业企业及产品信息资源征集活动，与企业电商研究制定网上营销产品规范标准，确定天津食管家、津农宝等企业电商作为示范工程试点企业。另外，积极探索建立线上线下、会员定制、冷链宅配和农超对接等农产品电子商务模式，促进农产品销售。

（三）"两个体系"建设有序推进

天津市农业物联网建设始终注重应用标准体系和应用理论体系的建设。在标准体系建设上，把农业物联网技术标准列入地方标准重点编制计划，围绕设施蔬菜环境信息和生产履历信息采集、基地编码、农产品追溯编码、室内智能化种植系统设计、水产养殖水质在线监控等技术开展了 10 项地方标准制定研究。在应用理论体系建设上，"天津市现代都市型农业物联网产业发展规划与对策研究"列入 2013 年天津市科技发展战略计划项目，组织种植、畜牧、水产、农机四个行业管理部门分别制定了行业物联网应用规划，研究制定天津农业物联网产业发展规划，为加快培育和壮大农业物联网产业提供理论依据。

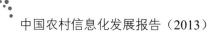

（四）农业物联网技术研发应用成果显现

在农业物联网技术研发方面，开展了针对环境、生命信息感知技术与设备的引进创新，重点为中试和熟化动植物环境、生命信息传感器，开展了设施农业病虫害和水产主要病害特征信息提取技术和智能化控制技术研究。经过一年多的实施，在应用平台、传感器、通信协议、网络管理、智能机器人等领域取得了许多科技成果，一批传感器研发与应用势头猛进，CAWS2000农田小气候六要素自动观测站开始批量生产，电力载波传感器、农田小气候观测仪等进入规模应用；一批配套软件系统成熟应用，黄瓜辅助育种系统为科研育种提供支撑；天津梦得集团、生宝谷物种植农民专业合作社、海发珍品实业发展有限公司等一批应用主体逐步探索应用模式，技术应用、管理体系日趋成熟。

第二节　主要经验

天津市委、市政府对农业农村信息化建设工作予以了高度重视，无论从组织管理、政策保障到资金投入等层面，都为农业农村信息化的发展营造了良好的发展环境与有力的保障机制，确保了天津农业农村信息化工作的有序与可持续发展。尤其是从2013年开始，天津市全面实施农业物联网区域试验工程，从中积累了发展农业物联网的有益经验。

一、领导高度重视，确保农业物联网建设有序开展

天津实施农业物联网区域试验工程以来，市委、市政府高度重视，孙春兰书记、黄兴国市长在市农村工作会议上强调要把物联网技术与现代农业深度融合，对农业物联网区试工程给予指导支持；多次做出重要批示，要求相关单位抓紧落实建设任务，积极探索天津农业物联网发展模式，全市上下形成合力，有力推动农业物联网建设。各级政府部门在农业物联网建设资金投入上也给予了大力支持，市农委、经信委、科委等有关部门的信息化项目向农业物联网项目倾斜，核心试验基地所在的区县也按照1:1进行资金配套。据统计，2013年农业物联网建设总投资达到1亿多元，其中市农委、科委、经信委、财政局等地方扶持资金共4650多万元，有力保障了区试工程的顺利实施。

二、强化顶层设计，确保农业物联网建设科学实施

天津农业物联网建设，紧密围绕现代都市型农业发展需要，强化顶层设计，科学制定区试工程的总体思路和目标任务，为此天津市邀请了国家级农业信息化专家进行指导，构建了适合天津特点的农业物联网建设总体框架。最终，确定区试工程的总体指导思路是"按照一条思路、坚持两个结合、树立三全理念"，即：按照有限目标、重点突破、形成产业的思路；坚持信息技术、生物技术、工程技术有机结合，坚持研究开发、集成示范、推广应用相结合；树立"全要素、全系统、全过程"的三全理念。区试工程的重点是实施农业物

联网"一二三四五"工程，即：构建 1 个天津农业物联网平台；重点建设不同专业、不同层次的农业物联网核心试验基地 20 个（推广示范 200 个）；建立研究开发、集成示范、应用推广 3 种类型农业物联网展示窗口；探索产学研用创新、农业企业运作、合作组织示范和区域整体推进 4 种农业物联网应用模式；取得包括探索培育农业物联网应用标准、物联网产业研发和经营主体、技术服务队伍、物联网产业发展的协同体系和农业物联网应用天津模式在内的 5 个方面的成果。天津农业物联网区试工程实施方案得到了农业部余欣荣副部长和有关专家领导的直接指导和充分肯定，确保了天津农业物联网建设的科学实施。

三、创新建设机制，确保农业物联网建设扎实推进

为保障区试工程的顺利实施，天津市建立了多部门联动保障机制，成立了由农业部、中科院有关司局和天津市农委等有关委局组成的部市院共建领导小组及办公室，天津市政府与农业部、中国科学院签订了三方合作框架协议，共同推进天津农业物联网建设。建立了由天津市农委、天津市发改委、天津市经信委、天津市科委、天津市教委、天津市财政局等多部门参加的农业物联网建设联席会议制度，协同、推动及指导项目实施。对核心试验基地采取"政府指导＋企业（合作组织）主体＋科研单位支撑"的建设模式，同时建立了"专家队伍＋建设单位＋项目技术支撑单位"的督查验收机制，确保了核心试验基地建设工作顺利开展，切实起到示范带动作用。

四、加强队伍建设，确保农业物联网建设顺利进行

天津市注重农业物联网人才队伍的建设，多次邀请国家级农业物联网领域专家，对区试工程进行系统地理论研究，指导天津实施方案的制定和应用模式的探索，培养天津农业物联网人才队伍。为全面普及物联网知识，并不断提升天津市农业物联网管理和应用水平，结合试验区工作开展培训。培训分三个层面进行：一是聘请国家级专家为领导干部进行物联网专题讲座；二是组织从事农业物联网应用的技术人员进行物联网技术应用培训；三是组织试验基地应用人员进行实际操作应用培训，将培训工作纳入试验区建设的日常工作内容。通过这些途径，努力打造一支天津市的农业物联网研发、管理和应用人才队伍，提高农业物联网整体研发与应用水平。

第三节 存在问题

一、区域农业农村信息化发展不平衡

由于受区位条件、管理水平、技术基础、投资环境以及区县产业结构等众多因素的影响，区域的信息化指数与本级政府的 GDP 及农业人口等出现一定的相关性，偏远地区由于信息化基础设施不完善，农业信息技术应用水平偏低，不能适应社会主义新农村及"四化同步"发展。

二、农业信息资源整合力度有待提高

天津农业物联网平台的建设，整合了天津市农业信息资源，但由于部门间条块分割的壁垒客观存在，涉农信息资源的共享机制虽初步确立，但还需进一步深化；农业信息资源的开发利用缺乏统一的规范与标准，重复建设造成了人力、物力、财力的浪费；信息采集、处理、分析、发布手段有待提升；信息的时效性、准确性、权威性及实用性需要进一步增强。

三、农业物联网的研究应用尚待深化

天津市农业物联网建设取得了初步成效，但总体来看，农业物联网技术应用还处于起步阶段，与天津市现代都市型农业发展、设施农业提升工程和农业科技创新工程的实际需求还有一定差距。无论是在物联网技术产品的研发、应用对象的拓展，还是成果的储备、人才队伍的建设等方面，都需要进一步完善和提高。

四、农业农村信息化资金投入需加大

随着新时期城乡一体化发展战略、"四化同步"发展战略以及天津现代都市农业建设的推进，对农业农村信息化的发展提出了更高的要求。农业和农村信息化资金投入需建立长效机制，农业物联网建设还需要更多的资金投入，特别是在前期基础建设基本完成之后，后续的平台运维与数据更新等仍需要资金的支持，如何构建一个政府主导、企业化运作、全社会广泛参与的可持续发展模式是关乎农业农村信息化未来发展的重大课题。

第四节　下一步打算

下一步，天津市将围绕天津现代都市型农业发展需求，以农业物联网区试工程为抓手，全面推进农业物联网建设，在农业大数据应用上深化并下大力气，注重农业信息技术研发与集成应用，注重培育信息化科技企业，加快农业信息化软硬件产品的研发，增强农业信息服务能力，大幅提高天津农业农村信息化水平。

一、将农业物联网区试工程作为信息化的重要抓手

以实施农业物联网区试工程为契机，全面推进天津农业物联网建设，实现信息化与现代农业的进一步融合。一是要尽快实现天津农业物联网平台的本地化、实用化，在内容、功能和运行机制上不断充实完善，鼓励更多的企业入住平台，探索推进平台运营的企业化进程，建立平台安全管理和经费保证机制，保障平台安全畅通和运行可持续。二是要加快"农业生产经营物联网智能化控制与管理工程"、"农产品质量安全追溯工程"、"农业电子商务示范工程"三大工程建设力度，在基地建设上分类应用物联网技术，推进行业领域应用

示范，开展基于物联网的农产品全产业链信息服务，实现农产品从生产到市场销售的全程监控，提高园区标准化管理核心试验和精准化生产水平，保障农产品质量安全。三是要加快"两个体系"的建设。在农业物联网业务规范、数据规范、技术规范、信息传输规范等方面加快标准制定，构建科学合理的物联网标准体系；要突破一批农业物联网核心关键技术，加快建立产学研用相结合的农业物联网创新体系。四是要结合天津的区位、港口、人才、环境等方面优势，将农业物联网发展和天津电子信息产业优势相结合，探索天津农业物联网发展模式，研究制定天津农业物联网产业发展规划。

二、将农业大数据发展应用纳入信息化的重要内容

天津农业物联网平台的建成为大数据提供了云存储与云计算的有力支持。下一步，天津市将结合现代都市型农业发展需求，以农业物联网区试工程为契机，将农业大数据采集、储存、分析、应用纳入信息化的重点内容，本着"先易后难、逐步推进"的原则着手开展工作，重点做好几方面工作：一是整合农业大数据资源，开展跨行业的农业内外部数据的管理、链接与整合，开展农业数据长期定位监测，建立长久支撑天津市现代都市型农业建设的农业大数据体系；二是加强农业大数据建设，针对生产过程管理数据、农业资源管理数据、农业生态环境管理数据、农产品与食品安全管理大数据、农业经济数据五大类农业大数据，建立统一的数据管理中心，开展数据的加工处理与服务，建立各类数据共享技术标准，实现数据共享，并大力开展农业大数据关键技术研究；三是建立农业大数据应用平台，开展主要农产品生长发育监测、农产品安全实时监测系统研建，建立农业大数据信息服务与共享机制，开发大数据移动服务应用系统。

三、将科技研发与集成应用作为信息化的重要支撑

农业物联网是新一代信息技术在农业生产、经营、管理和服务中的高度集成和综合应用，是结合传感器、协同感知、协同信息处理、无线通信与网络、综合信息服务等多种技术的综合信息系统。要实现农业物联网大规模应用，需要产学研联合攻关，切入关键技术问题，形成从信息感知、传输、存储到处理的物联网系统技术体系。下一步，天津市经信委、天津市科委、天津市农委等部门将加强联合，将农业物联网技术研发与集成应用作为信息化的重要内容，从政策、资金、人才等方面做好保障工作。同时，筹建天津农业物联网研发中心，引进农业物联网软硬件开发与应用方面有迫切需求的人才，汇集大专院校、科研院所的物联网、云计算、大数据研发技术人才，形成具有较强竞争力的物联网产业技术研发力量，将天津市打造成具有影响力的农业物联网关键技术研发基地、应用示范基地和高端人才、产业集聚基地。

四、将招商引资与培育科技企业作为信息化的重要手段

农业农村信息化发展迫切需要构建一个政府主导、企业化运作、全社会广泛参与的可持续发展模式。通过政策引导、支持和内外环境建设与保障，加强招商引资力度，吸引社会力量，鼓励企业、个人和其他社会组织参与信息资源的开发利用，聚力实现农业信息资

源的共建共享共赢，满足农业农村信息服务的发展需要。此外，涉农企业将逐步成为农业信息技术创新和提供信息服务的主体，通过加强企业信息化科技创新人才队伍建设，培育开展科技创新的信息化企业研发机构，开展信息化项目的"产学研"合作，培养一批面向应用平台集成、农产品品质检测与标识及生产过程精准管理等农业物联网关键技术、设备的信息化科技企业，在传感器、通信协议、网络管理、农业信息应用系统开发等领域取得自主知识产权。

五、将农业信息服务体系建设作为信息化的重要保障

强化、完善市级与区县信息联动的服务机制，依托天津农业物联网平台，综合利用12316"三农"热线、Web网络、触摸屏终端和手机终端等多种信息服务形式，开展为农信息服务。积极培育懂生产、会经营、能管理的现代职业农民，积极推进信息化、现代化的农民专业合作组织，加强农业物联网人才队伍建设。推进科技、教育、文化、医疗等城市优势信息资源与农村的共享，确保公共信息服务的均等化，确保广大农村农民共享信息化社会发展的成果。

第十章

内蒙古：不断创新服务模式，努力提升信息服务水平和能力

第一节 发展现状

一、总体概况

（一）政策环境

内蒙古自治区党委、政府高度重视农牧业和农村牧区信息化建设。2012 年 2 月 15 日，《内蒙古自治区党委自治区人民政府关于加快推进农牧业科技创新持续增强农畜产品供给保障能力的实施意见》（内党发［2012］1 号）指出："改进基层农牧业科技推广服务设备和服务手段，充分利用媒体和现代信息技术，为农牧民提供高效便捷、简明直观、双向互动的服务"、"全面推进农牧业和农村牧区信息化，着力提高农牧业生产经营、质量安全控制、市场流通的信息服务水平"。2013 年 4 月 8 日，《内蒙古自治区党委自治区人民政府关于加快绿色农畜产品生产加工输出基地和现代农牧业建设进一步增强农村牧区发展活力的实施意见》（内党发［2013］1 号）指出："加快农牧业信息化建设，健全重要农畜产品市场监测预警机制"、"农村牧区集体'三资'信息化监管平台建设"、"改进农村牧区公共服务机制，大力推进城乡公共资源均衡配置，加快宽带网络等农村牧区信息基础设施建设"。2013 年 6 月 19 日，《内蒙古自治区党委自治区人民政府关于进一步加快县域经济发展的意见》（内党发［2013］13 号）指出："加强城乡信息基础设施建设，加快建立覆盖城乡的综合信息服务体系，实施行政村通宽带工程，实现自然村和交通沿线通信信号基本覆盖"。

《内蒙古自治区"十二五"工业和信息化发展规划》提出要"积极发展农牧业和农村牧区信息化，坚持'一网多用'的原则和服务方式多样化、服务终端多元化的模式，因地制宜，积极探索县域信息化的发展路子。逐步完善'三农'综合服务体系"。加强综合信息基

础设施建设，提升信息化支撑能力。积极推进"三网融合"，整合网络资源，促进资源共享。继续实施光纤宽带入户工程，城市宽带用户接入能力达到 20Mbps 以上，农村宽带用户接入能力达到 4Mbps，商业楼宇用户基本实现 100Mbps 以上的接入能力。大力发展宽带通信网；下一代互联网、新一代移动通信网。着力建设覆盖全区的数字电视网络，推进有线电视数字化、双向化升级改造，全面实施数字电视整体转换工程，全面提高网络技术水平和覆盖能力。加强物联网建设并深化在智能建筑、智能交通、智能家居、智能医疗、现代农业、煤矿安全监控、节能环保、食品药品安全监管等领域的应用。上述文件为全区上下加快推进农牧业和农村牧区信息化指明了方向，明确了目标任务。

（二）基础设施

1．"村村通电话工程"加速了农村牧区电话、宽带的普及。"村村通电话工程"是工业和信息化部（原信息产业部），为贯彻党中央、国务院关于统筹城乡发展，建设社会主义新农村，解决"三农"问题的一项重要举措。自 2004 年首推以来，自治区通信行业已连续十年开展"村通工程"建设，截至 2013 年已累计投入村通建设资金 52 亿元，共为 15600 余个村点、农林场矿、边防哨所开通了电话，为 2500 个行政村开通了宽带业务。随着电话普及的逐步实现，"村通工程"由村通电话逐步转向村通宽带，内蒙古自 2011 年起，连年开展行政村通宽带"村通工程"建设，至 2013 年自治区的行政村通宽带率达到 58.7%。"村通工程"的实施极大地改善了农牧区通信面貌，为农牧区信息化推进提供了网络基础。

2．广播电视由"村村通"向"户户通"延伸。2012 年自治区启动了自治区广播电视直播卫星公共服务"户户通"工程，加快促进有线电视网络未通达的农村牧区广大农牧民收听收看广播电视节目，逐步实现城乡广播电视公共服务一体化，截至 2013 年 6 月完成了 18190 个村、401674 户的建设任务，覆盖人口 128 万人，提前超额完成了"十二五"期间建设任务。截至 2013 年年底完成了 110 万户直播卫星接收设备的安装和调试工作。解决了分布在全区 76 个旗县、7974 个行政村、嘎查的 110 万户农牧民听广播、看电视的问题。

3．农牧业信息化基础设施不断完善，支撑能力显著提升。2012 年以来，内蒙古启动了一批农牧业信息化建设重点工程项目，加大了资金支持力度，重点建设、完善了自治区农牧业数据中心、内蒙古 12316 "三农"服务热线、全区农牧业指挥调度视频会议系统，为内蒙古农牧业信息化建设和进一步做好农业、农村信息服务打下了坚实基础。

（1）建设并完善了自治区农牧业数据中心。2012 年以来，自治区农牧业厅利用各类农牧业信息化建设项目资金，加大了自治区农牧业数据中心的建设改造力度，目前，自治区农牧业数据中心已初具规模。该中心由服务器区、存储区、网络交换区、安全设备区、机房监控及消防、UPS 配电区 5 个区组成。服务器区配置服务器 30 余台，主要承载内蒙古农牧业信息网网站群系统、农业部金农工程子系统及厅机关、厅属各单位的行业信息系统,可以实现同农业部的数据交换及向广大农牧民、农牧业管理部门发布行业及政务信息；存储区使用业界领先、拥有自主知识产权的华为 S5300 光纤 SAN 存储系统，存储容量达到 2TB，可为自治区农牧业数据中心提供可靠的存储保障；网络交换区由 1 台华为 NE20E-8 路由器及 2 台高性能华为 S9500 核心交换机组成，可为整个数据中心提供可靠高效的数据交换链路，并保证数据中心平台硬件设备 2～3 年内的技术先进性；安全设备区由 1 台天融信防火墙、1 台与防火墙联动的主动防御系统（IPS）、1 台流量控制系统、1 台 Web 防火墙组成，可为整个网络提供安全保障。全网的病毒防护由瑞星网络版防病毒系统实时保障；机房监控系统可监控机房的所有工作位置，做到监控无死角；七氟丙烷灭火装置及大功率 UPS 配电系统可为整个数据平台提供安全可靠的运行保障，全负荷独立供电支持能力可达 8 小时。

（2）建成了内蒙古 12316"三农"服务热线呼叫中心。呼叫中心于 2012 年建成并开通运行，在农牧业厅办公楼建设了 84 平方米的呼叫中心人工座席室，设有 14 个人工座席，建立了语音呼叫中心管理服务平台，具备了交互式语音应答、自动话务分配、工单记录转办、电话外拨、录音及座席管理等功能，可为农牧民提供技术咨询、政策解答、投诉受理、生产指导等服务。

（3）建成了全区农牧业生产指挥调度视频会议系统。该系统于 2013 年 2 月建成，在自治区农牧业厅建设了 1 个控制中心和 1 个主会场，在 12 个盟市农牧业主管部门分别建设了分会场，实现了与农业部和 12 个盟市农牧业主管部门的双向高清视频会议。该系统的建成，显著提高了工作效率和全区农牧业应急指挥调度能力，极大地降低了行政成本。

二、不断创新服务模式，努力提升信息服务水平和能力

近年来，内蒙古不断创新农牧业信息服务模式，努力扩大农牧业信息服务的覆盖面，着力解决信息服务"最后一公里"的问题，信息服务水平和能力都得到了极大地提升，基本形成了以内蒙古农牧业信息网为基础，以内蒙古 12316"三农"服务热线和内蒙古"农信通"手机短信服务为延伸的多元化农牧业和农村牧区信息服务模式，2013 年内蒙古农牧业信息中心被农业部认定为首批"全国农业农村信息化示范基地（服务创新型）"。

（一）加强内蒙古农牧业信息网建设，全面提升服务水平

1．2012 以来，对内蒙古农牧业信息网进行了第四次全面升级改版。网站坚持"服务三农、促进发展"的宗旨，采用了先进的网站后台管理系统，进一步增强了网站的信息公开、便民服务和民政互动三大功能，根据内蒙古农牧业现代化建设发展以及广大农牧民的新需求，以用户为中心重新规划了网站的分区和栏目架构，增加了服务类型栏目，使网站的栏目设置更加科学合理，内容更加丰富、实用。网站划分为政务、服务、咨讯、互动四个区 49 个一级栏目。在建设好内蒙古农牧业信息网主站的同时，还进一步建设完善了以内蒙古农牧业信息网为核心的，包括 19 个农牧业系统行业专业网站，12 个盟市级农牧业网站和 34 个旗县级农牧业网站的全区农牧业网站群系统，为全区各级农牧业系统提供安全稳定的网络支持，为广大农牧民提供及时有效的信息服务。目前，内蒙古农牧业信息网已经成为开发、整合、发布全区农牧业信息，开展农牧业及农村牧区信息服务的重要平台和窗口，网站累计发布信息 1.9 万多条，日均访问量达 8700 余人次，总访问量超过 3200 万人次。在历年的自治区各委办厅局网站评比中名列前茅。

2．加强了信息资源、信息员队伍和管理制度建设。结合网站建设，加强了农牧业信息资源的开发整合与农牧业信息资源数据库的建设，不断创新服务模式，丰富网站内容，增强服务能力，延伸服务效果，支持网站服务的数据库数据总量达到 15.27GB（其中，非视频

类 2.57GB，视频类 12.7GB）；加强了全区农牧业系统各部门、各级农牧业信息管理服务人员队伍建设和农牧业信息员队伍建设，2013 年，全网注册信息员总数达到 786 人；修订完善了网站管理考评、考核及内容保障工作制度，始终坚持实时管理和动态服务相结合，网站内容保障工作不断加强。自治区农牧业厅高度重视农牧业信息服务的相关制度建设，通过建立和完善工作制度，实现规范行为、指导工作、严格流程、责任追究等目的，先后印发了内蒙古农牧业厅《内蒙古农牧业信息采集、报送、发布制度》、《内蒙古农牧业信息采集、报送、发布管理办法》和《内蒙古农牧业信息网内容保障及信息公开管理制度》等相关文件，切实做到了用制度管人、靠制度管事、按制度考核。同时，将信息员队伍建设、信息采集报送工作纳入各级农牧业部门年度工作业绩考核中，以厅办公室行文按季度和年度印发《全区农牧业系统信息报送情况通报》，为内蒙古农牧业信息采集、报送、发布工作提供了有效的制度保障。

（二）加强内蒙古 12316 "三农" 服务热线建设，创新服务模式，着力提升信息服务能力

2012 年以来，始终坚持 "维护农牧民权益、指导农牧业生产、促进农村牧区发展" 的宗旨，主要为农牧民提供技术咨询、政策解答、投诉受理、生产指导等服务。同时，收集汇总全区农牧民关注的焦点、热点、难点及倾向性的问题，及时把握农情民意，为自治区党委、政府提供决策支持。内蒙古先后组建了一支由自治区、盟市、旗县区三级农牧业专家组成的 600 多人专家团队；建成了服务热线语音数据库，目前收录各类农牧业信息已达 5 万多条，可实现对咨询问题的实时检索查询和语音回答；建立完善了服务热线管理运行机制，自治区农牧业厅制订印发了《内蒙古 12316 "三农" 服务热线工作管理制度》，在规范各项服务流程的同时，要求全区各级农牧业系统、各相关单位要加强与内蒙古 12316 "三农" 服务热线进行工作协同、业务融合、受理联运，并将各项服务进行逐项对接，形成服务三农的整体合力，如开展了基于 GIS 的 12316 施肥专家信息咨询系统服务科左中旗的试点，农牧民通过拨打 12316 告知地块位置，话务人员直接通过系统查询为农民的地块开出施肥量及肥料配方，并提供科学合理的水肥管理建议；与内蒙古人民广播电台合作，创办了 12316 "三农" 服务热线广播直播节目，每周 5 天在内蒙古人民广播电台 "绿野之声" 频道进行现场直播，扩大热线的影响力和知名度；依托内蒙古农牧业信息网，建立了内蒙古 12316 "三农" 服务热线网站平台；设计、印制了内蒙古 12316 "三农" 服务热线统一标识和宣传材料，并充分利用广播、电视、报纸、网站等各类媒体进行广泛宣传；对拨打过 12316 热线的农牧户进行服务质量和效果的回访，听取农牧民的意见和建议，为进一步建设和完善热线总结积累经验。

据统计，热线开通 2 年多来，累计接听了 1 万多个农牧民电话，受理农牧民各类投诉 100 多起，做到了有问必答、有难必帮、有诉必查，为农牧民提供了及时快捷、优质高效的农牧业信息服务，既指导了农牧业生产，又维护了农牧民权益，得到了农牧民的热烈欢迎和广泛赞誉。

（三）创新"农信通"手机短信服务的新模式，努力使信息服务向最后100米延伸

2013年，内蒙古在做好12个盟市主导产业栏目的同时，针对自治区区域优势和主导产业特点，组织区内一流专家精心打造了玉米、马铃薯、大豆、肉牛、肉羊5个专栏，取得了显著的成效。同时，为了全面推进农牧业科技信息服务进村入户，转变农牧业技术推广方式，提高服务水平，内蒙古创新了"农信通"手机短信服务模式，联合运营商开发了内蒙古"农信通"三农指导服务系统平台，为全区每位基层农牧业专家、技术人员提供个人专用的"农信通"短信定制号，并为他们开展农技服务提供技术支持。广大基层农牧业专家、技术人员可以通过平台向各自的农牧业群组按照农时节令及时发送农事指导与服务信息，显著提升了"农信通"手机短信服务的时效性、准确性、针对性和适用性，既是对传统农技服务方式的创新，也是解决农牧业信息服务向最后100米延伸的有益尝试。内蒙古"农信通"三农指导服务系统信息发布流程如图10-1所示。

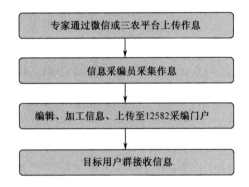

图 10-1　内蒙古"农信通"三农指导服务系统信息发布流程

（四）积极开展农业物联网试点示范，推进生产经营信息化

物联网、移动互联网、3S等信息技术及智能农牧业装备不断深入应用到大田种植、设施园艺、畜禽水产养殖、农产品流通及农产品质量安全追溯等领域。2013年，农牧业厅重点组织开展了设施农牧业物联网应用试点示范工作。先后在呼和浩特市、通辽市、赤峰市和包头市的23个蔬菜基地，安装了706台大棚管家设备，及时采集大棚的温、湿度，对蔬菜生产进行实时技术指导。并在内蒙古农牧业信息网上建设了设施农牧业物联网频道，采集农民的种植信息和批发市场的价格信息，通过发送手机短信方式指导生产，实现蔬菜的错期上市和产销对接，取得了明显成效。

（五）建成了内蒙古农畜产品质量安全监管追溯信息平台

2013年，建成了内蒙古农畜水产品质量安全监管追溯信息平台，该平台主要包含了检验检测数据信息、生产档案实时化的生产记录、监督管理、质量追溯、分析预警、决策处置等综合功能。通过全产业链信息获取，给农畜产品带上"身份证"，做到"从农田到餐桌"的全程追溯，实现了农畜产品"生产有记录、信息可查询、流向可追踪、责任可追溯"的

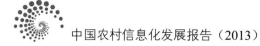

目标，不仅有利于提高质量安全管理手段，促进质量安全水平稳步提高，而且有利于明晰生产经营的责任主体，明确界定质量安全事故责任。消费者可以通过超市查询终端、手机扫描二维码，访问农畜产品质量安全监管追溯信息平台，实时了解农畜产品质量安全信息，做到真正的放心消费。该平台的建成对于实现放心生产与消费，建立可防、可控、可预警的质量安全监管体系有着重要意义。

第二节　主要经验

回顾总结内蒙古近年来在农牧业信息化建设发展方面的经验，归纳起来主要有以下主要有四个方面。

一、创新发展

创新是农牧业和农村牧区服务永恒的主题，农牧业信息工作千头万绪，关键在于创新，要跟踪现代信息技术的最新发展，不断探索总结与之适应的体制机制，创新农牧业和农村牧区信息服务的新模式。

二、融合引领

要推进农业信息化与农业现代化的融合，融合多种多样的技术系统和各类相关的产业领域，促进各类产业、技术、服务平台、模式的融合发展。加强全区农牧业系统内部各部门各单位与农牧业信息服务部门的业务协同、业务融合。

三、共享共赢

要以先进技术为支撑，资源开发为根本，不断完善政府推动、市场运作、多元参与、合作共赢的农业信息化发展机制，将条块分割的信息资源进行优化整合，促进农牧业信息化的可持续发展。

四、服务惠农

始终坚持把满足产业发展需求和农民生产、生活需要作为工作的着力点，注重解决实际问题，这是推进农业信息化建设取得进展的根本动力。

第三节 存在问题

总体看，近年来内蒙古农牧业信息化建设与农村牧区信息服务成效显著，但由于缺乏对农牧业信息化发展战略及政策的顶层设计，还有一些部门和单位对农牧业信息化的地位和作用认识不到位，农牧业信息化投入不足，农牧业信息服务体系还有待进一步健全完善，农牧业信息服务"最后一公里"问题还没有从根本上得到解决，农牧口各业务职能部门与农牧业信息化管理和服务机构之间的协同配合不够紧密。

一、缺乏顶层设计

缺乏农牧业信息化建设发展的中长期规划和整体布局，各级地方农牧业部门、农业各行业存在各自为政、短期行为、重复建设的现象。不同部门、不同行业多头并进，缺乏顶层设计与标准指导，难以互联互动。已有信息资源和信息系统难以互联互通、协同共享。农牧口各业务职能部门与农牧业信息化管理和服务机构之间的协同配合不够紧密，统筹协调力度不够。存在信息化工作在系统内、部门间的协调机制不畅、沟通不够等问题。

二、农牧业信息化投入不足

基础设施建设、应用系统开发建设和系统管理运行维护经费不足，制约了农牧业信息化的发展。缺乏建设项目和典型示范推广项目经费，项目带动和典型示范引导的作用没有发挥。特别是基层农牧业信息部门缺乏工作经费，办公条件较差，更需要项目支持和资金投入。生产经营主体规模有限，投入乏力。

三、农牧业信息服务体系还不够健全完善

在全区 12 个盟市农牧业主管部门中，只有 5 个盟市设有农牧业信息中心，还不到盟市总数的一半。全区 102 个旗县只有 25 个旗县设有农牧业信息中心，只占全区旗县数的四分之一，绝大多数旗县农牧业主管部门还没有成立信息中心。乡镇服务站也不同程度存在着机构不健全，人员队伍素质差、不稳定的问题。

第四节 下一步打算

当前和今后一个时期，内蒙古农牧业信息化工作要深入贯彻落实自治区"8337"战略，

紧紧围绕"两个千方百计，两个努力确保，两个持续提高"目标，坚持"政府引导、需求拉动、突出重点、统筹协同"的原则，按照农业部《全国农业农村信息化"十二五"规划》和《农业部关于加快推进农业信息化的意见》的部署，依照现代农牧业高产、优质、高效、生态、安全的总要求，力争实现农牧业生产智能化、经营网络化、行政管理高效透明、信息服务灵活便捷，继续加快促进农牧业信息化建设，着力提高信息化服务能力和水平。重点开展以下几个方面的工作。

一、完善体系建设，加强队伍建设

继续加大各级农牧业信息体系的建设力度，建立健全盟市、旗县、苏木乡镇农牧业信息服务村级服务体系，健全盟市、旗县农牧业信息服务机构，苏木乡镇级将农牧业信息服务职能挂靠在农牧业综合服务站，明确公益性职能，充实专业技术人才，完善工作机制，开展定期的人才培养和技能培训工作，提升队伍综合能力和信息服务水平。

二、强化基础设施建设，提升信息化保障能力

推进农牧业生产经营信息化和完善信息服务体系离不开信息化基础设施建设。首先，继续加强数据中心建设。扩展数据中心储存备份和安全保障能力，增强业务处理能力。其次，完善呼叫中心建设，改善12316"三农"服务热线软硬件设备，提升服务能力和水平。再次，加快推进高清视频会议向旗县级延伸，在各旗县农牧业部门逐步建成以高清视频会议系统为重点应用的应急指挥场所，逐步实现国家、自治区、盟市、旗县四级生产指挥调度，尽快完善农牧业基础设施，提升信息化保障能力。

三、强化服务手段，提升信息服务能力

（一）强化内蒙古农牧业信息网建设

根据农牧业信息网现有的建设和运行情况及农牧业信息化发展的需求开展内蒙古农牧业信息网手机版、信息联播栏目和内蒙古农牧业电子商务服务平台三个方面的建设。农牧民可以通过手机进行信息查询、互动交流，为农牧民提供方便快捷的服务；信息联播栏目有效整合农牧行业政府网站信息资源，充分发挥自治区和盟市农牧业系统政府网站的整体优势，方便社会公众了解行业发展状况，促进行业政府网站信息共享；电子商务服务平台提供信息咨询、企业宣传、产品推介、供求信息发布、应急促销等多种功能，开展企业及产品市场推广活动，推介优秀企业、优势特色产品，为电子商务购销提供基础信息服务，引导电子商务健康发展。同时加强全区农牧业信息报送考核评价工作。通过建设，增加信息服务渠道，拓展信息服务领域，提升信息利用效率。

（二）强化内蒙古 12316 "三农"服务热线服务能力建设

加强队伍建设，建立健全覆盖全区的 12316 "三农"服务热线专家队伍，对话务员和场内、场外专家开展专业化、规范化的培训，完善与工作成效挂钩的考核评价机制；强化 12316 与农牧业各部门的工作协同、业务融合和投诉受理联动机制的建设，推动 12316 与农技推广、农产品质量安全监管等体系的融合；进一步加强"12316"语音数据库的建设和完善；开展多种形式的宣传，打造 12316 "三农"服务品牌；开展信息需求调研，了解农牧民生产生活中的需求及存在的问题，开展专家出现场指导等有针对性的服务，提升热线服务能力。努力把内蒙古 12316 "三农"服务热线建成政府和涉农部门了解村情民意的"千里眼"和"顺风耳"，建成农牧民和专家的直通线、农牧民和市场的中继线、农牧民和政府的连心线。

（三）强化"农信通"手机短信服务

在原"农信通"的基础上，加快内蒙古"农信通"三农指导服务系统手机短信平台的推广应用，做好专家推荐、遴选和培训工作，对三农服务手机短信平台及入选专家进行宣传，让农牧民切实掌握专家的服务领域和平台服务订购方法、深入了解专家的基本情况和指导内容，以便定制符合生产实际的短信服务。实现农牧民和专家、技术员之间的有效沟通和直接联系，解决好农牧业信息服务"最后一公里"和"最后 100 米"的问题。

（四）强化主要农畜产品监测预警体系建设

完善自治区、盟市、旗县农牧业经济信息采集监测预警体系队伍，各级确定具体的负责人，建立逐级信息采集审核机制，建立部分乡镇、村信息采集点，保障全区农牧业经济信息来源和信息的可靠性，形成完善的信息采集体系；建设内蒙古主导农畜产品监测预警平台，实现奶业、羊肉、马铃薯、玉米等特色主导产业监测预警，实时掌握其运行状况，分析市场变化和发展趋势，实现主导产业运行的警级管理，提升农畜产品市场监测预警的能力和效率；加强农产品质量安全追溯管理，建立农产品质量安全数据中心；为生产经营者提供生产和经营指导，为领导提供决策支持。

（五）强化微平台的建设与应用

随着智能移动终端的快速发展，以前只能通过 PC 获取的信息和应用，现在已经完全可以通过手机来实现，建设基于大数据、移动智能终端的 APP，开展资源开发与信息服务，扩大信息应用的覆盖面，提高信息利用效率。

四、开展设施农牧业物联网示范基地建设，推进生产智能化

积极引导相关企业开展试点，为在全区范围内深入推进农牧业生产信息化应用积累经验。以支撑现代农牧业发展为目标，采取多种措施，在种植、畜牧、水产养殖等领域开展农牧业物联网应用示范，利用物联网设备和技术手段，对生产过程进行数字化管理，鼓励

各类农牧业生产经营主体积极示范应用现代信息技术，着力探索适合于本地区的农牧业信息化发展模式和可持续发展机制，打造一批农牧业信息化发展典型，充分发挥先进典型的引领和示范作用，带动不同地区、不同领域农牧业信息化水平整体提升。

五、开展农牧业电子商务应用试点，推进经营网络化

农产品电子商务的发展能够改变传统的农牧业生产模式，使农牧业标准化生产、农产品生产销售实现规模化和专业化的企业化经营。内蒙古地区发展农产品电子商务将有助于提高全区农牧民收入的水平，并促进全区农村经济的发展以及社会主义新时期的农村建设。积极开展农牧业电子商务试点，支持电商企业发展电子商务，提升农畜产品的知名度和市场竞争力，促进农畜产品的产销对接和引导农产品电子商务的发展。

六、不断创新管理手段，促进行政管理高效透明

建立行政审批平台推进行政审批和公共服务事项在线办理，逐步实现农牧业厅内各环节、各级农牧业部门间行政审批的业务协同，用户可以实时查看审批进度，同时提供督促和催办功能，提高行政效率的同时，流程更加透明。推进全区农业应急管理指挥系统建设，建设全区农业应急管理软件系统和农业应急管理决策辅助系统。

第十一章

辽宁：12316，农民好朋友

第一节 发展现状

"十二五"以来，辽宁省贯彻落实党的十八提出的"四化同步"发展战略，结合辽宁省农业农村特点，研究制定了辽宁省农业信息化工作的总体思路：遵循"协同、融合、发展"的指导思想，秉承"坚持政府主导，整合社会资源，注重农民体验，提升服务水平，创新工作机制，发挥市场作用"的总原则，按照现代农业高产、优质、高效、生态、安全的要求，深入推进信息化与农业现代化的融合。通过创新农业信息工作机制，探寻农业信息化推进方式，以 12316 为纽带整合资源、聚集应用、拓展服务，开创出具有辽宁特色的农业农村信息化发展之路。

一、辽宁省农业信息化现状总体概述

（一）发展历程

1988 年，辽宁省农牧业信息中心成立，之后近十年处于合署办公状态，信息工作仅限于简报、抄抄写写、数字统计等工作。

1997 年，辽宁农业信息网上线，1998 年开始改版。

2000 年，参与辽宁省党政信息网建设，并成为三大节点之一，支撑辽宁省政府十余个部门的网络接入与服务。

2001 年，探索市场化全新机制，尝试整合社会资源共同推进农业信息工作，全省第一批村级信息服务站诞生；全省信息采集与发布制度运行，基于报送系统大量信息的第一份信息产品——《省内动态》面世。

2002 年，辽宁省人民政府启动百万农民上网工程，辽宁农业信息网升级为辽宁金农信息资源平台（简称辽宁金农网），成为辽宁省政府农业门户；在全国率先并唯一开通农民上网特服号码 96116，实施农民上网资费减半等一系列惠农机制，全面推进网络进村入户。

2002 年 3 月 28 日，辽宁省农村经济委员会政务网启动，标志着辽宁省农委办公自动化水平显著提高，领先于辽宁省其他直部门。

2003 年，信息中心由合署办公状态分立出来，成立十五年来首度独立运转，成为中心发展史上第一座时间里程碑；中心团队和文化建设正式推出，中心大家庭理念开始形成。

2004 年，信息服务走出国门，于泰国设立海外第一个信息站，以东南亚为目标市场服务省内农业企业，实现了十余年后辽宁农产品重返东盟；中心第二份信息产品《三农述评》诞生。

2005 年，辽宁金农热线（最初号码为 16808080）正式开通，并于 2006 年在国家农业部的统一规划下，特服号码升级为 12316。辽宁 12316 独立建设，三家运营商平行接入，以市场化的机制实现了可持续发展。

2006 年，金农网、金农热线运行良好，广受好评；中心开始尝试规划中长期发展，谋划建设农业信息大厦。

2007 年，国家农业部第三届农业网站论坛在沈阳召开；农业信息大厦建设工程经党组会批准。

2008 年，全国"三电合一论坛"暨新农村信息服务模式发展论坛在辽宁沈阳召开，金农热线标准化建设成型；农业信息大厦开工建设。

2009 年，农业信息大厦落成，尽管因为周围限高只盖了五层，依然成为中心发展史上的第二座时间里程碑；1 月 19 日，中心正式搬进新大楼办公。

2010 年，中心团队和文化建设高潮迭起，个人素质和集体创新能力显著提升；辽宁金农网被定为全省涉农单位信息公开官方窗口；中心获得辽宁省委省政府表彰。

2011 年，提出"智慧农业"发展思路，推进省市县"协同、融合、发展"；可视化技术应用到农业信息服务工作之中，有效提高了农业部门远程指挥、调度和应急处理能力；农业物联网试点示范。

2012 年，全新打造 12316 省级云平台，实现了 12316 平台无限下移和服务无限向基层延伸，努力创新信息服务模式，在全国率先将 12316 植入基层农业服务组织和农村生产经营主体之中。

2013 年，金农热线和辽宁金农网被定为农产品质量安全与农资打假投诉举报渠道，信息化横向拓展；全国 12316 现场会在辽宁召开；移动互联网农业应用开始起步。

（二）工作成效

辽宁 12316 金农热线于 2005 年 7 月 11 日正式上线运行。9 年来，辽宁 12316 金农热线省级平台由最初 6 个座席发展到 32 个座席，成为全国规模最大的农业 12316 呼叫中心；咨询业务由农业拓展到医疗、法律、教育、生活等多方面。

按照农业部中央平台建设要求，2012 年热线开始升级为云平台，并在全省构建云平台体系。截至目前，市县两级已经开始建立虚拟平台，全省开通座席达到 67 个（省级 32 个，市级 13 个，县级 4 个，乡镇 16 个，村级 1 个，农民专业合作社 1 个）。

热线开通以来，由于农民体验良好，越来越受到农民追捧，被广大农民朋友亲切地誉为"连心线、贴心线、致富线"。到 2013 年年底，热线累计受理农民话务咨询 394 万例，日话务量高达 9800 余次，日均近 3000 次。

除话务服务以外，12316 还利用短彩信和语音信箱方式推送各类涉农信息逾 900 万字，联合制作播发电视广播节目 3600 余期，出版科技图书 40 万册，开展信息下乡助农活动 200 余次，帮助农民挽回及创造收益约 30 亿元。

目前，12316 金农热线的发展来到一个历史性关口，辽宁省正在审时度势，研究农民需求，顺应发展潮流，努力实现 12316 向移动互联、电子商务的拓展。

二、辽宁 12316 运维的主要特点

辽宁 12316 金农热线，是信息化农业领域创新的重要实践，其 9 年的持续良性发展，显示出强大的生命力。概括起来有 5 个特点。

（一）平台独立建设，把握发展方向

辽宁 12316 不同于其他各省的主要特色，就是平台是以农业部门为主体建设的。这样的建设方式有四个方面的优势：第一，从长远看，便于农业部门把握 12316 的发展大方向，更好地调度行业资源和社会资源；第二，从业务角度看，平台设在农业部门，更有利于随时根据农民的需求、生产的需求调整 12316 业务；第三，从行业发展看，可以更加主动地实现 12316 向农业部门内部各个专业系统的渗透，最终形成综合服务平台；第四，从整合资源角度看，依托运营商运行 12316 只能一家，不利于另外两家运营商资源的发挥，且一旦形成一家运行，则难以调整。

（二）坚持顶层设计，按照规划发展

辽宁 12316 经历了 2004 年的广泛调研，在充分规划设计之后于 2005 年上线。上线至今始终围绕三大核心原则展开工作。一是全力打造 12316 省级呼叫中心，统一建设标准和业务流程。省级呼叫中心实现呼叫处理、语音信息发布、数据存储处理等多种应用功能。二是注重 12316 咨询师及专家队伍建设。辽宁 12316 的话务人员要直接回答农民问题，故称为咨询师，人员均来自农业院校的各专业高材生。同时，组建辽宁省农委农业专家为主导，涵盖院校专家、乡土专家、基层农技人员专群互补的 12316 专家团队。三是不断发展 12316 综合服务模式。积极构建短彩信推送、广电及平媒宣传、纸介质信息产品于一体的多媒体同步服务渠道，服务内容涉及生产经营、市场流通等多个方面。

（三）注重农民需求，开展多样性服务

为适应农民需求的多样性，12316 不断拓展服务领域。一是加强农业部门的内部协同。辽宁省农委信息中心先后与农委内有关处室合作，向农民提供土地承包、粮补发放等诸多

中国农村信息化发展报告（2013）

方面的政策咨询服务。二是联合农产品质量监管部门，将 12316 向全社会发布为农产品质量安全和农资打假投诉举报热线。三是加强与涉农行业的协作。加强与医疗机构合作，免费受理解答农民关于疾病防治、生活保健等问题咨询；积极配合辽宁省文化部门推进农村文化资源共享工程。四是加强与新闻单位的合作，将金农热线汇集的案例等优秀资源通过广播和电视进一步传播，如"金农热线"节目和"专家一点通"节目，深受农民群众欢迎。

（四）建立数据体系，探索信息分析

金农热线从一开始就设计了数据化业务，包括农户生产行为数据和市场监测分析，给广大农民群众生产经营和政府宏观决策提供了科学的依据。一是建立多元化农产品价格数据采集体系，涵盖了产地价格、批发价格、零售价格等，特别是产地价格数据，成为独一无二的资源，更为贴近农民需求。二是基于海量数据开发了大量的信息产品，包括《金农市场分析》、《农产品价格日报》、《农村经济运行分析报告》、《农村经济运行预警报告》，每周直送省委省政府主要领导。三是定期面向社会发布市场监测信息。除通过 12316 人工话务、语音信箱、短信等方式发布市场监测信息以外，还扩展到辽宁广播电视台、《新农业》等媒体。

（五）开创市场机制，实现可持续发展

辽宁省 12316 金农热线服务的发展，走过了一条使用聘用人员到外包服务的渐进过程，这也是 12316 不断市场化、社会化的过程。2005 年上线时，话务人员是采用聘用的方式；2009 年，12316 业务实现了企业化运营，12316 转化成一项外包的市场化服务。通过近 6 年的运行来看，"外包式"服务实现了市场化运作，开创了 12316 运营的新机制，实现了 12316 的可持续发展。这种"统分结合、优势互补"的运行模式，不仅克服了编制限制的困难，还有利于调动话务人员工作积极性，提升 12316 综合服务水平。

三、辽宁农业信息工作的主要做法

一是以提升信息化水平为目标，谋划建设大农业信息服务体系。注重顶层设计，加强规划实施，深入推进各类信息资源共享和各种信息技术推广应用，积极争取运营商与 IT 企业的支持，汇集涉农各个部门的服务性资源，打造省政府农业服务门户。

二是以 12316 热线为纽带，搭建农业信息公共服务平台。12316 热线开通以来，深受农民欢迎，被农民誉为"连心线、贴心线、致富线"。热线架起了农民与专家、市场、政府之间的桥梁，引导广泛的社会资源奔向农村，打开了农村公共服务之门。

三是以项目为牵动，促进信息技术的广泛应用。十余年来，辽宁省通过组织实施"百万农民上网工程"、"三电合一"、"远程农业可视化"、"农产品电子商务"、"金农工程"等信息化项目，加快了各类信息技术的应用步伐。

四是以农民需求为导向，确保信息服务的公益方向。十年前，辽宁就将农民作为主要的服务对象，并以农民的体验为工作标准，不断丰富服务内容和形式，满足农民日益增长的信息需求，始终保持农民满意的公益方向。

五是以协同融合为原则，省市县一体化发展。在全省工作推进中，辽宁省确定了"协同融合发展"的理念，省市县共同完成同一件事，或者同一项任务由省市县分工负责完成。比如 12316，在省级平台良好运行的同时，市县乃至乡镇都在陆续建设、运行。

第二节　主要经验

在国家农业部、辽宁省委省政府的正确领导下，在相关涉农单位和部门的协助下，辽宁 12316 金农热线 9 年来不断努力创新、拓展服务领域、提升服务水平、在提高信息化服务"三农"能力方面积累了较为丰富的经验。

一、坚持社会化运营，建立长效机制

秉承政府主导、企业运营、社会广泛参与的发展理念，历经多年的探索和实践，辽宁 12316 金农热线逐步建立起"农业部门主导建设、电信企业公益接入、平台运营委托服务、涉农行业高度融合、传统媒体全面合作"的运维机制，并以 12316 为枢纽，实现了信息技术、信息资源、信息平台、资金投入、服务队伍及行业政策等各类发展要素在农业信息服务乃至农业信息化建设领域的广泛整合和有效集成。以 12316 为统领，辽宁省农业信息化建设已经初步形成了省市县积极协同、多行业资源共享的良好局面，不断创新服务模式，不断拓宽服务渠道，不断提升服务水平。

基于"满足农民信息需求，创造良好服务体验"的出发点，辽宁 12316 金农热线始终坚持以公益服务为主旨，努力为全省广大农民开辟更加便捷实用的信息服务通路，促进了政策、科技、市场等各类涉农信息在农业农村领域的传播与应用。与此同时，12316 热线依托直达农村、直面农民的先天优势，迅速感知"三农"焦点热点，及时汇集基层村情民意，成为各级政府和涉农部门在基层农村的"千里眼"和"顺风耳"，为制定行业决策、实施应急指挥提供了有力辅助。

二、加强队伍建设，夯实服务基础

目前，辽宁 12316 金农热线省市县三级专家队伍已达到 240 余人，专家分别来自涉农政府部门及相关服务单位、农业院校、农民专业合作组织及基层种养大户，其知识结构和服务擅长领域涵盖农业科技推广、农村政策解读、农产品市场研判、涉农法律纠纷处理、农村医疗卫生及农民就医指导等多个领域。建立多元化的专家队伍，为开展全方位的信息服务提供了有力支撑。热线专家团队通过在线值班及远程联线等形式即时受理农民在线咨询，提供权威解答。随着技术条件的不断完善和升级，12316 热线省级平台目前已具备呼叫处理、语音信息发布、数据存储处理、短信收发、Web 信息推送、客户端信息推送、用户管理、统计分析、内部交流等多种应用功能，可承载 30 席共 90 路并发呼叫和短信服务。

通过开展多种形式的信息服务尤其是及时、准确的咨询服务，12316 在农民群众中的知名度、影响力和信任度日益提高。热线开通以来，组织专家、媒体深入省内各地农村，先后举办"金色田野信息下乡行动"70余期，送技术、送信息，面对面、手把手为农民解决生产生活的疑难问题。以服务为纽带，12316热线在全省已经建立起2800余人的热线固定联络户队伍。各地联络户及时报送本地信息，认真配合各类调查，积极宣传热线服务，成为12316热线实现服务延伸的重要触角。依托直通农村生产生活第一线的联络户，12316平台及时收集了大量农产品产销趋势和价格行情、涉农政策落实、农村突发事件及舆情动向等基层信息。根据农村生产生活时令特点，热线先后组织开展了春耕备耕、生产意向、成本收益、生活愿景等多项专题调查，汇集了大量真实、宝贵的第一手原发信息。为加快12316服务的推广与普及，近年来，热线还开展了送祝福、送年画、表彰优秀联络户等活动，逐步巩固扩大联络户队伍，使12316在农村愈发深入人心。

三、完善合作机制，拓宽服务领域

在多年的实践中，辽宁省农业信息部门依托12316平台在信息收集、发布、传播和交流方面的强大优势，嫁接各行业、各部门的涉农管理服务职能，实现资源共享和服务集成。一是加强农业部门自身的内部协同。辽宁12316先后与辽宁省农委农经处、市场处、法规处、农产品质量安监局等部门开展合作，解答农民关于土地承包、粮补发放等诸多方面的政策咨询，2013年辽宁省农委将12316热线确定为农产品质量安全与农资打假投诉热线。二是加强与涉农行业的协作。2008年以来辽宁12316与辽宁各市内医疗机构合作，累计受理解答农民关于疾病防治、生活保健、医疗政策等咨询3万余例。2009年起配合省文化部门推进农村文化资源共享工程，与省图书馆合作制作《12316热线》图文电视节目。三是加强与通信运营企业的合作。在开展固话咨询方面，与运营企业协商出台优惠资费标准，省内各地拨打热线号码均按当地市话标准计费。根据农村手机用户迅速增加的实际情况，将12316服务与辽宁省联通、辽宁省移动、辽宁省电信三大运营商的手机业务全面对接。与辽宁省联通合作实施金农通工程，通过手机平台向农民发布涉农短信4.2万条，联通10109555金农通热线受理涉农咨询4000余例；与辽宁省电信实施富农通项目，向农民发布短信4.5万条，电信118114热线受理涉农咨询3000余例；与辽宁省移动实施农信通项目，向农民发布短信6万条，移动12582热线受理涉农咨询5000余例。

四、推进平台延伸，实现服务升级

按照国家农业部就12316中央平台体系的总体设计，辽宁12316金农热线步入了新的发展阶段。辽宁省作为试点省份之一，积极探索平台架构的革命性升级，具体表现为：在纵向上，以省级平台为实体平台，在市县两级构建虚拟平台（呼叫中心），通过互联网在乡、村、社、场等基层应用场所设置远端座席；在横向上，继续加强农业部门内部系统整合、行业间跨界融合，集资讯传播、监控分析、会商决策、指挥调度、协同反应等多种功能于一体，逐步建立多维度可持续发展的12316综合信息服务平台体系。2013年以来，12316平台体系延伸工作已在丹东、大连、阜新、锦州等市先后启动。在具体工作中，以丹东市为试点，积极推进全省农业信息服务体系向农村基层的延伸和覆盖：在东港市设置乡镇

12316 热线话务座席，组织开展农村信息员培训，在东港市下辖的 3 个乡镇、2 个农民专业合作社设立 12316 热线远端座席，逐步探索建立和完善农村基层信息服务体系。以服务为纽带，辽宁 12316 金农热线正在全省逐步建立起全面覆盖的基层农业信息服务体系，使信息服务惠及更多农民群众，为广大农民朋友带来"信息化就在身边"的良好体验。

第三节　存在问题

辽宁 12316 经过 9 年快速发展取得了显著成效，成为农民的连心线、贴心线和致富线，这不仅归功于上级领导的高度重视，也得益于财政资金的充足保障。但由于缺乏成功的先行经验，从农民到农业部门对 12316 的了解不够，辽宁在 12316 建设过程中走过一些弯路。

一、体制问题

辽宁 12316 发展初期基础设施薄弱，由于编制限制导致话务人员短缺问题不能得到有效解决。辽宁 12316 通过机制创新，采取购买服务、合作等方式委托业务，实现了企业化运营，一定程度上解决了省级平台运营的问题和人员短缺问题。然而，从 12316 金农热线的长远发展来看，仅依靠体制内的力量，无论是从人员方面还是投入方面都与未来的实际需求有着很大差距。

二、宣传问题

宣传问题是制约辽宁 12316 发展的重要因素。由于农村宣传效率低下、宣传成本大，加之农民受教育程度低、思想观念落后等原因，在农村开展宣传工作难度很大。尽管辽宁 12316 加大宣传力度，充分发挥媒体作用，定期组织下乡行动，迄今为止，辽宁仍有许多宣传空白地区，仍有许多农民不了解 12316 金农热线。

三、信任问题

过去由于农民的问题多而杂，话务员的能力水平有限，加上农民描述问题不清楚以及其他特殊原因，使得话务员和专家不能有效地解答、解决农民提出的问题，让农民对 12316 产生了陌生感和不信任。为解决上述问题，辽宁 12316 通过定期组织话务员培训、加强宣传、组织专家下乡调研等方式，努力保证农民的问题都能够得到圆满解答，让更多农民了解热线、使用热线。

四、资源整合问题

12316 建设需要强大的专家资源、及时充分的信息资源和政策资源，但目前专家队伍多数为各农业部门的专业技术人员，接听热线电话需要占用工作时间；同时，农业系统内部由于无法互联互通，难以实现有关内容资源、政策资源的无缝对接。因此，资源整合问题是未来辽宁 12316 发展亟需解决的关键问题。

五、队伍稳定问题

队伍稳定问题也是辽宁 12316 发展过程中遇到的制约因素之一。培养一名优秀的话务员通常需要 1～2 年时间，辽宁 12316 虽注重构建良好的工作环境，并逐步建立起科学的人才培育和激励机制，但由于工资待遇、人员编制、劳动强度、工作性质等方面原因，话务员队伍的平均稳定性不高，话务员人才流失现象也时有发生。

第四节　下一步打算

未来 5 年，辽宁将打造出一个集生产经营指导、农业灾害预警、农村舆情监测、农情统计调查、农产品电子商务、农业投入产出品安全监管等多种服务功能于一体，农产品电子商务平台、农产品质量溯源平台、农业部农业信息培训基地平台等多个子台为支撑的“一体化、多维度、可持续”12316 综合信息服务云平台。建立起一支以话务专家为核心、话务员为骨干的 12316 综合信息服务话务团队。依托服务下延至基层的热线话务座席，12316 将形成横向涉农行业高度整合、纵向信息体系延伸至村的信息服务网络，为解决“最后一公里”难题，缩小城乡差距，促进农民增收提供强力支撑。

一、构建 12316 云平台体系

在未来，12316 将建设成为农业信息化领域服务农民最多、服务即时性最强、服务成效最为显著、服务最贴近基层的农业信息服务平台。通过延伸至生产一线的话务平台体系，12316 能够准确地了解农民的信息服务诉求，及时洞察农业农村经济发展形势与农村社情民意。12316 云平台架构系统整合了全省农业信息资源，大幅降低了市县在话务平台建设方面的资金投入，有效地避免了市县信息服务部门各自为战、数据资源有限、服务能力不足的现状。围绕 12316 省级云平台，未来将打造出一支拥有 1500 名专家和 1300 名话务员的信息服务队伍，提高信息服务的针对性、权威性、实效性，扩大覆盖面。通过省、市、县、乡、社、户六级话务平台，12316 服务平台年受理农民咨询将会达到 1000 万例以上，话务满意率将提升至 95%以上。

二、推行 12316 电子商务新模式

依托 12316 云平台体系与上万名信息员队伍，打造一个农业农村电子商务平台。吸引基础电信运营商、电信增值业务服务商、内容服务提供商、金融服务机构、交通运输部门协作参与，吸纳农产品生产加工企业、农资经销单位、农民专业合作社注册加入，构建一个便捷、高效的电子商务服务平台。出台农业农村电子商务相关法律法规，加快制定农产品电商标准规范，加强交易双方的信用管理，建立严格的遴选机制，引导农业产业健康发

展。积极发展以 12316 话务团队为支撑，以电子商务为导向的配送物流，促进合作社、家庭农场借助电子商务平台开拓市场、打造品牌、提升产值。到 2018 年，12316 农产品商务平台注册企业要达到 3000 家，注册农户达到 50 万户。

三、继续推动农产品质量安全工作

通过 12316 农业农村电子商务平台的影响与带动，引导一家一户的小生产逐步向以合作社、家庭农场为主体的集约经营模式转变。加大农产品价格走势分析力度，促进订单农业、农超对接、农企对接，努力平衡农产品供求关系。以农产品质量安全、农资打假投诉受理为切入点，充分发挥 12316 平台的作用，一端连接农民，一端连接市民，创造全民"监管"的工作局面。加强农业农村电子商务平台的管理，制定严格的管理制度与严厉的惩罚措施，树立农民、合作社和农事企业安全、诚信、守法的农产品生产经营理念。

四、打造农业农村信息服务新媒体

以 12316 汇集的大数据为资源，以云平台体系为载体，通过联合广播电视（黑土地）、网络电视（IPTV）、数字频道（文化资源共享工程）、广播电台（乡村台），加强互惠合作。通过开发 12316 电视节目，创刊《新农业》杂志，打造大金农网络平台，推行短彩信、手机报、微博、微信，以提升服务能力。建立起一个多渠道覆盖、多形式互补、立体式的 12316 农业农村综合信息服务新媒体。积极研发手机版农业信息服务平台，将计算机互联网的应用软件和信息资源逐步移植到移动互联网。根据农村用户的不同信息需求，不断推出各类定制化、个性化的手机信息产品，着力破解农业信息服务"最后一公里"问题。迎合移动互联网、高速传输、大数据时代的到来，积极开发 12316 可视化、手机端、各种屏应用的服务模式，加速 12316 跨界整合进程，呈现给广大农民更多更丰富的服务体验。

五、实施信息服务进村入户工程

2013 年 8 月，国务院副总理汪洋签署了农业部《关于启动信息服务进村入户工程》的报告。要求在未来几年内，全国 95% 以上的行政村要建立有宽带、有电脑、有网页、有信息员、有应用的"五有"信息服务站。辽宁 12316 云平台体系建设思路与信息服务进村入户工程政策方针实现了高度统一，为工程实施提供了体系支撑和人员队伍保障。根据国务院精神，辽宁省到 2018 年将结合 12316 云平台体系全面完成 13000 个信息服务站建设任务。在"五有"基础上拓展工作职能，增加热线话务座席，不断丰富和完善信息服务内容。

第十二章

上海：物联网为上海都市现代农业插上"信息化翅膀"

在农业部的支持和指导下，上海借助农业物联网区域试验工程建设的发展机遇，围绕都市现代农业发展的需求，遵循"三全"设计理念，以企业为主体，以产业发展需求为导向，按照有利于提高劳动生产率、有利于改善农产品品质、有利于推广应用的要求，推动物联网技术在都市现代农业中的综合应用与集成示范。

第一节 发展现状

一、总体情况

经过多年的实践，上海农业信息化正不断向前发展，从组织保障入手，在信息化基础设施、平台与体系建设等方面打下了坚实基础。

（一）组织保障

自农业部将上海定为农业物联网区域试验工程试点省市以来，上海高度重视农业物联网建设。通过加强组织领导，明确建设目标，先后编制《上海农业物联网发展三年行动计划（2013—2015年）》《上海农业物联网发展的实施意见》（沪农委〔2013〕45号）。按照"政府引导、需求拉动、示范带动、务求实效"的原则，以《农业物联网区域实验工程建设（上海）实施方案》（沪农委〔2013〕441号）要求，打造符合现代都市农业特点的农业物联网应用模式。组建技术专家组和上海农业物联网应用工程技术研究中心，建立农业物联网推进工作联席会议制度，定期对进展情况进行研讨。农业物联网建设发展纳入上海战略性新兴产业发展和推进智慧城市建设中，成为组成部分并加以推进，到2015年基本形成核心技术有所突破、安全监管示范效应明显、示范基地及企业初见成效的农业物联网发展新格局。

（二）建设基础

自"十一五"以来，上海农业信息化工作在农业生产、电子政务、电子商务、信息服务等各项领域取得了丰硕成果，为上海全面实现农业信息化，建设都市现代农业和智慧农业奠定坚实基础。

一是农业信息化基础设施不断夯实。依托为农综合信息服务"千村通工程"，形成了市、区县、乡镇、村四级政务网络；按照"五个一"标准建设村级为农综合信息服务站，在全市 1391 个涉农行政村实现"农民一点通"智能信息终端铺设，推进信息进村入户。

二是信息技术在农业生产中广泛应用。重点推进物联网、3S 等技术与农业智能装备在水稻种植、蔬菜生产、动物产品监管中的应用，提高农业生产精准化、精细化、智能化水平。由点及面，通过应用示范基地、示范企业建设带动了整个农业生产信息化的发展。

三是农业电子政务水平明显提高。通过"制度+科技"，建设农业数据中心及三个涉农监管平台，即涉农补贴资金监管平台、农村集体"三资"监管平台、土地承包流转管理平台，推动"三农"管理方式创新，推进农业行政管理的高效与透明，提升了农业部门的行政效能。

四是为农综合信息服务体系逐步健全。依托"为农综合信息服务平台"、12316"三农"服务热线、"一村一网"等信息服务平台，提供灵活便捷的信息服务，提升了农民信息获取能力，健全与完善了为农综合信息服务体系。

同时，农业基础设施自动化控制、农产品质量安全追溯等关系百姓切身利益的需求进一步扩大，形成了建设农业物联网、建立农产品追溯体系的良好机遇。

一是农业生产效率不断提高的需求。随着信息科技不断发展，传统的农业生产方式所带来的经济效益瓶颈逐步显现，城乡鸿沟进一步扩大。提高农业科技含量，有效提高劳动生产率，进一步降低农业劳动强度的需求变得尤为迫切。习近平总书记强调"要让物联网更好的促进生产、走进生活、造福百姓"，汪洋副总理指出"农业信息化要弯道超车，要消除城乡的鸿沟"，都为大力发展农业物联网、提高农业信息化水平提供了可靠的政策保障。

二是农产品质量安全保障的需求。近年来，食品安全事件频发，推动了全社会建立农产品质量安全追溯体系。把农产品安全监管的探索也加入到上海农业物联网区域试验工程建设中，逐渐建立质量监管体系，通过"全程监管、分段溯源"的模式，在蔬菜、粮食、动物产品等领域建立追溯体系，确保农产品在生产阶段可追溯。同时，积极与其他业务部门对接，做到全过程监管。

三是农产品电子商务发展迎来机遇。2012 年《中央一号文件》提出"发展农产品电子商务等现代交易方式"；2013 年提出"大力培育现代流通方式和新型流通业态，发展农产品网上交易"；2014 年提出"加快发展主产区大宗农产品现代化仓储物流设施，完善鲜活农产品冷链物流体系"，为农产品电子商务发展提供了良好的政策环境。结合政府政策引导与项目扶持，各类企业将通过试点第三方平台交易、产加销一体化、O2O 互动、精准营销、会员制等模式，积极探索可复制、可推广的农产品电子商务经营模式。

中国农村信息化发展报告（2013）

二、建设成果

"十二五"以来，上海在推进农业物联网区域试验工程方面进行了大量卓有成效的实践与探索，构建公共服务平台，培育示范基地与示范企业，实施示范工程，促进物联网技术对产业的支撑作用。

（一）建设农业物联网公共服务平台

根据现代都市农业特点和应用需求，通过梳理"十一五"以来农业信息化项目，在多年积累数据的基础上，建设上海农业物联网公共服务平台。围绕动物及动物产品、粮食作物、地产蔬菜、水产养殖、农机管理、在线监测、12316服务平台、知识库及专家系统等方面，提供多角度多维度的综合展示、应用管理、数据挖掘、决策支持等服务。

整合接入各业务系统与平台，梳理"十一五"以来上海农业信息化建设成果，并与公共服务平台对接，实现信息资源数据共建共享、平台系统互联互通、业务工作协作协同。目前平台已与24个信息化项目进行了数据对接，逐步形成覆盖整个农业领域的数据中心。

统一数据格式标准，制定所有业务系统接入平台的数据规范，统一文字、图片、视频、多媒体等格式标准，通过技术一体化实现异构平台同质化以及数据资源、应用实现、平台设计、标准规范等一体化。

（二）有序推进农业物联网示范基地建设

通过政府引导、企业参与、鼓励企业先行先试的政策手段，扶持并培育一系列农业物联网应用示范基地。自2013年以来，先后设立两批共12家示范基地与示范企业。

1. 上海"菜管家"电子商务有限公司。在原有电子商务网站与物流平台基础上，通过示范基地建设，加强物联网技术的应用，建设农产品安全生产管理系统通用数据平台，延伸冷链运输系统，升级改造冷链物流作业平台，从源头开始利用物联网技术对农产品供应链全生命周期（生产、运输、销售、仓储、配送等）进行全面监控，以信息服务的方式向消费者提供追溯查询服务。

2. 上海同脉食品有限公司。利用大数据分析挖掘，对线下门店与线上网站营业状况进行分析，指导自有种植基地生产品种与产量。搭建生产与销售预测系统、农产品安全追溯系统以及农产品电子商务平台三大系统，实现从生产到交易全程追溯，线上、线下融合。

3. 上海都市生活企业发展有限公司。通过建设生产数据采集、视频监控、生产预警、仓储物流、农产品追溯、后台管理等模块，串联农产品从生产到销售全过程数据，为企业管理提供决策支持，为消费者提供追溯查询。

4. 上海多利农业发展有限公司。采用基于二维彩码技术，建立多利有机蔬菜质量可追溯体系，对"多利农庄"有机蔬菜从原料采购到播种、生产过程、生长环境、收割包装、运输和销售等环节实现监测与安全管理，以会员服务的形式向"多利农庄"会员展示，实现"农田到餐桌"的全过程产品质量控制及可追溯，保障食品安全。

5．上海祥欣畜禽有限公司。通过建立祥欣东滩种猪养殖场，试点信息化、智能化、生态化优质种猪培育饲养及安全监管应用示范基地建设。具体包括：现代化猪场本地监控与远程监控系统的应用与示范，具有国内自主知识产权的种猪生产管理系统的应用与示范，以及农业地理信息系统应用与示范。通过 2 年示范基地建设，力争成为上海畜禽养殖信息化方面的行业标杆。

6．上海农林职业技术学院五库基地。依托高等院校的科研团队和师资力量，在五库基地建设农业物联网应用系统及示范基地，为农业物联网研发、应用与维护提供人才培养通道。具体建设内容包括：温室物联网管理系统、水产品养殖物联网管理系统、果蔬园物联网管理系统、兰花物联网培育管理系统、大田物联网管理系统、物联网综合展示系统、手持终端系统应用以及农业物联网技术应用培训培养系统。

7．上海物联网工程技术研究中心。依托研发团队与科委支持，着力研发基于北斗卫星技术应用的农业物联网基础技术，研发并推广集成式农业环境传感监测设备、集成式农业水体环境传感监测设备、农产品冷藏运输智能监控设备及其应用示范，力争成为全国领先的农业信息化产业解决方案。

8．上海爱森食品有限公司。以企业为抓手，串联动物产品在生产、屠宰、加工、流通中的信息追溯，通过建立生猪分割品监管、车辆监控调度、视频监控、环境监测等系统，确保品牌生猪产品在各环节可追溯，提升企业与品牌形象。

9．上海安信农业保险有限公司。安信农保已成功应用能繁母猪保险信息化管理，保险业务员工作效率大幅提高。在此次示范基地建设中，将引入物联网技术，结合无人机航拍、图像分析与地理信息技术，建立农业风险影像数据采集、分析和展示的信息平台，为作物面积测量、定点查勘、损失程度估测等提供量化数据。在崇明、青浦两区各选粮食生产 500 亩、果树种植 200 亩、蔬菜设施大棚种植 200 亩、水产养殖基地 100 亩推广应用，提高承保、勘察、定损等环节的效率与精度。

10．上海城市蔬菜产销专业合作社。依托物联网和云计算技术，围绕绿叶菜产业应用，开展示范基地建设。一是对原有系统的升级改造，包括完善生产档案管理、产品检测自动化管理、加强产品流向监管、质量可追溯管理。二是示范基地建设。建设绿叶蔬菜物联网应用示范基地 1000 亩，建设远程视频监测、产加销配运全程示范、GS1 标准及编码应用等内容，实现绿叶菜供应链全程物联网技术应用的示范。

11．上海春鸣蔬菜专业合作社。在标准化园艺场建设中引入物联网技术，实现对生产环境、仓储环境的远程实时监控。同时结合蔬菜安全信息管理平台的功能提升和完善，实现蔬菜产品从田间到销售终端全过程的质量安全管理、信息可追溯管理。

12．国兴农电子商务有限公司。以果蔬物联网为切入点，建设基于葡萄种植的物联网系统，通过基于智能终端平台的研发与应用，实现环境指标的远程监测、历史数据的统计输出、超过阈值的自动报警、现场设备的远程自动控制以及视频监控。在上海郊区县，通过该系统指导葡萄种植户使用基于智能手机的综合服务平台，力争在 20 家以上合作社得到推广应用。

（三）示范工程建设稳步推进

1．光明米业粮食作物"产加销"安全监管示范工程。已建设 10 多万亩物联网综合应用示范基地，辐射 20 万亩，实现水稻安全生产的全产业链管理，包含生产、加工、仓储、运输、销售等环节数据贯通，提升企业生产经营管理精准化水平。据初步统计，每年为企业节省近 600 万元生产管理成本。

2．升级完善蔬菜标准园安全生产管理系统，开发绿叶蔬菜物联网综合管理平台。建立了本市 200 多家园艺场、种植大户，6 万多亩绿叶菜安全生产质量可追溯系统，实现电子化田间档案可追溯查询。

3．动物及动物产品安全监管示范工程。开发上海市动物及动物产品检疫监督信息管理系统，现主要应用于 19 个区县动物所卫生监督所、8 个市境道口、110 个产地检疫报检点与 16 家屠宰场检疫点、58 家动物产品集散交易单位，系统有效提升动物及动物产品数据采集、产地检疫、屠宰检疫等环节的信息化管理水平，完善生猪从养殖到屠宰过程的安全监管，形成覆盖全市检疫监督管理信息系统。在全国率先研发运用植入式动物电子耳标技术，对 17.5 万头能繁母猪实行电子身份证管理，确保病死母猪不流入食品链。

4．水产品养殖物联网应用。采用物联网集成技术，将水温、溶解氧、水流速、氨氮离子、pH 值等传感器，集成在自主研发的物联网通信节点上，形成水体智能综合感知平台。平台集传感器、控制器和通信系统于一体，实现 24 小时实时监控，将获取的数据实时传送到控制中心，报警信号以短信等形式发送到指定的移动终端。

（四）核心技术研发取得成果

上海在农业物联网核心技术研发中，积极落实四个"一批"建设，即形成一批传感器；一批农产品生产相配套的软件技术；一批以生产、流通、销售单位为主体的农业物联网应用解决方案；一批系列化、安全可执行的产业解决方案。

1．具有自主知识产权的农业物联网技术有所突破。通过集中攻关，在传感器技术的研发和集成应用上取得了一定的突破。上海生物电子标识公司在低频信号读写设备领域攻克技术难关，实现生物电子标识微小型封装，研发的植入式与耳挂式电子标识产品已实现产业化生产。上海物联网工程技术研究中心研发了一批适用于大田环境监测的农业专用集成传感网络设备，在提升性能、降低成本、提高稳定性方面有新突破；研发的移动式农情采集与指挥调度终端设备，解决了固定式传感器在地域上的限制，实现农情信息快速获取、虫情专家远程诊断及灾情远程指挥调度等应用。安信农业保险公司探索利用小型无人机来解决传统农业保险理赔勘察存在定损难、人力成本高的问题。

2．农业物联网技术应用模式逐步明确。主要有三种应用模式。一是主动应用模式。有机蔬菜、花卉、食用菌、水产、畜禽产品等高附加值农产品生产经营企业有较强的物联网应用需求。如多利农庄利用次世代彩码技术，从种子化肥采购、播种、施肥、灌溉、作物生长，到产品物流配送，实现有机蔬菜全过程监管及可追溯管理。二是公共服务应用模式。区域试验工程形成的共性技术和解决方案，可依托公共服务平台向农业企业、农民合作社、家庭农场提供公共技术服务，降低物联网技术应用门槛和研发成本。三是信息咨询服务应用模式。利用公共服务平台汇聚的海量关联数据，运用数据挖掘技术，构建专家知识库、决策模型和专家系统，向农业企业、农民合作社、家庭农场提供基于数据分析的信息咨询服务。

3. 形成一批利用物联网技术的应用解决方案。通过示范工程和示范基地的建设，已形成一批利用农业物联网技术的应用解决方案，在保障食用农产品安全和促进产业发展中发挥了重要的作用。上海市动物及动物产品检疫监督信息管理系统已应用于19个区县动物卫生监督所、8个市境道口、110个产地检疫报检点与16家屠宰场检疫点及近58家动物产品集散交易单位，完善生猪从养殖到屠宰全过程的监管，形成覆盖全市检疫监督管理信息系统。研发绿叶蔬菜物联网综合管理平台，形成绿叶菜安全生产监管物联网解决方案。建立了绿叶菜安全生产质量可追溯系统，应用于200多家蔬菜标准园，实现电子化田间档案可追溯查询。实时监测溶解氧、水温、氨氮、酸碱值等环境因子，实现养殖环境、水质在线监测，饲喂、疫病防治自动化控制，形成水产品集约化养殖物联网解决方案。其中，在松江三泖水产养殖基地、奉贤集贤虾业养殖合作社应用情况分析表明，产量增加15%，经济效益提升10%。

第二节　主要经验

一、结合实际，构建服务平台

上海是现代化国际大都市，农业是典型的都市型农业，其发展模式不同于规模化、大区域生产的农业省区，即在保供给的前提下，提高农业生产、流通、经营的智能化与机械化，建立农产品安全追溯体系，确保农产品质量安全。自"十一五"以来，上海已累计建设农业信息化系统项目超过30个，但很多系统无法互联互通，存在"数据鸿沟"和重复建设。因此在农业物联网公共服务平台建设过程中，遵循"组装集成建平台，推广平台促应用"的指导思想，先整合数据，后组装平台，再形成应用，将各类信息化建设成果以拼图的形式融合进公共服务平台，动物及动物产品、蔬菜、粮食生产、农业机械、水产等监管平台与公共服务平台无缝对接，使平台"即插即用"。

二、集中攻关，突破核心技术

物联网技术在上海的蓬勃发展，为农业物联网发展提供了充足的技术储备，"智慧城市"的建设，为农业物联网建设与应用提供了强有力的支撑和物质基础。以上海物联网工程技术研究中心为主导，借助华东师范大学、东华大学、上海市农业科学院信息技术研究所等科研院校的"外力"，共同开展农业物联网技术方案设计、技术标准制定等工作，集中优势资源，攻克传感器研发核心技术难关，中试和熟化了一批农业物联网关键技术和装备。其中，有 25 项硬件设备、24 项软件系统、11 项应用模式、3 项解决方案入选农业部编写的《全国农业物联网产品展示与应用推介汇编（2014）》。

三、多头试点，明确应用模式

上海先后设立两批共 12 家农业物联网应用示范基地与示范企业，涵盖了动物产品、蔬菜、粮食、农业保险、电子商务、科研院校、技术研发等领域，在农业生产、仓储加工、冷链物流、安全追溯等环节进行广泛试点。尤其在农产品电子商务领域，市农委高度重视农产品电商企业发展，扶持"菜管家"试点第三方平台与冷链物流模式，扶持"都市生活"试点产加销一体化模式，扶持"多利农庄"试点会员制与次世代彩码应用模式，扶持"海客乐"试点精准营销与 O2O（线上、线下）互动模式，探索农产品在电子商务中的可复制、可推广的应用模式。

四、以"用"促"建"，探索解决方案

准确把握上海农业物联网建设的重点与突破口，形成具有现代都市农业特点的农业物联网产业体系。在项目实施过程中，由实际使用方提出需求，研发企业制定相应解决方案。在农作物产加销安全监管示范工程建设中，光明米业从生产、加工、仓储、运输、销售等环节进行数据贯通，形成水稻安全生产的全产业链管理；在蔬菜物联网综合管理平台建设中，市农委蔬菜办旨在建立绿叶菜安全生产质量可追溯系统，实现电子化田间档案可追溯查询；在动物及动物产品安全监管示范工程中，市动物卫生监督所完善生猪从养殖到屠宰过程的安全监管，形成覆盖全市的检疫监督管理信息系统。

第三节 存在问题

一、部门间的沟通与协作有待进一步加强

上海农业物联网建设不仅需要依靠市农委承担，其农产品流通与销售环节涉及商务委，物联网技术创新涉及科委，基础设施建设涉及经信委。因此，建立上下联动、左右协同的工作机制是稳步推进上海农业物联网建设的必要条件。作为主要牵头部门的市农委，在做好本职工作的同时，还应与兄弟部门建立紧密的协同工作机制，与区县农委之间形成联动机制，确保示范工程建设、示范基地建设顺利推进。

二、农业物联网建设合作机制有待进一步优化

在农业物联网建设中，积极借助科研院所的"外力"，对农业物联网技术选型、方案设计、实施应用等方面进行把关，但此类合作机制只是暂时性的。而对于长期的农业物联网建设来说，更应建立一种长期有效的合作机制，合作对象不限于科研院所，而应建立一种

政府部门、科研院所、应用单位、研发企业共同参与的技术平台，定期交流农业物联网技术发展、行业应用与前景，通过不断的思维碰撞，保持农业物联网创新态势。

三、农业物联网顶层设计有待进一步提高

基于应用组装而形成的上海农业物联网公共服务平台在应用示范方面具有优势，相对而言顶层设计稍显薄弱。在今后对公共服务平台的完善过程中，应以"三全"理念为指导思想，注重业务导向，梳理各行业中业务条线，将需求细分并切割成适合行业应用与划分的小应用模块，再将同一业务的模块组装成行业解决方案。

第四节　下一步打算

一、加快推进基于"云服务"架构的公共服务平台建设

在总结前期公共服务平台建设经验的基础上，推进完善平台的数据整理、应用集成、挖掘分析等工作。将云计算、大数据分析与物联网技术结合，基于"云服务"架构，组织实施软硬件系统及业务系统虚拟化平台建设；以业务需求为导向，逐步扩大"云服务"工作平台在政府部门间的推广；在各示范基地应用试点的基础上，通过提炼共性技术与服务，建设应用管理系统，为政府、新型农业生产经营主体、农民、普通消费者提供按需服务与应用。计划到 2015 年年底之前，基本形成集展示、管理、溯源、服务于一体的多角色、多终端的上海农业物联网公共服务平台。

二、加快培育农业物联网应用示范基地及企业

在各示范基地建立长效机制，探索物联网技术应用模式，逐步建立成熟的可复制、可推广的应用系统，为形成优秀解决方案进行部署、改进、完善，最终在市场机制下能够自我生存、良性发展，甚至引领行业。在示范基地建设过程中，对于积极性高、应用模式好的企业可适当予以奖励，为物联网在农业领域的规模化应用推广做准备，最终形成应用示范牵引产业发展的良好态势。

三、着力推进上海农业物联网产业技术创新战略联盟建设

建设上海农业物联网产业技术创新战略联盟，建立政府与科研院校、研发企业、应用企业间的良性沟通渠道，满足各单位定期进行技术交流、业务协作以及人才培养等方面的合作，促进农业物联网平台系统互联互通，资源数据共建共享，业务工作协作协同，不断提高农业物联网应用水平。

第十三章

江苏：以信息技术改造农业

2013 年是全面贯彻落实党的十八大精神的开局之年，全省农业信息系统紧紧围绕现代农业建设，以信息技术改造农业，以信息化手段服务农民，大力实施农业信息服务全覆盖工程，加快推进信息化与农业现代化的深度融合，各项工作取得了显著成效。无锡、常州、宜兴被农业部认定为首批"全国农业农村信息化示范基地"，示范基地认定数量在各省（市、区）中最多。全省农业信息化覆盖率达 50% 以上，有力促进了现代农业发展。

第一节　发展状况

一、农业电子政务水平有了新提高

顺应服务型政府建设新要求，各地不断完善工作机制，落实农业网站内容保障措施，政务网站栏目设置更加规范、在线办事功能更加完善、在线互动交流渠道更加畅通，政务公开水平明显提升。江苏农业网在江苏省政府组织的政府网站绩效测评中，连续七年获"优秀政府网站"称号，"江苏农业网内容特色化应用与服务建设"被江苏省委宣传部、江苏省互联网信息办公室评为 2013 年度全省新媒体创新奖；南京市通过改版升级，将金陵农网整合为集政务、服务、商务功能为一体的农业综合性网站，服务功能更为完善；南通市农委在南通政府网上开设"三农在线"专题栏目，拓宽了农业政务信息公开渠道和范围；镇江市积极打造网上农委，农业信息网获镇江市"十佳"政府部门网站称号。各地积极开发运行农产品质量安全追溯、农村集体"三资"管理、行政许可、病虫害监测等信息系统，推进业务工作网络化。江苏省农委和南京、无锡、常熟等地开通了农业政务微博，打造政务公开、沟通互动、服务网民的农业电子政务新平台。改作风转会风，大力推行视频会议，农业行政工作部署快速化、网络化、数字化水平明显提升。

二、为农信息服务有了新发展

各地加强信息服务平台建设，强化上下联动服务，不断增强为农信息服务能力。一是12316惠农短信服务范围有新拓展。通过全省上下努力，去年新发展短信用户174.6万户，累计达192.6万，70多个市、县（区）农业部门开通12316短信发送远程（虚拟）平台，向80多个市（县、区）农户发送12316惠农短信，全年共发送惠农短信6500多条，基本实现全省12316惠农短信服务全覆盖。二是村综合信息服务站点建设有新进展。市县农业部门积极协同有关部门推进村综合信息服务平台建设，沭阳、睢宁等7个市（县、区）农业部门在行政村设置触摸屏查询一体机1601台，培训信息员5500多人次，组建了一支村综合信息服务队伍。三是为农信息服务方式有新创造。常州市积极争取财政支持，实施农视通项目，在村民聚集区建成一批电子大屏，为农民提供直观、丰富、及时的农业信息。丰县以国家发改委新农村综合信息服务试点项目建设为契机，建立完善县、乡、村三级网络远程培训视频直播系统，积极开展远程培训、现场直播、病虫害远程诊断、视频会议等工作。

三、农业物联网技术应用有了新成效

全省各地以促进设施农业智能化生产和提高现代农业管理水平为目标，大力推进物联网技术在农业上的示范应用。重点在现代农业园区、规模养殖场实施农业智能化生产，实现灌溉、施肥、饲喂等劳动环节及光照、温度、湿度、溶氧量等生产环境因子的自动控制，提高农业劳动生产率、土地产出率和经济效益。加强远程视频监控系统建设，实时监控农产品生产、加工过程，实现农产品质量安全可追溯，提高农业生产管理水平。2013年农业物联网技术应用的资金投入、项目建设数量是近几年来最大的一年，有力促进了江苏省农业提档升级。武进、高淳、金坛、宜兴、东台、灌南等地建设了花卉、蔬菜、食用菌、母猪、特种水产等种（养）殖智能化控制系统，使农产品质量和产量得到较大提高。丹阳、太仓、建湖等地建成连接高效农业生产基地的视频监控系统，实时掌握农产品生产动态，及时开展指导服务。泰州市现代农业开发区建成涵盖农产品生产、加工、流通和消费等领域的农业物联网示范系统，提升了农业管理水平。扬州建成农产品质量安全智能监管平台，实现了基于物联网技术的农产品质量安全可追溯。宜兴市水产养殖溶解氧智能监控设备被列入2013年省农机补贴名录。江苏卫视、中央电视台7频道先后播发了《农业信息化助推农业现代化》、《物联网联姻养殖业》、《江苏盐城：智慧农场助推粮食生产》等反映江苏省农业物联网建设成效的报道。

四、农业电子商务发展有了新气象

近年来，全省以促进农业增效、农民增收为目标，积极组织农产品信息上网，切实加强农产品电子商务平台建设推广，着力引导农产品网络营销，提高农产品流通信息化水平。据初步统计，2013年全省利用网络营销农产品150亿元以上，农产品电子商务呈现快速发展势头。高淳区在淘宝网开设了"特色中国·高淳馆"农产品网上营销整体推介平台，大力推进农产品网上营销，2013 年 8—12 月，短短 4 个月网上农产品销售额超 4000 万元。苏州南环桥批发市场、扬州"惠生活"电子商务有限公司均建设了网络营销平台，大力推进农产品同城配送。南京众彩、常州凌家塘、无锡朝阳农产品批发市场实行农产品刷卡电子交易，积极开展基于交易大数据的农产品市场分析预测。不少优势特色农产品地区积极扶持农民网络创业，如沭阳县发挥"花木之乡"优势，举办花木网上营销培训，组织花农上网开店，引导花农走网络创业之路，全年花木网络营销额超 10 亿元。

五、农业信息体系建设有了新进展

一是工作机构不断完善。全省各地以实施农业信息服务全覆盖工程项目建设为契机，调配人员、增强力量、改善条件，加强农业信息化工作机构建设。镇江市成立了农业信息中心，泗洪县成立了农业信息化服务中心，全省有 48 个市、县（区）建立了 12316 为农服务工作站，农业信息工作机构日益健全，信息服务条件得到进一步改善。二是业务能力不断增强。主要是通过培训，提高农业信息化建设能力。2013 年，省市县各级农业部门紧紧围绕项目建设和农业信息化建设发展需要，面向农业系统信息服务人员举办了网站信息采集加工、农业物联网技术、12316 惠农短信采编、村综合信息服务平台应用等形式多样的业务工作培训。同时，结合农民培训工程，面向农业市场主体大力开展信息上网、网络宣传、网上开店、网络客服、智能生产等农产品电子商务、农业物联网技术应用方面的信息化实务培训。2013 年全省累计培训 3 万多人次。通过培训，全省农业系统信息服务人员、农业市场主体的农业信息化意识和农业信息化能力得到进一步增强。

第二节　存在问题

虽然江苏省农业信息化建设取得了较好成效，但还存在不少困难和问题，突出表现为四个"不相适应"。

一、信息化意识与现代农业建设要求还不相适应

大力发展农业信息化，推进信息技术与农业产业深度融合，不断提高农业生产经营的规模化、产业化、标准化、集约化和信息化水平，是江苏省农业突破资源环境约束、率先基本实现农业现代化的重要保障。但目前江苏省一些政府和农业部门对信息化支撑现代农业建设的重要性、紧迫性认识还不到位，一些市场主体信息化意识还比较淡薄，对信息技术发展及其应用缺少了解，信息技术应用自觉性不高，不能适应现代农业建设发展要求。

二、信息化投入与现代农业建设需求还不相适应

根据农业信息服务全覆盖工程建设规划要求，到 2015 年，对农业市场主体的信息服务覆盖率要达到 80% 以上，设施农业物联网技术推广应用面积要达到 20% 左右，利用网络营

销农产品 200 亿元，应该说农业信息化任务十分繁重，要做的工作很多，需要大量资金支持。但目前江苏省大多数地方仍没有安排农业信息化专项资金，现代农业建设项目中的信息化资金安排偏少、比例偏低甚至没有，农业生产经营和 IT 企业等市场主体投入不多，农业信息化投入与实际需求相差较大，不能很好地满足农业信息化建设发展需要。

三、信息化主体技能与信息化工作要求还不相适应

农业信息化是一项技术含量较高、涉及面较广的工作，需要相关人员具有一定的信息化技能。但目前江苏省广大农民信息化知识缺乏，信息终端操作技能较低，获取信息的能力不足；市场经营主体大多习惯于传统的农产品交易方式，对网络营销、在线支付等新型农产品市场流通方式了解不多，对运用网络扩大农产品销售认识不够、应用技能不高；各级农业部门、IT 企业及科研院校中，既懂农业技术又懂信息技术的复合型人才匮乏，难以适应新形势下农业信息化建设要求。

四、信息化装备生产与需求不相适应

伴随江苏省现代农业发展，农业生产自动化、智能化水平将不断提高，对信息传感、智能化决策、自动化控制等装备的需求也将同步增长，特别在畜禽自动定量饲喂、温室大棚自动灌溉及温湿度智能调控、水体溶解氧智能调控等方面有较大需求。但受一次性投入大、效益回收慢、技术难度大等因素影响，目前江苏省农业信息化适用产品研发较为滞后，农业信息技术产品科研成果转化率和产业化程度较低，集成示范应用能力偏弱，广大农民"用得起、用得了、用得好"的信息化产品严重不足，远不能满足现代农业建设发展需要。

第三节　对策建议

今后一段时期，江苏省各地必须认真吸收借鉴国内外农业信息化建设经验，结合现代农业建设发展需要，进一步明确农业信息化发展的基本思路、发展重点、主要措施和政策建议，加快江苏省农业信息化发展，促进现代农业建设。

一、基本思路

按照十八大"四化同步"战略要求，深入贯彻落实江苏省委、省政府关于推进信息化发展的决策部署，坚持农业信息化与农业现代化同步推进，以农业现代化工程、农业信息服务全覆盖工程建设为载体，进一步加强农业信息服务体系建设，增强信息服务能力。推动信息技术在农业生产各领域的广泛应用，提高设施农业自动化、智能化水平。大力发展电子商务，引导各类农业市场主体上网营销农产品，推进农产品网络市场建设。利用信息网络开展指挥调度、市场监管、动态预警、远程诊断等工作，使农业行政管理效能、电子政务水平保持国内一流。到 2020 年，全省农业信息化继续保持全国领先水平，有力支撑江

苏省现代农业建设和城乡发展一体化。

二、发展重点

（一）完善农业信息服务体系

进一步建立健全省、市、县、乡四级农业信息工作机构，大力推进农村基层农业信息服务站点建设。积极发展信息服务专家和信息员队伍，强化信息员计算机网络和业务工作培训。加强农业信息化服务平台建设，重点加强各类农业网站、12316惠农短信及"三农"热线、网络业务系统等新型农业信息服务平台建设与应用推广，拓展用户覆盖范围，实现农业信息服务多渠道、低成本、便捷化、广覆盖。

（二）推进农业生产经营信息化

加快推进农业生产基础设施、装备与信息技术的融合，利用现代信息技术改造提升农业。重点开展畜禽智能化养殖、精准监测控制、农产品质量可追溯等技术创新，提高农业生产管理信息化水平。切实加强农产品市场信息分析预警，积极推进规模农业生产企业、专业合作组织的财务、监控、管理等信息系统应用，进一步提高江苏省农业市场主体经营信息化水平。

（三）发展农业电子商务

支持涉农企业、农民专业合作社、家庭农场、农产品批发市场等市场主体上网发布农产品供求信息、在知名电子商务网站开设营销网店、建立特色农产品营销网站，发展在线交易。加快发展农产品同城配送，积极探索农业电子商务新模式，充分利用信息技术探索构建最快速度、最短距离、最少环节的新型农产品流通方式，进一步搞活全省农产品市场流通。及时发现和积极培育各地农产品网络营销典型，加强宣传，营造农产品网络营销良好氛围。

（四）提升农业生产指挥调度能力

建设上下协同、运转高效、调度灵敏、功能完善的全省农业综合管理和指挥调度平台。构建全省农业生产监控平台，实时监视生产现场，监测种养环境因子。探索依托信息化手段建立农产品产地准出、包装标识、索证索票等监管机制，加快建设全省农产品质量安全监测、监管、预警信息系统。推进行政审批和公共服务事项在线办理，提高为涉农企业和农民群众服务的水平。

（五）强化农业信息资源建设

加强涉农信息资源统筹规划，建立健全科学合理的信息采集、加工分析、共享整合与应用服务机制。整合全省农业行业信息化应用数据，推进省级农业数据中心建设。进一步开发农产品质量安全、农业科技、价格行情、农资生产流通等信息资源，完善粮食、瓜果蔬菜、畜禽、水产、花卉苗木等专业性信息资源库。构建耕地数量、质量、权属等基于空间地理信息的农业自然资源和生态环境信息数据库。

三、推进措施

（一）切实提高认识，加强对农业信息化工作的组织领导

党的十八大作出了"四化同步"战略部署，充分体现了党和国家对以信息化支撑工业化、城镇化和农业现代化发展的高瞻远瞩，也为加快推进农业信息化指明了方向。农业信息化作为信息化、农业现代化建设的重要内容，推进农业信息化就是推进信息化、农业现代化同步发展。全省各地应高度重视农业信息化工作，牢固树立信息化引领支撑现代农业发展的理念，将农业信息化贯穿于农业现代化建设全过程，把推进农业信息化工作摆在更加突出的地位。各市、县要进一步强化对农业信息化工作的组织领导，完善专职工作机构设置和人员配备，保障农业信息化各项工作得到落实。

（二）科学制定规划，有序推进农业信息化建设

按照《全国农业农村信息化发展"十二五"规划》和《农业部关于加快推进农业信息化的意见》要求，省级部门重点要抓好农业信息服务全覆盖工程建设规划目标任务的修订完善和项目安排。市、县相关部门要以信息化促进农业产业升级，确保农产品有效供给，推动"三农"管理方式创新，实现农业行政管理高效透明，提高经营主体自身素质，着力提升农业经营网络化水平，以拓宽服务领域、为农民提供灵活便捷的信息服务等为重点，抓紧制定科学合理的信息化发展规划，扎实推进农业信息化有序稳步健康发展。

（三）强化平台建设，增强农业信息服务能力

全力打造新型农业信息化服务平台，增强农业信息服务能力和水平。一是加强农业网站建设。加强农业生产经营动态、实用技术、政策法规等信息的采集、整理、分析和发布，建立粮食、瓜果蔬菜、畜禽、水产、花卉苗木等网站专业性信息资源库。二是加强惠农短信系统建设。省级相关部门要重点加强12316惠农短信平台运行维护，建立短信采编、发送制度，规范运行，市、县相关部门重点要加强农产品市场、灾害性气候、病虫害等预警信息资源建设，及时发布预警信息，为广大农民提供有效的信息服务。三是加强12316服务热线建设。市、县相关部门要完善12316"三农"热线工作站，强化电话直接咨询服务，提升服务效果。

（四）加强宣传培训，促进农业信息化顺利发展

积极宣传中央和省委省政府农业信息化精神，总结和提炼农业智能化生产、农产品网络营销、农业信息服务等先进典型经验，通过新闻报道、展览展示、经验交流等形式，大力宣传信息技术在现代农业建设中的作用，展示信息化助农惠农新成果，营造全社会关心支持农业信息化发展的良好氛围。利用各类培训资源，积极开展面向基层信息员、家庭农场、农业龙头企业与合作组织成员的信息化知识、计算机网络操作技能等培训，造就一支既懂信息技

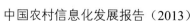

术又懂农业信息管理、信息应用、信息服务的队伍，促进农业信息化快速顺利发展。

（五）大力培育典型，探索农业信息化发展路径与模式。

培育典型、熟化技术、形成模式，是推进农业信息化发展的重要措施。江苏省重点要以科技示范园、龙头企业、各类农业生产基地、农产品加工集中区为载体，加快推进传感器、物联网、移动互联、云计算等新兴信息技术在农业生产领域的应用，打造一批农业生产、经营、服务信息化典型，研究探索农业信息技术应用的主攻方向、重点领域、发展模式及技术路径，加快形成适合江苏省不同地区、不同产业、不同领域的农业信息化发展新模式。

四、政策建议

（一）加强农业信息化政策法规建设

省及各市相关部门要依据《中华人民共和国政府信息公开条例》和《江苏省信息化条例》，争取制定农业信息化规范性文件，建立健全农业信息发布协调机制，保障广大农民和各类农业市场主体能够全面、及时获取政府农业信息，提高农业部门工作透明度，促进依法行政，充分发挥信息对农民群众生产、生活和经济社会活动的服务作用；市、县相关部门要积极争取政府重视，制定农业信息化相关文件，出台农业信息化建设规划、实施意见、补贴支持办法等政府文件，把农业信息化工作摆上政府重要议事日程，加强部门协作，引导农业信息化走上法制化、科学化道路。

（二）加强农业信息化投入

省级各部门要积极争取中央财政支持，争取国家科技计划、科技重大专项、新兴产业发展专项资金等支持，组织力量推进农业信息化关键核心技术研发和产业化，支持农业物联网企业按规定享受相关税收优惠政策。鼓励金融资本、风险资本及民间资本投向农业信息化，对技术先进、优势明显、带动农民增收能力强的项目优先给予资金支持。争取省级财政加大对农业信息化的投入，形成稳定增长的投入渠道。研究建立农业信息补贴制度，争取通信资费优惠，加快推动将农业信息化相关产品和装备纳入农机购置补贴目录。市、县要积极争取领导重视，加强与本级发改、财政、科技等部门沟通，设立农业信息化专项经费，增加农业信息化投入，逐步形成政府引导下的投资主体多元化、运行维护市场化的农业信息化建设投入机制。

（三）建立完善农业信息化工作机制。

进一步完善省、市、县、乡、村五级联动，各部门分工协作，全社会广泛参与的农业信息化建设格局；探索建立"政府主导、需求拉动、市场运作、多元参与"的农业信息化工作机制。加强顶层设计，形成统一标准、统一开发、统一应用的管理模式。建立和完善农业信息化工作投入制度、人才队伍建设制度、信息资源共建共享制度、信息安全保障制度。加强对农业信息化建设项目的绩效测评，强化考核，确保农业信息化各项工作取得实实在在的效果。

第十四章

浙江：农村信息化深化发展

近些年来，在科技部和浙江省委、省政府的正确领导和高度重视下，浙江省各级部门在推进浙江省农村信息化方面进行了大量探索，并取得良好的成效。本报告将对浙江省农村信息化目前发展现状和存在问题进行详细阐述，并在此基础上，提出今后一个时期内推动浙江省农村信息化深化发展的对策与建议。

第一节　发展现状

农村信息化建设是国家信息化发展战略的重要组成部分，是加快推进新农村建设和现代农业建设的迫切需求，是统筹城乡发展的必然选择，是培育新型农民的重要途径，是解决"三农"问题的重要举措。习总书记也强调，"网络安全和信息化，对于一个国家很多领域都是牵一发而动全身的"。信息化水平已经成为衡量一个国家或地区经济发展和社会文明进步的重要标志。

浙江地处中国东南沿海长江三角洲南翼，总人口近 5500 万，其中农村人口约 2100 万，是中国经济最发达、经济增长速度最快、最具活力的省份之一。浙江素有"七山二水一分地"之称，耕地面积少，海域面积大，独特的地形地貌孕育了具有浙江特色的新农村和现代农业。依托独特的区位优势和资源条件，浙江形成了蔬菜、茶叶、畜牧、水果、食用菌、蚕桑、中药材、花卉苗木、淡水养殖、竹木十大农业主导产业，以及若干颇具特色的农业优势产品生产基地。浙江省农业市场化改革起步较早，农民专业合作社等新型主体发育较为快速，工商企业、民间资本投资农业活跃，产业化经营水平较高。在农产品电商方面，依托国内第一大电子商务公司阿里巴巴，浙江在农产品电子商务方面开展了大量的创新探索，涌现出了绿健网、农民巴巴网等一批专业特色的农产品电子商务平台，以"协会+公司"模式助推特色农产品网上销售。此外，通过线上线下的紧密衔接，结合当地的资源条件和特色，充分挖掘农业的生态价值、旅游价值、文化价值，释放农业资源，推动农产品增值，涌现出了一批诸如观光农业、休闲农业、采摘农业等新业态。

综上，浙江是典型的"四高"（农业经济总量高、农业产业化程度高、创新活力高、农民收入高）省份。当前，浙江正处在建设社会主义新农村和由传统农业向现代化农业转型的关键时期，现代信息技术逐步向农村农业渗透，以信息化带动浙江农村农业发展，在东部经济较发达地区乃至全国都具有鲜明的示范性和带动性。

多年来，浙江省委、省政府深入贯彻落实党中央、国务院关于农村信息化工作的精神，对农村信息化建设给予了高度重视，积极推进农村信息基础设施建设，这一切都表明浙江省对农村信息化建设的决心和力度。在国家有关部委的悉心指导和大力支持下，浙江省农村信息化建设取得了明显的成效。

一、农村信息基础设施快速发展

到"十一五"末，浙江省 20 户以上通电自然村 100%实现了通话，移动通信信号覆盖率 100%，全省所有行政村具备了通宽带条件。据统计，6890 家农业龙头企业全部通宽带，实现了 100%上网率；449 家农产品批发市场全部通宽带，达到 100%的上网率；可上网的农业种养大户 22.4 万户，占总农业种养大户的 23.9%；可上网的农产品购销专业户 9.1 万户，占总农产品购销专业户的 30.4%。全省行政村有线电视联网率达到 99%以上，其中 20 户以上自然村达到 80%以上，农村居民有线电视入户率达到 90%以上。

二、覆盖全省的农村信息服务体系初步建立

浙江省已建立纵向到村、横向到各部门的农村信息化工作机制，省农业厅建立省总站、各市建立分站、各县建立支站、乡镇建立联络站、村建立联络点、各部门建立联络室，形成了覆盖省、市、县、乡、村的多级信息服务体系。农业信息服务规范化建设方面，要求县级以上农业信息管理部门达到"有健全机构、有专业队伍、有配套设施、有完善制度、有工作成效"五有标准。

省、市、县三级 100%建立了农业信息服务网站，每年发布各类农业信息 90 多万条；全省有 92 个市、县两级农业行政主管部门建立了农业信息机构，其中单独建立农业信息工作机构的有 39 个；全省党员干部现代远程教育平台建立终端接收站点 43600 个，其中乡、村级站点 30315 个，实现了乡镇和行政村全覆盖，并在机关、街道、社区、企业、专业合作社等延伸站点 13285 个；96%以上的行政村建立了信息服务点，其中 90%以上的行政村建立了符合"五个一"标准（一处固定场所、一套信息设备、一名信息员、一套管理制度、一个长效机制）的综合信息服务点；配备各级管理员、信息员 3.4 万人。

三、农村信息化示范试点工作成效显著

2008 年，开展了农村信息化试点示范工作，全省 23 个村、19 个乡镇（街道）、11 个市（县、区）列入了省级试点。2010 年，启动了"远程教育法律援助进农家"试点工作，全省 11 个市（县、区）列入了省级试点；开展了远程教育"千村示范、万村规范"学用

示范点创建活动，命名表彰了 2217 个省、市、县三级学用示范点。2010—2013 年，组织实施了浙江省农村信息化示范创星"十百千"工程，并完成了 15 个省级示范县、112 个省级示范乡镇（街道）、1000 个以上省级示范村的创建工作。

浙江省农业厅自 2010 年起，在平湖、长兴等 9 个县进行现代农业地理信息系统试点建设，现已将现代农业地理信息系统推广到全省。目前已经完成现代农业地理信息系统组网，省、市、县三级农业部门全部建立并应用该系统，实现了级联组网、独立成网；建立了全省行政区划、卫星影像、河流水域、道路交通、土地利用现状、土壤资源和耕地资源等地理信息基础数据库和农业"两区一田"应用数据库；建立了农业"两区一田"信息化管理系统，现全省 800 万亩粮食生产功能区规划和已建设的 356.57 万亩粮食生产功能区、1513 万亩标准农田和实施质量提升的 177.86 万亩粮食生产功能区全部上图入库，已验收的 11 个现代农业综合区、25 个主导产业示范区和 94 个特色农业精品园，建设中的 137 个现代农业综合区、82 个主导产业示范区和 276 个特色农业精品园完成上图入库，分别占现代农业综合区、主导产业示范区和特色农业精品园数的 100%、48.5% 和 58.4%。2011 年，开展了浙江省现代农业地理信息平台与"两区"粮食生产功能区、现代农业园区深度结合应用试点示范工程、"数字畜牧"试点示范工程、"农机信息化"试点示范工程。

2013 年，启动了以物联网应用为主的农业企业信息化示范建设，全省首批 16 家企业列入示范；启动了永康现代农机产业技术创新综合试点，建立 3 家省级重点企业研究院。在省级现代农业综合区、主导产业示范区、特色农业精品园创建点内，以种植业生产、畜牧业养殖、食用菌培育为主，选择主观上有建设智慧农业愿望，客观上有一定生产规模和较好生产设施的农业生产经营主体（农业企业、专业合作社、家庭农场）作为试点。

四、农村信息化服务模式不断创新

从农技 110，到"农民信箱"、"万村联网"，再到"时代先锋·农村信息化综合服务平台"，浙江省农村信息化服务模式取得了一次又一次的突破和创新，在农村信息化服务的深度和广度上取得了开创性的意义。其中，"农民信箱"是一个由政府主导，集通信联系、电子政务、电子商务、农技服务于一体的公共服务信息系统，目前已拥有覆盖全省超过260 万户真姓实名注册用户，近三年平均每年发送个人信件 4.8 亿封，群发信件 4.6 亿封，个人短信 5.9 亿条，群发短信 5.8 亿条，公共信息 4.7 万条，买卖信息 22.1 万条，日均网站页面点击量 200 万人次左右；"时代先锋·农村信息化综合服务平台"已覆盖 883 个乡镇；应用"浙江省基层政务管理系统"的乡镇（街道）已达 368 个、村（社区）已达 7104个。浙江省农村信息化服务模式创建了一个互联网信息的诚信管理模式，建立了方便快捷的通信联系、产品供求的有效对接、市场行情的及时了解、公共信息的实时公开、自然灾害的预警服务、农技知识的方便查找、农民咨询的定向答复七项应用与服务。

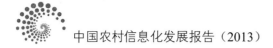

五、农村信息化人才队伍进一步壮大

浙江省、市（区、县）两级从事农业信息工作的人员核定编制 190 人，实际在编 165 人，编外人员 172 人。县级以上已配有农民信箱管理员 885 名，乡镇、村两级落实专、兼职信息员 4.8 万名，初步形成了一支覆盖全省的农村信息服务队伍，实现市、县、乡、村农民信箱服务站（点）全覆盖；农村党员干部现代远程教育平台配备 6.3 万名专兼职相结合的站点管理员，其中包含大学生 6000 多名，组建了由党建、农业、卫生等 11 大类领域的专家学者组成的 5000 多名的省级专家咨询团。

六、农村信息化培训力度不断加强

全省已完成 33497 名农民信箱骨干用户的培训，调查、核实用户数 203 万人，更新注册用户登记信息 110.3 万人次，乡镇、行政村联络站点信息员基本参训。农村信息大篷车在衢州、丽水两地开展了农村信息化培训工作，信息大篷车累计开展培训 425 期，总计 2300 多学时，受训学员达 10000 人次，另有体验和服务人数 35000 余人次。农业信息化的推广与应用，提高了浙江省广大农民的信息化意识，增强信息收集、应用能力，引导推动了农民对信息技术的应用，丰富了农村文化生活。

第二节　主要经验

一、项目组织管理经验

浙江省示范省建设项目成立了以省委李强同志为组长的浙江省国家农村信息化科技示范省建设工作领导小组，领导浙江省农村科技信息化工作。

浙江省科技厅组织农村信息化领域的院士、知名专家、管理专家等组成两级农村信息化专家组，负责指导浙江省农村信息化工作方案的编制及实施工作，以便相关工作的顺利开展并确保目标任务的圆满完成。

在浙江省国家农村信息化科技示范省建设工作领导小组的领导下，组织成立了由浙江省科技厅、浙江省省委组织部远教办、浙江省农业厅以及 19 个浙江省相关部委组成的工作小组，负责领导小组办公室日常工作和示范省工作的具体实施，为整个项目推进提供组织保障。

浙江省国家农村信息化科技示范省建设领导小组下设办公室，挂靠浙江省科技厅。由领导小组办公室牵头制定实施方案，明确领导小组各成员单位的职责任务；建立健全农村信息化合作协调议事机制，协调国家农村信息化示范省工作领导小组各成员单位间的交流沟通；成员单位共同商讨产业关联度大、区域带动性强的重大工程建设项目，促进资源共享，形成多部门共同推进的协作机制；组织实施建设工作，检查和监督项目的进展，提出建设目标和任务调整建议。办公室负责国家相关部委和浙江省相关部门的协调联系，同时加强与各共建单位、融资部门、社会团体等的协调，形成合力。

二、突出区域特色，研究长效机制

依托浙江省独特的区域特色，结合浙江省优秀的电子商务环境氛围，在示范省方案设计之初就将农产品电子商务建设工作提到了一个全新的高度，确立了将建设有浙江区域特色农业电子商务项目作为浙江省开展农村信息化示范省工作的亮点。浙江省农产品电子商务平台将依托淘宝网平台，联合运营商共同建设富有浙江特色的"浙江农产品馆"，实现农产品网上展示和信息发布、网上分销和零售、鲜活商品网上订货、运营策划等多方面功能。

在政府主导推动下，充分发挥市场机制驱动的作用，创新农村信息化发展理念，积极探索公益性与商业化相结合的农村信息化模式，形成具有浙江特色的可持续发展的试点模式。各涉农公益机构在提供公益性农业农村信息服务的同时，积极探索有偿增值服务的长效机制；各大运营商联合一批涉农信息服务企业探索"公司化+政府与社会利用"的模式，通过联合组建专业化服务公司，做强做精专业化服务，在农产品电子商务等若干服务领域形成共建共享的运营模式和盈利模式。

通过平台的建设及运营工作，保证了平台的持续运行经营，并为浙江农村信息化建设运营工作的市场化运作提供一些有益的探索。

第三节　存在问题

浙江作为全国经济增长较快的东部沿海省份之一，总体上看，农村信息化的基础设施和服务体系比较完善，农村信息化的服务模式不断创新。特别是，近年来浙江省通过一批重点涉农信息工程的建设，大大改善了农村信息化基础设施，农村信息化建设成绩斐然。尽管当前浙江省的农村信息化形势很好，已经具备较好的基础和发展环境，但是仍然存在一些矛盾和问题。

一、农村信息化基础设施建设区域不平衡凸显

经过近几年的努力，新农村信息化基础设施建设已初见成效，基本实现了"村村通电话"、"村村通广播电视"，但是互联网的建设和使用还有待完善；同时，各地信息化建设状况参差不齐，不同地区农村信息化水平存在巨大差距，发展很不均衡。总的来看，嘉兴、湖州、杭州和宁波农村信息化建设水平位于全省前列，而金华、衢州和丽水的农村信息化建设水平却一直处于全省最末。对这些不发达地区仍须统筹规划、加大信息化基础设施投入、缩小地区间农村信息化差距.

二、农村信息资源整合开发还有待加强

涉农信息资源分散在不同部门，由于还没有建立起有效的统筹协调管理机制，信息共享程度低，造成了资源的浪费与闲置。在信息分类分级、收集渠道和信息应用环境等方面还没有形成统一的标准与规范，信息资源整合难度较大，各级政府主管部门难以及时汇集全面、系统、准确的信息。农村信息资源的有效整合已成为农村信息化发展的较大瓶颈，亟待解决。

三、农村信息资源服务水平还有待提高

目前农业网站过时的信息较多，信息更新不够及时，缺乏第一手信息和第一时刻发布的信息。农民普通关心的农产品价格等市场信息，基本上是通过电视、广播、报纸和上门收购等传统渠道获得，信息相对比较滞后和不全面。农民对农业科技不太了解，很多耕作都是凭借传统方法和经验，受农技部门组织的指导较少，乡镇基层农业科技的相关培训和教育比较薄弱。

四、农村信息化人才队伍建设有待加强

农民的信息意识比较淡薄，农民网络用户较少，因此，农村信息化建设更需要有组织、有领导地进行，需要有专业队伍的带动和引导。但是在农村真正懂计算机操作的信息员太少，信息提供落不到实处，信息员的上岗和培训不够规范，信息员队伍不够稳定，尤其是县级以下的信息员多为兼职，人员经常变动。需要农业部门加大农村农技推广人员的队伍建设，积极整合已有的"农民信箱"等农业信息化应用，开发移动手机 APP 等涉农应用，提高农技员信息化水平，带动农业信息进村入户，更好地服务广大农民。

第四节　下一步打算

坚持"政府引领、市场推动、多方参与、逐步推进"的基本原则，突出应用需求导向，以解决当前突出问题和矛盾为突破口，充分发挥各方力量、现有资源，走集约、高效、协同发展的路子，进一步优化完善农村信息基础设施，促进农业、农村信息资源的整合开发，为实现服务"三农"的发展目标夯实基础。按照"探索新模式、建立新机制、推广新技术、拓宽新应用、形成新特色"的要求，进一步完善浙江省农村综合信息服务体系建设。到 2016 年年底，形成具有浙江特色、稳定长效的农村信息化基本框架、建设模式和运营模式，进一步完善全省统一的农村信息化综合信息云服务平台，并实现省级乡镇和行政村全覆盖，涉农信息资源实现整合共享和信息入户，建立一支具有较高素质的农村信息化人才队伍，提升农村信息服务水平，促进农村信息化综合服务体系进一步健全。

一、构建农村信息化综合信息云服务平台

根据"政府主导、社会参与、市场运作、多方共赢"原则，依托农村党员干部现代远程教育网络，以信息资源整合共享为抓手，按照集约化、一体化、智慧型要求，建设"1+N"农村信息化综合信息云服务平台，推进"平台上移、服务下延"，实现"一网打尽"。"1"是指省级农村信息化综合信息云服务平台，实现统一的综合信息门户、数据中心、呼叫中心、中央控制与管理中心。"N"是指面向基层政府、园区、专业合作社、农业企业及农村经营户、普通农户等用户群体的差异化信息及服务需求而建立的信息服务系统，涵盖现代农业信息服务、农村民生信息服务和农产品电子商务与质量安全追溯 3 个方面共 10 个子系统。通过统一的数据标准和数据接口，实现综合信息服务平台和各大专业信息服务系统在省级农业农村综合信息资源和服务平台上的无缝融合。

二、建立"三网融合"信息高速通道

整合浙江电信、浙江广电、浙江移动、浙江联通、华数集团等运营商和企业资源，以国家实施"三网融合"大战略为契机，加快"光纤到村"、"信息网络入户"和广电有线网络数字化、双向化改造建设，实现全省 98%以上行政村光缆到村，全省行政村无线宽带覆盖率达到90%以上，全省农村广电有线网络数字化率和双向化改造率分别达到97%和95%以上。

三、建立健全农村信息服务站

整合现有各部门各单位农村信息服务站，形成覆盖全省的综合信息服务站和专业信息服务站，实现"五个一"标准农村综合信息服务站全省行政村全覆盖。依托准农村综合信息服务平台及基层信息服务站，构建公益化农村信息服务体系、社会化农村创业体系、多元化信息服务体系相互促进的"三位一体"浙江农村信息化综合服务体系。

四、农村信息化示范工程

示范工程建设有利于各地深入探索与实践，有利于各地找准工作切入点、因地制宜地加强农村信息化建设。为务实推进浙江省国家信息化示范省建设，突出重点，发挥示范工程的引领带动作用，浙江将在农业物联网、农产品质量安全追溯、农产品电子商务、农业地理信息应用、农村综合信息服务五大领域开展示范工程建设。浙江省国家农村信息化示范省建设工作领导小组办公室负责示范工程的组织申报、遴选、考评、验收和推广工作。

五、促进新一代信息技术的农业应用

加大云计算、物联网、移动互联网、无线网、GIS 等信息技术在农村信息化中应用的广度和深度。构建"省市集中建设资源平台、多媒体信道平台以及县、乡镇建设虚拟服务门户"的云计算服务框架；利用云计算技术，建立省级农业农村综合信息服务平台；

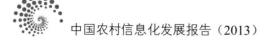

结合物联网技术建立平安农村、农业监测预警等系统；开展互联网、移动互联网、无线网、3G/4G、GIS 等技术在农业生产资料监管、农产品溯源和电子商务等领域的深度应用；推进微信社交服务、便携终端在线购物、可视化服务、智能终端接入等创新服务在农业农村中的应用，形成农业农村信息数据管理和数据服务的"中枢神经"。

六、扩大农村信息消费面

根据农村实际情况及农民消费特点，加大政府对农村信息消费的补贴力度，特别是加大欠发达地区农村和低收入农户的政策倾斜力度，逐步扩大受惠面。协同运营商资源，提升运维能力，大力推进农民信箱（农技咨询）移动智能终端应用、农技110（即12316）的标准化改造，进一步降低农村整体信息消费成本，扩大农村信息消费面。

七、探索可持续的农村信息化发展模式

把政府职能转变、创新政府管理服务模式与综合运用行政机制、公益机制和市场机制紧密结合起来，形成农村信息化发展与深化行政管理体制改革相互促进、共同发展的机制。在加大政府投入的基础上，鼓励和支持各类市场主体积极参与农村信息化建设。通过创新运营机制、投入机制，探索出一套可借鉴的农村信息化可持续发展模式。

第十五章

河南：农村信息化建设取得积极进展

河南省作为一个农业大省，高度重视农村信息化建设，先后实施了农业科技信息服务"进村入户到企"、"农村党员现代远程教育"、"数字河南"、"金农工程"、"国家农村信息化示范建设试点"等农村信息化工程。2013 年，在河南省委、省政府的正确领导下，进一步围绕《河南省国家农村信息化示范省建设实施方案》目标任务，创新工作方法和措施，积极行动，扎实推进国家农村信息化示范省建设的各项工作。通过各方面积极努力、攻坚克难，在农村信息化建设领域取得了显著进展。本章将总结河南农村信息化建设的发展现状、经验，分析存在的问题，为进一步推动农村信息化的快速发展提出对策建设。

第一节　发展现状

一、政策环境

河南省委、省政府高度重视农业农村信息化工作，颁布了许多法规来促进其发展。2010年，科技部、中组部、工业和信息化部联合启动了国家农村信息化示范省建设工作，作为重要的农业大省、粮食大省和人口大省，河南省委、省政府积极申请将河南省列入国家农村农业信息化示范省建设试点工作，并得到批复。开展国家农村信息化示范省建设试点，以农业信息化推动农业现代化，将会更加完善河南省农村信息化服务体系，为农村、农业、农民和涉农企业提供全方位信息服务，促进中原经济区"三化"协调发展。2012 年，《河南省国民经济和社会信息化发展"十二五"规划》（豫政办［2012］47 号）中明确指示，要将信息化作为推进现代农业发展，促进社会主义新农村建设的重要内容，将"促进信息惠农"作为重点任务，将"现代农业信息化应用工程"列为重点工程。同年又相继出台了《关于进一步推进农业和农村信息化建设的指导意见》和《河南省"十二五"农业和农村信息化发展规划》等条文。2013 年，河南省人民政府《关于加快推进信息化促进"四化"同步发展的意见》（豫政〔2013〕68 号）中指出在加快推进信息化中促进工业化、城镇化、农业现代化"三化"协调，"四化"同步发展，加快中原崛起、河南振兴、富民强省。

二、基础设施

河南省建成了集骨干传输网、宽带网、移动通信网、交换网、接入网等为一体的基础通信和支撑网络，基本实现 3G 和光纤宽带网重点乡镇以上全覆盖。在实现全省所有行政村通宽带的基础上，推动光纤向行政村、宽带向自然村延伸。据资料表明，截至 2013 年年底，仅河南联通铺设的光缆、光纤总长度达 34 万公里，覆盖全省所有市、县、乡及 62%的行政村；建成移动基站 4 万座，市区覆盖率 100%，农村覆盖率 95%以上，其中，3G（WCDMA）基站 18300 多座，居行业首位。宽带 IP 骨干网总带宽达到 3240G，农村互联网宽带接入端口达到 396 万个。农村通光纤率 62%，3G 覆盖率达到 27%，通宽带率 97%，互联网带宽达 4M 以上。

河南农村通信水平有很大提高。固定电话用户达到 1300 余万户，其中农村电话用户491 万户；移动电话达到 5200 余万户，互联网宽带接入用户 818 万户，移动互联网用户 3224万户。

河南省基层公共信息服务站建设已有一定基础。河南省农村党员干部现代远程教育在全省建设党员远教基层站点 50875 个，已覆盖全部行政村，入户 28 万户。河南省文化共享工程建设村级基层服务点 3.4 万个，覆盖所有乡镇。河南省供销社系统在全省建设购销与信息服务网点 6.8 万个。河南省农业部门建立的乡镇农村信息服务站达到 1400 个，村级多功能信息服务站达到 1.5 万个。

三、信息服务平台

河南省基本建成了从省到市、县、乡的农村信息网络服务平台。建设了河南农业信息网省级农业门户网站；18 个省辖市和 158 个县（区）均建立了农业信息网，已建成的农业信息网站达 162 个，初步形成了省、市、县三级健全的农业信息网络。开通了 12316"三农"热线省级综合服务平台等，让广大农民群众以最便捷的方式、最低的成本，享受到专家级的农业技术服务，有效地解决农业技术、农村政策的棚架问题。"河南畜牧业信息化工程"整合畜牧、通信、金融、保险等各类社会资源，开通了 9600118 专家服务热线，服务时长达到 2060 小时，拨打次数达到 12160 次。省供销社积极推进中原合作网、中原经济网、中原交易网"三网合一"，构建省、市、县（区）供销合作社三级信息网络平台。河南省农村党员干部现代远程教育平台，网络覆盖全省所有行政村，用户超过 20 万户，被中组部确定为全国农村党员干部现代远程教育的典型模式。另外，建立了中原农村信息港综合门户平台——国家农村信息化综合服务平台，该平台作为河南省国家农村信息化示范省建设中的重要一环，以粮食核心区建设为重点，形成统一的农业服务平台，为农村信息化发展提供了一个坚实的平台。

四、信息系统

河南省涉农科研院所、高校在农村信息化理论、作物系统模拟、决策支持系统、作物生长遥感监测、节水灌溉技术、农业机械远程控制管理、畜牧业信息化等方面取得了一系列科技成果并得到广泛应用。农业机械远程控制管理系统使农机部门实现网络指挥、调度，提高服务的针对性和准确性。畜牧业生产中得到广泛应用的有河南省饲料监督监管服务信息化系统、河南省重大动物疫病防控监测预警系统、河南省畜牧业监管执法服务系统等。此外，鹤壁市星陆双基遥感农田信息协同反演系统和农产品质量安全监测预警、质量安全追溯、投入品监管系统，濮阳市优质小麦综合栽培管理专家决策支持系统和白灵菇、双孢菇、鸡腿菇栽培管理智能决策支持系统，三门峡市推广应用农产品质量质量追溯系统、农业物联网应用系统、黄河金三角苹果电子交易系统等，均产生了重大社会、经济效益。2013年，围绕国家农村信息化示范省建设和中原经济区建设，集成开发以多元服务为主导的粮食生产、畜牧生产、农产品电子商务与物流等专业信息服务系统和以公益服务为主导的数字村镇和农村远程医疗信息服务系统，是信息系统研究开发的重点。

五、人才队伍

河南省拥有众多涉农科研院所和高等院校，在长期服务"三农"、推进河南省农村信息化的进程中，培养了一批农业信息技术专业的本科生和研究生等高级人才，造就了一支高素质的作物新品种繁育与栽培、畜禽养殖与疾病综合防治、农业经济管理等方面的农业专家队伍。利用学校教育、继续教育、社会教育等多种途径和手段，形成了不同层次、结构合理的农业信息化技术人才培养教育体系，培养了一大批农村信息技术服务与应用专门人才。选择科技特派员、大学生村官、村支两委、回乡优秀青年、回乡退休干部与科技人员、村级教师等作为村级信息员，建设农村信息员队伍。此外，农村党员干部现代远程教育、文化共享工程、农村商务信息服务工程、畜牧业信息化工程、气象信息化、金农工程、国家农村信息化示范省等重大项目的实施，培养造就了一支基层信息服务队伍。如河南省农村党员干部现代远程教育基层站点管理员队伍达10余万人，气象信息员队伍达4.7万人，农村商务信息服务工程培训学员4.3万人。

六、示范应用

依托农村信息综合服务平台和基层信息服务站，河南省大力开展农村信息服务示范应用。一是远程教育网络信息服务示范应用，即整合各部门资源，丰富远程教育内容，夯实基层信息服务站点，让农民免费享受到基本的信息服务。二是农村电子商务信息服务示范应用，开展农产品电子商务与物流等信息服务示范，为现代信息技术促进农产品物流业发展树立样板。三是粮食作物精确生产信息服务示范应用，根据"百千万"高标准粮田建设工程要求，依托粮食作物精确生产信息服务系统，开展粮食作物精确生产信息服务示范。四是畜牧业信息服务示范应用，根据河南省畜牧业发展及其分布，建设示范基地，依托畜牧业生产监测应急预警指挥系统，开展畜牧业生产信息服务示范。五是农村远程医疗信息服务示范应用，利用县级医院，开展面向基层医生的远程医疗信息服务示范，依托基层医疗信息服务站，开展面向农民的医疗咨询服务示范。六是数字村镇信息服务示范应用，开展农村远程教育、村务管理、农村就业、农村安全、网络化农村综合管理等信息服务示范，提升社区公共服务水平。

第二节　主要经验

一、"四项原则"指导发展

（一）平台上移，服务下延

充分利用河南已有的农村信息服务平台建设基础，构建一站式农村信息服务综合平台，利用高速光纤宽带网、3G移动互联网、传统电信网、广电网、物联网等多种接入方式，实现多媒体、扁平化的农村信息服务，保障多终端实时互动访问农村信息服务综合平台。充分整合全省农业、林业、畜牧业、水产、科技、农村党员干部现代远程教育、文化、教育、供销、气象等涉农公共服务机构以及农业产业化龙头企业、农业生产资料企业、农村专业合作经济组织等拥有的农村信息资源，形成在线支持的专业化、本土化、网络化的线上服务与线下服务相结合的高水平农村信息服务体系。

（二）整合资源，共建共享

依托现有的河南农村党员干部现代远程教育系统、河南农业信息网、河南新农网等农村信息化建设基础，按照农村信息化标准和规范，强力整合涉农各专业信息资源、市场信息资源、政府管理与公共服务信息资源、公共文化与广播电视资源、通信传输与网络接入资源、地方信息资源、专家资源、专业服务资源、信息通道与信息网络资源、服务场地资源等各类资源，形成共建共享、长效合作共赢机制。

（三）突出内容，强调重点

加强基础数据库、知识库、数字媒体、课件等信息资源库建设，加强能够满足农民对"农技、农政、农资、农商、农金"等信息服务需求的信息服务产品和内容建设，用"可靠、可信、可用"的信息帮助农民和农业经营管理组织解决实际问题。根据中原经济区农村产业发展、社会进步、人民生活的不同需求，对不同区域实行差别定位、精准农村信息服务，为中原经济区新型农业现代化、新农村建设和培育产业农民提供强有力支撑。

（四）政府引导，市场运营

坚持以公益性机制为主体，以普惠广大农民为目标，加强各级政府的指导和协调，建立并完善公益性信息服务、商业化信息服务和基于开源软件的志愿服务相结合的农村信息服务模式，促进农村信息服务体系建设。积极引入市场机制，逐渐增加社会经费支持比例，鼓励企业让利于民，微利或薄利服务于民。逐步引进商业模式，发挥市场作用，吸引农民专业合作社、种养大户、专业服务组织、IT企业以及高校科研院所等社会力量参与农村信息化建设，促进农村信息化的可持续发展，逐步提高广大农民自我服务能力。

二、"六大工程"促进建设

河南省农村信息化建设紧紧围绕中原经济区"三化协调"发展及其对农村信息化的需求，以中原农村信息港、农村信息服务通道建设为重点，整合建设农村管理、农民生活和农业生产3类农村信息资源库，构建5大产业农村信息服务与决策支持系统，实施6类农村信息服务示范工程，实现河南农村信息化"平台上移、服务下延"，提高河南省农村信息化水平，促进中原经济区建设。

（一）中原农村信息港建设

按照"平台上移、服务下延"指导原则，以创新农村信息服务模式为目标，通过统一认证和分层级管理，建设由"一台三心"构成的中原农村信息港，"一台"即省级农村信息服务综合平台，"三心"即数据资源中心、惠农呼叫中心和远程教育中心。

（二）农村信息服务通道建设

按照国家推进"三网融合"的有关要求，以光纤、有线、无线为支撑，推进覆盖全省城乡的宽带网络体系建设。充分利用已有通信基础设施，以宽带为主，无线和有线网络相结合，完善移动网、广电网等接入手段，形成接入方式多样、覆盖区域广、使用快速便捷的农村信息服务通道。

（三）农村信息资源库建设

结合全省农村资源现状和农业区域特色，紧紧围绕农村信息共享环节，从信息获取、存储、交换、管理、服务和应用等角度，构建农村管理、农民生活和农业生产3大类数据资源库，建立适合河南实际的农村信息共享体系和信息资源加工规范，为全省涉农信息资源建设提供技术指导和质量保障。

（四）基层信息服务站建设

基层信息服务站是农民与信息服务综合平台连接的纽带和桥梁。建设基层信息服务站是河南省农村信息化建设的重要内容，是解决目前农村"最后一公里"问题的有效手段，是推进信息进村入户的有效措施，是实施"扁平化"服务的重要方式。根据河南省实际情况，建立两类基层信息服务站点，全方位满足农民需求。整合各部门建设的农村信息服务站点，建设村级综合信息服务站；以产业化龙头企业、专业协会、农民合作组织、种养殖大户等为依托，建立专业信息服务站。

（五）农村信息服务与决策支持系统建设

依托中原农村信息港，着重研发建设面向农民、种养殖大户、产业化龙头企业、农业专业协会、农民合作组织、农业科技园区、供销合作社、涉农政府部门与企业的信息服务与决策支持系统。

（六）农村信息服务示范工程建设

河南省粮食生产、畜牧养殖、农产品加工、农产品流通等领域在全国具有重要地位，对国家粮食安全和中原经济区建设具有举足轻重的作用。为进一步改善民生、提升农村各领域的信息化水平，实现科学化管理、智能化决策，坚持"有所为有所不为"的基本原则，根据河南省农业优势产业和区域特色产业的发展现状和生态经济社会条件，选择农村信息服务示范基地，依托农村信息服务综合平台，重点实施农村科技信息服务、粮食核心区小麦玉米精准生产、畜牧、远程医疗、数字村镇、农产品电子商务与物流 6 类农村信息服务示范工程。

三、"五个机制"保障持续

在河南省农村信息化建设中，从政府引导、双轨运营、资源整合、创新服务以及人才队伍等机制进行了探索和创新，确保农村信息化建设的可持续发展。

（一）政府引导机制

全省各级政府把加快农村信息化建设作为今后农村工作的主要抓手，在上级部门与专家组领导、指导下，统一规划、统一标准、统一建设、统一管理，强力推进农村信息化建设工作。以公共信息服务的公益化为准则，采集、加工与整理涉农基本公共信息，依托农村信息服务综合平台进行免费发布与定向推送；建设基层农村信息服务点，开发廉价、易用的信息服务终端，通过热线电话、手机短信、远程视频等多种方式向全省农民提供普适、免费的公共信息服务，最大限度地发挥公益性信息服务投入产出效率。

（二）双轨运营机制

完善以政府和市场共同支持的双轨运营体制。对于省级农村信息服务综合平台和基层综合信息服务站点的建设、运行和维护，坚持公益性原则，加大政府公共资源投入。对于农村电子商务等专业性服务站点的建设和维护，通过市场机制，广泛吸引社会资金投入建设，引导农村商业连锁企业投资农村电子商务；积极支持龙头企业、专业合作组织、农业科技园区（基地）等建设专业信息服务站，围绕产业链条，开展全方位的有偿信息服务。积极探索低成本、使广大农村用户满意的信息服务模式与机制，形成政府和企业共同投入支撑农村信息化的新机制，实现长效、可持续发展。

（三）资源整合机制

制定农村信息资源存储、数据交换和共享服务等标准规范，有效整合农村党员远程教育、农业、科技、水利、扶贫、商贸、气象、文化、医疗卫生等领域的相关信息资源，建立省级信息服务综合平台。带动全省在统一的框架之下有序开发农村信息资源，保障信息资源整合、更新的可持续性。为信息资源的聚集、交换和共享提供环境和技术，在政府和企业间、有偿信息和公益信息间逐步建立农村信息采集、加工、传播、反馈等信息服务参与者的利益共享机制，确保涉农信息资源的集成共享、互联互通，充分发挥信息服务与信息应用的叠加效应、协同效益和倍增效果。

（四）创新服务机制

将农村信息化工作与创新管理服务模式紧密结合。加强农村信息服务站点设施建设和运行维护，提高公共服务能力。基础设施建设与信息服务并重，在强化信息服务综合平台和基层服务站点建设的同时，及时提供农村经济和社会发展迫切需要的信息服务，实现信息化与农村制度建设、现代农业、农村公共事业建设的有机融合。增强信息化对现代农业、农村公共服务的支撑能力，围绕发展重点开展农村信息服务。

（五）人才队伍机制

通过职称、待遇等方面的政策倾斜和技术培训，加大对农村信息化技术人才培养的支持力度，进一步加强农村信息化技术人才培养教育体系建设，完善人才队伍保障机制，稳定和壮大农村信息化工作人才队伍。

第三节 存在问题

自开展国家农村信息化示范省建设试点以来，河南省在完善河南省农村信息化服务体系、提供全方位信息服务、促进中原经济区"三化"协调发展等方面进行了大量卓有成效的工作，河南省农村信息化水平得到了提升，但由于河南省农业信息化基础差、起步晚，在发展中难免会出现一些不容忽视的问题，下面针对存在的主要问题进行列举分析，以便更好地引起重视、解决问题并促进工作开展。

一、宏观调控需要加强

从美国、德国、日本等国的经验来看，农业是受国家保护的弱势产业，政府在农村信息化建设中要充分发挥主导作用，在立法、规划、政策制定、投资、信息搜集与发布等方面要做大量工作。但从河南省农村信息化建设的实际情况来看，政府的主导作用发挥得有所欠缺。存在地方政府制定政策时实际调研不够、内容与现实情况存在较大差距等问题，迫切需要修改完善。同时，各个应用系统实行归口管理，信息分割严重，整合利用信息资源服务生产、市场、决策的能力不强。

河南省农村的经济状况虽有较大改善，但仍普遍停留在温饱阶段，在现有的市场环境中，农民仍属于弱势群体，他们往往信息滞后，无法准确掌握资本运作方向，加之农产品本身具有一定的生产周期，种植、收获等不可能随机应变，这使得农民在市场经济环境中变得极为被动，常常导致"谷贱伤农"情形的发生。为此市场监管力度有待加强，迫切需要建立高效、权威的农业信息服务体系。

二、农业信息技术服务水平亟待提高

在河南大部分农村地区，信息化与农业化的结合不够紧密，农业信息进村入户问题难以解决。网络信息进村入户可综合运用数字电视、电话、互联网等资源。而目前河南省农村电视、电话普及率高而计算机普及率低的现实，说明这一工作做得还很不够。各地市信息化基础设施多为面子工程，建站、购机、入网等低水平重复劳动较多，实质性的市场信息开发、传播、利用跟不上需求，无法对农民的农业生产、销售等提供有效指导，难以充分发挥作用。另外，信息资源开发利用的深度不够，一般性信息繁多，而权威性的可用信息缺乏，特别是中长期市场分析与预测、结合本地情况开发利用的信息资源十分匮乏。农业服务信息数量及质量上的偏差甚至还会引起农业生产方面新的盲目性。只有加大农村信息网站的建设，整合各乡镇企业及协会等的网站资源，实现信息共享，才能起到宣传、服务作用，切实提高农业信息技术服务水平。同时农村信息技术人才缺乏、乡镇信息员工作水平有待提高，需要全面开展示范应用和技术培训。

三、农民信息化素质和意识尚需要提高

由于当前河南很多农村地区农民文化水平偏低，经济条件有限，获取信息的成本偏高，农户经营规模对信息消费者和生产经营者收益空间的制约，信息咨询服务滞后，当地没有对信息化建设成果进行深入广泛宣传等现实因素，再加上农民对已形成的获取信息模式的依赖，造成了农民对通过网络获取信息的方式反应冷淡，利用信息化发展生产经营的意识淡薄。

如何将信息化优势覆盖农村的每一个角落，将信息传递到"最后一公里"，这个问题不解决，信息网络对于"三农"服务没什么实际意义，而这"最后一公里"的信息传递，目前要靠农业信息员来完成。

同时，就农村的信息客户群体而言，他们需要的网络信息以市场信息和专家信息为主，包括信息传播、信息查询和网上招商等，这些信息必须具有针对性、时效性和真实性。只有将网上信息进行筛选、加工、汇总等操作后，才会适合农民的需求。这就对权威的农业信息专业库的建设和更新提出了更高要求。

四、推广及应用是农业信息化发展的最大瓶颈

河南各地区经济和社会发展不平衡，很多地区还处于信息化起步阶段，信息化水平较低，农业信息市场供给和需求严重不平衡，信息渠道不畅，对农业信息技术应用缺乏统一治理和高层规划，没有因地制宜地改变推广应用模式。尽管很多科研项目研究获得突出成

果，但由于成果转化及推广的投入能力有限或方法不适当，加之小农经济传统意识的作用，推广应用起来面临很大的困难，往往不尽如人意，使得花费大量财力和心血的研究成果发挥作用甚小，有的甚至被束之高阁。

第四节　下一步打算

河南省农村信息化建设是一项长期而艰巨的任务，各级政府和有关部门应采取切实措施，动员各方面力量和资源，在政策、资金、人才、宣传等方面提供保障，确保信息化建设顺利进行。重点以国家农村信息化示范省建设为契机，打造中原农村信息港，形成统一门户、多部门联动、全程推送的"三农"信息服务直通车。

一、加强组织领导，确保科学决策

在河南省农村信息化建设中，应加强组织领导，成立省委、省政府主要领导为组长，省委组织部、省委宣传部（省广电局）、发展改革委、省科技厅、省工业和信息化厅等有关单位为成员的强有力组织。负责制定全省农村信息化发展规划和重要政策，统筹协调相关部门农村信息化建设。成立河南省农村信息化专家指导组，邀请国内农村信息化领域两院院士、知名学者和权威管理专家作为专家指导组成员，为农村信息化建设提供技术咨询和宏观指导。

二、整合各方力量，形成建设合力

各级政府和有关部门要把加快农村信息化建设和发展作为当前和今后一个时期农村工作的重要内容来抓。各地要成立专门的农村信息化建设工作机构，并充分发挥其决策协调作用，实行统一领导、统一规划、统一建设、统一标准、统一管理，做到领导到位、组织到位、措施到位。

整合政府机关信息管理人员、农技推广部门推广人员和农村信息员等信息服务队伍，结合现有农村党员现代远程教育平台、基层农经站、农技服务站，以村组干部、农村经纪人、产业化龙头企业等为重点，通过培训和资格认证，建立农村信息员队伍，及时收集、传播信息，当好政府与农户之间的信息"二传手"，有效解决信息服务"最后一公里"问题，节约信息体系建设成本，促使传统农技推广体系转变职能，更新力量，实现信息工作与农技推广工作的紧密结合。

三、加强创新集成，强化技术支撑

要对农村信息化建设已取得的成功创造和有益探索进行发掘、总结和提炼，丰富和发展农村信息化建设理论并用于指导工作实践。要注意跟踪国际农村信息化发展动态，把握农村信息化建设的发展趋势，增强工作预见性、主动性。开展国内外前沿技术的研究与试验，力争使河南省的农村信息化的关键技术研究与应用能力达到国内外先进水平。

以超前的眼光，加强"三网融合"的网络技术和配套终端设备信息化平台的研发，确定合理、先进、适用的技术路线，充分利用农村既有的广播电视和手机终端作为信息服务接入终端，研究并开发适用于农村地区用户使用习惯、低成本的 3G 多媒体信息终端，促进信息技术和信息服务向融合化、多媒体化和集成化转型，探索建立符合河南实际的农村信息服务模式。

四、加大资金支持，创新投入机制

政府要加大农村信息化建设资金支持力度，以农村信息化建设项目基金带动政府科技主管部门和相关部门等多方投入，申请国家农村信息化建设专项经费，支持关键技术研究、信息服务综合平台建设与维护、信息资源建设、基层站点建设与人员培训、技术服务队伍建设、示范工程建设等。

创新投入机制，广开融资渠道，鼓励社会力量参与农村信息化建设，多渠道争取和筹集建设资金，充分运用市场机制，吸引企业和全社会积极投入农村信息化建设中，形成多元化的资金投入机制。政府有关部门出台优惠政策，鼓励个人、集体、企业和外商多方投资，形成多元化投资渠道，共同推进农村信息化建设。鼓励通信运营商、高新企业、农业产业化龙头企业、战略投资者以多种形式参与农村信息化建设。开展有偿服务，针对农业企业、农民专业协会、专家大院、星火学校、科技特派员项目单位、种养大户等不同农村群体用户的需求，拓展服务空间，为用户提供具有针对性、个性化信息推送有偿服务。积极扶持农村信息服务内容供应商的发展壮大，逐步探索一条可行的农村信息产业和信息服务的可持续发展道路。

五、加强政策引导，强化示范带动

制定全省农村信息化科技专项规划，明确目标和任务，突出重点，在人力、物力、财力等方面统筹安排，有计划、有步骤地推进各项工作的开展。联合有关部门研究制定推进农村信息化发展优惠政策，推动农村信息化综合信息服务的快速发展，对研发和使用信息装备的单位给予一定扶持，对使用信息装备的农民进行补贴，将农村信息化发展纳入强农惠农政策之中。

出台配套的奖励机制。在农村信息化中，对做出突出成绩的高等院校、科研机构、企业等单位，在科技计划项目申报指标和立项支持方面，给予重点倾斜；对于科技人员，其服务业绩将作为承担科技计划项目的重要依据，吸引、激励广大科技人员和各界力量参与项目建设。

六、加强宣传力度，营造良好氛围

充分利用电视、电台、报纸、网络等宣传平台，宣传河南省农村信息化建设的重要性，大力宣传展示信息技术和信息化助农惠农的新成果，推广农村信息化建设的成功做法和典型经验，在全省形成学习信息技术、重视信息化建设、用信息化手段引导并支持农村经济快速发展的浓厚氛围。

第十六章

Chapter 16

湖北：重数据、强终端，推进信息"进村入户上手"

湖北是一个农业大省，多年来，在湖北省委、省政府的高度重视和领导下，在科技部等部委的大力支持和指导下，通过切实加强信息基础设施、信息服务平台、信息服务体系和信息服务人才队伍建设，积极推进农业现代化与信息化融合发展，有力地促进了全省"三农"工作的快速发展。目前，全省已基本实现广播、电视、电话、手机全覆盖，行政村通宽率达到 90%以上。已建立了荆楚旗帜网、湖北智慧农村网、湖北农村科技网、湖北农业信息网等一大批农村信息服务网络和平台，信息服务资源日益丰富和完善，为农村信息化工作打下了良好的基础。以湖北农村党员干部现代远程教育网络为主体的农村基层信息服务站点达 28000 多个，培养农村基层信息员近 3 万名，开展农村信息服务的专家队伍达 3000 多人。培育了湖北农技 110、信息田园、楚天农业新时空、湖北农信通、垄上行等农村信息化服务品牌，正探索并逐步形成"政府引导、市场驱动、利益共享、自我造血"的长效运行机制和模式。

第一节　发展现状

2012 年 1 月，湖北被科技部、中组部、工业和信息化部三部委联合批准为国家农村信息化示范省建设试点省份。在省委、省政府的高度重视和大力支持下，经过 2012 年的全力建设，示范省基本框架搭建完成；2013 年，以信息服务示范应用为目标，以资源整合为核心，湖北农村信息化水平有了很大提升。

一、全省合力推进农村信息化建设的格局基本形成

湖北国家农村信息化示范省建设得到了省委、省政府领导的高度重视和大力支持，被列为湖北省政府 2013 年督办事项。2013 年 5 月 28 日，王国生省长主持召开了示范省建设

领导小组会议，科技部张来武副部长出席会议，会议重点推进示范省建设过程中的跨部门协作等若干重大问题，要求加快推进湖北农村信息化建设，为全国农村信息化建设打造样板。2013 年 9 月 16 日，召开了示范省成员单位联络员会，明确各厅局的责任与任务。2013 年 12 月 2 日，省委副书记张昌尔再次召开示范省建设工作督办会，要求省内各部门严格按照农村信息化示范省建设的分工要求，全力协助，加强资源整合。目前，湖北已形成了"省主要领导挂帅、多部门配合、多企业参与、农民农企受益"的良好格局。

二、省级中心平台服务功能不断完善

按照资源整合、共建共享的原则，集中建设了总面积约 1200 平方米的省级中心平台，为农村信息化示范省各项工作的顺利开展创造了良好的条件。通过充分联合、整合省内农村信息服务资源，启动了湖北示范省门户网站——湖北智慧农村网二期建设；同时与武汉大学、中国农业大学、中航三院、美国云超市公司等 10 多家国内外机构，围绕门户网站子平台和子系统开发建设，签订了合作协议。目前，湖北智慧农村产业远程服务平台、GIS 服务平台、基层站点监管平台、农村电子商务平台等子平台的建设应用已初见端倪。图文信息库容量达 8.2G、视频资源库容量达 2.5T，收录湖北省内地理标志产品 216 种，名特优产品 56 种。注册录入平台的基层远程教育站点 2.7 万多个，农业企业 1169 家，协会和专业合作社 1568 家，农技和民生服务专家 676 名。

三、"1+N"信息服务框架基本成型

按照"平台上移，一网打天下"的基本原则和"资源整合，统一接入"的基本要求，构建支持"语音、短信、视频、网络"等多方式接入，"远程呼叫、双向可视、产业交流、专业服务"等多功能的农村信息化综合服务平台，为全省农民和农业企业提供实时互动的"扁平化"信息服务。重点集成建设一个示范省门户网站——湖北智慧农村网。湖北智慧农村网通过建设三类系统（农技、产业、民生）、三大中心（云数据中心、多媒体呼叫中心、信息站点监控管理中心），面向全省范围重点开展"公共信息服务、产业信息服务、农技信息服务"三类信息服务。借助湖北智慧农村网强大数据系统的支撑，通过开发支撑"电脑、电视、手机、站点信息查询屏、物联网传感和监控终端"五类终端的平台及应用系统，实现"多屏互动、数据互通"，为农户、农企开展个性化、专业化信息服务。

四、信息资源整合能力逐步加强

目前，湖北省委组织部荆楚旗帜网、湖北组工网中心机房调试、运行成功，湖北省委组织部远程教育工作与示范省建设工作深度融合。这标志着示范省建设过程中，政府部门信息服务资源整合迈出了坚实的一步。同时示范省领导小组办公室与省农业厅、省科协、湖北电视垄上频道、新华社湖北分社及省内三大通信运营商等单位，积极推进农村信息服务资源整合，建设开发了"湖北智慧农村党群通"、"湖北智慧农村产业通"手机客户端系统。目前，"党群通"正在为全省近 7000 个村级党组织、2.3 万名党员提供免费信息服务。"产业通"服务已于 2013 年 9 月初在省内浠水、监利、宜城 3 个县市开展试点工作，助力全省农业现代化发展。

五、开展重点区域农村信息化应用示范

按照区域示范的总体布局，重点推进了一批市县区农村信息化示范工作。其中，武汉城郊设施蔬菜、水产、水稻等产业物联网智能监控应用示范，黄冈地区生猪蛋鸡养殖远程在线服务应用示范，宜昌地区农资电商服务示范，以及英山、咸安等区县的党员远教、公共信息查询和专家远程帮助服务等应用示范，均收到良好的经济效益和社会反响。湖北日报、科技日报、农民日报等媒体对此项工作进行多次报道，多个省市兄弟部门前来参观考察。

第二节 主要经验

湖北农村信息化主要借助湖北国家农村信息化示范省建设的推动，按照示范省建设"助推城乡公共信息服务均等化、提升农业产业信息化水平、培育农村信息服务业"三大目标，统筹省内各种资源，注重规划、注重领导，以资源整合工作为核心，以服务应用为落脚点，全面推进各项工作有序开展。

一、主要经验

（一）科学规划是前提

湖北农村信息化建设，将科学的规划作为建设的前提条件，遵循先论证再实施的原则。建设实施方案经过科学调研、归纳、总结，广泛听取专家、学者的意见，在实践中进行实践检验，经过反复地推敲和修改。关键技术、区域示范、站点选择都经过实地地调研论证和科学考察。

（二）领导重视是关键

信息化建设作为湖北国家农村信息化示范省建设的主要部分，领导重视是各项工作顺利推进的关键，王国生省长任示范省领导小组组长，在示范省领导小组会议上，确定了湖北整体的信息化发展目标，部署重点工作。省委副书记张昌尔任示范省领导领导小组常务副组长，并亲自率队督办。郭生练副省长多次调研示范省建设工作，要求抓紧服务应用示范。科技厅厅长郭跃进多次调研，安排落实具体工作。省委组织部、省发改委、省经信委、省农业厅等单位多次进行调研示范省建设工作，并展开资源整合工作。

（三）资源整合是核心

在开展项目建设过程中，一方面湖北大力整合全省政府相关部门各类资源，重点是各类涉农公共信息服务资源，实现这些资源的融合和共建、共享、共用。另一方面充分整合各类社会服务资源，按照"行政推动、友好协商、合作共赢"的原则，与省内相关企、事

业单位合作，开展省级中心平台及各子平台、子系统的合作共建，降低了建设投入，提升了平台系统的建设水准，确保了建设实效。

（四）服务应用是落脚点

在建设理念上坚持以用为本；在服务应用上探索多渠道的服务应用，注意服务的宣传、推广、应用工作。以示范站点为主要抓手，深入服务一线，将服务应用作为农村信息化示范省建设的出发点和归宿点。例如，整合荆州市监利县新沟镇 9 类涉农信息系统及资源，建设了湖北智慧农村网新沟子网，建成了 3 个农村信息化示范村（社区），通过网络、电视、电话、手机、触摸屏等多终端、多途径开展农村公共信息服务。以国家级重点龙头企业福娃集团为依托，打造信息化示范企业，开展企业智能生产、经营管理、农业服务等全产业链信息化应用。

二、主要做法

2013 年主要围绕"环境营造、平台建设、资源整合、县市规划"四方面推进示范省建设工作。将"多平台的关联互动、多资源的共建共享，多用户的细分培育"作为全年的核心工作目标。信息化建设通过创建不同的模式，来推动各项工作开展进行。

（一）合作共建模式

探索与政府、科研机构、企业的合作共建，形成了合作共建模式。整合省教育厅、省科协、省科技厅三部门场地的省级中心平台场地已投入使用，该场地占地 1200 余平方米，多媒体会议中心，已开始为多个部门提供服务，实现了资源共建共享。湖北省委组织部远程办将湖北组工网、荆楚旗帜网交由省级中心平台托管，实现了部门密切联系与深度融合，实现了远教服务平台与示范省服务平台互联互通、合署办公，节约了资源，提高了效率，有力地推进了示范省资源整合步伐。

（二）资源整合模式

资源整合，探索"行政推动、合作共赢"的整合模式。依据"各炒各的菜、共办一桌席"、"共建一座庙、各拜各的佛"的理念，推动实现多个产业共用一个平台、一个平台服务多个产业，既满足产业、企业的共性需求，又提供个性化的解决方案 。

（三）市场运作模式

对于产业化信息服务，遵循市场发展规律，探索形成"前向免费、后向增值"的市场化发展模式。将信息服务推向市场，在市场中求生存，在市场中求发展。成立专业性的公司，进行市场化运作，负责有关信息服务的推广应用，挖掘信息资源的集成价值，在信息增值业务中求得进一步的生存和发展。

第三节　存在问题

农村信息化建设是一项综合性、系统性工程。也是一项立足于农民、农企需求的民心工程。既要在面上产生影响，又需要在点上起到实效。所以，在建设的过程中，诸多的问题需要不断地创新和探索。主要是：第一，省内资源整合在实际推进中仍有较大难度，需要在省级层面争取更多的政策扶持和机制保障；第二，"前向免费、后向增值"运营面临诸多困难，站点建设经费严重不足，项目建设的资金投入压力很大。

一、经费短缺问题如何缓解？

全省农村信息化建设资金，特别是在信息服务平台、信息资源及系统等基础设施建设方面的资金明显短缺，成为农村信息化快速推进的障碍之一。农村信息化建设一方面需要政府的支持，另一方面需要市场化运作、集约化利用，以缓解资金短缺问题。在现有条件下需要从以下几个方面入手：

集中资源抓重点。在推进农村信息化建设中要抓住重点，即集中力量解决主要问题，以便使有限的资金发挥最大作用，确保关键任务完成，提振社会投资农村信息化的信心。

"放水养鱼"。在确保农业产业安全的前提下，适当放宽市场准入条件，引导农业企业、电信运营商、IT 企业等有意向、有意愿建设的力量进入农村信息化建设领域，形成多方投资、多方建设、共同受益的局面，提高社会力量的参与度和积极性，培育行业感召力和凝聚力。

建立重点扶持规则。让优质的企业和优质的技术力量凸显出来，择优扶持、合作，构建高效的工作联盟，不断加大农村信息技术研究、信息化基础设施建设以及农村信息化项目和人员培训等，将资金集中重点扶持。

放大资金示范效应。通过建设示范和样板，吸引投资方加盟，扩大农村信息化建设的阵容，壮大信息化建设的力量。起到示范带动的作用，以便有效利用有限的资金。

二、资源整合的力量从何而来？

湖北省涉农信息资源由多个部门归口管理，缺乏统一协调的信息服务管理机制，各信息管理部门和单位分别依靠各自独立的信息系统进行信息采集和资源开发，标准不统一，信息资源不能充分共享，整合起来非常困难。

为了解决资源整合难题，目前湖北省成立了以王国生省长为组长的湖北国家农村信息化示范省建设领导小组，由省长出面，树立导向，统一整合利用，给予各信息管理部门和单位以行政推力。

但这还远远不够，信息资源的整合还需要形成内在的动力，调动各单位的工作积极性，所以农村信息资源整合必须换位思考，给各信息管理部门和单位提供便利，使之能够从资源整合中有所收获。以服务开路，放开胸怀，积极争取示范省领导小组成员单位的支持，融合同化，共建共享。在信息资源的整合策略上采取三分法则，抓快放慢促中间，以小砝码撬起大石头。在建设中，逐步让参与各方尝到资源共建共享的甜头，最终赢得各部门的理解、认同和支持，形成大合唱的格局。

三、平台和系统的用户黏度如何建立？

首先，示范省的建设，必须基于农民和农企的需求，以满足他们的实际需求为出发点和归宿点。所以要以用为本，站在农民和农企的角度设计平台和系统的功能，将形成高黏度的用户群体作为湖北信息服务的首要和唯一目标。

其次，采用前向免费的法则，即汇聚资讯、软件、专家等，尽可能为用户提供便利、免费的咨询和帮助，在前向免费中，不断改进和完善建设的思路、服务，使之融入农村的生产生活中，让全社会认识农村信息服务的系统和平台，认同农村信息服务的系统和平台，依赖农村信息服务的系统和平台。

最后，利用积分制管理，将用户的依赖细化，让用户诚信相交，透明相处；用积分兑换现金或实物，将用户的信赖变现。

四、平台和站点的机制如何确立？

将信息平台、系统、资源与终端等硬件结合，构建信息化产品体系（基于软件、硬件销售和服务的系统解决方案；基于声讯、短信、彩信、电子报、手机客户端等信息服务产品；基于平台、用户的广告服务；基于平台、资源、用户的信技物服务等）。将站点建设为信息化产品体系的销售和服务的代理渠道，用户信息更新的代办商，用户培训、普及、产品宣传的承办商；将站点建设为政策宣传发布的权威聚散地，政府部门、企业与农户的联系中心。在平台和站点的运营中逐渐形成长效的运营和服务机制，确保农村信息化的可持续发展。农村信息化建设是一项开创性的事业，也是时代发展的主题之一，其迫切性、复杂性、艰巨性交织并存，需要有关建设人员有信心、智慧和勇气，不断去实践、创新、突破，开创农村信息化建设的新局面。

第四节　下一步打算

2014年，湖北农村信息化建设将继续按照湖北国家农村信息化示范省建设的目标要求，全面贯彻落实省委、省政府2014年一号文件《关于全面深化农村改革加快建设现代农业的若干意见》的指示精神，按照"聚焦区域、集成资源、探索模式、形成特色"的原则，结合科技部农村信息化工作的总体部署和全省"万名干部进万村惠万民"活动安排，以服务"百企、千村、万户"为目标，以"四化同步"试点乡镇为建设重点，并在部分地区全面推进。努力推动农业现代化和信息化的"两化融合"，力争在提升湖北农村公共信息服务和农业产业信息服务能力上有所突破，形成湖北特色。

一、从开展平台建设转向平台应用，提升软实力

一是以平台应用服务为主线，进一步整合省级和市县公共服务资源，构建全省公共服务数据大平台；二是面向农企、协会等的信息化需求，以集成研发的思路，建设实用、易用、低成本、好推广的农业产业信息服务产品体系；三是按照区域示范的总体布局，重点选取一批市县区做好示范推广工作。

二、从扩大用户感知转向培育用户黏度，培育市场竞争力

依托电脑、电视、手机等多元信息终端，建设公共服务信息化产品体系，为用户提供全面、权威、实用、易用的信息服务，通过公共信息服务示范应用，培育一批高黏度的用户群体，强化核心竞争力。

三、以示范乡镇为重点，全面推动"三大示范区"建设

在全省"四化同步"试点乡镇和基础较好的乡镇，以现代信息技术、智能装备的集成应用和现代信息服务手段、服务模式的创新为核心，因地制宜，建设农村信息服务创新示范区。

在边远山区，以农村公共信息服务、农技信息服务和农产品电子商务服务为核心，建设十堰信息技术集成应用示范区。

在农业发达区域，以农业物联网管控平台和农产品质量追溯系统的应用、服务为核心，建设武汉城郊农业物联网技术应用示范区。

湖南：全力推进示范省建设

2011 年在科技部和湖南省委、省政府的正确领导和高度重视下，湖南省各级部门在推进农村信息化方面进行了大量探索，并取得一定成效。本章将在详细梳理湖南省农村信息化发展现状和存在问题的基础上，提出未来一个时期推进湖南省农村信息化的对策与建议。

第一节　发展现状

信息化是当今世界经济和社会发展的大趋势，农村信息化是加快推进社会主义新农村建设、全面建设小康社会的重要内容；是改造传统农业、促进现代农业发展的客观需要；是实现以工促农、以城带乡，缩小城乡数字鸿沟、形成城乡经济社会发展一体化新格局的现实选择；是加快培养新型农民、切实提高国民信息素质的迫切要求。大力发展农村信息化具有十分重要的战略意义。

湖南省是典型的内陆省份和农业大省，农村人口近 4000 万，农业生物丰富、产业多样，史有"湖广熟，天下足"之美誉。杂交水稻、油菜、鲫鱼、鲤鱼、猪等产业处于全国领先水平，棉花、苎麻、柑桔、茶叶、水产品等在全国具有区域优势。在湖南进行的国家农村信息化科技示范省建设具有鲜明的代表性和典型的示范性。

湖南省自 2011 年 3 月获批为国家农村农业信息化示范省以来，在国家三部委和省委、省政府的指导和支持下，根据国家农村农业信息化示范省的总体部署和要求，制定了"湖南省国家农村农业信息化示范省工作路线图"，按照"一体两翼"、"平台上移，服务下移"、"一线牵两头"的思路，加强组织协调，充分整合资源，全力协同推进，取得了阶段性进展。

一、建设了一个基础云计算硬件平台

云计算硬件资源平台构成农村信息化综合服务平台的基础网络硬件环境，云计算硬件

资源平台主要由计算、存储、网络、安全几大模块组成，可分为基础设施平台、数据中心资源池、资源池管理平台。基础设施平台主要是为数据中心提供物理空间、电力系统以及机房制冷系统。数据中心资源池主要是为农村综合信息化服务平台提供 IT 资源，主要包括计算资源、存储资源、网络资源。资源池管理平台主要是通过虚拟平台对 IT 资源的集中整合与管理，并且通过云资源管理系统的动态迁移和负载均衡技术为综合服务平台提供高可用性架构。

二、构建了"一体两翼"省级综合信息服务平台

湖南省按照服务"百万农户"和"万家企业"两大功能定位建设了省级综合信息服务平台，完成了以信息交互、应用服务、基础服务、业务数据库、云计算资源平台等五大模块为核心的平台构建，保障了平台多方式接入、多资源整合、多样化服务等多功能目标的实现，2013 年 6 月，"一体两翼"平台启动试运行，综合信息服务平台包括了 9 大系统。

（一）综合服务平台数字门户

平台数字门户系统既是全省农村农业科技服务信息统一发布和展示的窗口，也是各个专业服务系统统一登录的入口，该系统主要包括前台展示、后台管理、集成应用三个部分。

（二）手机移动门户

针对目前市场主流的智能手机系统，研发了基于 Android 技术、iOS 技术的农业科技信息移动门户，开发了方便农民操作的农业信息服务功能模块，实现了农民直接用手机与服务平台简易便捷的信息交互。今后农户不需要登录网站，直接通过手机扫描二维码就可以直接下载湖南省农村农业信息化服务平台的手机应用。农民通过平台可以享受到农业信息查询、掌上问答、语音练习专家等服务。同时，利用手机应用系统，农民遇到病虫害，可以拍摄照片请专家在线诊断。通过移动互联网技术提升了农村信息化平台功能，拓宽了服务手段。

（三）支撑 12396 接入的多媒体呼叫指挥平台

呼叫指挥中心是农村信息需求采集、沟通与服务的重要渠道。目前已经建成了具有全省统一接入、呼叫联动、资源指挥调度、协同服务的综合性多媒体呼叫中心，具备支持 60 个座席接入的能力，实现了语音呼叫、网络呼叫、远程视频、手机短信等多种与农民互动服务方式的有机融合。

（四）面向涉农企业的农村中小企业服务平台

湖南省农村中小企业服务平台是湖南农村农业信息化面向企业提供服务的综合应用系统，目前已经建设了企业客户端、科研机构客户端、服务机构客户端三大客户端，建立了企业诉求服务平台，包括技术供需对接系统、人才共享对接系统、资金供需对接系统、服务供需对接系统四个子系统，开发了企业服务数据加工平台。

（五）向农业产业的产业社区服务系统

开发了产业技术课堂、产业技术论坛、在线专家服务系统、科技信息即时通信系统等模块，实现了各个农业产业圈内进行产业技术交流、产业信息发布等功能，为产业专家、农业企业、合作组织、种养大户与广大农户之间提供便捷、快速的信息服务。

（六）面向广大农村的"一村一网"数字家乡服务系统

"一村一网"数字家乡服务系统通过自主建站、自主维护的模式，为村级建立展示自身的门户，乡村只要通过简单的注册，就可以开通村级网站，发布村级介绍、农产品供求、村级动态、招商信息等，为乡村与外界搭建信息沟通的平台。

（七）面向农村商务的电子货柜等运营性服务系统

此系统由前端的电子终端设备、业务服务平台及后方的服务支持体系组成。其中，前端的电子货柜终端设备放置在农村零售店、农资经营店作为电子商务的业务代理点；中间的业务服务平台负责收集各个终端上传的订单信息，并自动将订单进行分配并完成交易；后方服务体系将呼叫中心、配送中心、售后处理等服务支持体系进行合理地调度，最终完成交易。目前该电子商9务平台已上线试运行，并计划在省内的农业科技园区进行试点。

（八）构建了农村农业知识库系统与知识库群

建设了异构数据与应用集成系统，采用 SOA 总体集成架构，实现了对平台内的各个业务系统如 12396、专家评价系统、座席人员管理系统、视频在线播放系统、电子商务系统等应用系统的数据集成。同时也为实现综合服务平台与其他部门资源整合提供了平台支持。

服务"百万农户"和"万家企业"的两大数据库群，其中，面向"百万农户"的数据库包括支助产业知识库、专家数据库、农业资讯库等专业知识库，新建数据 5.2 万条；面向"万家企业"的数据库包括通用数据库和产业数据库，采集数据达 13.6 万条。

（九）平台管理系统与专家科技服务绩效评价系统

为加强座席人员与专家服务的规范管理，充分调动科技专家的服务积极性，引导和激励科技人员参与农村科技信息服务，提高专家与座席人员的服务质量与服务效率，平台已经专门开发了 12396 呼叫中心平台管理系统以及专家服务绩效评价系统。

三、建立了服务"百万农户"和"万家企业"的工作体系

在湖南省科技厅建立了湖南省农村农业信息化呼叫指挥中心，对全省的农村农业信息化服务实行立体化、可视化的指挥和调度。呼叫指挥中心是整个服务体系运行的前台和总窗口。

在湖南农业大学建立了综合服务平台管理中心，承担综合服务平台的运营管理、资源加工及数据整合、农业广播及视频录播、专家在线服务、平台软硬件开发集成、基层站点

培训等。

在湖南省科技信息研究所建立了中小企业服务中心，负责中小企业信息服务、企业信息站点建设、企业服务推广和服务受理等业务。

通过农村农业信息化服务在湖南省的推广，使农村科技、市场、管理等信息最大限度地实现了集成和共享，并通过多种方式、多种手段、多种渠道、多种载体，及时、准确地为生产者、经营者、管理者提供产前、产中、产后各个环节的信息服务。2013 年 6 月试运行以来，平台月均访问量 17 万次，综合服务平台注册用户近万个，中小企业服务平台注册数千个，基层党员网注册用户（试点县）4 万余个，共受理电话咨询 16689 次，在线问答 4010 次。如衡阳市 12396 服务中心接到多个农民反映水稻枯萎的电话，立即组织专家深入田间地头，实地诊断结果表明当地爆发的水稻病害为"南方水稻黑条矮缩病"，组织农户及时处理，有效抑制了病害的传播，农民称 12396 真是"及时雨"。

四、探索推进三网融合信息通道建设

结合湖南特点和现有基础，以宽带作为多业务主要承载平台，以 IPV6、3G、WiFi 等技术为支撑，以无线网链入有线网的融合为主要方式，探索了"宽带到村、无线入户"模式和无线数字电视入户模式两种信息入户模式。目前，在湖南农业大学农村农业信息化综合服务中心建立了农村广播录播室，在长沙开慧乡进行了农村数字广播的试点工作。

五、启动了农村基层信息服务站点建设

积极创新站点建设和运营模式，按照"五个一"（一处固定场所、一套信息设备、一名信息员、一套管理制度、一个长效机制）的标准，重点依托远程教育系统、农技站、农业合作社、农广校等构建"多站合一、一站多能"的综合信息和专业信息服务站 809 个；依托中小企业构建企业服务示范站 322 个，培训基层信息员 1200 多人。目前，湖南省农村农业信息化服务体系已经覆盖了全省所有市县区，一些站点已经在服务当地农业经营主体方面凸显成效。如安乡县远教 12396 信息服务站得知当地雄韬牧业公司养殖的 600 多头山羊突然得了一种急性病，迅速派出值班专家王京仁前往现场服务，通过实验室检验给出了有效治疗方案，使羊群疫病得到有效控制，避免了企业十余万元的损失。

六、促进信息化与农业产业融合，加快推进农业产业升级

湖南省从产业需求入手，通过国家星火计划、国家科技支撑计划、湖南省科技重大专项等专项的支持，重点攻克了一批农业生产、流通、经营等方面的信息关键技术。在生猪、柑橘优势特色农业产业上积极推动农业产业化与信息化融合。如组织实施了农村物联网综合信息服务工程，促进了茶叶、水产、大田作物等农业物联网技术的攻关和应用推广；唐人神集团通过湖南省科技重大专项引导和支持建立了"智慧猪场"信息平台，突破了猪场智能化管理、生猪产品追溯等一系列关键技术，提升了生猪产业的信息化水平。通过国家星火计划支持湖南农业大学，建立了柑橘产业信息服务平台——湘橘网，实现了柑橘生产、销售、转运、加工等全产业链的信息化管理。在加快信息化技术攻关的基础上，湖南省以

望城农业科技园、岳阳农业科技园等5个国家农业科技园为重点，推进物联网、移动互联、电子货柜等现代信息技术和农业智能装备在农业生产经营领域应用，实现产业链、创新链、信息链的高效融合，引导家庭农场、专业大户、合作组织、农业龙头企业等农业新型经营主体在设施农业、种养加工、农产品产销衔接等方面，探索信息技术应用模式及推进路径，加快推动农业产业升级。

七、积极探索市场化长效运营机制

为了确保示范省建设工作的顺利推进，积极探索以公益为主导、多元化结合的运作机制。吸引社会资本2000万元，由北京联信永益公司、湖南农业大学、湖南省科技信息研究所共同注册成立了一个农村农业信息化综合运营公司——湖南腾农科技服务有限责任公司。目前，已经建立了专职运营队伍20人，值班专家66人，兼职服务队伍167人；在示范省建设领导小组的授权下，推动农村农业信息化示范省各信息平台的总体运行，开展公益服务和市场化运营，实行自我管理、自主经营、自负盈亏。同时，规范管理，探索建立工作绩效考核机制和专家服务考核机制，保证湖南省国家农村农业信息化示范省相关平台的长效运行。

第二节 主要经验

一、项目组织管理经验

示范省建设项目成立了以湖南省委书记周强同志为组长的国家农村信息化科技示范省建设工作领导小组，领导湖南省农村科技信息化工作。

科技部组织该领域的院士、知名专家、管理专家等组成技术咨询专家组，负责建立项目跟踪、监督和管理机制，促进建设项目的顺利实施和目标任务的圆满完成。

科技厅组织成立了由科技厅、省委组织部远教办和人才办，以及相关部门和单位主要领导组成的专项工作协调领导小组，为整个项目推进提供组织保障。

示范省项目实施过程中实行首席专家负责制，各子专项成立技术攻关小组。项目负责人为项目的首席专家，负责项目的总体设计、总体方案的制定、技术筛选与研究、技术集成方案的研究与制定以及项目实施过程中出现的重大问题的解决方案。各课题负责人向项目负责人负责，并可自行设计该课题的研究方案、技术路线，负责相关技术的应用与推广。各课题技术攻关小组就本课题的主要技术难点进行重点攻关，确保项目总体目标的实现。

二、建设运营经验

"一体两翼"信息平台是湖南省国家农村农业信息化示范省建设的核心内容。在示范省建设工程的推进过程中，参与示范省建设的前期参与单位（湖南农业大学、湖南省科学技术信息研究所、北京联信永益科技股份有限公司等）根据《湖南省农村农业信息化示范省建设总体方案》的总体部署和要求，按照"政府引导、市场运营"的指导思想，共同发起成立了一个市场化运作的有限责任公司——湖南腾农科技服务有限责任公司，具体负责后续的平台建设工作，并在示范省项目建设试运行结束之后负责该农村信息服务平台的维护和经营性业务运作，以保证农村农业信息综合服务工作良性可持续发展，并通过市场化运作不断反哺公益服务。

通过平台运营单位湖南腾农科技服务有限责任公司的建设及运营工作，保证了平台的持续运行经营，并为湖南农村信息化建设运营工作的市场化运作提供一些有益的探索。

第三节　存在问题

总体看，湖南省农业农村信息化成效显著，信息技术在农业生产经营管理服务等领域的应用日渐深入，对农业产业发展的支撑作用逐步显现。但由于缺乏对农业农村信息化发展战略、路径、目标及政策的深入研究，社会各界包括农业部门对农业农村信息化的认识还不足，对信息技术及其应用发展了解不够，农业农村信息化投入严重不足，稳定的长效投入机制尚未建立，严重制约了农业农村信息化系统推进。

一、城乡"数字鸿沟"仍然很大

农业农村信息化基础设施薄弱，尤其基层农业信息基础条件严重不足，农村电脑普及率不高，信息传输在乡、村、户环节出现"梗阻"，"最后一公里"还没有得到根本解决；农业信息服务体系不够健全，尤其是乡、村信息服务站数量不足，仅22%的行政村设立了信息服务站（点），信息服务功能还没有充分发挥；各类市场主体为农民提供针对性强的信息服务严重不足，广大农民对信息的需求不能得到及时满足，农民信息边缘化问题非常突出。

二、信息资源开发利用不足

当前，湖南省涉农信息资源多以综合性、宏观性、政策性为主，符合区域产业发展特点、针对性强、及时有效的信息资源未能得到充分的开发和利用，能够满足农民生产生活、农业经营、"三农"管理需要的信息严重不足，尤其是农民看得懂、听得见、用得上的信息十分匮乏，信息服务"最初一公里"问题已经成为农业农村信息化面临的至关重要的制约因素。

（一）数据标准

目前关于农村信息化元数据的标准没有。在对不同系统的同类数据进行标准化时，国家没有统一的规定，为数据的规范化和数据格式的推广造成困难。目前示范省项目建设实施过程中制定的一套标准与规范是否能让外部门认可并推广实行，可能存在一定问题。

（二）部门数据互联互通与共享问题

把分散在各部门单位系统下的数据，关联起来进行交换和共享。示范省建设所涉及的部门单位一般都不愿意把自己的数据拿出来进行交换和共享，目前来看这方面还存在一定问题。各个部门小集体意识不同程度存在，需要项目领导小组统一协调。

三、信息服务机制不健全

支撑全省农业信息化蓬勃快速发展，离不开一支产业专家团队和基层服务团队。在过去的工作中，专家主要以义务服务为主，经费补偿很少，长此以往，既不利于专家队伍的稳定，也不利于专家的管理，运行机制缺乏活力，严重影响信息服务效果。基层服务也主要依赖于过去各部门建立的基层站点，没有激励机制，动力不足，不能激发基层人员工作热情。农村信息服务要落实到户，迫切需要一套完整的服务反哺机制，让专家和基层服务人员在服务过程中提升完善自己，满足自身需求，又能使农民得到优质的服务，达到增收的目的，使服务提供者和服务对象之间达到一个双赢局面。

第四节　下一步打算

一、夯实农村信息基础设施

围绕宽带中国及新一代移动通信网、卫星通信等国家信息基础设施建设的统筹布局，以夯实农村信息基础设施为重点，坚持"统筹部署、政企合力、应用驱动、因地制宜"的原则，着力提高农村地区宽带普及率和接入带宽、农村有线电视入户率，改善老少边穷地区的普遍服务水平。

（一）加快农村地区宽带普及

扩大宽带网络在农村地区覆盖，重点扶持老少边穷地区宽带接入网络建设，改善贫困地区学校的宽带网络接入条件。到2015年，实现95%的行政村、国有农场基层连队通宽带，农村和国有农场家庭互联网接入带宽基本达到4Mbps以上。大力推进光纤到行政村，将光纤延伸至具备道路、电力等基本条件的乡镇、国有农产基层连队、行政村，在有条件的地区推进农村地区光纤宽带接入网建设，铜缆距离争取缩小到2公里以内，提升行政村通宽带、通光缆比例。重点实施西部农村"宽带网络提升"工程，基本实现乡镇国有农场基层连队1公里以上、行政村和有条件的自然村2公里以上的铜缆网络改造。

（二）探索无线进村入户新模式

扩大农村地区3G网络覆盖范围，重点推进3G网络向乡镇、国有农场基层连队、行政村延伸，提升网络质量，通过WAPI等多种技术方式积极探索"一点连接、全村上网"的无线农村新模式。依托"家电下乡"优惠政策，积极推动手机、计算机下乡，提高农村地区手机和计算机的用户普及率，推广涉农服务定制化移动终端。鼓励和支持电信运营商及第三方业务提供商面向普通农户、种养殖大户、农机经营大户、农村经纪人、乡镇居民、国有农场职工等农村不同用户群体需要，提供创业致富、"三农"快讯、市场供求、农业科技等量身定制的移动信息服务。加强宽带卫星通信系统建设，提升偏远地区的宽带接入能力。

（三）加强农村广播电视建设

逐步改善服务农村的高山骨干无线发射台站基础设施条件，进一步巩固和提升无线覆盖地区广大农村群众收听、收看广播、电视节目的效果和水平。利用多种技术手段，积极推进农村有线电视建设，不断增加收听、收看广播、电视节目套数，提高传输质量。充分利用直播卫星，积极探索在20户以下已通电自然村和新通电农村地区开通广播和电视节目的新模式，加快推进农村地区"三网融合"。到2015年，基本完成广播电视"村村通"工程建设任务，基本实现广播电视"户户通"。对西部地区和中部地区国家扶贫开发工作重点县和比照西部地区县等全国贫困地区工程建设给予重点支持。

二、完善农村综合信息服务体系

以农村信息化建设"最初一公里"和"最后一公里"为着力点，遵循农村信息服务"扁平化"的发展理念，按照"有一个省级农村综合信息服务平台、每村有一个综合信息服务站点、有一套长效运营机制"的要求，不断完善农村综合信息服务体系建设，逐步提高信息服务"进村入户"水平。

（一）完善农村综合信息服务平台

面向"三农"需求，按照"平台上移、服务下延、资源整合、共建共享"的基本原则，建设支持"语音、短信、视频"等多种接入方式，"综合性和专业性相结合，公益性和经营性相结合"的农村信息服务平台。充分依托党建、文化、教育、医疗卫生、社会保障、就业、民政等各级业务管理部门信息资源，共建共享，集成建设一批政府主导的农村民生信息服务系统，开展公益性信息服务，缩小城乡信息鸿沟，推动城乡公益性服务均等化。按照"统一接入、单点登录、开放接口、资源共享"的原则，在有基础、有条件、有需求的地区，根据当地产业特色和区位优势，发展分布式产业信息服务系统，实现与农村综合信息服务平台的整合。

（二）建立健全基层信息服务站

按照"政府主导、社会参与、整合资源、共建共享"的原则，充分整合各级部门及组织的基层信息服务站点，根据"上面千条线，基层一根针"的方针，按照"五个一"（一处固定场所、一套信息设备、一名信息员、一套管理制度、一个长效机制）的要求，建设"一站多能式"的农村综合信息服务站，发挥其信息入户的桥梁和纽带作用。依托涉农龙头企业、国有农场、农民专业合作社、农业科技园区（基地）、农资店、运营商基层服务点等实体建设形式多样的专业信息服务站，达到"有人员、有场所、有服务、有收益"的"四个一"标准，采用政府购买服务等方式加强专业信息服务站的建设。

（三）创新农村信息服务机制

坚持公益性信息服务政府主导的原则，加强公益性科技、文化、教育、管理、服务等信息的采集、加工、整理，提高农村信息服务的质量和水平，确保农民免费享受基本的公共信息服务。探索多元化的信息服务市场机制，调动电信广电运营商、内容运营商、涉农龙头企业和农民专业合作社积极性，通过拓展服务渠道、丰富服务内容、创新服务模式、提升服务价值、实现服务增值，形成"联合运营、优势互补、利益共享、合作共赢"的良好局面。

第十八章

广东：农业专业信息系统
助推广东农业信息化进程

2013 年，在国家有关部委的亲切关怀和广东省委、省政府的正确领导下，广东省发挥信息基础设施先进、信息产业发达、信息需求旺盛、信息服务环境优良等优势，按照《广东国家农村信息化示范省建设实施方案》，以农村专业应用信息化重大工程建设为重点，全面推进广东国家农村信息化示范省建设，基本建成了省级农村公共信息服务平台和农业电子商务平台、动植物医院公共服务平台、农业物联网技术应用平台、新农医服务平台、农村远程村务管理信息服务平台 5 个农业专业应用信息系统。着力提升农业生产经营信息化水平，助推广东农业信息化进程。

第一节　发展现状

近年来，广东以建设现代农业强省为重要抓手，整体推进农业发展方式的转变。2013 年，省政府颁布了《广东省农村信息化行动计划（2013—2015 年）》（粤府函［2013］125号），以信息化引领现代农业发展。广东作为国家农村信息化试点省份，通过实施示范省建设方案，着力农村专业应用信息化重大工程建设，根据广东省社会经济发展水平、优势主导产业和区域特色产业的发展现状，按照"政府推动、市场运作"的运行机制，有重点、按区域、分步骤推进农村公共信息服务平台农业电子商务平台、动植物医院公共服务平台、农业物联网技术应用平台、新农医服务平台、农村远程村务管理信息服务平台 5 个平台的农村专业应用信息化重大工程建设。

目前，已在珠江三角洲、粤东、粤西、粤北四大区域全面推进农业电子商务平台、动植物医院平台，部分区域推进农业物联网技术应用平台、新农医服务平台、农村远程村务管理信息服务平台的示范应用。并大力培育农业信息化市场环境，拉动农业专业信息化市场需求，引导农民专业合作社、涉农企业应用农业专业应用系统，使农民专业合作社、涉农企业和广大农户切实得到更好的经济效益，农民收入增加了，对广东农业信息化起到了推动作用。同时，助力广东现代农业强省建设。

一、农业电子商务平台建设高速发展

农业电子商务平台自上线运营以来，经过建设 B2C 农产品电子商务平台（村村通商城）、B2B 农产品电子商务平台（亿农大市场）、乡村旅游电子商务平台（乡游天下）三大专业平台，奠定了广东农业电子商务长远发展主架。截至 2013 年，已建成一个集大宗农产品商贸资讯、区域商城、企业网店为一体、可溯源的农业电子商务平台，实现了信息流、资金流、物流的"三流合一"，可为农产品产业链的各方参与者，提供内参资讯、现货交易、在线支付、物流配送和农产品质量安全追溯等全方位农产品电子商务解决方案，促进现代农业的发展。

（一）B2C 农产品电子商务平台

村村通商城是 B2C 农产品电子商务平台（http://www.gdcct.com/），对客户统一服务标准，保证了产品的质量安全；订单由平台统一管理，货款由平台统一发给商家，平台提供店铺管理、商品管理、订单管理、资金及信息管理等服务；平台拥有强大的技术团队和创新营销团队，为涉农企业提供个性化设计、开发以及品牌营销活动。产品品牌化、产品销售电子化、售后等一系列服务，树立了品牌形象，使平台不断增值。村村通商城以安全、名优、特色为经营理念，通过对生产商资质的严格审核和遴选，提供 QS 认证和专业权威机构认证的无公害农产品、绿色食品和有机食品，如时令果蔬、各地特产、优质蛋禽粮油等。目前已有 400 多家企业在村村通商城开通企业网店，累计出售 1.3 万多种安全农产品；300 多家企业参与团购商贸，组织了 400 多期的团购活动，累计团购人次达到 100000 人次。还特别推出了村村通商城"乐活卡"支付方式，采用独立店、品牌店等多种模式开展业务，集抢购、团购、时令水果预售、宅配、月配、企业采购等功能于一身，商城销售额逐月增加，市场和社会影响力逐步扩大，已逐步发展成为国内领先的农产品网上商城，已有注册会员 9 万多人，其中活跃会员 3 万多人。同时，更成为广东农产品电子商务发展的领头羊，以创新模式拉动泛珠三角的农业企业信息化进程。平台已发展有七大区域联盟商城："广东增城—派果楼"、"广东梅州—客都汇"、"广东河源—村又村"、"广东清远—清农商城"、"江西南昌—江湖城"、"云南—云之南"、"内蒙古—青之城"。业务范围由广东辐射至泛珠三角，打造区域性精准农产品电商业务，更专注、更便捷地做好本地化运营。

（二）B2B 农产品电子商务平台

亿农大市场是 B2B 农产品电子商务平台（http://enong.gdcct.net/），专注于农产品贸易领域。开设了粮食作物、经济作物、蔬菜水果、园艺花木、畜禽水产、食品饮料、农资农机等类目，基本覆盖了农业各主要领域及产供销各个环节，为涉农行业提供大宗农产品交流、交易、推广平台，促进大宗农产品信息的快速、有效传播，提高企业品牌形象。平台拥有全国涉农企业、专业市场、农民专业合作社、协会组织、种养大户等众多会员。会员用户可免费发布和获取市场供求信息，建立形象展示网店，树立品牌形象，获取商机。亿农大市场现已成为广东、江西、云南乃至全国范围的涉农企业、农民专业合作社、种养大户的网上大宗农产品交易重要平台。平台包含企业信息库、供求信息库、批发市场价格行情、特色农产品信息库以及农业资讯等频道。能为涉农企业提供简单快捷的企业信息发布、供求信息发布、价格行情查询、交易撮合等功能。目前，亿农大市场注册企业 51678 家，累计发布供求数据 150501 条，发布专业市场价格数据 1372637 条，供求累计撮合 50542 次，建立农业企业主页 10308 个。

（三）乡村旅游电子商务平台

乡游天下是 B2C 乡村旅游电子商务平台（http://www.52xiangyou.com/），汇集了全国各地的乡村旅游信息资源，集乡村旅游景点介绍、农家客栈介绍、农家乐介绍、精确的线路查询、便捷的服务预订、特色产品电子商务于一体的乡村旅游门户网站，旨在为商家与游客搭建一个良性的交互平台。乡游景区为游客详细介绍各个乡游景区的风光。同时，以景区为中心辐射点，网罗景区周边农家乐、农家客栈、农家美食、农家土特产；极具谋略的乡游攻略为游客休闲出游时提供了有效指南；乡游预定拥有强大的预订系统功能，让游客能够出游前预订好住房环境、旅程佳肴，同时还能够让游客顺手捎上有地方特色的乡村土特产。目前乡游天下与广东省各地旅游区签署合作协议，共同探讨开发在线旅游新模式，发展优质乡村旅游景点入驻乡游天下，共同携手开创线上乡村旅游品牌。

（四）农产品质量安全溯源信息公共服务平台

农产品质量安全溯源信息公共服务平台（http://sats.gdcct.com/）为村村通商城、亿农大市场、乡游天下提供农产品质量安全溯源信息服务，实现了农产品"从农田到餐桌"的全程控制与监管，增加消费者对产品的了解和信心。

农产品质量安全溯源信息公共服务平台是集成互联网、二维码、RFID 等技术构建的农产品质量安全溯源信息公共服务系统，能记录并公开展示包括基地建设、生产物资投入、质量检测、加工包装及各生产环节的详细信息，消费者可以通过短信、电话、网站和手机等多种渠道，查询农产品电子商务平台关于农产品的生产、加工、流通和质量检测信息，溯源系统实现了农产品全过程的监控与管理信息化，实现"知根溯源"，满足消费者的知情权，增加消费者对产品的信任，做到放心采购、明白消费、安全食用。目前，安全农产品溯源信息公共服务平台已在广州市农业科学研究院等 18 家单位开展示范应用，2014 年将继续推进该项工作的开展，预计示范应用单位将达到 100 家。广州市农业科学研究院在自身的生产、销售过程中依托安全农产品溯源信息公共服务平台开展应用示范，实现了其在村村通商城运营的农产品质量安全可追溯。2013 年，广州市农业科学研究院根据所销售农产品的情况，采集、提供了多家农产品生产基地无公害检测信息（水源、水质、土壤质量等，每半年检测一次）录入溯源平台；并且对所销售的农产品每批次进行质量检测，检测信息超过 1000 条，均录入并上传到溯源平台；应用的溯源信息（二维码）达到 1000 多条，为消费者提供了农产品质量安全溯源信息服务。为进一步扩大农产品质量安全溯源信息公共服务平台的应用范围，提升村村通商城的品牌影响力，农产品质量安全溯源信息公共服务平台运营单位与多家农民专业合作社、农业龙头企业等涉农企业签订了合作协议，选择了极具地方特色的农产品如连平鹰嘴桃、神湾菠萝、黄金柰李、无核黄皮、西牛麻竹笋、红肉蜜柚以及阳澄湖大闸蟹等在村村通商城上进行销售，并为消费者提供产品质量安全溯源信息查询服务。

二、动植物医院公共服务平台建设成果显著

村村通动植物医院公共服务平台（http://hp.gdcct.net/）通过集中整合植物、动物、水产病虫害与疫病防治技术以及新成果、新产品的先进模式，为农民专业合作社、农业龙头企业、农资公司、种养大户、农资店、兽药店等农业生产经营企业提供病虫害远程诊断、农业生产智能辅助决策及生产技术指导服务。同时，也可为专业机构快速搭建自身的动植物医院服务平台，提供专家资源、农业使用技术等功能模块。以广东省农科院植物保护研究所、动物卫生研究所和中国水产科学研究院珠江水产研究所为主体建成的植物、动物、水产3家省级中心医院，以农民专业合作社、农资店、兽药店为主体建成农村基层动植物诊所200多家，形成"省级平台+中心医院+基层诊所"的动植物病虫害远程诊断服务体系，基本形成广东省主要农业区域的新型、高效、综合植物病虫害防治、动物与水产疫病防治服务体系。以"医院—平台—诊所—农民"的服务模式，组织列席专家400多名，借助12396语音热线、在线咨询服务系统和动植物远程视频诊断系统为农民合作社、种养大户及农户提供农业生产与病虫害防治技术支持，较好地解决了农业种植、养殖中长期存在的防治难、诊断难、看病难的根本问题，实现了科技信息在广大农村中低成本、高效率传播。

动植物病虫害远程诊断"农诊通"系统（http://hp.gdcct.net/nzt/index.shtml）是村村通动植物医院公共服务平台的专用远程视频诊断系统，由显微镜、摄像头一体化诊断设备与医院介绍、远程诊断、医院药房三个功能模块组成，为政府涉农部门、畜牧兽医站、植保站、农民专业合作社、农资店、兽药店提供动植物病虫害诊疗与农业生产过程种植养殖技术指导服务。

2013年，农业专家通过村村通动植物医院公共服务平台为各地分院、诊所诊疗动植物和水产疾病病例数量达到6000余例；通过远程视频诊断系统提供防治服务1500多次；通过12396语音电话咨询4000多次；回复在线留言咨询3000多次，诊所服务农户达20万人。同时，在各地分院分别举办了专业技术讲座，参加技术培训的人数达到12000余人次；派发资料6万多份。建立了102个动植物医院农村基层动植物远程示范诊所，诊所分布于珠三角以及粤东、粤西、粤北等地区，为所在地区的农户提供动植物医院的专家视频诊断、在线咨询、新技术培训和推广、知识库查询、增值信息订阅等服务。在动植物医院公共服务平台建立了专家库，便于平台用户查询专家资料，选择专家进行咨询技术问题。专家网络服务团队单位分别建设了专家服务机制和专家服务排班制度，更好更及时解决基层农户

的技术难点。

同时，通过《动植物医院》杂志整合了植保、动物、水产疫病防治技术以及新成果、新产品，把高效、安全、实用的种植养殖技术、植物病虫害诊断与动物疫病防控技术、安全用药指导等知识普及农村基层种养户、农民专业合作社、农业龙头企业、农资公司等。杂志分为种植专刊和养殖专刊，截至 2013 年 12 月，杂志共出版 27 期，总印刷量达 40 万册，发行区域遍布广东各村镇，逐步辐射到江西、广西、海南等地，致力于成为华南地区"专业、实用、覆盖最广"的农业科普类杂志。

三、农业物联网技术应用平台建设初见成效

农业物联网是对农业生产全过程的自动控制及科学管理，能有效保障农业高产、高效、安全、健康的生产过程，是实现农业生产可持续发展要求的基础。

农业物联网技术应用平台是广东农村信息化示范省建设的重大建设工程之一，已经在水产养殖领域中进行示范推广，取得了较好的示范作用。智能水产养殖监控系统是农业物联网的关键技术，是基于智能传感、无线传感网、通信、智能处理与智能控制等物联网技术开发的，集水质环境参数在线采集、智能组网、无线传输、智能处理、预警信息发布、决策支持、远程与自动控制等功能于一体的水产养殖物联网系统。系统由水质监测站、增氧控制站、现场监控中心以及远程监控中心四大部分组成。通过对池塘溶解氧、pH 值、温度、电导率、盐度的实时测定与预警、报警、数据处理与分析，实现智能控制设备。养殖户也可以通过手机、PDA、计算机等信息终端，实时掌握养殖水质环境信息，及时获取水质预警、报警信息，根据水质监测结果，进行远程控制设备，实现精准养殖与科学管理，最终实现节能降耗、绿色环保、增产增收的目标。目前，水产物联网技术已经在广东的广州、中山、阳江、顺德、珠海、清远等主要水产养殖区域进行示范推广，推广规模达到 1 万 5 千亩。其中清新示范基地（清远市清新县宇顺农牧渔业科技服务有限公司）经营鳜鱼、清远鸡和山羊养殖等品种，2013 年在鳜鱼养殖基地引进水质监测站，借助智能水产监控管理系统，实时监测池塘水质指标，鳜鱼养殖专家根据监测结果远程指导现场作业，为基地提供了一个实时、高效、快捷、节能的作业方式，解决了偏远山区水质监测难、技术员进村入场难的问题；该公司下一步计划应用农业物联网技术到公司的鸡场、山羊养殖场；番禺示范基地（广州市得力农业科技有限公司）自 2012—2013 年先后引进 8 套水质监测站和 1 套农用气象监测站，监测对虾养殖环境的指标，通过监测溶解氧、水温、pH 值、大气压力、太阳辐射、风速风向等，公司技术总监随时随地查看对虾池数据，远程指导现场技术人员规避养殖存在的风险；公司下一步计划应用水产养殖智能监控到循环水养殖车间，充分发挥物联网技术优势，为精准、高效、高产的养殖创造配套设备（技术）条件。2013 年广东水产物联网技术应用初见成效，不但提高了水产养殖企业的养殖技术水平，增强养殖户的风险规避能力，促进水产品产量、质量和效益的提升，而且推动了水产养殖行业信息化发展，为广东农村农业生产经营信息化建设夯实了基础。

广东省将借助广东农村信息化示范省建设的契机，在下一阶段扩大水产物联网示范基地建设，以此带动全省农业物联网技术应用的发展，推进农业物联网在广东的全面应用进程。

第二节　主要经验

由于长期存在"农村信息化商业市场有效需求不足"的问题，导致产业资本大多不愿意进入农村信息化市场。因此，如何建立农村基本公共信息服务模式、农村专业信息化运行机制是农村信息化发展的关键。

一、基于现有的农村信息化基础，最大地发挥公益性农村基本公共信息投入效率

公益性涉农信息资源由政府财政部门提供建设经费，在统一规划、统一技术标准的前提下，实现基本信息资源的整合、全面共享和全方位面向农村社会开放。

广东国家农村信息化示范省建设，重点基于现有的广东农村信息直通车工程公共信息服务平台和覆盖全省的 20000 个党员远程教育基层村级综合信息服务站建立"公共信息服务平台+村级综合信息服务站+村级信息员基本公共信息服务体系"，实现政府各级部门、高等院校、科研院所和其他有关单位现有的各类信息资源的互联互通，实行公益性信息服务，让农民广泛享有免费的基本公共信息服务，全面推进珠三角地区和粤东、粤西、粤北地区农村基本信息服务均等化，最大地发挥公益性信息服务投入效率。

二、创新"政府推动、市场运作"的农村专业信息化运行机制

广东国家农村信息化示范省建设，重点推进农村专业信息化服务"政府推动、市场运作"的运行机制建设。一方面强化政府对农村专业信息化市场需求的推动，另一方面扶持建立市场化运作的示范省农村综合信息服务平台运营企业，推动农村信息化的可持续发展。

一是通过设立"农村专业应用信息化重大工程"项目，大力培育农村信息化市场环境，推动农村专业信息化市场需求，引导涉农企业把更多的资金转向信息化消费。通过实施"动植物医院、农业物联网、农产品电子商务"等信息化工程，使涉农企业切实得到更好的经济效益，涉农企业收入增加了，购买力提高了，对农村专业信息化发展起到了推动作用。

二是发挥政府部门的统筹、协调和扶持作用，培育示范省农村综合信息服务平台运营企业成为有竞争力的农村专业信息服务运营商，本着"放水养鱼"的原则，在政府项目、行政许可等方面优先支持。同时引导示范省农村综合信息服务平台运营企业组建农村信息化产学研联盟，以市场为纽带，采用利益分成的方式进行合作，初步形成了"联合共建、

优势互补、利益共享、合作共赢"的局面，带动农村信息服务的商业应用，提高农村信息化服务的质量和水平。

第三节　存在问题和建议

广东国家农村信息化示范省建设在国家有关部委的亲切关怀和广东省委、省政府的正确领导下，发挥信息基础设施先进、信息产业发达、信息需求旺盛、信息服务环境优良等优势，按照《广东建设国家农村信息化示范省实施方案》，有序推进，实施了农村信息服务高速通道、省级农村公共信息服务平台、农村基层信息服务体系、农业电子商务、动植物医院等一批农村专业信息化重大工程建设，在农村信息基础设施建设、服务网点建设和农村专业应用建设等方面取得一系列重大突破，得到有关部委领导的高度评价和广大涉农企业的热烈欢迎。同时，在实施过程中也存在一定的困难有待解决。

广东国家农村信息化示范省建设的组织保障措施落实，迫切需要成立由广东省政府主要领导任组长，省科技厅、省委组织部、省经信委以及省直相关部门负责同志组成的广东国家农村信息化示范省建设领导小组，负责省级农村信息化建设规划和重要政策的制定、示范省建设过程中重大问题的决策和统筹协调。

广东国家农村信息化示范省建设的资金保障措施落实，迫切需要国家与省政府尽快落实广东示范省建设专项资金支持，广东国家农村信息化示范省建设各省直相关部门、科研院所、企事业单位在资金保障下共同推进广东国家农村信息化示范省建设。

广东国家农村信息化示范省建设的机制保障措施落实，迫切需要在广东国家农村信息化示范省建设领导小组的领导下，统筹协调各级各部门，促进资源共享，形成各部门共同推进的协作机制。

广东国家农村信息化示范省建设进展不平衡，为保障示范省基础建设有序进行，省科技厅牵头初步建成了省级农村公共信息服务平台以及农业电子商务、动植物医院、农业物联网、农村远程医疗、农村远程管理5个农村专业信息服务系统，迫切需要国家与省政府落实专项资金支持，保障全面展开实施信息资源建设和农村专业信息化重大工程。

第四节　下一步打算

在广东国家农村信息化示范省建设领导小组的组织领导下，有效、有序、务实地推进广东国家农村信息化示范省建设，在前期建设基础下进一步推进广东国家农村信息化示范省建设。

夯实省级农村公共信息服务平台建设、完善农村专业信息服务系统。

加强信息资源整合，通过领导小组统一协调各成员单位，充分开放各部门、各单位相关涉农信息，按照"信息资源建设"方案，遵循"整合资源、互联互通、共建共享"的基本原则，整合涉农专业信息资源，确保涉农信息资源的集成共享、互联互通。

　　工程实施，将农业电子商务、动植物医院、农业物联网、农村远程医疗、农村远程管理5个农村专业信息服务系统应用覆盖广东省珠江三角洲、粤东、粤西、粤北四大区域，实现农村专业信息化的广泛应用。

　　加强整合省委组织部远教办农村党员远程教育平台资源，利用覆盖全省行政村的党员远程培训点推广示范省农村公共信息服务平台的应用服务。

第十九章

重庆：云计算推动重庆农业农村信息资源整合长效运行

　　回顾 2013 年，在党中央、国务院的正确领导和高度重视下，重庆市各级部门在推进农村信息化方面进行了大量探索，着力推动涉农信息资源的有效整合，加强农村信息化可持续发展机制改革与建设，并取得一定成效。按照科技部对农村信息化示范省建设的总体要求和部署，重庆市委、市政府高度重视，完善了重庆市"国家农村信息化示范省"建设试点相关的组织与协调机构。目前，建设工作已初步完成了重庆市农村信息化综合服务云平台的设计，构建了农村信息化综合服务平台的长效运营和管理机制；围绕重庆市柑橘和生猪两大优势产业，开展了卓有成效的信息化应用示范工程和农业物联网研究；在农村信息化可持续发展与运行模式上进行了一定的探索。

第一节　发展现状

一、总体概况

（一）政策环境

　　重庆市委、市政府高度重视农业农村信息化建设。为贯彻落实党的十八大精神和中共中央、国务院《关于加快发展现代农业，进一步增强农村发展活力的若干意见》（中发〔2013〕1 号）的相关要求，加快完善农村信息化体系，全面提升农村信息化水平，大力助推城镇化和农业现代化建设，重庆市经济和信息化委员会、重庆市农业委员会、重庆市科学技术委员会、重庆市商业委员会在认真总结分析实践经验的基础上，提请重庆市政府出台了《2013—2015 年重庆市农村信息化体系建设完善提升方案》。该方案明确了今后重庆市农村信息化工作的总体目标、主要任务和职责分工，提出了农业信息化资源整合的实施框架。即由重庆市科学技术委员会牵头负责组织重庆市"国家农村信息化示范省"建设试点的实施方案编制，负责指导重庆市农村信息综合服务平台建设及可持续运营机制构建，以"12582农信通"为主要技术支撑打造农村信息化云服务平台，结合"三网融合"和"村村通宽带工程"建设，整合构建农村民生、农业生产、科技创业、市场流通四类信息服务资源，根据"十二五"规划建设的"五大农业主体功能区"的定位和农业区划特点，以创建国家农村信息化示范省为契机，推动农业农村信息化平台的资源整合和长效运行。为此，重庆市科学技术委员会加大科技支撑力度，投入 5000 万资金启动"151"农业农村信息化综合服务科技重大专项（"151"的含义见本章末的名词解释），制定了《重大专项管理办法》、《运营公司章程》等一系列配套规章制度。

（二）基础设施

1. 大力加强通信能力建设

2013 年 4 月，重庆通信管理局通过将"宽带中国 2013 专项行动"的六项专项行动计划与"光网·无线宽带重庆"12 项专业工程建设相结合，编制并印发了《重庆市"宽带中国 2013 专项行动"实施方案》，有力地凝聚重庆市通信行业的力量，全面启动重庆市"宽带中国 2013 专项行动"各项建设工作。按照此实施方案，2013 年重庆市新增 90 万户新建住宅小区的 FTTH 覆盖，使重庆市光纤到户覆盖家庭总数达到 250 万户；新增 10000 个 3G 和 4G 基站，使 3G 和 4G 基站总数达到 29000 个；新建 40000 个公共区域无线局域网络接入点，使全市无线局域网 AP 总数达到 12 万个；并因此推动重庆市 2013 年固定宽带接入互联网用户突破 500 万户，3G 和 4G 用户规模达到 750 万户的规模。在通信发展方面，重庆市将重点优化骨干及城域网承载处理能力，推进宽带速率监测，努力提高行政村光纤通达率，加快物联网业务创新和发展，支持云计算试验区建设等工作。与此同时，在上级部门未对重庆市下达"农村学校通宽带"指标的情况下，重庆市通信行业自加压力为 100 所贫困农村地区中小学提供宽带接入或提速改造。

2. 引领发展云计算基础设施

按照重庆市最新产业规划，重庆北碚水土高新园将形成 100 万台服务器规模的云计算产业基地，这不仅是重庆新兴产业发展的重要支撑点，也是重庆两江新区八大支柱产业的重要部分，由此引领重庆进入"云时代"。截至 2013 年年底，位于重庆北碚水土高新园的云计算产业园招商储备项目已达 40 余个，已签署投资协议企业 6 家，分别是太平洋电信、联通西部数据中心、中国移动西部数据中心、中国电信（重庆）数据中心、腾讯数据中心。6 个项目均将发展云计算数据业务，总投资将超过 312 亿元。其中，太平洋电信已部分投用，联通西部数据中心即将投用。

3. 整合建设农村信息系统

通过重庆市农村信息化综合服务体系的整合与协调，引进采用新一代云计算中心的管理模型，充分考虑云计算中心的资源分配、业务运行和运维服务等各种管理要素，实现云计算中心的涉农部门软硬件平台资源的管理整合、快速部署与按需使用，覆盖联盟单位各平台的业务部署和服务交付。2013 年，以视频会议室为基础，重庆市农业委员会在已建成的动监 110 指挥系统、农作物病虫害防治、畜牧生产过程监督监管等系统的基础上，进行资源整合、统一标准，建成了农业应急指挥及多媒体展示信息系统。该系统包括两大主要功能：远程诊断及视频会议功能、实时监控及监管功能。系统依托重庆市政府电子政务通信网络，在市级建设 2 个视频会议主会场，在各区县农业部门和单列的畜牧部门建设了 58 个远端双向视频分会场，其中区县农业部门分会场 38 个，单列畜牧部门分会场 20 个。该系统上与国家农业部视频会议系统对接，下与 58 个区县农业部门实现视频及远程监控系统对接；实时接入农业规模化生产基地、示范生产及加工企业、检测站等视频，开展远程监控及管理。目前已接入道口检测站、生产加工企业和种养殖基地共计 60 个视频资源接入点。下一步，将依托重庆市农村信息化综合服务体系，有序扩增视频监控点，逐步覆盖重庆市农业生产、经营、销售、执法等环节。该系统大大提高了重庆市农业可视化远程处置指挥及视频同步监控能力。

二、主要进展

（一）组织管理

在重庆市国家农村信息化示范省建设试点工作组织协调机构的直接领导和支持下，从重庆市科学技术委员会农村处、西南大学、中国农业科学院柑橘研究所、重庆市农业委员会信息中心、重庆市农业科学院信息中心、重庆市畜牧科学院信息中心、重庆生产力促进中心等单位抽调专人，负责重庆市农村信息化示范建设的日常工作。重庆市科学技术委员会为此提供了专门的办公场所及相关设备。围绕"国家农村信息化示范省"建设工作，多次召开组织协调机构成员单位协调会议，讨论国家农村信息化示范省建设工作。

2013 年 1 月，在西南大学农业农村信息化工程技术中心的基础上，正式组建重庆市农业农村信息化工程技术研究中心。中心设立了专门的办公室，3 个研究开发实验室和成果展示大厅。目前中心拥有教授 6 人，副教授 8 人，骨干研究开发人员 40 余人，其中具有博士学位的 9 人。近年来中心研究团队已凝聚了一批德才兼备的中青年人才，形成了自己的研究特色和优势，并与"国家农业信息化工程技术研究中心"和"国家农业智能装备工程技术研究中心"等单位建立了广泛的合作关系，承担了国家、省部级等科研项目 20 余项。与此同时，与美国、澳大利亚、加拿大等国家的相关高校研究机构建立了广泛的合作交流机制。与美国 Franz 公司合作，将柑橘研究报告等文档信息转换为可计算的柑橘本体资源，形成柑橘生产管理语义数据库。与加拿大钾磷研究所合作，重点研究了丘陵山地区域的精准农业理论与技术，开展了"持续农业中的土壤养分管理"等方面的研究。

为确保《重庆市"国家农村信息化示范省"建设实施方案》编制的科学性，重庆市科学技术委员会启动了"重庆市农业农村信息化产业技术路线图编制"项目，编制出重庆市农业农村信息化产业技术路线图。该项目已于 2013 年 4 月 9 日通过了重庆市科学技术委员会组织的专家评审验收，并以此项目的研究成果指导《重庆市"国家农村信息化示范省"建设实施方案》的编制工作。"路线图"获得重庆市 2013 年科技进步二等奖。

在重庆市科学技术委员会的主持下，组织协调机构各成员单位开展广泛的交流、座谈与调研，汇聚政府部门、高校院所、涉农企业、农民专业合作社等单位的领导、专家和企业家的集体智慧，制定政策、落实职责，拟定了《中共重庆市委办公厅、重庆市人民政府办公厅关于推进重庆国家农村信息化示范省建设的意见》（初稿），从加强组织领导、加大政策扶持、强化队伍建设和加大资金投入等方面，聚全市之力，推进重庆市农村信息化建设工作。

在重庆市经济和信息化委员会、重庆市科学技术委员会、重庆市农业委员会的联合主持下，由重庆市政府办公厅出台了《重庆市农村信息化体系建设完善和提升方案（2013—2015年）》（渝府办发［2013］125 号），与重庆市国家农村信息化示范省建设的互为重要补充。

（二）建设运营

1. 重庆市农村信息化综合服务云平台初步建成

按照国家农村信息化示范省建设的总体要求和"平台上移、服务下延"的原则，建成了重庆市涉农信息云服务平台核心节点，将重庆市委组织部、重庆市农业委员会、重庆市气象局、中国移动"农信通"等单位涉农信息系统进行连接和集成。目前，已经初步完成农村信息化综合服务云平台门户设计，平台集成接口规范和信息交换标准正在制定当中。2014 年上半年，完成了综合平台门户网站的设计、调试和初步运行。预计在 2014 年下半年与各分平台、基层站点实现互联互通。

平台采取"云"+"端"的模式，通过"农企宝"客户端帮助农业企业简单配置生成专属应用，快速实现生产成本管理、物流管理和营销管理信息化，主要涵盖三大功能：一是生成移动端的企业网站；二是农产品电子商城；三是实现企业与自身客户群的高效互动。目前，"农企宝"已形成了由企业运营、政府支持、农业企业和城市用户都受益的可持续发展的商业模式。建成初期，已有"碧天四季菜园"、"兴宏牛肉"等十余家农业企业入驻；截至 2013 年年底，超过 50 家农业企业入驻、200 种精品农产品上架；截至 2014 年年底，发展超过 300 家农业企业入驻、上千种精品农产品上架。同时，平台已与重庆物业管理协会合作，各物业管理公司正在入驻"农企宝"平台，开展小区农产品营销，从而扩大平台营销渠道，重庆的各大小区用户将会成为"农企宝"的潜在买家。通过运营，2013 年年底实现了 20 万小区用户接入平台，"农企宝"平台交易金额超过 5000 万元；预计到 2014 年年底将实现 60 万用户接入平台，平台交易金额超过 5 亿元。

2. 信息资源整合关键技术取得重要进展

以柑橘施肥智能辅助决策支持系统为突破口，建立基于语义技术的本体映射模型。提出基于 AOP（Aspect-Oriented Programing）的动态集成方法，将相关柑橘种植专家知识等进行描述、存储、分析和处理，采用 RDF 三元组建立本体及语义数据库，对已有领域知识进行补充和完善，从而为农户提供更准确、更及时的农业信息服务，为柑橘园区的普通果农和企业提供主动、个性化、有实用价值的柑橘生产管理的信息服务，提高柑橘园养分和水分利用率，降低生产成本，减少农业投入品浪费和对环境的不良影响，增加果农和企业的收入，实现节本增效和低碳环保的最终目的。目前在柑橘施肥知识的提炼与标准化、柑橘施肥知识本体的构建、柑橘施肥语义系统架构等方面取得了重要进展。这些成果为各类涉农信息资源整合提供了重要的技术支撑。

针对重庆生猪信息化发展需求，在母猪繁殖性能及生化指标与气候条件关系方面开展研究，选择重庆市潼南县和黔江区分别新建试验基地，进行生产管理规范、性能记录准确的规模化猪场试验，在妊娠舍和产仔舍设置温湿度记录仪（AZ8829 型）实时监控母猪生活环境的温湿度变化，从而明确了高温高湿环境对种母猪生产性能的影响。通过在密闭猪舍内安装湿帘风机降温系统和温湿度自动控制系统，采用 RS485 养殖场温湿度远程网络监测系统进行监测，采集、存储种猪生理、猪场环境等指标，明确了温湿度及湿热指数对生化指标的显著影响。西南大学与重庆市畜牧科学院共同研制的种猪疾病诊断系统，采用语义技术整合种猪品种、养殖、生长发育、医疗诊断等异构、多源数据，创建并验证种猪疫病本体知识库，利用专家系统和数据融合中贝叶斯推理进行分析和诊断。系统突破传统关系数据库的限制，改用可以不断自我生长的语义数据库，采用目前比较流行的 RDF 三元组来描述语义知识并结合基于数据融合知识的推荐算法为用户提供较为准确高效的诊断建议。目前在知识库知识整理、本体构建以及可视化界面等方面取得了重要进展。试验表明，系统提高了种猪养殖过程中遇到的疾病防治成功率，形成一套具有专家级权威的诊断机理。

为了配合"国家农村信息化示范省"建设的需要，重庆市科学技术委员会先后启动了柑橘、早熟梨、肉牛、魔芋、休闲农业、高山蔬菜、金银花、辣椒等产业的重庆市"121"科技支撑示范工程项目（"121"的含义见本章末名词解释），其资源整合方面的研究成果将作为重庆市农业农村信息化综合服务平台中产业技术信息推广的内容。第三军医大学的远程医疗、重庆市巴南区远程教育云等平台，将与农业农村信息化综合服务平台连接形成共享平台，进一步扩大资源整合受益面。

3. 综合信息服务平台运营机制初步建立

为了探索建立政府引导、资源共享、多元投入、市场运营的长效运行机制，通过公开征集农业农村信息化综合服务平台营运意向企业，经过多方考察，遴选出了双方较为满意的公司，目前正组建一个国资控股、社会优质资本参股、市场化运作、自我发展壮大的农业农村信息化技术创新服务公司作为农业农村信息化综合服务平台的实施运营主体。该公司拟由重庆科技资产控股有限公司和西南大学资产经营管理公司，以及遴选出的民营企业重庆远衡科技发展有限公司共同筹建，注册资金不少于 4000 万元。同时吸引和吸收其他涉农企业或社会资本通过股权置换、直接投资和并购等方式进入本主体公司。运营企业将负责重庆市农村信息化云综合服务平台的市场化运营，以及涉农信息增值服务和农村民生公益服务的运营。

采用"信息联盟+渠道集成"的商业模式，平台运营企业将成为现代农业产品需求、生产、销售、管理、供应各环节的信息服务和渠道集成商。其中，信息联盟由各级涉农政府部门、院校、科研院所等的涉农服务网站组成，运营公司通过农业农村信息化云服务平台及其信息服务系统收集、传输、存储、处理各类信息，将供销、农资、农技等服务渠道加以集成，利用这些渠道或在线直接向服务对象发布各类信息或提供信息服务。

"信息联盟+渠道集成"商业模式将拓展一般运营商以信息服务为核心的收入模式，信息服务的对象将涵盖农业产业链，包括农户、生产资料供应商、销售渠道商、消费者等。信息服务内容包括现代农业生产管理与智能决策信息、农产品需求信息、农产品产能产量信息、生产指令信息、农技服务需求信息等。在"信息联盟+渠道集成"商业模式中，公司与其他运营商及其移动互联网和云服务平台将承担农业生产信息管理和供求信息管理、供销渠道和农技服务渠道等渠道管理职能，该模式将改变传统农业的产业链状态，提升产业链和各种渠道的信息流通和交互反应能力，推进农业农村信息化深入发展。

4. 基层服务站点建设有序推进

采用重庆市科学技术委员会、重庆市经济和信息化委员会、重庆市委组织部、重庆市农业委员会、重庆市商业委员会和市供销社联合共建方式，以现有镇乡农业技术服务中心、农村党员干部现代远程教育网络为依托，以科技特派员工作站、农业企业、专业合作社为主体，合作社和涉农企业科技信息服务站点为补充，组建基层服务站点。

国家农村信息化示范市建设试点组织协调机构，专门拟定了农村信息化基层服务站点考核认证管理办法，以农村党员干部现代远程教育网络覆盖的重庆市行政村的 8605 个农村基层信息服务站为基础，从 2013 年开始，在 1 年左右时间内完成 1000 余个农村基层信息服务站点的考核认证工作。与此同时，在全市农业龙头企业和专业合作社中，将开展行业和专业信息服务站点的考核认证工作，预计将有 500 余家农业龙头企业和专业合作社参与该类型服务站点的建设试点。

5. 重庆农业农村网站群系统信息共享效果初显

重庆农业农村网站群系统是以"重庆农业农村信息网"共享发布平台为依托建立的农业门户网站群，是综合反映重庆市农业及农村经济，为农业、农村、农民及相关行业提供信息服务的公益性政府农业网站和市场化运行的农业企业网站。网站坚持服务"三农"的理念，以宣传农业政策、促进政务公开、发布监测公告、展示农科成果为方向，以促进农业增产、农民增收、农村进步为宗旨，强调全面、权威、准确、快速发布信息。2013 年以来，在重庆市通过实施农村信息化三级示范项目，将网站建设延伸到乡镇、村，形成了市、县、乡、村四级联动格局。目前，围绕重点打造"政务公开、惠农政策、产销衔接、科技服务"四大板块，集近 1000 个涉及不同区县（乡镇、村）、专业、企业于一体的重庆农业网站群已经形成，建成 50 多个专题数据库，入库信息 48 万条（篇），日均点击数达 3 万多次。2013 年，农业部省级农业网站测评中重庆排名第四，中国农业信息网重庆频道全国排名第三，跃居全国先进行列，2013 年，在重庆市政府部门网站测评中名列前茅。

第二节　主要经验

一、领导重视、扎实推进

各级领导高度重视农业农村信息化工作，先后多次召开组织协调机构成员单位联席会议，讨论重庆市《农村信息化示范省建设实施方案》，制定政策、精心组织示范省建设试点工作班子和工作流程。重庆市科学技术委员会领导每月都要专门听取农村信息化示范省建设进展情况，并多次组织市内外专家对实施方案进行充分论证，从先进性、科学性、实用性等方面保证了示范省建设的有序开展。

制定出台《加快重庆市国家农村信息化示范省建设意见》及《农村信息化示范省建设相关工作管理推进办法》。将重庆市政府对各级部门农村信息化工作绩效考核机制写入了《意见》中，用政策确保各涉农部门在农村信息化示范省建设工作中能有效协同、整合资源、利益共享。在组织协调机构的组织实施下，制定了"示范省"建设部门协调工作机制。包括部门工作绩效考核机制、项目绩效考核机制和专家服务考核机制等，明晰了相关部门的职能与职责。由此建立起各级涉农部门在涉农信息的及时更新和有效性方面的长效机制。

二、职责分明、协同创新

在重庆市科学技术委员会的主持下，重庆市农村信息化示范省建设试点组织协调机构多次召开"示范省"建设工作座谈会，汇聚政府部门、高校院所、涉农企业、农民专业合作社等单位的领导、专家和企业家的集体智慧，对建立"资源共享、多元投入、市场运营"的长效运行机制进行了初步探索。

拟定了《中共重庆市委办公厅、重庆市人民政府办公厅关于推进重庆国家农村信息化示范省建设的意见》，从加强组织领导、加大政策扶持、强化队伍建设和加大资金投入等方面，凝聚全市之力，推进重庆市农村信息化建设工作。并将市政府对各级部门农村信息化工作绩效考核机制写入了《意见》中，以政策保障各涉农部门在农村信息化示范省建设工作中能有效协同、整合资源、利益共享。

由重庆远衡科技发展有限公司、重庆科技控股公司、西南大学资产管理公司共同组建重庆市衡大科技有限公司，负责重庆市农村信息化综合服务云平台的建设与运营。截至 2013 年 12 月底，已完成《发起人协议》、《公司章程》、《商业计划书》、《董事长工作细则》、《总经

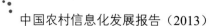
理工作细则》等起草工作，正在征求各股东意见。

充分利用重庆市农业农村信息化工程技术研究中心的技术力量，为平台营运企业提供有效而持续的技术支撑，通过技术创新确保平台营运企业的可持续发展。一方面工程中心积极开展农业农村信息技术前沿的研究，紧跟国内外农业农村信息化技术的发展；另一方面努力开展新技术成果的转化研究，通过平台营运企业将最新应用成果推广到农村基层，保证农村信息化综合服务平台的可持续发展与营运。从而形成工程中心与平台营运企业的紧密合作与协同机制。

三、部市联动、合力推进

2013年10月，科技部与重庆市政府在渝举行了第四次部市工作会商会议并签署了新一轮会商合作议定书，将"加快国家农村信息化示范地区建设、促进现代农业发展"确定为重要合作主题之一，其中明确"科技部积极推动国家农村信息综合服务平台向重庆特色效益农业服务，开展重庆优势产业信息技术的集成应用和示范"。重庆市科学技术委员会实施过程管理和技术管理协同创新，按照项目组织方、技术综合方、集成实施方三方协同，启动了农村信息化综合服务示范科技重大专项（简称"151"科技重大专项），投入5千万元资金与"国家农村信息化示范省"建设试点配套，支持重庆市农村信息化服务产业的建立与可持续发展。围绕重庆"国家农村信息化示范省"建设的总体目标，重点开展农业农村信息化综合服务平台建设与应用示范。国家项目将与重庆市"151"农村信息化科技重大专项形成合力，共同推进重庆市农村信息化建设，全面提升重庆市农业农村信息化应用水平。

第三节　存在问题

一、协同创新机制亟待完善

涉农信息资源整合与农村信息化的协同创新机制需要进一步探索与完善。由于涉农信息资源分散，分布于不同的政府管理部门，农村信息资源管理条块分割、烟囱林立的现象比较明显，这势必要求建立起符合各方利益、实现资源共享的涉农信息资源整合和协同创新机制。这也是当前国家农村信息化示范省建设工作中最为关键的问题。

二、农村信息化建设资金需要加大投入

各级政府部门对农村信息化建设的重视程度不够和经费投入不足。尤其是区（县）、乡镇的领导对农村信息化的建设缺乏热情，导致他们在农村信息化建设上的支持力度不够。近年来，虽然国家科技部加强了农村信息化方面的投入与支持，但相对于各省（市）工作

量大面广的现实，总有杯水车薪的感觉。因此，国家在农村信息化建设上的经费投入仍然需要加强。

三、基层农村的多元化信息服务渠道尚未完全建立

当前，广大农村普遍还是从传统的广播、电视等比较单一的渠道获取信息，而现代化的短彩信、IPV、网络、电话等多元化的信息服务渠道还未完全建立起来。

四、人才队伍建设需要加强

农村基层信息人才队伍建设与农村网民素质滞后于社会经济信息化发展。创建新型大学推广模式的公益化农村农业信息服务体系还未完善，乡村信息员和农村居民缺乏实用信息技术培训，农村网民在生产经营、商务交易和交流沟通中对信息的驾驭和利用程度远低于城市网民，农民使用信息化手段的意识和能力依旧薄弱。

第四节 下一步打算

一、加快平台运营公司组建

继续完善运营公司商业计划书，明确公司运营职责和业务范围；围绕服务和市场，采用现代企业制度，聘用职业总经理组建核心运营执行团队等。

二、综合云服务平台构建与资源整合

新建全市涉农信息云服务平台核心节点，集成市内涉农信息。围绕农村民生、农业生产、科技创业和市场流通四大板块，完善、补充和整合涉农信息资源，计划通过政策手段、组建联盟方式及平台建设技术方案，实现全市涉农信息资源的高效共享。

三、开展农村信息服务系统建设与示范

结合重庆市科学技术委员会"121"科技支撑示范工程，拟实施蔬菜、生猪、柑橘等领域信息化集成应用示范，通过信息化手段，介入产、加、储、运、销各环节，为各业态主体提供辅助决策。根据重庆市功能分区规划，开展重点农业产业示范，以及主城近郊农业物联网应用、武陵山区电子商贸物流和秦巴山区城乡一体化远程教育等信息技术研发集成和示范应用基地建设。根据信息农业和精准农业的需求，开展信息服务产品引进消化与开发。

四、联合认定一批示范区县、示范村镇和示范企业

根据国家农村信息化示范省建设的任务、要求和标准，制定示范区县、示范村镇和示

范企业的选择标准、认定数量、检查制度、验收标准、后续运营支持机制。与重庆市科学技术委员会、重庆市委组织部、重庆市经济和信息化委员会、重庆市农业委员会等联合下发《关于联合开展农村信息化示范区县、示范乡镇、示范企业认定的通知》，并协同开展示范选择、认定等工作。

五、构建整合农村基层服务体系

以乡镇为基础，构建 1 个统一的农村基层服务站点，整合 N 个现有的科技特派员、专家大院，农村信息员、信息服务站，12316/12396"三农"呼叫中心、12582 客户服务中心等农村基层服务体系。制定基层服务站点的加盟标准、认证机制、考核标准和监控程序。完善农村现有实用技术培训服务体系，采用自建、加盟和合作运营等模式构建农村信息化三级服务体系（市、乡、村），提高"三农"服务效率。

六、完善工程技术中心功能

结合国家农村信息化示范省建设要求和重庆市科学技术委员会对"151"农村信息化科技重大专项的整体规划，统筹考虑重庆市农业农村信息化工程技术研究中心建设方案。通过国家科研项目支持和西南大学自有经费匹配，落实"151"科技重大专项技术综合方经费来源；确定重庆市农业农村信息化工程技术研究中心的组织结构和运营管理模式、制定岗位职责和考核机制，遴选和招聘专职工作人员、确定并装修办公场地、建设科研成果展示平台等。

七、成立重庆市农村信息化技术创新联盟

按照 1+N 模式，本着协作互惠、优势互补、利益共享、风险共担、信息共享的原则，构建 1 个农村信息化产业合作服务组织，联盟 N 个重庆市涉农信息服务企业、涉农信息服务政府部门和事业单位，共同推进农村信息化产业的发展。

八、组建农村信息化专家队伍

在重庆市国家农村信息化示范省专家组的基础上，结合农村信息化建设的整体思路和总体规划，适当补充市级农业领域专家，组建新的农村信息化咨询专家委员会，明晰相应的职责。同时，借鉴河南省等做法，组建重庆农村信息化专家服务团，组建专家咨询服务队伍，培训农村基层信息员。

九、推动出台政策措施

借鉴兄弟省份实施农村信息化的政策保障经验，结合重庆市农村信息化工作推进的实际政策需求，联合重庆市经济和信息化委员会、重庆市委组织部、重庆市农业委员会、重庆市商业委员会等各相关部门，提请重庆市政府出台《关于加强国家农村信息化示范省建设试点工作的意见》，并报市政府审核审批。

十、加强对外联络和宣传工作

加强国家农村信息化示范省建设专家指导组的咨询与技术支撑，每年就国家农村信息化示范省建设中的问题组织专题研讨。由科技部牵头，在农村信息化示范省（市）之间组织不定期的经验交流活动，对各示范省（市）取得的好经验和成果进行有偿推广和应用，避免重复开发和资源浪费。通过互联网、工作简报等方式进行汇报和宣传。提高工作推进的透明度，提升团队士气、激发参与热情，引起相关领导关心和重视。

附：名词解释

1. 重庆市"121"科技支撑示范工程：是指区县科技支撑示范工程、产业科技支撑示范工程和民生科技支撑示范工程、科技创新能力建设示范工程四大科技工程，是《重庆市"十二五"科学技术和战略性新兴产业发展规划》明确的重大任务，是政府引导、企业主体、产学研用协同创新、多元化投入、集成示范和瞄准产业化应用的重大科技支撑示范工程，是重庆市促进科技与经济深度融合，切实发挥科技在推动发展方式转变、调整产业结构中的支撑和引领作用的改革创新实践。"121"科技支撑示范工程以重大新产品、新系统、新品种研发及产业化（规模化应用）为核心和牵引，采取上下联动、全球整合、金融（市场）推动、滚动实施的方式，组织全国乃至全球相关研发单位，围绕重庆重大需求协同创新、建设人才团队及研发基地，力争每个科技示范工程实现产值 10 亿元或直接受益 10 万人以上。

2. 重庆市"151"科技重大专项：是科技金融、5 个产业技术领域重大专项和企业技术创新体系建设科技重大专项的简称。有别于"121"科技支撑示范工程和一般的科研项目，该工程既有科技管理与科技统筹方面的任务、技术攻关和产业化推广等方面的工作，又有市场化运作和商业模式建立等方面的创新。重庆市计划每个专项工作的市级科技经费投入不低于 5000 万元。5 个产业技术领域重大专项分别支持 100 亿元的产值；科技金融重点发挥其牵引作用，助推 5 个产业发展；企业技术创新体系建设重点发挥其保障作用，主要围绕 5 个产业技术领域来展开，同时支撑其他全市重点产业技术创新。

第二十章

云南：不断提高信息化服务"三农"水平

第一节 发展现状

一、云南省农村信息化基础设施建设情况

近年来，云南省通过数字乡村工程、金农工程、计算机农业工程、农村党员干部现代远程教育工程、农业网站群等重大工程和项目的实施，使农村信息化基础设施建设得到了较大改善。截至 2012 年年底，云南省累计投入村村通电话工程专项资金超过 15 亿元。全省通电话村数 12651 个；电信业务总量 344.34 亿元；移动短信业务 367.44 亿条，移动电话用户 2895.78 万户。实现了云南省通电话比例达 60%；乡镇通电话和宽带互联网比例达 100%；自然村通电话比例达 96%，自然村通宽带互联网比例达 60%。云南省级农业数据中心已基本建立，各州、县、乡镇农业部门均配置了计算机、数码照相机、摄像机等设备，并实现了互联网的接入。目前，全省农业系统共拥有计算机 5767 台，服务器 188 台，数码相机 6179 台，摄像机 987 台，打印机 2075 台。省、州、县三级农业部门已建设各类信息服务机构 155 个，拥有工作人员 735 人，农村信息员 3685 人。

二、云南省农村信息资源建设情况

云南省农村信息化建设过程中，农村信息资源不断丰富。据不完全统计，目前，省委组织部、省农业厅、省林业厅、省科技厅、省商务厅、云南农大、省农科院、新华社云南分社等部门（单位）已分别建成一批涉农数据库，数据总容量超过 30TB。以 2007 年开通的数字乡村工程为例，目前该工程已建有省级网站 1 个，地州网站 16 个，县级网站 130 个，乡级网站 1348 个，行政村网站 13431 个，自然村网站 124206 个。2013 年，全省数字

乡村网全年上报数据报表 6.9 万份，制作视频 203 个，更新图片 5095 张，访问量 947 万人次，日均 2.59 万人次。数字乡村工程初步形成了以互联网、电视、电话、广播和卫星通信为依托，集采集、分析、预测、发布等功能于一体的农业和农村信息服务网络体系，为各级党委、政府和广大农民群众提供了图文并茂的网络信息服务。同时，全省拥有物价监测点 53 个，以月、季、半年、年为单位，对 48 种农产品属性进行了综合分析，形成了 9 大类、21 个农产品价格趋势分析。另外，全省已建成自然村基本情况数据库、三农政策法规数据库、农业技术数据库、农业专家数据库、农业企业数据库、农民专业合作组织数据库、农产品质量标准数据库、农产品质量标准视频库 8 大数据库，采集了 10 个大类、155 项指标数据，汇集上传报表 130684 份，浏览者可通过网上"统计查询系统"，查询到所需要的农村信息资料。

三、云南省农村信息化开发应用情况

云南省各部门、各级政府分别制定了环境信息化、文化信息化、旅游信息化、公路水路交通运输信息化、林业信息化、工业信息化、民族工作信息化等规划。农业部门建成了省、州、县三级农业网站群，形成了统一管理、分级发布的网站管理模式，建立了以农业信息网站群和数字乡村网站群为龙头的农业农村信息服务体系，已积极向涉农科研院所、企业、经合组织（协会）和农户开展了信息服务，并取得了一定成效。目前全省共建成 146 个农业信息网，126 个行业专业网，开通了 12316 农业公益服务热线、三农通、农业新时空、金农工程等服务平台。如 2013 年各级涉农部门通过三农通平台累计发布实用农村信息 46 万条次，解答农民群众各类问题 7 万余条次，服务了全省近 1000 万农村用户。另外，云南省已先后开发出"三农"信息无缝覆盖系统、计算机农业专家系统、农业决策支持系统等 82 个农业信息化运用系统，以及开发出遥感、系统模拟模型和 3S 等技术，并将其运用于种植业、养殖业、渔业和林业中，获得了满意的效果，特别是在农业资源清查、生态环境和自然灾害的监测与速报等领域，这些先进的信息技术发挥了不可替代的作用。

四、云南省国家农村信息化示范省建设筹备情况

2010 年，云南省科技厅根据科技部开展国家农村信息化示范省建设的有关要求，结合云南省实际情况，联合省委组织部、省工信委、省农业厅、省商务厅、省文化厅、省发改委、省财政厅、省林业厅、省气象局、省通信管理局 10 部门编制了《云南省国家农村信息化示范省实施方案》。该实施方案规划主要建设内容为：建立 1 个省级农村综合信息服务平台，建立 1 个省级农村综合信息资源中心，建立 N 个专业信息服务平台，建立覆盖全省乡村的信息服务站，形成农村信息化的长效运营机制。该方案已于 2011 年 12 月 2 日，以云南省人民政府函（云政函 [2011] 120 号）上报科技部。2013 年 12 月，由科技部、中央组织部、工业和信息化部共同批复同意云南省开展国家农村信息化示范省建设工作。目前，该实施方案已按照科技部专家组的相关意见和建议，完成了修改完善工作，现已上报科技部，待专家评审后正式实施。

五、云南省特色农产品电子商务发展情况

随着云南农村信息化建设进程的不断推进，云南省各级政府、各部门十分重视特色农产品电子商务的推广工作。目前，云南省建立的数字乡村综合信息库，每个自然村投入 10 万元，建成了集信息发布和产品展销为一体的信息服务平台。昆明国际花卉拍卖交易中心引进荷兰花卉拍卖的交易模式和交易系统，经过 10 多年的探索和完善，现已成为国内最大、亚洲第二（仅次于日本东京大田拍卖市场）的国际性花卉拍卖交易机构，对国内鲜花市场价格走势具有重要影响。云南省商务厅牵头建设的新农村商网、云南国际食品专营店、万村千乡市场工程、云商汇电子商务平台等，以及云南省科技厅牵头开通的广东村村通云之南商城和农资大市场信息发布平台，对开展云南特色农产品电子商务进行了积极探索。除上述统一的大型电子商务平台外，云南各地也有效运用自有电子商务手段，积极推销本地特产，做大地域电商品牌，其中一些州（市）电子商务交易中心的影响力甚至已成全国典范。例如，2011 年 3 月建成的文山三七电子交易市场，是文山州乃至全国的第一家三七现货电子交易市场，其集信息、电子交易、结算、仓储、物流等功能为一体，现日均交易额达千万元以上。此外，省内部分民营企业也投资建成了一批农产品电子商务网站，如，云南萨德克科技有限公司建成运营的土大姐特产商城、昆明华曦牧业集团有限公司建成的云南高原特色名优产品电子商城。

第二节　主要经验

云南省农村信息化建设采用"1+N"的信息服务模式，遵循强化顶层设计、助推涉农信息资源共享、力促高原特色农业发展、构建特色鲜明的全方位服务体系的原则，为云南经济社会发展提供助力。

一、强化顶层设计

云南省国家农村信息化示范省建设试点获批以后，云南省成立了国家农村信息化示范省试点工作领导小组，对示范省建设进行统一组织领导。组长由云南省省长担任，省委常委、省委组织部部长及分管科技副省长任副组长，相关各部门领导为组员。领导小组下设办公室，负责具体推进示范省各项建设工作。省科技厅成立了专题调研组，对省外开展农村信息化工作成效明显的省区，以及省内相关涉农企、事业单位，采取实地考察、问卷调查、资料搜集、电话访谈等多种方式进行了调研；在此基础上，总结云南省农村信息化发展现状及存在的问题，分析国内相关省区发展农村信息化的成功经验和主要做法，进而提出了云南省农村信息化的发展思路、主要任务和对策建议，向云南省委办公厅提交了《关于提高我省农村信息化水平的调研报告》，并向科技部编制上报了《云南省国家农村信息化示范省实施方案》。

二、助推涉农信息资源共享

以云南省组织部为牵头单位，协调省工信委、省农业厅、省商务厅、省文化厅、省发改委、省财政厅、省林业厅、省气象局、省通信管理局等相关涉农政府部门，联合省内相关农业高校、科研机构、基层农技部门、专业合作组织，建成农业农村信息资源共享联盟，探索多元灵活的合作协调机制，实现数据库的跨平台互联，推进相关单位涉农信息资源的共享。省级农村综合信息资源中心拟建立在云南农业大学和云南省科学技术情报研究院。

三、力促高原特色农业发展

针对云南省高原特色农业实际发展需求，立足云南省自然资源丰富等明显优势，突出云南省得天独厚的区位特点，结合相关科研院所丰富的科研成果及农事经验，梳理云南高原特色农业相关技术知识，采用网络数据库、人工智能、Web 等现代信息技术，建立分布式专业化信息服务平台。重点搭建云南高原特色农业产业生产服务平台、云南国际花卉拍卖交易信息化服务平台、云南省农资贸易和服务平台，为云南花卉、水果、中药材、茶叶、橡胶、咖啡等高原特色农业产业提供专业化信息服务，推动云南农产品及衍生产品的标准化、规模化发展，加快形成关联度高、带动力强、影响深远的高原特色农业品牌，实现"好品好价"，进一步开拓挖掘市场潜力，增强农产品的市场竞争能力。

四、构建特色鲜明的全方位服务体系

按照"一年布局突破、两年全面铺开、三年实现'三个显著'"的建设要求，以服务"三农"、服务市场、服务党员、服务群众为目标，云南将用 3 年时间，完成覆盖全省 129 个市（县、区）的 1000 个乡镇（街道）、10000 个行政村综合信息服务站和 100 个专业信息服务站建设，建立一支近 20000 人的基层远教操作员、基层专业技术人员和信息员相配合的人员队伍，提高信息服务的时效性和针对性。同时在信息服务站点设置时，对少数民族聚居区采取一定的政策和资金倾斜，并建立相关信息服务示范点。另外信息站点的建设将结合当地的特色产业、民族特点、旅游资源，在服务当地居民的同时，为其提供一个展示地方优质资源的窗口。在进行综合服务平台建设时，注重与省民委计算机办的少数民族专家系统、民族语言文字翻译系统，以及省新华社和省农科院的三农通系统进行有效结合，在平台上充分体现民族特色，同时利用三农通等通道为少数民族群众提供专业化信息服务。

第三节　存在问题

纵向看，在云南省委、省政府的关心支持下，近年来，云南农村信息化建设明显提速，成效十分显著。横向比，由于起步晚、底子薄、投入少、人才弱，云南农村信息化与国内先进省市相比存在明显差距，而且差距还有进一步扩大的趋势。

一、农村信息化资源共享责任主体不明确

目前，云南省农业信息资源的开发利用一般都按政府部门和企、事业单位业务分条块进行，在开发的规划、组织、资金和体制上都是各自为阵，而且突出的问题是纵强横弱，没有责任主体对信息共享的组织协调和运行工作负责。即使开展了农业信息资源共享工作，由于缺乏有效的管理机制，也没有对农业信息资源时效性、准确性负责，从而影响农业信息资源共享的持续、健康发展。

二、农村信息化重复建设现象严重

近几年，云南省农业各业务系统建设发展较快，但各业务系统建设大都相互独立，由不同部门牵头建设和管理，这些独立的、异构的、封闭的系统彼此之间难以实现互联互通。虽然各部门在自身的业务管理中积累的业务数据总量可观，但由于这些数据分别由相互孤立的应用系统产生和管理，其服务范围仅局限在部门内部，各个数据库之间存在数据重叠，不但带来了大量的重复采集，更存在大量的不一致现象。同时，各部门为了提高工作效率，拓展服务能力，对其他部门的信息需求非常强烈。各部门为了实现自身业务的要求，纷纷启动本部门的数据交换系统和地理信息系统建设，造成大量的重复建设和资源浪费。

三、农村信息化资源开发利用不足

云南省、州、县三级网站虽然已建立，一定程度上推动了全省农村信息化的进步。但存在信息时效性差，针对性不强，资源分散、分割，信息发布方式和渠道单一，没有形成统一、专业的信息采集、发布和反馈平台，信息利用率低，农民的需求与社会发展相脱节，农村社会信息服务体系不健全，科技服务缺乏针对性等现象。尤其是缺乏有价值的信息分析和对未来农业经济形势的预测，不能较好地分析农产品生产和市场状况，信息资源的质量和精确度不高，一些农业信息对农民的生产经营不具有指导性，这些都阻碍了农民对网络信息资源的有效利用，导致农村信息资源开发利用的实用性不高。

四、农村信息化服务于农业生产的水平不高

农业产业化是农业信息化的基础，而农业信息化对农业产业化又起着至关重要的促进作用。在农业生产规模小或农业生产经营只是以满足自身需求为主时，就不可能产生或者没有必要加大对信息技术的需求。因为采用信息技术需要一定的人力、物力、财力等投入，在小规模的经营状况下显得有些得不偿失。目前云南省农业生产规模普遍偏小、经营分散、结构单一、成本高、效益低、农产品的延续生产简单，这种分散的自给自足的传统农业生产方式使大多数农户对信息的需求不高，在信息交流上依旧是通过传统的电话、人与人交流，没有向人机交流、信息资源共享的方向发展，导致信息服务处于被动局面。农业产业化程度不高，必然影响农村信息化进程。

五、农村信息化电子商务发展滞后

近年来，云南省农业电子商务开始了一些新的尝试和探索，并取得一定成绩，但与其他农业电子商务发展先进的省区相比，还存在较大差距，主要表现在以下几个方面。一是农业电子商务网络基础设施仍然较为落后。二是由于受传统农业生产方式的影响，再加上农民的文化水平低下，农民对农业电子商务的运用意识并不强烈。三是云南农产品信息收集、分析人员严重不足，大量的信息资源无法有效开发，并且基层农业电子商务服务人员整体素质不高，对计算机网络等现代信息技术的把握能力不强。四是云南省有关农业电子商务网站较为缺乏，很多网站不能实现网上竞标和竞拍、委托买卖等在线交易形式，更不能实现交易货款在线支付等功能。五是云南农产品物流作业现状无法满足云南省发展农业电子商务的需要，公共物流信息平台信息化应用程度较低，信息供应程度低。六是云南农业电子商务方面的立法及相应的标准尚不完善，还难以有效地保障网络交易各方的合法权益。

六、农村信息化长效服务机制不完善

目前，云南省农村信息化长效服务机制还不完善，主要表现在以下几个方面。一是政府、通信运营商、农村合作组织、涉农企业等信息服务的主体合作机制不健全，角色定位不清晰，协作困难，各方力量难以协调。信息服务在技术、组织、推广等环节没有建立起高效、有序的运作机制和合作服务机制，导致信息滞后、时效性差等问题。二是信息服务单位"自我造血"功能欠缺，农民是农村信息化的需求主体，但不是信息服务成本的主要承担者。农村信息服务不能简单地依据市场购买原则将服务成本和合理利润直接指向服务用户。农村信息服务在农产品生产、农资销售、通信运营、农产品物流等各环节衍生出多种利益，但是目前这些利益在信息服务主体间还未得到灵活分配，全省未形成利益反哺服务成本的长效运营机制。三是信息供应链运行受阻，农村信息服务存在分工不细、责任不明、专业性不强、运营配合不紧密、信息服务产品不丰富等问题，无法满足信息服务市场功能需求。此外，农村信息服务范围窄、渠道单一，缺乏规范的服务中介组织参与，没有形成长效的信息采集及服务模式，导致信息采集、处理、供应的服务通道不顺畅。

第四节 下一步打算

深入贯彻落实科学发展观，按照在工业化、城镇化深入发展中同步推进农业现代化的要求，以保障农产品有效供给、农产品质量安全、农民增收为目标。以全面推进农业生产经营信息化为主攻方向，坚持政府统筹、部门协同，整合现有资源；需求导向、注重实效、确保农民受惠；平台上移、企业参与、下延服务渠道；公益为主、兼顾经营、探索长效机制的原则。以农业农村信息化重大示范工程建设为抓手，完善农业农村信息服务体系，着

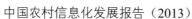

力强化政策、科技、人才、体制对农业农村信息化发展的支撑作用，不断提高信息化服务于"三农"的水平。

一、加强农村信息化组织领导和统一规划

云南省农村信息化建设是一项需要多部门联合、多方参与的系统性、社会化工程。要立足云南省情，由云南省党委、政府牵头，协调省农业厅、省科技厅、省发改委、省财政厅、省工信委、省文化厅等部门，依据各部门现存资源及工作职能，制定工作目标、责任分工、建设内容、系统运作和工作要求等一系列制度性规则和运行性规则，充分发挥各部门组织领导作用。同时要把农村信息化工作目标纳入社会信息化总体规划和农村经济发展规划，编制完善的规划和建设实施方案，对农村信息化基础设施建设、资金投放、农村信息综合服务平台设计进行统一安排，并聘请国家和其他先进省区农村信息化专家进行指导论证，提出符合云南实际的农村信息化长期发展规划。

二、建立统一的农村信息化综合服务平台和资源中心

通过云南省级农村综合信息服务平台的建设，将建成云南花卉、中药材、咖啡、茶叶等云南高原特色农业产业生产服务系统、云南三农通集成信息综合服务系统、云南高原特色农产品电子商务系统、党建综合服务系统四个信息服务系统，具备农业信息采集与发布、在线咨询与指导、视频观看和运用、远程环境监测与控制、在线文件传递和共享、党务管理和监督等功能，实现一个平台服务于多个产业和多个领域，为全省涉农政府部门、科研院所、企业、经合组织（协会）和农户提供综合性信息服务。同时，针对云南省农业信息资源分布散、种类多等特点，整合更新云南省现有农业政策法规、生产加工、市场运行、企业动态等农业信息资源，构建云南省级农村综合信息资源中心，开发完善云南农村政治、经济、文化、社会事业等实用数据库，并在此基础上进行信息资源的深度挖掘和开发利用，推动农业信息资源的综合利用和优化配置，为农民参与信息化和利用信息化创造良好的信息资源环境。

三、强化农村信息化资源综合开发利用

要提高农村信息化服务质量，信息资源的研发和建设是重中之重。要兼顾地方特色，分门别类地、有针对性地设计开发涉农信息，同时要针对不同地区、不同人群、不同领域生产制作不同形式的信息，使涉农信息可以单独以某种形式发布，也可以在不同渠道中进行转换并发布，推进农业信息资源的高效共享。一要立足市场需求，抓好农业市场信息资源的开发利用。二要充分利用网络平台，组织好全省涉农企业、经济合作组织（协会）、种养大户农产品信息的上网工作。三要重视和加强科技开发，狠抓农业科技成果，科研动态，科技研发项目，农业栽培技术，农产品加工、贮藏和保鲜等信息资源的开发建设。四要坚持以经济建设为中心，不断强化农业政务、贸易、生产、统计、资源、项目、政策等信息资源的开发，保障农业信息资源的开发利用与经济建设协调发展。五要加快农业数据库的建设，把云南省农作物种类和分布、适生土壤类型和气候环境、病虫害综合防治、加工工

艺、政策法规、市场行情等农业信息，容纳到动态农业模型中，以便用户了解农业发展近况，为政府决策提供信息支撑。

四、加强信息化对农业产业的支撑服务

农村信息服务的内容应涵盖农业产前、产中、产后各个环节，包括国家宏观决策、生产者微观决策、法规、政策、市场、技术、气象、灾害等信息。基于农民和农企需求，以服务"三农"为宗旨，以应用系统建设为抓手，以信息资源开发和利用为主线，围绕政务公开、在线办事、公众参与 3 项核心应用，不断探索创新，拓展体系内容范围，加强信息发布，强化服务和互动功能，进一步提高服务效率。采取切实有效措施，整合各类涉农信息资源，开发适于农村地区的信息终端与软件系统，提供政策法规服务，推广先进适用信息技术，提供农业咨询，发布产品、供求、价格信息，宣传"三农"发展的成效和先进典型。通过全面、及时、有效的信息服务，提高农村地区广大农民的生活水平，促进云南省粮食稳定增产、农业不断增效、农民持续增收。

五、逐步建立和完善农村信息化服务体系

云南农村信息化要按照总体目标，科学、合理制定分期目标，采用分步实施的方式，走试点引路、全面建设、稳步提升的路子，有计划、有步骤地开展农村信息化试点工作，边建设边应用，逐步实现最终目标和计划。加快完善省、州、县、乡、村五级农业农村信息化管理及服务网络，健全农业农村信息化工作组织体系。依托农业综合信息服务平台，组建各级、各个领域的权威专家服务团队，增强服务效果。规范乡村信息服务站点建设，提高基层农村信息服务水平。继续从种养大户、农村经纪人、农民专业合作社以及大学生村官等群体中培养选拔农村信息员，壮大农村信息员队伍，加强农村信息员培训，提高信息服务能力。同时，应进一步完善农村信息服务体系，以云南已建立的基层综合信息服务站和专业信息服务站为节点，聘用专、兼职信息员，做好信息分析和对未来农业经济形势的预测，较好地分析农产品生产和市场状况，使一些农业信息对农民的生产经营具有指导性，推动农民对网络信息资源的有效利用。并充分调动各涉农企业、农产品经纪人、农业专业协会、科研院所、村干部的积极性，使各方面密切合作，形成集信息收集、加工、发布、服务于一体的农村信息服务体系，为解决农业信息进村入户问题奠定坚实基础，实现信息内容的本地化，增强时效性、正确性和实用性，最终使信息服务惠及广大农民群众。

六、推进云南省国家农村信息化示范省的建设进程

遵循云南省国家农村信息化示范省建设指导思想、建设原则和建设目标，结合云南省的信息化现状和紧迫需求，依托农村党员干部远程教育网络，以科技型农业龙头企业、农业专业合作组织为载体，以整合共享现有涉农软硬件资源为基础，应用云计算、移动互联网和物联网等技术，投资近 3 亿元，分 3 年建设，建立 1 个省级农村综合信息服务平台，建立 1 个省级农村信息资源中心，建立 N 个专业信息服务平台，建设覆盖全省乡村的信息服务站，形成农村信息化的长效运营机制。面向政府、采购商、消费者、农业企业、农村

经济合作组织、农技人员、农民生产、经营、市场、金融、医疗、保险等信息服务，推动云南高原特色农业长足发展，提升边疆民族地区农村信息化管理和服务水平。

七、探索高原特色农业电子商务发展模式

做好农产品流通是促进农村经济全面发展和农民增收的现实需要，在云南省现有农产品电子商务系统的基础上，应加快整合构建云南高原特色农产品电子商务平台，重点开发面向东南亚跨境农产品电子商务系统和面向国内的高原特色农产品电子商务系统。即在前期区域资讯和商务服务建设基础上，以中老、中泰贸易作为切入点，建设一个面向东南亚、以区域特色农产品交易为核心的农产品跨境电子商务系统；同时面向国内市场，着力建设云南高原特色大宗农产品电子交易中心、云南名优农产品电子商务子系统和云南省农村物流信息服务子系统。在全省范围内，逐步完善农产品电子商务相关配套设施，培养网络消费市场；积极引导企业和个人利用国内外知名第三方平台开设网上旗舰店和专卖店，推广店铺托管、商品代运营等营销服务模式；同时扶持专业网络零售服务商面向网商，提供网店装修、网络整体营销等外包服务。

八、探索农村信息化长效服务机制

因地制宜，规范信息服务主体行为，优化信息服务环境建设，探索建立"政府主导、社会参与、市场运作、多方共赢"的农村信息化服务机制，为信息服务长效运行创造条件。一是政府要加强统筹规划，强化政策引导。做好全省农村信息化的规划工作，制定具体可行的实施方案，完善相关政策措施，以农业部门为主导，加强相关信息资源和项目的整合，形成上下各级部门联动共享的服务格局。二是利用云南省国家农村信息化示范省的建设，制定基于软硬件销售和服务的系统解决方案，开发基于声讯、短信、彩信、电子报、手机客户端的信息服务产品，开展平台、站点广告和信技物服务。三是着力培育多元化的农村信息服务主体，包括扶持引导涉农科研院所、企业、经合组织（协会）和种养大户，通过开展培训、培育典型、资金扶持、项目带动等多种方式，逐步让他们承担起传播农业知识、推广实用技术、开展信息咨询服务等角色，成为具备自组织、自服务、自我"造血"能力的创新服务主体，服务于多元的用户群体，开创互惠共赢和可持续发展的良好局面。

企业推进篇

中国农村信息化发展报告(2013)

第二十一章

中国移动：农信通、农业云助力国家农村信息化建设

　　农业是我国国民经济的基础，党和国家一再强调把解决好"三农"问题作为各项工作的重中之重。如何通过信息化手段升级农业生产方式，推动农业现代化的发展、夯实农村发展基础、改进农民民生，成为重要课题。

　　中国移动作为国有重要骨干企业，近年来非常重视落实"服务三农"的指导思想，以助力政府落实农村信息化建设为己任，发挥自身优势，提出了"三网惠三农，助建新农村"的工作目标——即利用信息通信技术优势，构建"农村通信网"、"农村信息网"、"农村营销网"，在 2013 年也取得了一些阶段性成果，为广大农业、农村、农民提供服务，助力社会主义新农村建设。

第一节　围绕农村生产生活信息化稳步推进

一、持续推进"进村入户"工作，建设农村基础通信网

　　中国移动不断扩大偏远农村地区的移动通信接入，普及并完善通信基础设施，提高农村通信网络质量，保证农村地区用户"用的上"，同时也为农村信息化开展奠定了网络基础，更为促进农村社会经济发展发挥了重要作用。

　　中国移动"村村通工程"累计投入超过 340 亿元，累计建设基站 4.2 万个，为约 9.8 万个村通电话。据工业和信息化部《关于下达 2013 年"通信村村通"工程任务的通知》（工业和信息化部电管〔2013〕116 号）文件精神，中国移动积极承担了西藏、新疆、四川等 17 个省的通电话和通宽带任务，在 2013 年完成 7129 个自然村（含寺庙）通电话、9331 个行政村通宽带、1767 个农村学校通宽带，随着中国移动在西藏自治区尼玛县央龙曲帕村开

通移动基站，我国已实现 100% 的行政村通电话，进一步提升了我国的农村信息化水平。

各省移动公司也纷纷开展宽带进村入户建设工作，以福建移动为例，通过积极投身"宽带农村"的建设，在农村有线宽带方面累计投资超过 10 亿元，全省光纤覆盖的行政村达 90% 以上。

同时，中国移动还加大农村实体营业厅建设力度，大力拓展乡村服务网点，改善农村地区客户入网难、交费难的问题，截至 2013 年年底，共建设农村营销网点超过 70 万个。

二、大力开展 12582 农信通建设和应用推广

早在 2006 年，中国移动率先在全国统一推出农村信息化服务——12582 农信通，并在重庆专门成立了服务全国的 12582 业务基地。12582 农信通以 12582 语音热线为主，短彩信为辅，互联网服务为补充，为广大涉农人群提供生产生活信息服务，为农民工提供求职就业服务，为涉农企业及合作社提供产供销信息化服务，为农村基层政府提供政务信息化服务。服务开通至今，中国移动累计投入超过 12 亿元，汇聚了千余名专业人才，设有 500 个座席提供 7×24 小时不间断全人工服务，搭建了集中存储、全国共享的涉农中央信息库，并在此基础上逐步建立和完善了 12582 农信通"1 个核心、4 条主线"的产品体系，覆盖了农业种养殖、产供销、农村政务管理和农民民生等数十个方面的内容。"1 个核心"，即以 12582 热线为核心，基于语音提供最便捷的信息服务；"4 条主线"包括生产生活、城乡对接、社会管理和求职招工，并推出了对应的 9 大产品。

中国移动的农村信息化工作得到了工业和信息化部、农业部、商务部、人社部等有关部委以及各级政府的亲切指导和大力支持。在相关部委指导下，中国移动积极参与了国家重大科技专项——TD 农村信息化的研究和实践；启动了农机调度信息服务、农情信息采集、现代化农业示范基地及农商对接平台等多项合作；实现了"万村千乡市场工程"信息服务平台与 12582 农信通平台的充分结合，促进了农村商品流、信息流、资金流的顺畅运转。此外，中国移动结合人社部"春风行动"与中国移动"两城一家"活动，向有务工需求的流动人口提供了免费务工信息服务。

在农村信息化领域，12582 农信通搭建了全国规模最大的"三农"信息服务平台。"百事易"提供价格行情、农业科技、惠民政策、新闻资讯、创业致富、生活娱乐等信息，与广大农户手牵手、心连心，助推合作社和种养大户生产销售；"农情气象"整合天气预报、农情提醒、生活指数、空气质量、黄历等信息，为城乡居民提供量身定制的气象信息服务；"农技专家"权威解答涉农技术问题，一通电话将农业科技送至田间地头；"政务易"打通"县、镇、村"信息化通道，为基层政府提供信息发布、政务办公、基层党建等服务，实现对内办公、对外宣传以及服务群众，推进阳光政务，解民难，暖民心；此外，每月定期发布市场行情监测报告并开展社会热点专题解读，提供专业化的信息服务。

截至 12 月底，12582 前向产品客户数 4942 万户，其中免费客户 3243 万户，中央信息库有效信息 4264.2 万条，信息总量达 2.38 亿条，同比增长 85.44%；2013 年全年，12582

业务使用超过 93 亿次，12582 热线累计拨打量约 1400 万次，农产品购销撮合意向交易额达 7900 万元，有效提升了农村信息化服务的水平，在助力社会主义新农村建设上发挥了积极作用。在"雅安地震"、"天兔台风"、"内蒙土豆滞销"和"海南'蕉'急"中，12582 勇担责任，防灾减灾、排忧解难。

（一）农业方面

"商贸易"服务立足于农产品的产、供、销环节，切实帮助解决农产品卖难买贵问题。2013 年 1—12 月，"商贸易"服务的提供次数 5924 次、促成成交意向金额 7192 万元。在重庆，"商贸易"服务联合石船镇政府帮助渝北石船重桥葡萄合作社销售葡萄 3582.7 斤，为合作社带来直接收入超过 7.2 万元；帮助长寿区邻封镇魏家河坎沙田柚基地的合作社，销售柚子 8595 个，重达 6.2 吨，销售金额超过 9 万元。同时，中国移动积极探索物联网应用与农业的结合，已经在安徽、山东、甘肃、新疆等多个省区应用温室大棚无线监控技术，并在智能化滴灌、水利信息化等方面进行创新，加速推进传统农业向现代农业转变，助力农村现代化的发展。在新疆，石河子垦区已有 9 个农场实施自动化灌溉，应用面积已达 80 万亩，预计到 2015 年将超过 130 万亩。

（二）农村方面

立足于农村政务，实现农村政令畅通，提升农村灾害预警、防范和灾后自救重建能力。5.12 大地震后，四川彭州市通过 12582 农信通平台向辖区内所有川芎种植户发送"立即抢收、储存川芎"的信息，挽回近千万元经济损失。12582 政务易通过在重庆试点推广，目前集团用户数达到 1.1 万家，覆盖了重庆 100% 的乡镇和 90% 的行政村；通过政务易，乡镇基层政府可以进行信息发布、党员培训、干部评议，还能通过"政务易"的群众信箱功能直接倾听群众心声，解答百姓疑问，实现阳光政务。重庆市江津区夏坝镇双新村肢残女孩陈佳通过"政务易"群众信箱获得政府帮助，圆了大学梦。

（三）农民生产生活方面

立足于务工、农产品销售、法律咨询、科技、教育等方面，通过 12582 热线向用户提供 7×24 小时的全人工涉农信息服务，目前 12582 农信通中央信息库中涉农信息有效信息量超过 4200 万条，月均更新超过 400 万条。全国已服务用户超过 5000 万户，累计拨打量已超过 4600 万次。其中 12582 热线"找工作"服务累计拨打量超过 111.6 万次，2013 年 12582 热线"找工作"服务累计拨打量 34.2 万、上线至今向用户免费下发务工就业信息人次量 36.6 亿人次。

三、配合 12316 服务平台和体系建设

中国移动持续助力 12316 农业综合信息服务平台建设，整合省、市、地、县多级体系，

将有线网络和互联网、移动互联网结合，整合农业互联网信息服务和 12316 综合语音服务平台，打造农业信息服务门户。全力保证各省特色平台的独立性，配合农业部梳理 12316 综合信息服务平台功能；整合建立全国两级综合信息服务云平台，提供语音、短彩信、网站结合的融合通信服务平台。

近年来中国移动通过整合信息服务资源、建设统一平台、提供"三农"综合服务，形成了"12136 农业服务热线"三位一体服务模式。即在原先电话语音服务系统的基础上，开发计算机网络服务系统、手机应用服务系统，并整合电话、手机、计算机服务管理平台，农民可以在家里、田间地头或者乡村信息服务站选择电话、计算机、手机寻求农业部门的各种服务；农业部门也可通过统一的管理平台提供快速、便捷服务，与各省开展的测土配方等物联网应用也建立了紧密联动关系。

2009 年至今，中国移动在农业部"共同推进农村信息化战略合作协议"的指导下，已启动了 12316"三农"信息服务、农机调度信息服务、农情信息采集、现代化农业示范基地及农商对接平台等多项合作。

四、农业云和物联网助力农业生产

中国移动推出一系列惠农物联网应用，利用物联网技术，实现生产中的自动化控制、监测、预报等功能，极大提升农业生产的现代化水平。

农业物联网应用主要包括农业大棚标准化生产监控、农业自动化滴灌、淡水养殖无线水质监测等。目前，已在河南、重庆、山东、河北、新疆、江苏、宁夏、甘肃、北京、辽宁等省市推广应用，有效节省了人力、物力，提高了生产效率。

利用传感器实时监测土壤成分等关键数据，实现田间滴灌电磁阀开关控制，农田信息数据传输、采集、上报。目前已应用于新疆、内蒙、吉林等省的 20 余万亩土地。以大田春麦为例，平均每亩增产 243～587 公斤，每亩纯收益增长 2.3 倍。一个棉农的管理定额由过去的 25～30 亩提高到 80～120 亩，劳动生产率提高 3～4 倍。

在农业大棚内安装无线远程监控终端，对农作物种植过程中的温度、湿度、CO_2 浓度、日照强度等进行采集、处理。目前已在山东、辽宁、甘肃、宁夏等省开展。

面向水产养殖，基于物联网，集数据、图像实时采集、无线传输、智能处理和预测预警、信息发布与辅助决策等功能于一体；为农机手及时获取跨区作业调度、农机维修点、供油点、农机牌照办理流程、购机补贴等信息提供服务，已为江苏省万余名农机手和管理者提供服务。

新疆农垦、山东寿光、厦门信息港开展林果蔬菜溯源应用；内蒙通过行业应用卡（STK卡）实现奶站、奶车、奶罐、奶品的相关信息提交，保证原奶在输送过程中的安全和奶站日收奶量的实时量化掌控。

结合物联网技术，中国移动不断推出"更贴近农民生活"的应用，如提升优化远程医疗诊断、远程教育培训等服务，使农民足不出乡村，就可以实地学习各种农业知识、接受医疗服务、加快科技文化的普及，充分发挥了信息化对农业现代化的带动作用。

第二节　中国移动农村信息化经验分享

中国移动助力农村信息化建设取得了阶段性成果，离不开各级政府部门和社会各界的大力支持，也离不开农村信息化建设工作者的艰苦努力和广大农民朋友的真诚信赖。回首信息化服务"三农"的工作历程，有以下几点体会分享。

一、做好农村信息化工作，必须做到持续、深入推进

农村基础网络建设和信息化建设具有投入大、周期长、见效慢的特点，农村信息化不是一时之谈、一举之力，它需要长期、可持续的大量资源投入。中国移动作为国有骨干通信运营商，始终秉承"服务'三农'，为国分忧"的指导思想，将信息化服务"三农"视为企业社会责任，中国移动在农村市场的服务不仅必须要做，而且要做好、做扎实。

二、坚持政府的主导作用，积极做好配角和帮手

农村信息化建设，必须有赖于政府的支持，单靠企业的市场行为，是很难将农村信息化工作长期做下去的；在农村信息化建设中，要始终坚持政府的主导地位，要争取与政府的农村信息化专项工作结合推进，要将所做工作纳入政府的整体布局当中，建立政府引导、企业参与、市场运作、服务"三农"的农村信息化工作推进模式。

三、坚持以语音服务为主，满足用户需求和使用习惯

鉴于广大农村用户平均学历不高，农民需要简单易用、低门槛的信息化服务。目前，计算机和互联网在农村的普及还不到位，手机终端成为农民获取信息的最佳手段，一定时期内，语音仍然是农民最喜欢、最容易接受的信息获取渠道。

中国移动一直坚持以"721"的比例进行资源配置，推进农村信息化工作，即用 70%的资源和精力发展语音服务，用20%的资源和精力发展短信服务，用10%的资源和精力发展互联网服务，经过近几年的发展，已逐步将 12852 农信通语音热线打造成为"农村、农民、农业的信息中心"。

四、坚持推进技术创新，促进产业升级

物联网、云计算、"三网融合"等先进技术应用步伐的加快，必将给传统的农业产业升

级注入强大动力，移动信息化也将成为农业科技创新的主要力量。因此必须保持技术革新，抓住机遇，为农业产品升级贡献一份力量。

五、坚持集中化运作模式，实现低成本、大规模信息服务

农信通是中国移动以"缩小城乡'数字鸿沟'、助力社会主义新农村建设"为目标建设的"三农"信息服务平台，它采用了集中建设、统一管理、统一运营的模式，避免了各地重复建设，提升了整体的信息化服务水平，快速形成全网服务能力，实现了低成本，高效运营。

第三节　中国移动农村信息化工作方向

一、积极响应党和政府号召，加大服务"三农"工作力度

党和政府高度重视"三农"问题，2004—2013年中央连续出台十个以"三农"为主题的"一号文件"，今年明确提出"加快发展现代农业，进一步增强农村发展活力"。

作为国有重要骨干企业，中国移动充分认识到农村信息化工作的重大意义，将以高度的社会责任感，积极参与到农村信息化建设工作中，提高信息化手段服务"三农"的水平。持续紧紧依靠和借助工业和信息化部、农业部、商务部等政府有关部门的力量，积极深入到农生、农政、农商各个领域，加快推动农村信息化工作。

二、持续完善现有产品体系，全面深化与提升农村信息化工作

中国移动将立足社会民生，持续深化生产生活应用，积极探索以城带乡模式，以12582语音热线为核心，以生产生活信息服务、城乡对接信息服务、农村社会管理信息服务和公共就业信息服务为四大主线，形成集约高效的城乡信息服务体系。

同时，继续发挥基础网络强大能力，在农村网络建设、全国农业信息化数据大集中平台建设方面提供骨干网建设支撑服务，发展基于MSTP、PTN、OTN等先进传输技术传输业务，建设农业骨干数据专网，为全国统筹发展农村信息化、大数据决策分析等建立良好的基础通信保障通道。

三、结合新技术和新需求，积极开拓创新，加强产品储备

中国移动一直密切关注新技术发展，并积极探索信息技术在现代农业自动化生产领域、农村生态领域、农村电子商务领域的深入应用。面对移动互联网的快速发展，加快相关产品的研发和储备，丰富 12582 的服务方式。

在农业信息化方面，将中国移动物联网专网更好地发挥作用，继续推广大棚监控、智能渔业、农机管理、菜肉溯源等重点物联网应用，并在测土配方等新的应用领域，保证物联网业务与 12316、12582 等传统服务渠道的有机融合，让农民体会到物联网技术带来的便捷和对农业生产、运输、销售等环节的更多价值。

农业云、农村电子商务的进一步发展，大数据在电子商务领域的应用不断强化，未来重要性必将不断提升。中国移动目前大力发展云计算应用，已经助力教育、医疗行业打造了行业云平台，而在农业大数据、农业云平台应用方面也在部分省市有试点。

第二十二章

中国电信：推动创建信息化"美丽乡村"

中国电信积极落实普遍服务，推动农业农村信息化工作，围绕农业农村特色需求，整合资源，开展各类信息化应用，并打造了农业农村信息化平台，提供丰富信息内容，以强烈的社会责任感，推动农业农村信息化发展。

第一节 中国电信农业农村信息化发展概况

一、中国电信农业信息化发展政策环境

在中国农业信息化发展势头良好的大趋势下，为全面落实党中央、国务院关于积极发展现代农业总体部署，推进现代信息技术在农业领域广泛深入应用的精神，中国电信与农业部于 2012 年 3 月 16 日签署《共同推进农业信息化战略合作框架协议》，通过政企联动，引领、支撑和推动农业农村的科学化发展。中国电信董事长王晓初表示，中国电信将利用云计算、物联网、3G 等通信技术运用于农业，推进农业农村的信息化。

中国电信与湖北、福建、新疆、安徽、贵州、四川、浙江、广东、宁夏等省农业厅/农委签订了农业信息化战略合作协议。各级农业部门经过长期的经营发展实践和科学研究，积累了大量宝贵的信息经验，培养了强大的专家团队和完善的农技推广体系，形成了优质的农业信息资源。

为进一步落实与农业部的合作协议，中国电信集团公司成立了以集团公司副总经理高同庆为领导小组组长的农业信息化专项工作团队，工作团队由集团政企客户事业部和市场部牵头，北京研究院、浙江信产、广东亿迅、江苏智恒等单位主力支撑。高同庆副总经理及政企客户事业部相关领导于 2013 年多次拜访农业部领导、市场司、科教司、信息中心等相关司局领导。通过高层互访，促进农业信息化的深入合作。

二、中国电信农业信息化基础资源

（一）农村基础信息网络情况

中国电信 2013 年继续实施"宽带中国·光网城市"战略，持续推进 FTTH 的建设，提升光网覆盖率，开展宽带普及提速工程。在农村地区，根据用户的不同需求和公司的资源情况，因地制宜采用光纤、ADSL、3G 等多种技术手段相结合，为用户提供差异化的宽带业务。

截至 2013 年年底，农村地区 3G（EVDO）平均覆盖率达到 92%，明显优于其他运营商。同时中国电信加快推动了智能机在农村的普及，农村区域智能机年度销售超 800 万部，为农村信息应用的普及奠定了坚实的基础。

（二）农村用户及网点情况

中国电信农村用户及网点的规模发展为信息化发展奠定基础。中国电信全国农村地区各类电话用户累计达 1.15 亿户，农村地区宽带用户超过 3000 万户，中国电信农村营业厅 2.3 万个，全国村级网点达 28 万个。2014 年中国电信计划与世纪之村、农信通等一批涉农企业合作，有效拓展广大农村业务办理渠道，促进农业信息化服务便捷化。

三、中国电信服务"三农"信息化探索

多年来，中国电信围绕服务"三农"发挥自身技术和资源优势，提供了 12316 短号码接入开通服务，开发建设了"信息田园"、"田园快讯"等综合信息服务平台，整合了各类实用涉农资讯，为广大农业生产经营者提供了便捷的信息服务，探索开展了物联网等现代信息技术在农业领域应用。

（一）信息服务进村入户

为进一步落实与农业部合作协议，中国电信利用基础通信资源、云资源、大数据分析能力、服务体系、农村用户基础、渠道等优势，会同农业部加快推进全国农业农村信息化建设，让农业发展搭上信息化快车，用信息技术武装农业，用现代科技推动农业转型升级，缩小乡村与城镇之间的"数字鸿沟"。两年以来，中国电信与农业部在以信息化手段促进农村经济社会科学发展、提升农民生活品质、推进新农村建设和生态文明建设等方面开展了大量卓有成效的合作。计划 2014 年建设 12316 云呼叫平台，助力农业部门信息服务进村入户，同时将 12316 呼叫通过移动座席的方式延伸到最了解农户需求的农技员，为农民提供最贴身的服务。

（二）基层农技推广服务

2013 年，农业部正式部署了"美丽乡村创建活动"，加强基层农技推广工作是其中的重要

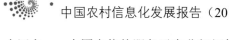

内涵之一。中国电信从服务于农业部门的管理、满足农技人员的学习和种养大户及农民的农技需求出发，积极配合农业部及各省农业主管部门，推进信息"进村入户"工程、"美丽乡村"计划，实现对农技员的有效管控和业务能力提升，进而提高对"三农"服务的效率。

（三）农业农村综合信息服务

中国电信进一步完善了面向"三农"服务的"信息田园"、"田园快讯"等综合信息服务平台，基于电话、短信、互联网等多重传播途径，为广大农村用户提供了政策法规、农业科技、市场行情、产业指导、合作发展、气象服务、外出务工、医疗卫生、文化教育、生活百科等多类信息，全面推进农村政务信息化、经济信息化、民生信息化。其中，"信息田园"平台丰富了农村综合信息服务，年访问量突破 8000 万次，有 26 个省开通"田园快讯"农业信息类业务。开通 11868 语音服务热线的用户累计达到 347 万户，热线提供了农业资讯、生活娱乐、农业专家座席三大板块 7 个栏目的服务，其中农业专家座席主要提供：各种农业生产的产前、产中、产后实用技术信息；农作物家禽家畜病害专家咨询；农畜产品的储运、保鲜、加工科技等内容的咨询解答。

（四）农业农村信息化延伸

中国电信积极加快信息化向镇村的延伸，联合各地政府、厂商，大力开展"3G 下乡"工作，推进农村 3G 的普及，结合"平安联防"、"田园快讯"、"号码百事通"、"电话收音机"、"乡镇号簿"、"乡镇网站"等提升农村的信息化应用水平，现已累计建成 8300 余个信息化乡镇，4 万个宽带村，6 万个天翼村，18 万个信息服务站，为当地农村客户提供信息咨询、信息发布等帮助。

另外，组织农村计算机知识培训，通过组织信息大篷车、送电影下乡等活动，在各地农村不间断地普及电脑操作及上网知识，同时针对性地组织了数万场各种形式的培训宣传，参加人数在农村已达数百万。

以社会综合治理为切入点，与各级政府合作推广，在偏远农村开展整村营销。已在南方 18 省推广的"平安联防"产品，其用户超过 1600 万户，并延伸出"平安乡镇"、"平安社区"等应用形式，获得广泛的社会认可。

第二节　中国电信创新特色农业农村信息化应用

中国电信在推进我国农业农村信息化创新方面进行了大量的尝试，主要包括以下几个方面。

一、生产信息化——精准智能大棚

通过在农业生产现场布置光照、温度、湿度、水分、pH 值等传感器，喷淋、卷帘等控制器以及视频监控摄像头，农业生产管理者可以随时随地实时查看和管理农业生产现场环境，并可远程控制浇灌和开关卷帘等设备。截至 2013 年年底，已建成农业物联网全国平台和黑龙江、浙江、湖南分平台，累计建设了 6000 多个智慧大棚，2014 年将示范推广智能大棚。

二、经营信息化——农机管理

在黑龙江绥化、建三江、鸡西等农垦大型农机具上安装定位和视频监控等设备，使农机管理者可以掌握农机设备的基础信息、分布情况、运行轨迹等相关资料，可合理调配农机设备、引导农机作业有序流动、避免跨区作业的盲目性。

回良玉副总理、中纪委副书记李玉斌和黑龙江省政府相关领导对该项目给予了充分的肯定，并希望该项目可以尽快规模化推广。

三、服务信息化——农业综合服务平台

在浙江象山等县建设了农业综合服务平台，推广农业综合信息服务，包括农业监管、生产监控、质量溯源、专家咨询等，满足政府、农企和农民的信息需求。

浙江象山已完成试点，浙江省李强省长、黄旭明副省长在农业"两区"建设期间现场视察并给予了高度的评价。

四、服务信息化——健康管理服务

中国电信面向基层医生提供"手机随访"、"健康心翼"等产品。"手机随访"基于各地居民健康档案系统和 APP，为基层医生以及各级公共卫生管理者提供以随访建档、健康档案管理、基层医生考核为主的公共卫生类移动互联网应用。"健康心翼"是定制化的带有专业心电监测的手机终端及全国集中的应用平台，为基层医生提供远程移动健康管理应用。

目前全国已经有数万村医使用中国电信所提供的应用。

五、服务信息化——农技推广服务

中国电信本着"政府主导、社会参与、市场运作、农民受益"的基本思路，充分利用网络、技术、人才等优势，围绕转变农业和农村经济发展方式的战略任务，积极探索利用现代信息技术改造传统农业、服务现代农业的途径和方式，为农牧系统提供多功能、全方位的综合信息服务。努力推广农业技术，推动农业创新，以信息化指导农业生产，助力农业系统进一步提升科学化管理、系统化运作能力，共同促进"智慧农业"的实施进程，全面提升农业农村信息化水平。

第三节　中国电信农业农村信息化发展方向

中国电信王晓初董事长表示，2014 年中国电信还将聚焦以农村市场为首的 6 大重点市场，在基础业务领域和新兴业务领域，中国电信将携手产业链上下游合作伙伴开展广泛合作，共同抓住 4G 发展机遇，共同开启美好新未来。

一、农业增产方面

利用电信搭建的农业生产知识信息沟通平台，扩大了农技推广应用的服务覆盖面，提高农技推广应用的活跃度，提高农技人员的推广积极性，促进农技推广人员、科技示范户、广大农民间的信息沟通，同时助力主管部门管控农技推广成效。

二、农民增收方面

利用电信搭建的覆盖全国的农产品供求信息发布平台，实现农产品产销对接，减少流通环节，保障消费者和农业生产者的共同利益。

2013 年建设了农业综合服务平台、农业电子商务平台、农产品溯源平台等农业信息平台，并上线使用，助力农业信息化发展。

三、生产经营方面

利用物联网等现代信息技术改造传统农业的试点示范，为提高农业生产经营信息化奠定基础，发挥科技创新带头示范效应。基于传感网络和 3G 网络融合的新应用，通过各种传感器采集大棚内作物生长环境所需要的温度、湿度、光照、土壤墒情等环境参数和生长信息，用户可以随时随地查看农业大棚内的温度、湿度等信息，并可远程控制喷灌、风机等设备；利用 RFID 和二维码等技术对农产品进行全程监测，使管理更方便、信息更透明。目前中国电信的智能农业已经广泛应用于蔬菜种植、花卉园艺、果园茶园、水产养殖、畜禽养殖、食用菌培养等领域。"以前需要跑腿费时的农活，现在动动手指、点点手机或鼠标就可以轻松完成。"这是接受采访的中国电信"智慧农业"受益者们共同的感叹。手指动动，不费吹灰之力完成了浇水、松土、除虫、浇灌、监测等工作，农民们玩着手机听着歌，就把地种好了。

2013 年积极推进精准农业生产进程，新增精准农业大棚应用 3000 余个点，累计农业生产监测点 10000 多个，提高了农业生产效率。

四、信息服务方面

共同建设信息服务"进村入户"工程，通过益农信息社实现农民身边的信息采集与服务，不仅要方便服务农民，及时了解信息需求，而且能实现线上与线下服务的互动，努力解决信息服务"最后一公里"问题，探索创新服务模式，拓宽服务渠道，贯通省、市、县、镇、村的信息服务体系。

五、对外合作方面

中国电信积极寻求与政府、行业协会、科研院校、上下游企业的交流与合作机会，充分结合各方优势资源。2013 年 10 月，中国电信子公司浙江信产牵头申请的浙江省"智慧农业"技术产业联盟已获浙江省经信委"重点产业技术联盟"批准，在聚合上下游厂商、建立"智慧农业"产业链、形成良性循环的生态圈、集成和共享创新资源、加强合作研发等方面将发挥重要作用。2014 年中国电信计划与中国农业科学院、中国农业大学等一批农业科研机构合作，有效提升中国电信农业服务的专业性与实用性。

第四节　中国电信对农业农村信息化的建议

一、加大政府扶持

针对农村基础信息设施薄弱的现状，应加大政府补贴，缩小城乡"数字鸿沟"。

增加信息化基础设备补贴，包括网络、智能终端（机具、网络电视）及相关的应用平台等。

二、构建农业信息化推进体系

针对农村信息化多头管理、信息共享困难的现状，应建立有力的农业信息化推进组织。

促进农业信息化信息源的采集、整合。

促进农业信息化有效共享与传播。

三、加强农村信息化宣传与培训

针对农展获取和利用信息能力弱的现状，应加大多渠道信息化知识培训。

加大农民信息化知识培训扶持，全面加强对农民的信息化技能培训。

支持电信运营商、各种农业合作社与协会组织召开网络、广播或现场信息化培训会。

第二十三章

京东：下一盘农业电商的大棋

截至 2013 年 12 月，我国网民中农村人口达 1.77 亿，占比 28.6%，相比 2012 年增长了 13.5%，城乡网民规模的差距继续缩小（数据来源：中国互联网络发展状况统计报告）。同时，2013 年我国农村互联网普及率达 27.5%，延续了 2012 年的增长态势，农村地区日益成为目前中国网民规模增长的重要动力。2013 年我国 GDP 52 万亿元，其中农林牧渔产值 11 万亿元，但农产品的网购渗透率却只有 2%左右，相比较于 3C、服装等行业动辄 20%的渗透率，农产品电子商务仍然有很大的发展空间。面对这样一个大市场，京东集团在战略上积极筹划，希望能够在下一个十年，下一盘农业电商的大棋。

第一节　2013 年京东农业电子商务概况

一、京东总体概况

京东（JD.com）是目前中国最大的自营 B2C 网络零售商，公司秉承"客户为先"的经营理念，通过物流、技术及财务系统的持续投入和建设，致力于为供应商和卖家提供优质的服务平台，为消费者提供丰富优质的产品、便捷的服务和实惠的价格，为产业链、经济和社会发展创造全新价值。

公司连续数年保持高速增长，2013 年交易额达到 1255 亿元，10 年增长 10000 倍。截至 2014 年 3 月，京东在其平台上提供 13 大类 4020 余万库存单元（SKU）的产品。京东拥有全国电商行业中最大的仓储设施。截至 2014 年 3 月 31 日，京东建立了 7 大物流中心，在全国 36 座城市建立了 86 个仓库。同时，还在全国 495 座城市拥有 1620 个配送站和 214 个自提点。凭借超过 20000 人的专业配送队伍，为消费者提供一系列专业服务，如，211 限时达、次日达、夜间配和三小时极速达、快速退换货以及家电上门安装等服务。

2012 年，行业呈现出了一片中国生鲜电商元年的气象。在此背景下，京东以领先技术驱动为抓手，对传统零售和传统物流进行大幅创新，不断探索农产品电子商务的可行路径。自 2012 年 7 月涉足生鲜农产品销售以来，目前已经涵盖新鲜水果、蔬菜、鲜花绿植、肉类、水产、粮油、坚果等八大品类，未来业务范围和领域仍将不断拓展（见图 23-1）。

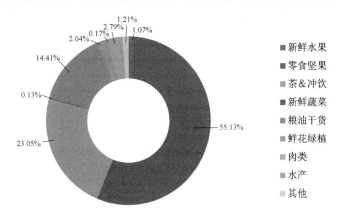

图 23-1　2013 年京东农产品主要类目交易额分布图

二、多种模式并存

　　2010 年，为了丰富消费者购买选择，京东上线了开放平台业务，在 3 年多的时间里，商品品类（SKU）达到近 4000 万个。而作为开放平台的重要组成部分，京东生鲜业务上线至今，合作商家数量以近 10 倍的速度递增，总销售商品数量超过 10000 个，已涵盖水果、海鲜水产、蔬菜、禽蛋、鲜肉等细分品类。

　　凭借高品质的客户资源、强大的精准营销能力和完善的信息系统，京东开放平台已成为众多生鲜厂商拓展电商渠道、助力销售增长的首选合作伙伴。京东已经先后与新疆阿克苏、河北高碑店以及加拿大特色林果产品、有机农产品以及北极虾等方面开展原产地合作，这标志着京东"一路领鲜"发展战略已经步入快车道。足不出户，在京东尽享全球美味，将不仅仅是梦想。

　　目前，京东仍然以自主经营为主，但开放平台发展增速较快，未来将会给品类丰富的农产品电子商务带来更大的增长空间。

　　2014 年 3 月，腾讯与京东联姻，腾讯旗下电商资产 QQ 网购、拍拍以及易迅的物流部门并入京东。

　　在双方签署的战略合作协议中，腾讯将向京东提供微信和手机 QQ 客户端的一级入口位置及其他主要平台的支持；双方还将在在线支付服务方面进行合作。

　　京东集团创始人、董事长兼 CEO 刘强东表示，"通过此次与腾讯在移动端、流量、电商业务等方面的战略合作，京东将在互联网和移动端向更广泛的用户群体提供更高品质、更快乐的网购体验，同时迅速扩大京东自营和交易平台业务在移动互联网和互联网上的规模。"

腾讯总裁刘炽平表示，"与京东的战略合作关系，将不仅扩大腾讯在快速增长的实物电商领域的影响力，同时也能够更好地发展各项电子商务服务业务，如支付、公众账号和效果广告平台，为腾讯平台上的所有电商业务创造一个更繁荣的生态系统。"

自此，京东成为国内首家也是唯——家拥有电商模式最全的电子商务公司，包括自营B2C模式、开放平台B2C模式以及C2C平台模式。多样的模式使其在电子商务整体运营上将更具实力，尤其是针对农业电商的特殊性和多样性，如标准化农资及品牌农产品可以选择自营B2C模式，规模化农业生产主体可以选择开放平台B2C模式，而广大的农民朋友还可以选择C2C平台模式，来推广自家的特色农产品。多样的商业模式，为京东的农业电子商务带来更广阔的想象和发展空间。

第二节　打造城乡双向通道，开启农业电商新纪元

2013年年底，京东正式提出农业电商战略设想，得到汪洋总理及农业部领导的高度重视和大力支持。

京东在给总理的汇报中指出，目前我国农村流通渠道的弊端主要有以下几点：农村信息渠道不畅，造成农产品买难卖难；农业产业链渠道零散混乱，造成农产品流通困难；农资造假严重，造成农产品质量安全无保障。以上原因导致农民增产不增收，城市物价居高不下。

对此，京东将从以下"三个对接"提出解决方案。

1. 与全国农村基层网点对接：利用自身在信息平台、物流系统、专业客服等方面的优势和资源，帮助建设和完善农村基层网点，集中整合农户需求，进行产品购销、配送自提及缴费等公共服务，解决我国农村信息化的"最后一公里"难题。

2. 与规模化农业生产经营者对接：利用京东自营的电商平台和仓配一体化供应链服务体系，打掉中间环节，降低农产品流通成本，解决农产品买难卖难问题。京东将通过覆盖全国495个城市的仓储、物流和配送体系打通"农产品进城和工业品下乡"双向物流通道。京东希望通过自身仓储设施、配送体系和电商平台帮助农民将农产品"存得住"、"运得出"、"卖得掉"并"赚得到"。

3. 与农村金融对接：利用京东在大数据、供应链金融和消费金融方面的优势，在"农产品进城"过程中向基地、公司、农民合作社及种养大户等新型农业经营主体，尝试提供供应链金融服务；同步在"工业品下乡"过程中，向广大农民提供消费金融服务。通过以上服务，切实帮助农民致富，切实满足农村、农民对高质量工业品的需求。

京东自营为主的商业模式，严格把控农产品的质量安全和品质，自建的智能化物流配送系统以及专业的客服团队，为消费者及供应商提供了高品质的用户体验。同时京东开放平台的建立，又为更多农产品生产经营的商家拓展了广阔的网络市场空间和优质的营销渠道。京东"自营电商+开放平台"的商业模式及先进管理理念，非常适合中国农业电子商务

的品牌塑造和发展。京东集团，希望能够以自身电商、物流以及技术创新为基础，成为中国农业电子商务的探路者和开拓者。

一、城乡双向物流通道的探路者

在农村，农民具有双重身份——生产者和消费者。作为生产者，农民有将生产出的农产品运出去、卖得掉还有赚得到的需求；作为消费者，农民对城市里的工业品以及农业生产投入品，如农资、农机具等，具有购买需求。

基于此，京东农业电商的战略定位是：利用自身强大购买力、品牌信任度及智能化物流体系，打通城乡双向物流通道，集电商平台及供应链解决方案提供于一身；利用自身互联网金融和云计算、物联网、大数据技术的基础，提供面向农村和农民的公共服务，开拓农村电子商务市场（见图 23-2）。

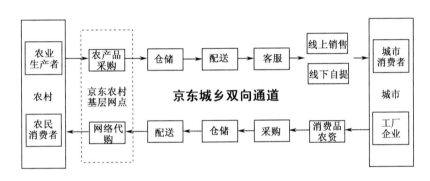

图 23-2　京东农业电商定位

想要打通城乡双向通道，首先要做的就是渠道下沉。而渠道下沉的关键便是对接农村基层网点。为了解决农村信息化"最后一公里"的问题，农业部和商务部都在积极布局农村网点。农业部推出农村信息服务站，配有专门的信息员和计算机等基础设施，帮助农民上网，并提供信息咨询服务。商务部推出万村千乡工程，整合农村的小卖店、小超市作为基层网点，带动农村经济发展。

京东 2014 年的五大战略之一便是渠道下沉。伴随渠道下沉，京东的自建物流以及电商市场的开拓都将逐渐向三、四线及五、六线城市拓展。而农村电子商务最大的困难之一就是农民不会上网或者没有计算机，这也是我国农村信息化"最后一公里"面临的硬伤。农业部在 2014 年推出信息进村入户工程，在 10 个省建立 10000 家农村信息服务站，实现普通农户不出村，新型农业经营主体不出户就可以享受到丰富、精准、便捷的生产生活信息服务。

京东目前正在积极与农业部的全国农村信息服务站对接。第一步，开展基于农村信息服务站的网络代购服务，京东提供相应返利，同时将农村信息服务站作为农村居民网络购物的配送站和自提点；第二步，基于京东生活服务平台，开展面向当地的水电燃气缴费、手机充值、彩票等生活服务；第三步，基于京东农业电商平台，拓展农产品电商和农资电商业务，由农业部、相关协会等推荐新型农业经营主体、农资企业等与京东合作，会同当地相关农技站开展技术咨询及指导等服务；第四步，基于京东金融平台，开展农村金融服务。京东将协助农业部加快农村公共服务的信息化建设，推进信息进村入户工程中农村信息服务站的市场化运营。

在与农业部、商务部等政府农村基层资源对接的同时，京东也积极扩展与传统的农业企业合作。2014 年 4 月，京东与新希望六和股份有限公司签订战略合作框架协议，基于双方各自拥有的城市及农村在用户、供应商、基层网点等方面的资源，探索农牧业全产业链生态系统的闭环运营，开展城乡资源的整合对接，共建城乡双向物流通道。

二、农村电子商务市场的开拓者

京东在积极落实渠道下沉战略的同时，也在发力开拓农村电子商务市场。

（一）对接规模化农业生产基地及企业，提供全方位解决方案

京东拟通过合资共建的方式与规模化的农业生产基地及企业进行对接。京东可以为基地提供农产品电子商务平台，以及全方位的供应链解决方案；提供种子、农药、化肥等农资的采购服务，农产品物流保险、小额贷款、信用担保等金融服务；开发相关基地电商运营平台及管理系统的信息化服务，以及提供整体物流解决方案服务等（见图 23-3）。

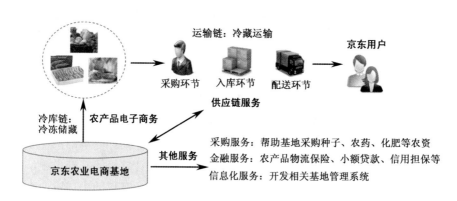

图 23-3　京东农业电商基地解决方案

（二）基于京东生活服务平台，开展面向当地的多种生活服务

京东生活服务的所有业务，均将面向当地开放，如水电燃气缴费、手机充值、彩票购买、网络购票等，同时还可尝试开拓农民就业平台等利农服务。农业部将帮忙协调当地相关供应商，与京东生活服务平台对接，以便此服务在全国农村信息服务站落地。

（三）基于京东农业电商平台，拓展多种模式的农产品电子商务服务

基于京东农村基层网点的部署，拟尝试通过基层网点整合当地新型农业经营主体及农

户的农产品资源，并提供相应培训，选择和推荐具备标准农产品生产、包装、经销和网店运营能力的主体，与京东农业电商平台对接。京东根据其不同的经营主体，为其推荐不同经营模式（如 B2C、C2C），帮助其在京东网上开设特色农产品店铺，销售农产品，塑造品牌形象，以实现脱贫致富。

（四）基于京东农业电商平台，拓展农资电子商务

京东后续还将尝试开拓农资电商平台，开展农资网上销售业务。农业部、相关协会等部门推荐农资企业进驻京东农资电商平台；农村基层网点与当地农技站或农技推广中心合作对接，提供农资（种子、农药、化肥、饲料等）技术咨询和使用指导等服务，并通过网上代购形式，帮助农民在网上购买到产品保真、价格透明的农资产品，避免坑农、害农现象的发生。

（五）基于京东金融平台，开展农村金融服务

基于京东金融平台，以及农村基层网点在农村的信息传播功能，京东希望将复杂的金融信贷、理财、保险等服务简化并深入推广到农村，在如下三个方面开发农村金融服务。

1．供应链金融：针对新型农业经营主体（龙头企业、家庭农场、农民合作社、种养大户），帮助其利用采购的资金致富。如京东已经上线的京保贝，面向现有供应商，可实现 3 分钟放款。

2．金融平台：针对全体农户在线购买理财产品。如"我要理财"、"我要贷款"、"京东众筹"、"我的小金库"等。

3．消费金融：针对个体的消费金融服务。如京东白条，可以先"打白条"在京东购物。

第三节　京东农业电子商务典型案例

一、助农惠农典型案例，辐射带动农产品流通

（一）橙心公益

2012 年 3 月，京东以"0 利润团购"的方式成功帮助"中国橙都"重庆奉节解决 3 万吨脐橙滞销问题。

（二）苹果 i 送

陕西是世界公认的苹果最佳优生区，也是我国第一果业大省。但 2012 年 10 月以来，陕西武功、乾县、礼泉等地的苹果却出现大量滞销，滞销量超过 1000 万斤，甚至有个别地区果农忍痛砍伐果树。而与此同时，苹果公司的 iPhone5 手机将正式在大陆销售，大量果

粉翘首以待。京东历来有帮助农民的传统，此次京东公益平台借助 iPhone5 登录大陆开售的时机，与"新公民计划"合作，开展了"苹果 i 送"公益活动。此次"苹果 i 送"公益活动中，每成功售出一部 iPhone5 手机（电信合约版），就将会有一只陕西苹果送到北京周边打工子弟学校，为孩子们带来一份美味的营养加餐，而送出的这些苹果都将从陕西苹果滞销地武功县直接采购，每一个苹果都来自陕西苹果滞销地果农之手。

京东对本次公益团购活动高度重视，当了解到陕西苹果发生滞销后，第一时间就安排人员深入陕西滞销苹果产地进行实地调研，为了不让果农一年的辛勤耕耘因找不到销售渠道而付之东流，京东利用自己先进的网上营销理念和渠道，通过网上预订团购的方式在陕西果农和全国各地的消费者之间搭建起一座网上销售平台，也希望借助自身的力量进一步助力社会公益事业。因此，"苹果 i 送"希望解决果农燃眉之急的同时，也能为北京周边的打工子弟提供一份更优质的营养加餐，让更多的人感受到公益的温暖。

此次预订团购于 2012 年 12 月 6 日开通后就受到了全国消费者的积极响应和参与，首日就完成了 1286 箱苹果的预定。京东大批量采购陕西滞销苹果，陆续发给在京东团购苹果的爱心用户。而随着最新的 iPhone5 手机在京东的销售，"苹果 i 送"公益活动的举行，更是给北京打工子弟的孩子们和陕西果农送去冬日的温暖。此次救助陕西果农在线销售苹果，进一步展现出京东自身高效率的信息传递与零售渠道的优势，同时也体现出京东坚持为社会创造价值、助力社会公益的责任感与使命感，为行业树立了标杆。

二、政府携手企业，推动农业信息化发展

（一）携手新疆阿克苏：农产品直供多方共赢

2013 年 8 月 8 日，新疆阿克苏特色林果推介会暨新疆天海绿洲集团与京东战略合作新闻发布会在京正式举行。通过双方的合作，京东将在阿克苏地区设立有机农产品直供基地，使消费者上京东就能轻松购买哈密瓜、大枣等新疆特色农产品，从而实现用户、企业、当地百姓和政府的多方共赢。

在与新疆天海绿洲集团战略合作的基础上，京东未来还将与北京新疆企业商会的近 50 家企业加强合作，进一步扩充开放平台生鲜产品品类，扩大京东生鲜业务版图，让全国各地的消费者能更加放心、便利地享受到来自新疆原产地的正宗瓜果。 新疆阿克苏地委秘书长牛汉新表示，作为中国最大的综合网购零售商之一，京东可以为新疆红枣、核桃、蜜瓜、杏子、葡萄、苹果、梨等特色农产品的外销，提供强有力的网络支持。同时，此次合作扩大了新疆林果产品的销售渠道，有效地降低了果农生产风险，也有利于政府"疆果东送"政策的落实。此次携手京东，新疆天海绿洲集团董事长兼北京新疆企业商会会长李志民先生也表示，依托京东强大的电商平台价值，双方的战略合作不仅将积极促进企业的发展，更有效解决新疆地区果农销售难的难题，带动新疆地方经济的发展，实现消费者、企业、当地百姓和政府的多方共赢。京东开放平台综合业务部总经理王学松则在会上表示，截至 2013 年 8 月，京东在生鲜领域，已覆盖海鲜水产、水果、蔬菜、禽蛋、鲜肉等 8 大细分品类，并保持快速增长。今后，京东将凭借高品质的客户资源、强大的精准营销能力以及稳

定完善的信息系统等核心优势，重点引进和扶持地方优质特色农产品企业的发展。此次携手新疆阿克苏政府与天海绿洲集团，仅仅是个开始；今后会陆续引进更多新疆及其他地方特色产品，为新疆及其他地方农林品牌产品搭建面向全国的电商销售渠道，不断丰富消费者购买选择，提升用户体验。

长期以来，新疆瓜果深受内地消费者喜欢。但由于瓜果属于季节性水果，而且运送距离较远，往往无法及时让广大消费者享用到。此次京东与新疆阿克苏地委、行署以及新疆天海绿洲集团的强强联合，是京东生鲜业务发展的又一次有效实践，有利于消费者在第一时间品尝到更为丰富的新疆瓜果。通过此次战略合作，京东不仅为广大消费者打造了新疆正宗农产品的直供通道，扩大了生鲜版图，显示了将生鲜业务做强做大的决心。更重要的是，还有效解决了新疆当地果农的后顾之忧，促进了当地经济发展，同时也充分彰显了京东对企业社会责任的长期承诺。

（二）京东贵州馆上线：黔贵特色商品精彩亮相

近年来，随着信息技术和互联网的快速发展，电子商务与实体经济深度融合，逐步成为改变商业发展环境、推动贸易功能升级、赢取资源配置优势、促进发展方式转变的重要平台和新兴力量。2013 年 9 月 7 日上午，贵阳市人民政府与京东集团在贵阳签署战略合作协议，本次战略合作除共建地方产品直通平台外，京东集团拟在贵阳建设贵阳京东电子商务产业园，项目建成投入运营后，将覆盖贵州省及西南地区的电子商务物流市场。

经过两个月筹备，京东贵州馆于 2013 年 12 月 21 日正式上线。在京东贵州馆的筹备初期，共有 130 多家贵阳、遵义、铜仁等地的企业报名。根据企业报送的资料，贵阳市政府组织市商务局、市工商局、市国税局等部门专门对报送产品进行审查。最后，京东集团又按其对入驻商家和产品的要求，再次进行筛选。在多次高标准的审查下，最终确定 62 家企业的 712 种商品首批上线京东贵州馆。首批上线的产品，包括食品类 619 种（占所有产品的 87%，含酒类 62种、茶类 91 种）、旅游文化类 77 种、餐饮类 6 种、工业品类 10 种。除了占"大头"的食品外，北极熊桶装水票、青岩古镇门票、南江大峡谷门票等旅游服务产品也颇为显眼。从地域分布上看，首批上线的产品贵阳市有 613 种，占到总数的 86%。下一步，京东贵州馆将有计划地在全省举办招商活动，让尽量多的全省名特优产品进驻。

数据显示，贵州馆上线首日就达到了一个较高的下单交易值，来自全国各地的消费者涌进贵州馆下单购买贵州特产，截至 12 月 22 日 18:00，不含在贵州馆销售的京东自营茅台酒交易额，京东贵州馆下单交易额已达 2100.89 万元。据统计，京东贵州馆成交名列前茅的贵州特产主要有贵州茅台酒、珍酒、黔五福系列食品、国台酒、贵酒和贵茶等。其中，黔五福系列产品成交突破 3.5 万笔，贵酒成交 6000 笔，贵茶下单交易额达 5000 多笔。此外，受消费者喜爱的产品还有乡下妹、夜郎刺梨干、金谷籽竹叶味黄粑等产品。

（三）与河北三利农业基地合作，推动原产地有机食品直供

2013 年 8 月 28 日，京东与河北三利生态农业基地签订了战略合作协议，根据协议，京东将在河北高碑店建立"有机农业产品直供基地"，实现日韩梨、雪花梨、有机核桃、原生态散养鸡等农产品的直供，并成为该基地生产队牌原生态黑猪肉的独家网络销售平台，而该基地将在京东建立特色产品专卖店。

生鲜产品正成为众多电商都在扩张的领域之一。京东此前已经开始发力生鲜产品，主要通过邀请生鲜商家在京东平台开店的方式拓展。引进原产地特色农产品，是京东开放平台的重要发展方向之一，本次合作方河北三利创新科技有限公司是一家集种植、养殖、科研、加工、销售于一体的绿色产业化企业，主要生产包括日韩梨、有机核桃、草香土猪肉等。此次与三利创新科技合作，将进一步加快京东开放平台的直供步伐。

三、整合优质商家资源，发力标杆旗舰店建设

（一）京东牵手新发地市场打造"网上菜篮子"

2013 年 11 月 8 日，京东与北京最大的农产品批发市场——新发地市场正式达成战略合作，新发地京东官方旗舰店宣布同时上线。借助京东丰富的电商平台运营经验及强大的信息、服务体系等，消费者可以足不出户选购来自新发地批发市场的新鲜、优质农副产品。

北京新发地批发市场成立于 1988 年，经过 25 年的建设和发展，现已成为亚洲交易规模最大的综合农产品批发市场。2012 年其市场各类农副产品总交易量为 1300 万吨，总交易额为 440 亿元，稳定占有北京 80%以上的农产品市场份额，是北京市"菜篮子"工程的龙头企业和全国重要的农产品集散地。

在与新发地农产品批发市场携手后，京东在生鲜领域将赢得更大发展空间。通过与京东合作，可以减少农产品"从田间地头到用户餐桌"的中间环节，既能使消费者得实惠、尝新鲜，也能帮助广大农民增加收入、实现产业升级。

新发地旗舰店上线 40 天后，总订单量为 3624 单，销售额约 18 万元。新发地京东联手，无疑将现有的农产品流通模式提档升级，将为中国"三农"事业发展开创新的模式，双方通过打造"优势互补、资源共享"的线上线下购销平台，整合信息流、物流、现金流，引领中国农产品电子商务的构建。

（二）本来生活旗舰店：把工作讲成故事

本来生活网 2012 年于北京正式起航，专注于生鲜类垂直电商的角色，坚持走精品化路线。在品类选取上，依靠独创的"原产地买手制"，派遣买手直溯产品原产基地，剔除传统供应链的冗余环节，保证食品的健康安全。目前其在京东的旗舰店涵盖时令水果、精品肉类、海鲜水产、蛋奶面包、休闲食品、粮油副食六大细分品类，实现基地直送，提供冷链宅配，配备符合专业标准的冷藏库（0~4℃）和冷冻库（-18℃），依据每一种商品独特的保鲜需求分别储藏，确保所有食材的营养和水分只有最低限度的流失。

（三）沱沱工社：打造全产业链有机农业

2008 年 11 月，沱沱工社作为中国最大的有机食品网上超市正式成立，致力于用网络销售方式为中国家庭提供有机食品。沱沱工社斥资 3000 多万在北京平谷马昌营镇打造了一块 1050 亩的有机农场，坚持使用最原始的方法耕种、畜牧。

目前，沱沱工社在京东的旗舰店为消费者提供有机/生态蔬菜、新鲜水果、甄选鲜肉、

海鲜水产、日配鲜奶、生态禽蛋、粮油副食等品类。

（四）顺丰优选旗舰店：高品质生鲜到家

2014 年 3 月 27 日，中国领先的电子商务企业京东迎来顺丰速运集团旗下以全球优质安全美食为主的网购商城顺丰优选的入驻，顺丰优选京东官方旗舰店正式上线（http://sfbest.jd.com/）。顺丰优选京东旗舰店已经有多达近 300 个商品上架，涵盖精品肉类、水产品、水果、蔬菜等多个品类，现阶段以生鲜肉类和水果为主，北京、天津区域还开通了生鲜配送次日达服务。

国内 B2C 电商百强中，至今已有超过数十家独立 B2C 网站入驻京东。京东"正品行货"的口碑深入人心，加上庞大的用户群和流量保障，开放平台上线至今，已成为中国最主要的开放平台之一，成为众多垂直平台入驻的首选。顺丰优选进驻京东，可借助京东的已有优势提升销量的同时降低营销成本；对京东而言，则可以利用流量做大增量，提高平台能力，实现优势互补。

四、海外独家首发，"一路领鲜"

（一）加拿大北极虾，汇聚京东

2013 年 8 月 30 日，京东联合加拿大北极虾生产者协会、加拿大驻华使馆举办了北极虾全国推广活动，加拿大深海野生北极虾正式入驻京东开放平台。京东非常重视生鲜业务的发展，为此不断加大与特色商品原产地的合作。全球范围内的特色产品均是京东的开拓目标。

"作为中国最大的综合网络零售商，京东拥有海量的高品质客户，是我们非常重视的展销渠道，更是北极虾等加拿大特色商品进入中国市场的绝佳平台和窗口。"会上，加拿大驻华使馆公使 Kris Panday 及商务专员 Andrew Maharaj 表达了对京东开放平台的看好；后者还指出，加拿大优良的自然环境成就了诸多丰富而高品质的产品，此后会借助京东开放平台引入更多加拿大特色商品，丰富中国消费者的购物选择。

（二）澳洲甜橙独家首发，"一路领鲜"步步升级

2013 年 10 月 9 日，澳大利亚贸易委员会与京东共同在北京举行发布会，宣布将为中国消费者提供澳大利亚原产地高甜度脐橙。此次京东在全国独家首发的澳洲甜橙，甜度高达 13。因为产量极其稀有，销售数量仅为 10000 份。

澳大利亚贸易委员会代表孟哲伦表示，"2013 年，澳大利亚产地脐橙首次引进最先进的设备，使用非接触的方式可以检测出橙子的甜度，从而实现了把高甜度的脐橙挑选出来，保证都是同样的口感和甜度，可谓万里挑一。"这批精选的甜橙甜度高达 13 以上，而普通甜橙仅为 10 左右，与同类产品相比，口感和甜度更好，非常适合亚洲人群口味。同时，又富含人体所需要的维生素 C，被封为"能量橙"，是绝佳的优质保健营养绿色食品。京东集团相关负责人在发布会上强调，"京东非常重视生鲜业务的发展，确立了'一路领鲜'战略，

并把其作为京东开放平台发展的关键业务。此次通过与澳大利亚贸易委员会的合作，京东生鲜业务触角不断延展，京东将会与更多的基地、优质原产地，包括国际的优质产区合作，努力地为中国老百姓提供优质、放心、安全的食品，让用户尽享绿色健康的生活。"

为了让更多消费者有机会品尝到品质卓越的澳洲甜橙，京东将确保价格不高于市场上同类进口橙子。配送将通过销售商天天果园的自建物流，以及合作的顺丰速运来完成，一般会在24～48小时内到货。除了高甜度橙子之外，澳大利亚还拥有丰富的其他特色农产品，包括牛羊肉、牛奶、海鲜、蜂蜜等。鉴于京东在中国电商市场的龙头地位，未来澳大利亚贸易委员会将在上述领域与京东进一步展开深度合作。

五、京东獐子岛打造生鲜O2O 便利店成配送终端

2014年4月26日，京东集团与大连海洋牧场獐子岛签署战略合作框架协议，打造活鲜O2O电子商务模式，构建资源直供终端、原产地直面消费者的供应链平台。京东商城基于终端便利店物流的生鲜频道于2014年5月18日正式上线，售卖包括獐子岛生鲜产品及其他地区产品。

京东首席物流规划师侯毅介绍，京东与獐子岛生鲜O2O的合作，不仅包括源头商品采购，还通过互联网技术进行上下游采购整合，利用线上和线下的全渠道销售通路和零售商高效低成本的物流体系，建立起服务与成本平衡的生鲜"扁平化"新供应链模式。

实际上，对于网购生鲜产品最具挑战的便是配送链条，特别是活鲜产品对于产品质量和新鲜程度要求更高。而獐子岛中央冷藏物流项目已于2014年2月落成投入使用，一期冷库总存储能力5万吨，并配套建设1万平方米冷藏集装箱堆场。而在全国，獐子岛已拥有1000多个销售终端和遍布国内省会城市的冷链物流系统，保证运输物流实效。

侯毅表示，京东生鲜团队将全球直采的生鲜食品通过O2O模式供应市场，也将从商品品质、控制体系以及用户体验三方面来满足消费者需求。其中，建立起来的供应链全程可追溯控制体系，通过整合生产商的生产物流体系和线下零售店成熟的全温层物流配送体系，减少中间流转环节，以快速配送方式、低成本地将鲜活生鲜产品送到客户手中。

京东集团与獐子岛达成的合作不仅包括京东自身网络平台，还包括与京东合作的便利店物流体系。据京东提供的数据，这些便利店包括上海、北京、广州等15座城市上万家便利店，包括快客、好邻居、良友、每日每夜、美宜佳、今日便利、利客、国大365等连锁便利店。侯毅表示，京东未来还将建立合作便利店的冷链配送站，增加冷链配送车辆，以满足"最后一公里"的冷链配送需求，而便利店也将慢慢被重新定义，甚至被改造，以更符合物流终端的特征。

消费者可以按照日常习惯在京东生鲜频道下单，订单将通过京东系统直接分配到獐子岛集团以及离消费者最近的便利店系统中，獐子岛集团在收到订单后直接向各地散养中心或京东合作的便利店进行产品配送，产品将通过獐子岛的冷链物流系统及京东合作的便利店终端送至消费者手中。

据獐子岛集团董事长吴厚刚介绍，獐子岛集团已经建成确权海域超过2000平方公里的中国最大海洋牧场，生产扇贝、鲍鱼、海参、海胆、海螺、牡蛎等海产，在美国、加拿大、

法国、韩国、香港、台湾设立分支机构，拥有全球渔业资源整合能力。与京东签署战略合作，将提升獐子岛营销渠道，促进活鲜产品向标准化商品转型，借助"活鲜宅配"模式提升库户体验及品牌知名度，打造以互联网技术为核心的O2O消费者服务平台，实现"由食材企业向食品企业"转型。

京东携手獐子岛打造的生鲜O2O模式，对"生鲜养殖场—水产批发商—海鲜批发市场—集贸市场—消费者"的传统生鲜销售渠道进行了供应链优化，实现对生鲜销售渠道和通路的重构，为产业链的各个环节带来价值。

六、与农业基地深度合作，"私人定制"当"地主"

2014年5月4日，京东宣布联手北京18家果蔬基地，丰富京城市民菜篮子。今后，消费者可在京东生鲜基地认领土地"当地主"，京东合作基地负责耕种、看护。同时，京东还推出了农产品定期宅配项目，即通过与生鲜基地深度合作，让您足不出户吃上放心菜，享受绿色健康生活。这也是京东继在新疆阿克苏、河北高碑店、山东烟台、海南文昌等地建立有机农产品直供基地后，在生鲜领域的又一重磅举措。

京东与北京、河北共18家果蔬农业基地达成"京东携手果蔬基地，共创京城绿色生活"的农业战略合作，包括顺丰优选、沱沱工社、瑞正园、哈斯农场、诺亚农庄、维真农场、北菜园、万亩方等，产品种类涵盖果蔬、禽、蛋、肉类，以及文玩核桃树等。即日起，消费者登录京东即可认领私人农场，亲身当"地主"种植、收获各类果蔬；或是通过订购生鲜宅配卡（月卡、季卡、半年卡、年卡）的方式，足不出户享受果蔬到家服务。生鲜宅配卡分为6斤装的6种蔬菜及10斤装的10种蔬菜两种类型,您可依据自身需求办理最低400元的月卡，享受4次定制私人餐桌宅配服务，尽享网购生鲜的方便快捷。

生鲜作为百姓日常消费的重要组成，在国内拥有近万亿的市场规模。但由于标准化低、物流成本高，产销不平衡等原因，生鲜网络销售在爆炸性增长的同时，也成为电商"最难啃的骨头"。京东集团首席营销官蓝烨表示："京东依托更低成本、更高效率，以及在电商领域的丰富经验，通过整合生鲜基地的方式为消费者打造更为优质的产品和服务。"

生鲜电商目前还处在发展初期，如何利用电商自身优势为用户打造更好的消费服务模式，传播生鲜网购生活方式，引领顾客消费习惯，依然是当务之急。此次京东通过与生鲜基地线上线下合作，可以更好地把控产品和服务质量，其私人定制、定期宅配的方式，更是从用户生活需求出发，为其提供了方便快捷、优质实惠的生鲜网购解决方案，更为生鲜电商"私人定制"模式树立了典范。

京东集团在第一个十年，跃居成为中国最大的自营B2C网络零售商。下一个十年，京东希望利用自身强大购买力、品牌信任度及智能化物流体系，打通城乡双向物流通道，集电商平台及供应链解决方案提供于一身；利用自身互联网金融和云计算、物联网、大数据技术的基础，提供面向农村和农民的公共服务，开拓农村电子商务市场，服务农村，造福农民，下一盘京东农业电商的大棋。

第二十四章

世纪之村：打造农村版的阿里巴巴

2006 年，福建南安市康美镇兰田村在用"智慧建设新农村"过程中，自主研发了世纪之村农村信息化综合服务平台（以下简称世纪之村平台），引入市场机制，成立世纪之村（福建）集团公司（以下简称公司），构建可持续发展的农村信息化发展模式。在建设发展的道路上，世纪之村平台始终坚持政策引导、需求带动、企业经营、市场化运作的理念，发挥低成本、傻瓜化、公益撬动和自身造血功能的优势，靠科技与智慧服务"三农"，进行企业化的市场运营，走出了一条"政府得民心、农民得实惠、平台得市场"的创新发展之路，拥有"农村版的阿里巴巴"的美誉。

第一节　发展现状

经过多年的探索和实践，世纪之村平台现已发展成为国内农村信息化领域的知名品牌，专业从事农业农村信息化的研究和推广。世纪之村平台融合了网络平台、信息服务站平台、草根物流配送平台，有效转变了农民之前靠天吃饭、靠体力劳动收入的方式，改用科技信息支撑的现代服务业的新型收入方式，孵化出一批农民创业者、企业家及农村实用人才，为今后农村发展信息经济打下坚实的基础。平台自创的"共生分利、消费参股"的分利模式，让农民消费也能分利。

目前，世纪之村平台涵盖便民服务、电子商务、电子政务、电子农务四项职能，可提供 650 多项使用功能。至 2014 年，全国 8 个省（福建、江西、湖南、湖北、广西、甘肃、重庆、四川）4 万 5 千多个行政村入驻使用平台，建设了 6.5 万个信息服务站，入驻信息员 11 万多人，创建网上农家店 2.5 万家，平台月均交易金额 7 亿元，累计发布村务公开信息 443 万余条，监管农村"三资"总金额达 106 亿多元，平台日访问量独立 IP 15 万个、点击量 50 万余人次。

近年来，世纪之村平台得到了国家、省、市各级政府和领导的关注。时任国务院副总理回良玉对平台发展给予了赞许，现任中央政治局委员、天津市委书记、时任福建省委书记孙春兰，时任国家监察部长马馼，农业部副部长余欣荣、陈晓华，福建省副省长陈荣凯等领导先后莅临世纪之村（福建）集团公司总部关心指导。

第二节　把握优势　内外兼修

一、政府关注支持 加快平台推广

世纪之村平台在发展过程中得到了各级党委政府的高度关注和支持。2012 年 1 月，世纪之村平台推广工作列入 2012 年福建省委、省政府为民办实事项目。2012 年 5 月 28 日，福建省政府先后下发《福建省人民政府办公厅转发省政府农村工作办公室关于扶持世纪之村平台建设推进农村信息化发展若干措施的通知》（闽政办［2012］113 号）文件和《关于推广"世纪之村"平台推进农村信息化建设的实施方案》（闽农办［2012］62 号）文件，要求全省各市、各县、各相关部门全力配合积极开展工作。福建省南安市、邵武市、武夷山市、永定县、尤溪县等地相继出台了贯彻实施方案，推广运用世纪之村平台。2013 年 12 月 20 日，福建省农业厅下发了《关于协助"世纪之村"开展农产品电子商务物流配送中心建设工作的通知》（闽农市［2013］403 号）文件，支持建设乡镇农产品电子商务物流配送中心。

世纪之村平台先后被列入 2008 年科技部"国家级星火计划项目"、2010 年国家农业科技成果转化资金项目；获得首届中国农业科技创新创业大赛企业成长组三等奖；兰田村也因此被确认为农业部"农村实用人才培训基地"、"农业部农业农村信息化示范村"。

二、配套设施过硬 确保安全运营

公司现拥有 10000 平方米的办公场所，50 余台服务器，240 余台 PC 机，具备机房和各种网络交换设备和存储设备。同时，还配备各种终端设备，如零售业终端 POS 机、POS 控制器、触摸屏等基础设施。可根据系统扩容的需要，以及平台负载和流量的实际需要，及时升级添加新的服务器和带宽，提供硬件支持，确保网站能够随着访问量和内容量的提升而访问顺畅，为平台在全国的推广应用奠定了良好的硬件基础。

三、核心人力资源 强劲平台大脑

公司现有员工 740 余人，其中大专以上 531 人，占员工总数的 71%，技术人员 299 人，占员工总数的 40%，在北京、厦门、深圳组建了专业的技术团队，成员均由北京大学、清华大学、厦门大学等国内知名高等院校毕业，具备博士、硕士学历。此外，公司聘请了数位留学归国的信息技术领域专家组成顾问团队，他们具备美国博士或硕士学位，掌握着云

计算、智能搜索、大规模数据存储、传输和数据管理方面的前沿技术，并拥有多项专利。与多位教授签署了科技特派员协议，形成了以自主知识产权为核心的、完善的科学技术体系，具备了较强的技术创新能力和科研成果转化能力。

四、服务以点带面 渠道分布广泛

信息点建设是世纪之村平台发展的核心元素，目前，线下拥有 6.5 万个信息点，11 万名信息员。这些信息点和信息员成为了世纪之村平台的"代言人"和销售团队，信息点"以点带面"为周围 3 公里内的农民群众服务，从而形成了一个庞大的销售网络。这些信息员负责向周边群众提供各种信息服务、便民服务（例如话费、水电费等公共事业缴费服务）、通过世纪之村世纪商城代购代销等。以线上线下结合方式，促成农村电子商务交易的实现。同时，也向周边农民群众宣传了世纪之村平台，提高平台的知晓率。

五、注重知识产权 完善保护体系

公司自创立之初便十分注重对自有知识产权的保护和管理，形成了较为完善的知识产权保护体系。现已申请到软件著作权 40 余项，已授权商标 20 余项，并有多项软件著作权和商标正在申请中。目前，国家知识产权局已受理公司自主研发的"一种基于软体客户端的安全支付认证方法"的专利申请，并进入实质审查阶段。

六、精致网站经营 领先行业排名

对比 2010 年第七届中国农业网站评选数据，世纪之村百度收录量从 409000 提升至591000，位居农业网站综合类网站十强之首，在相关农业信息网站排名第二，Alexa 权威世界排名由 227782 上升到 54705 位，中文排名由 17525 上升到 4557 位。可以看出其具有一个坚实的推广基础。经过不断优化和推广，世纪之村平台将受到越来越多农村用户和商家的关注。

七、创新农村物流 做活传统配送

农村物流落后、成本高，导致电子商务受阻。世纪之村平台基于 A2A（Area to Area）创建草根物流体系，实现区域间的商品流通。具体是：每个乡镇建设 1～2 个镇级物流配送中心，负责本区域所有村级信息点的物流中转和服务管理、业务宣传推广、售后保障协助等服务，具备仓储、物流配送、质量溯源、信息化管理等配套服务。每个镇级物流配送中心配套若干名村级配送员，可以是本镇的摩的师傅、村里小货车司机等，满足镇区到村里的配送需求。当前第三方物流已经非常发达，基本可以配送到乡镇一级，再通过草根物流配送员，解决一些不能上镇自取的村级信息点配送问题（大约离镇中心 5 公里以上的村级信息点），从而形成第三方物流+乡镇农产品物流配送中心+草根物流的农村物流配送体系。能够保证物流的及时到达，提升农村物流配送能力，帮助农副产品有效外销。

第三节 持续运营 优化模式

一、运营路径

（一）自下而上的推进

国内农村信息化项目大多数采取的是自上而下的推进方式，由政府出资大量采购信息设备和资源，在各地建设试点，向农民"送"信息。这种模式，建设内容与农民实际需求有一定差距。世纪之村平台采取了一种自下而上的发展模式，由最了解农村的基层人员策划实施，因地制宜，直指农民最核心的需求，如老百姓买东西、销售产品的需求，村务公开、村财公开的需求等。在推广上，平台先在村级应用，后通过镇、县、市、省平面推进，以点带面、逐步铺开，采取典型培育和引领带动的发展方式。

（二）公益支撑、多措并举的运作

由于农村信息化建设涉及面广，牵涉到众多政府部门的职能，以及农民群众切身利益，因此本身就具有较强的公益性质。世纪之村平台在从事农村信息化建设初期，坚持公益支撑、多措并举的方式开展农村信息化建设，免费为政府和农民提供一个服务"三农"的应用平台，为农民解决"买卖难"等问题，得到政府与农民群众的认可，得到了各级党委、政府的关心和支持。媒体也进行了报道，树立了良好的口碑，为平台的快速推广积蓄了势能，为电子商务业务的拓展积累了无形资产。

（三）坚持市场化的发展道路

市场经济环境下，农村信息化事业要具有生命力，必须走市场化道路，单纯依靠政府输血，无法实现可持续发展。世纪之村平台坚持走"政府引导、社会参与、市场化运作"的发展思路，现已衍生出多家全资子公司，全部具有独立的法人资格，经营业务涉及软件开发、通信代理、电子商务等领域。平台企业集群按照市场化的规律开展业务经营，与众多知名企业建立合作关系，形成比较完善、配套的市场化运作体系和独特的盈利模式，在为别人创造利益的同时获取自身相应的利益。

二、模式创新

（一）服务模式人性化

世纪之村平台依托农村小店铺、卫生服务所等实体店，设立信息服务点，培训小店主、营业员等担任信息员，进行信息咨询、收集、发布，同时还在每个信息服务点配备了物流配送人员，负责联系、采购、配送、交易，使平台信息贴近当地"三农"需要。针对农民不会用平台的情况，创办了全省第一家经教育主管部门批准的村级民办公益性学校——南安市新农民培训学校，并依托网络农民学校，开展远程教育培训，为农民提供"点菜式"培训服务。

（二）盈利模式持续化

世纪之村平台独创了一种"共生分利"新模式，按照"3+3+3+1"的比例进行利润分成，即生产者（农产品生产企业和农民个体）、经营者（网上农家店业主）、消费者各得30%，平台得10%。同时，实行消费积分制，消费者在通过消费积分换取商品的同时，还可以将积分转化为世纪之村（福建）集团的内部股票，待未来公司上市后，积分便变成股票，开创出一种新的消费经济模式，有效避免了平台发展缺乏内生动力，农民参与积极性不高的不良局面。

（三）商贸模式组织化

世纪之村平台建立"网上农家店+实体农务产品公司+信息服务站"的商贸模式，以网上农家店为运营中心，依托信息服务站，组织收集、发布信息，进行农副产品采购、配送；实体农务产品公司负责整合上下游供求资源信息，有针对性地寻找合作的商家及产品参与，扩大网上交易。这种模式建立起对上连接市场、对内连接管理、对下连接农户的信息互动平台，让封闭的农村与外面的市场进行有效地对接，解决了农民特色农副产品销售困难，运输、交易成本费用高等问题。

（四）金融模式多样化

公司与建设银行泉州分行合作发行联名卡，在各信息点设置便捷终端设备（电话支付终端），方便农村客户群体进行资金管理、资金转账、费用缴纳等金融服务；对有经营特色的农家店、星火科技企业，提供个人助业贷款；筹办"联贷联保"业务，由世纪之村平台出资建立信贷担保风险金，村民自愿共同组成一个联合体，联合体成员之间协商确定贷款额度，联合向建行申请贷款。

第四节　取得成效　再接再厉

一、加强合作　稳步拓宽辐射范围

2013年，在各级政府部门的关心和帮助下，公司认真贯彻落实相关文件指示，扎实推广应用世纪之村平台，组织精干奔赴各地开展培训，顺利完成福建省20个试点市县推广培训工作。积极向省外拓展，先后与广西桂林、甘肃陇南武都区和甘肃陇南成县等市县区达成了合作意向，共同推动农村信息化发展。

业务层面，公司各项业务稳步推进；电子政务方面，先后承接了多个电子政府软件平台开发项目；电子商务方面，围绕便民信息点拓展、世纪商城运营、便民服务等，不断推出新型业务，整体呈现较快的发展趋势。便民信息点数量不断增长，平台交易额逐月攀升。积极探索农村信息化在移动互联网的应用，成功研发世纪之村 KK 平台，将政务（村务）公开信息、电子商务、便民服务、农民素质培训等内容搬到手机上，借助新媒介方便农民操作使用。

二、完善机制　提升平台运作水平

经过五年的发展，世纪之村平台逐步走向成熟，企业未来的发展前景、市场潜力被业界看好。为了适应企业的快速发展，公司适时地提出股份制改革。2013 年 5 月，世纪之村（福建）集团公司旗下子公司福建派活园科技信息股份公司完成股改工作，并购泉州市卓凡网络技术有限公司 100%股份，并于 2013 年 11 月在海峡股权交易中心成功挂牌（股权代码180019），标志着世纪之村（福建）集团正式踏入资本市场，成为国内首家挂牌的农村信息化服务企业。世纪之村（福建）集团希望通过企业股改、上市等一系列商业化运作手段，实现企业经营、管理的科学化，促进企业各项业务的深入发展。

为进一步完善和提升世纪之村平台，做大、做强农村电子商务，公司将非金融机构第三方支付业务许可证申请工作作为重要突破口。完成了企业增资。目前，各项准备工作已经基本就绪，完成了企业增资工作、支付系统搭建、评测认证等工作。届时，世纪之村平台将成为全国首家拥有全业务支付功能的农村电子商务平台。

三、重视宣传　不断扩大平台影响

随着世纪之村平台推广范围的不断扩大，其独特、创新性的发展模式受到了中央部委、各地政府部门、科研机构、新闻媒体的广泛关注，在福建省内乃至全国形成了一定影响力。中央、省、市新闻媒体多次对世纪之村平台进行专题报道。平台创始人潘春来受邀做客央视财经频道《对话》栏目，畅谈农村信息化建设；《人民日报》头版头条刊登公司总裁潘阿龙的采访报道《我的"阿里巴巴"挂牌了（我这一年）》；福建电视台"东南新闻眼"播出《农村版淘宝网》，介绍世纪之村平台探索农产品物流配送体系建设的专题。福建日报、科技日报、农民日报、泉州晚报等权威主流媒体给予了相关报道，为世纪之村平台对外推广营造了良好的舆论氛围。

四、政府引导　推动平台快速发展

2013 年 11 月，农业部常务副部长余欣荣莅临世纪之村（福建）集团总部开展专题调研，对世纪之村（福建）集团农村信息化建设取得的成绩给予了充分肯定，鼓励继续做好、做强，推广世纪之村平台模式。12 月，福建省副省长陈荣凯率队莅临世纪之村（福建）集

团调研农村信息化工作，协调解决世纪之村平台发展过程中遇到的难题和困难。他强调，省、泉州、南安三级政府要共同推动，最大限度地围绕农民的需求，对世纪之村平台进行巩固、提升、拓展，树立福建农村信息服务品牌。各级党委政府的关心支持为世纪之村平台的发展壮大提供强大的势能，各种扶持政策的出台对加速世纪之村平台在全国的推广产生了积极的推动作用。

五、做好培训　积极探索传递方式

世纪之村（福建）集团公司自成立之初便将农民素质培训作为世纪之村平台建设发展的重要工作内容，依托南安市新农民培训学校教学资源、师资队伍、教学设施等，努力探索培训产业化道路。2013年5月，孕育发展世纪之村平台的南安市兰田村被农业部认定为农村实用人才培训基地，这也是全国第12个、福建省首个国家级农村实用人才培训基地。培训基地充分利用世纪之村平台，积极承办相关部门组织的各类涉农培训，如信息员培训、阳光工程培训、农机培训等，先后举办了福建省电子商务师认证培训班、泉州市动物检疫培训班、泉州市家庭护理培训班、泉州市远程科技和咨询服务培训班、南安市农技推广体系补助项目技术指导员培训班、南安市秋季动物防疫技术培训班、南安市果蔬花卉生产技术培训班等，全年累计完成培训任务36期，参加培训人数达3500余人，为培育新型农民，造就一支有文化、懂技术、会经营的新型农村实用人才队伍做出积极贡献。积极探索政产学研用合作模式和机制，与中国农业大学共建教授工作站，借助中国农业大学雄厚的师资力量，为农村实用人才培训、各种涉农培训以及现代农业建设，提供强有力的智力支持。

第五节　明确困难　攻坚克难

一、平台完善"一针一线"

（一）细致顶层设计

世纪之村平台业务划分存在概念、范围不清晰现象，不利于形成内部凝聚力和用户认可，在战略层面制约平台发展；资源整合等核心能力不足，缺乏与外部平台/系统的信息共享与业务协同能力。

（二）提升企业化运作能力

世纪之村平台没有形成先进的企业化运作及市场化推广模式，不利于平台最大化发挥自身的资源与能力优势。

（三）同步技术体系成长

随着世纪之村平台服务范围的持续扩大，现有技术体系架构、硬件资源、网络带宽等资源、能力与全国推广的发展目标不匹配，不能支持平台服务内容、用户数量和数据规模的快速增长。

二、平台支撑"旁征博引"

（一）构建多元参与的发展机制

农村信息化建设是一项涉及范围广、辐射人群大的系统化工程。受制于当前农村经济水平和基础设施建设情况，农村信息化建设投入大、成本高。世纪之村平台的推广在前期投入大量的人力、物力、财力，运营经费的不足阻碍了世纪之村平台的进一步推广扩大，难以将平台的"惠农"效应最大化，因此需要积极吸引社会各界共同参与农村信息化建设，尤其是吸纳资本市场的关注和参与。

（二）充沛持续发展保障

世纪之村平台发展面临现有人才招聘、培养、培训能力不能持续满足支撑平台的人才需求的问题；平台现有营利项目单一，难以保障扩张过程中继续保持盈亏均衡；平台对敏感资源缺乏管理的体制机制，如对平台汇集的个人隐私信息没有完善的安全管控、缺乏相关机制。

（三）规范信息员队伍管理

世纪之村平台信息员的选拔大多以农村个体经营户为主，文化素质普遍较低，信息化意识较为薄弱，缺乏长远发展规划，对平台带来的经济增长方式转变的认识不足，短期获益的传统观念仍较为严重。在利润、回报率等方面未能快速、明显体现的情况下，信息员在使用平台时缺乏积极性。

第六节　着眼近处 展望未来

一、二零一四·任务

（一）加快农产品物流配送中心建设

为提升农业农村信息化、市场化水平，促进农产品流通，进一步推动农产品流通，拓展各地特色农产品销售渠道，增加农民收入。福建省农业厅下发的闽农市〔2013〕403号文件，要求2014年在福建省有条件的乡、镇建设约100个以上"农产品电子商务物流配送中心"，每个中心根据实际需求建设，规划用地10～50亩，投入约1000万元，配备相应的软硬件设施，具备仓储、配送、信息化管理等功能。每个中心吸引2～8家物流企业入驻。物流中心负责村级便民信息服务站、草根物流队伍的组织和管理，并解决草根与正规物流的衔接问题。

（二）多渠道构建农村信息化投、融资体系

经历五年多的发展，世纪之村（福建）集团资产雄厚，在农村市场积累了丰富的经验，拥有广泛的农村市场渠道，并制订了一套规范有效的信息点流程管理、治理制度；在资源获取和整合、企业品牌、人力资源、企业文化等各方面的发展取得了显著成效。公司将加快股权融资步伐，引入资本市场参与农村信息化建设，进一步完善企业市场化运作机制，通过投、融资，聚名、聚企、聚力，组推企业转型升级。

（三）加快农村电子商务体系建设

建设农产品电子商务实体网店，在省内原有便民信息服务站的基础上建设1000个实体网店，升级该店的服务内容、配套设施等。每家实体网店投入3万元，由世纪之村（福建）集团公司投入25000元，由政府直接补助网店农民5000元，总投入1.25亿元。加快建设商超连锁，由区域运营中心负责为本区域便民服务站提供商品批发、采购服务，实现区域内或区域间商品的快速流通，争取2014年完成500个商超连锁。探索农村分众传媒发展模式，计划在福建省甄选2000个优秀信息站铺设多媒体互动终端，为周边群众提供村务（政务）信息、农产品供求信息查询等服务，发布各类公益信息，同时为广大商家提供广告宣传，帮助商家打开农村市场。

二、未来五年·发展规划

世纪之村（福建）集团公司计划在2015年建成"一个中心·六大基地"（农村信息化资源数据中心、农村信息化应用软件研发基地、闽菜品牌产业孵化基地、农村信息化基础软件研发基地、农村信息化成果转化基地、农村信息化产业培训基地、海峡农村科技创业创新基地），全面立体构建农村信息化服务产业。创造100万个就业岗位，利益社会，服务"三农"。将世纪之村平台推广至全国50万个行政村，体现平台涵盖广泛性，发展地域性。实现年交易额2500亿元，完成年税收8.7亿元，集团自身孵化2～3家上市公司。

三、平台·愿景·价值

现今，农村信息化已成为推动农村社会和经济发展的重要引擎，是社会主义新农村建设的重要组成部分。世纪之村平台作为推进福建省农业农村经济发展的前沿性、支撑性产业，在全国有着广阔的发展前景。世纪之村平台将继续以"公益为先、市场化运作"的理念，为农民提供美好的数字生活。依托电子平台和实体网络，打造跨越"三农"发展建设"数字鸿沟"的桥梁，通过世纪之村平台交易、服务代理、信息服务与咨询等公益性和经营性服务，丰富社会化农业农村信息服务体系，促进城乡之间信息资源互联互通，使农民能够便捷、可靠地享有均等的信息服务。

　　世纪之村平台在未来会依然秉持"政府得民心、农民得实惠、平台得市场"的三赢模式，继续发挥平台功能，明确自身价值。世纪之村平台未来发展的政府价值，是成为政府了解"三农"的指数性窗口；世纪之村平台未来发展的农民价值，是成为覆盖全国的农村信息化综合服务平台；世纪之村平台未来发展的行业价值，是成为由信息化走向智能化的农村综合服务平台；世纪之村平台未来发展的社会价值，是成为农村信息化革命的强力助推平台。

第二十五章

北京农信通：全产业链农业信息的践行者

信息化与农业，一个现代，一个传统；一个像阳春白雪，一个像下里巴人。二者看似风马牛不相及，却正在产生令人惊叹的化学反应，而农信通集团就是这一反应背后勇于探索和善于创新的践行者。

农信通集团创建于 2002 年，总部位于北京中关村，是国内领先的农业信息化建设全面解决方案提供商和农业信息综合服务运营商。集团成立十余年来，始终秉承"致力农业信息化，推动农业现代化"的服务理念，针对政府、涉农企业、新经营主体以及农民，综合运用农业物联网、云计算与大数据、移动互联网等核心技术，重点开展农业信息化建设、农业信息服务、涉农电子商务、休闲农业综合服务等业务。倾力打造新农邦电子商务平台、魅力城乡休闲农业平台、智慧农业与农产品质量安全可追溯全面解决方案、农业信息进村入户工程等精品业务，让传统农业与现代信息科技完美融合，让高端技术切实服务基层农民，打造出集"大农业电子商务+农业信息化及综合信息服务+农业信息基层应用+涉农培训+农产品质量安全可追溯展+涉农科技研发、中试、推广"等功能为核心的全产业链服务体系，实现了农产品从田间到舌尖、从源头到案头的全程服务链条。

一、多渠道致力农业信息化

以"智能手机+安卓机顶盒+视频监控设备+物联网采集控制设备"为核心的"智慧农业四件套"开发完成，并与华为、酷派及奥洛斯达成了代工贴牌生产协议，预计 2014 年销售农业专用智能手机不低于 10 万台；畜牧投入品监管与执法平台、农业执法平台已搭建完成，并在湖北省和河南省部署实施；省级农业物联网多用户管理平台顺利上线，已在山东省和云南省落地运行。

农信通集团自主研发的农业版微信"农信"（测试版）成功通过测试，完善了通信录联系人提醒、分类及订阅号增添等功能，目前"农信"用户已超过 4800 人。该客户端技术开发团队正在根据现有用户的反馈进一步整改相关模块，计划近期推出"农信"1.6 版本，争取为涉农群体提供更便捷、更实用、更个性化的信息服务。

农信通集团积极搭建、运维移动互联网内容采集与管理系统、小麦四情监测系统、云计算公共服务平台系统、农信物联产品追溯查询服务平台系统、畜牧兽医案件管理系统、农信通掌上农业厅手机客户端、掌上畜牧局手机客户端、农信物联疫苗卫士手机客户端、畜牧兽医信息管理系统、农业信息采编发系统、农产品价格信息采集系统、移动农业信息采集终端等涵盖农业种植、畜牧养殖等领域的信息化系统。

根据集团业务拓展情况，新设江西、安徽、天津、长沙、兰州等省市的市场及业务运营中心，目前已全部投入使用。2014 年 6 月 4 日，汪洋副总理实地考察了集团云南分公司承建的云南花卉物联网项目，并给予了充分肯定。2014 年 6 月 12 日，在农业部主办的全国农业物联网区域试验成果观摩交流会上，集团天津运营中心负责的武清区农业物联网整体方案得到了农业部副部长余欣荣、陈晓华等领导和社会企业代表的高度评价；各体系业务的顺利开展，为下一步拓宽全国业务夯实了基础。预计 2014 年信息化建设业务将新增销售额 2.7 亿元。

二、创新农业电商模式

河南新农邦电子商务有限公司是农信通集团旗下专业致力于农牧业投入品、农产品电子商务交易及综合信息服务的全国领先企业。公司立足现代农业发展现状，依托云计算、大数据、物联网以及移动终端等先进技术，重点打造新农邦电子商务平台，面向涉农群体提供安全、放心、可追溯、高性价比的农业产品和及时、便捷、权威的技术服务与信息服务，构建以高效的生态链和价值链为核心的新农邦商业体系。为了增强消费者使用体验，新农邦在其线上平台上率先使用"实景体验式电商"模式，消费者可在新农邦平台上实景观看产品厂家的生产加工基地、设备条件、厂区环境等全景视频，进一步掌握产品的服务信息，为创新变革农牧产品交易格局、推进农业信息化建设进程注入强劲动力。

截至目前，新农邦平台累计访问量突破 730 万次，其中，神州农宝平台共整合高端农产品 3126 种，新入驻商家 2000 多户，平台访问量达 245 万次，网上交易额累计突破 4300 万元；神州农易、神州牧易电子商务平台运营良好，共入驻商家 5000 多户，新整合农资产品及畜牧投入品 2589 种，浏览量共计 485 万次，交易额达 850 万元。

农信通集团旗下神州牧易电子商务有限公司与河南省畜牧业投资担保股份有限公司开展跨行业融合，在畜牧电子商务中融合了企业投融资、金融担保、小额贷款等金融服务，除了为畜牧业产品及服务提供购销平台外，还将利用现代物联网技术，让活畜禽资产的流通过程全程可控、可视、可查，并建立完善网络监管系统和企业诚信守法体系，实现畜牧兽医执法网上监督，避免假冒伪劣产品和欺骗行为，为全省畜禽产品质量安全保驾护航，为畜牧企业建立一个集生产、购销、融资、技术交流等于一体的全价值链服务平台，提升畜牧业的核心竞争力。2014 年 9 月 18 日，由河南省畜牧业投资担保股份有限公司与农信通集团主办，神州牧易承办的"河南省中国（郑州）畜牧业信息化与投融资创新论坛"在郑州召开，吸引了来自畜牧监管执法部门、金融机构、畜牧企业代表 500 余人参加论坛，

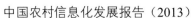

农信通创建的"畜牧电子商务+金融服务"综合服务模式得到了社会各界的一致认可。

在休闲农业领域，农信通运营的"魅力城乡"综合服务平台旨在运用现代信息技术，服务休闲农业经营主体，方便城乡居民休闲消费，引领休闲消费新业态，全面推进休闲农业信息化发展，打造全国最权威、最便捷、最有价值的休闲农业信息公共服务平台。该平台以让消费者"游得开心、吃得放心、闲得舒心"为宗旨，目前已在全国范围内整合休闲农业资源，并开通在线咨询热线。

三、全力推进"信息进村入户试点工作"

《中共中央国务院关于全面深化农村改革加快推进农业现代化的若干意见》（中发〔2014〕1号）着重强调，"加快农村互联网基础设置建设，推进信息进村入户"、"根据自身业务结构和特点，建立适合'三农'需要的专门机构和独立运营机制"。2014年4月10日，农业部印发了《关于开展信息进村入户试点工作的通知》，在北京、河南、辽宁、吉林、黑龙江、福建、江苏、浙江、湖南、甘肃10个省市正式启动"信息进村入户试点工作"。5月29日，由农业部组织召开的"全国信息进村入户试点工作现场部署会"在福建南安市隆重召开，会上，农信通集团与河南、湖南、甘肃等省市签订了"信息进村入户试点工作"战略合作协议，着力打造村级信息服务站点——益农信息社。按照试点先行的建设原则，集团率先在河南全面铺设益农信息社战线。集团深入学习中共中央、国务院以及农业部关于该项目的服务理念，不断突破建设思路，革新服务模式，逐渐建立和完善了以"信息服务+电子商务"为核心的基层信息应用模式，该模式以益农信息社为载体，以新农邦为线上电子商务平台，立足农村信息应用实际，目前已逐步形成"信息获取+农产品交易+农情咨询+远程诊断+基础服务+物流配送+X配"的服务模式。

农信通集团依托强大的全国农业综合服务云平台以及12316农业综合信息服务平台，以O2O电子商务、云计算、物联网、移动互联网、大数据分析技术为支撑，整合中国移动、中国联通、中国电信三大运营商和国内领先的农业电子商务企业、信息服务企业、农业专家资源，严格按照"有场所、有人员、有设备、有宽带、有网页、有可持续运营能力"的"六有"标准和"买、卖、推、缴、代、取"六大核心功能搭建而成，旨在将益农信息社打造成最贴近农民的服务窗口、最先进的信息科技服务平台、最便捷的涉农电子商务载体，为农民提供强农惠农政策、农业生产技术、市场行情、村务公开、信息技术应用体验等公益服务，以及农产品农业投入品营销管理、农资产品配送、便民服务代理等市场化服务。同时，依托农信通搭建的农产品质量安全可追溯体系，益农信息社对合作商及其产品实行严格的质量安全认证，并配备可行、可靠的质量追溯技术，集成现代信息、支付、物流、配送资源，并将其导入商业模式，采取向益农信息社倾斜的利润分配机制，为农村信息消费者提供一个安全、优质、便捷的服务平台。

截至目前，农信通集团已在河南省鹤壁市搭建益农信息社200余个，其他非试点省、市的"信息进村入户工作"也在全面部署，截至2014年年底，集团将在鹤壁建成益农信息社700个，截至2015年8月，将在鹤壁建成益农信息社1200个，为数百万农民提供优质

便捷的信息及电子商务服务，为推进全国"农业信息进村入户"注入强劲动力。

　　大农业是典型的传统农业，如何让传统农业插上现代信息技术的翅膀，如何让农民享受到现代科技文明成果，如何让农村变成和谐美丽的家园始终是农信通集团积极探索、思考和解决的首要问题。全方位、多渠道提升农业信息化水平；整合优势资源，变革农业电商模式，引领农业电商潮流；积极推进基层农业信息普及应用，推动农业信息技术进村入户是农信通近年来的业务重点，集团目前已形成服务领域从城市到乡村，服务对象从新型经营主体到农村个体经营户、从市民到基层农民，服务流程从田间到舌尖、从源头到案头的全产业链、全价值链服务体系，将为实现"治理农业信息化，推动农业现代化"伟大战略目标继续强大动力，持续阔步前行。

第二十六章

上农信：全心全意打造
中国农业信息化第一品牌

从 2005 年以来，上海农业信息有限公司始终潜心农业，沉心技术钻研，公司上下全心齐力、众志成诚地从事于农业信息化和食品安全领域的软件开发、系统集成和信息服务事业。

第一节　企业基本情况

公司自 1999 年 12 月成立，一直致力于农业信息化和食品安全领域中的软件开发、系统集成和信息服务。通过了 ISO9001 质量管理体系、CMMI3 和国家信息系统集成三级资质的认证。

截至 2013 年 12 月，公司已申请 16 项专利，获得了 78 项软件著作权，7 项上海市科技成果转化项目（A 级），4 项省部级科技进步二等奖，3 项省部级科技进步三等奖，并被评为国家规划布局内重点软件企业、上海市农业产业化重点龙头企业、上海市高新技术企业、上海市文明单位、上海市软件企业、上海市创新型企业、上海市小巨人（培育）企业、全国农业农村信息化示范基地、商务部万村千乡市场工程试点单位、工业和信息化部首批物联网工程示范单位、科技部"十一五"国家星火计划工作先进集体。

公司在农业信息化和食品安全领域，已逐步成长为国内的行业领跑者，先后承担 50 多项国家（地区）农业信息化重点科技攻关、推广项目、863 计划。食用农副产品信息查询系统、畜牧生产管理系统、奶牛生产管理软件、蔬菜生产管理软件、为农综合服务信息平台软件被评为上海市优秀软件产品，为农综合信息服务平台（农民一点通）、农产品安全追溯平台、农村"三资"监管平台、农产品电子商务平台、农业物联网综合管理平台等产品已经在全国得到应用与推广。

第二节　企业特色

一、因为专注所以专业

公司专注中国农业信息化发展已逾十载，一直秉承"服务农业，E 化农业"的企业精神，聚集了农业信息化行业内资深管理、农业、信息、市场等方面的专家，凭借卓越的品质、过硬的技术、精通的专业知识、大胆的创新以及因此对中国农业信息化行业做出的杰出的贡献，获得历任中央与地方领导人的赞誉与肯定，并荣获工业和信息化部赛迪智库评选的"中国农业信息化领域杰出企业称号"。

公司的 70 多项著作权、16 项专利，全是农业信息化领域的研究成果。公司是国内第一批农产品质量安全与追溯体系的建设者之一，由上农信开发并制定的果蔬追溯体系成功护航 2010 年上海世博的食品安全。由公司开发并在上海率先试点试行的土地承包流转管理系统、"三资"监管平台与涉农补贴资金监管系统，因为倡导的"科技预防腐败"等先进理念，得到了广大农民与各级领导的认可，也已推广至全国。中央领导人对此给予了高度的赞赏，接待了来自全国各地的农业部门参观考察。

二、创新引领　抓发展机遇

（一）把握"区域试验工程"契机

自 2013 年上海成为农业物联网区域试验工程试点城市之一后，农业物联网与农业信息化的需求增长明显，公司借此契机加快结构调整，抓住政策与市场的双重利好，加大市场开拓力度，把握时机，大展宏图。

（二）部署农产品质量与追溯体系

站在产业链的高度，加快部署基于物联网与云计算技术的质量与追溯体系的建设。整合公司资源，为抢占下一代全产业链追溯体系布局。

（三）提升为农服务内容与水平

作为"为农综合信息服务平台+智能查询机"模式的提出者，以及相关专利的拥有者，公司将不断提升为农综合信息服务平台的功能，从农业信息服务向政府服务信息与社会服务信息发展，以"满足农民一切需求"为发展目标。

（四）聚焦农业物联网技术与研发

农业物联网领域，公司起步早、起点高，拥有 2 家物联网研究机构——国家软件与集成电路公共服务平台农业物联网创新推广中心和上海农业物联网应用工程技术研究中心，汇集了大量的专家队伍和行业伙伴。公司不断加大硬件设备研发投入，提高自主知识产权水平，掌握了小型环境监测设备、自组网设备、专用 RFID 标签、北斗技术、农用小型自控飞机、生态环境自动控制、农产品冷链运输等核心技术和装备生产能力。

（五）提高细分市场专业服务水平

15 年的农业信息化领域技术服务，使公司积累了大量的农业基础数据和专家系统。在此基础上，公司进一步提高蔬菜、水产、生猪、奶牛、水稻、花卉等领域的农业生产管理类系统的专业程度。融合数据挖掘、GIS 应用、移动互联网、生产管理、农业物联网技术，在细分市场提供专业服务。

（六）引领农业云建设

作为上海农业数据中心的设计和建设者，公司将做大做全，并进一步布局上海农业“聚云计划”。囊括农田设施、土地墒情、气象气候、市场与贸易、培训与就业、农业科技、支农惠农政策、法律法规等信息，建设基础地理、土地资源、种植业、养殖业、农机装备、农产品市场、农村社会经济、农业机构人员 8 大数据。集可视化、可控化、智能化、共享化于一体，凸显现代农业的信息化水平。

三、定义标准推进产学研用

（一）制定有关标准和规范

公司重视标准，所以产品的通用性、兼容性和延续性非常高。公司与上海市标准化研究院建立了紧密的合作关系，并共同研究和开发农业物联网建设相关标准，包括相关农业编码标准、物联网数据通信和接口标准、农业传感器工艺标准等。其中，公司与上海标准化研究院、国家编码中心共同研发的农产品安全追溯码已在上海 168 家的世博蔬菜安全追溯管理中得到应用。

（二）推进产学研用相结合

积极借助高等院校等社会力量，推进关键技术的研发。公司已与上海交大、东华大学、复旦大学、上海理工、上海海洋大学等建立了紧密的产学研合作关系，设立联合实验室。公司和上海交大重点在蔬菜生产、农产品物流领域，和东华大学重点在自动化控制、传感器及智能机器人领域，和复旦大学重点就物联网基础架构、云计算技术等领域展开相关合作和研究。

（三）联合创新、优势集中

围绕上海农业物联网产业发展的紧迫需求和技术瓶颈，经上海市科委批准立项，成立上海农业网物联网产业技术创新联盟。在上海市农委、上海市科委的支持下，由上农信牵头，联合上海农业物联网工程技术研究中心、上海农委信息中心、上海市农业科学院、华东师范大学以及上海本地农业相关大型企业，围绕上海农业物联网产业发展的紧迫需求和技术瓶颈，共同成立了上海农业物联网产业技术创新联盟。

第三节　技术升级造就农业现代化

公司目前研发主要集中在农业物联网、云计算技术、农产品安全追溯管理、农业电子商务、电子政务，以及为农综合信息服务等领域的技术研发、应用和推广，并形成了多套解决方案，在一些城市的农业信息化建设中起到显著成效。

一、为农服务永无止境

上农信从事为农服务多年，从"三农热线"到为农综合信息服务平台，已经形成了一个平台、一条热线、一个专家团、一台"一点通"组成的为农综合服务体系，获得了众多领导与广大农户的认可。但是，上农信并不满足于过往的成就。2013年，上农信对"12316三农服务热线系统"进行了升级改造，集成了最新的语音数据和视频信号技术。建设了集语音模拟电话、视频数字电话和 SMS 短信一体化的多媒体呼叫中心。以网络为基础，开发了远程咨询和交流日常化的业务平台，可以提高咨询、交流的效率，还可以整合专家资源，让专家们和农户们的经验价值得到最大发挥。通过多媒体呼叫中心，农户可以直连专家进行咨询活动，系统整合了热线语音电话和农民一点通视频电话，实现一键接听。上海"12396星火科技"服务热线不仅支持双方通话，还支持多方通话。平台支持 1 对 8 的视频会议系统，会议系统内作为会议主持人的专家可以通过电子白板打开 WORD、PPT、JPG 文档和视频文件，该项功能不仅可用于视频会议，还可应用于多人培训。培训内容一经录制，还可随时供农民点阅，重复浏览。

二、农业物联网核心技术创新

近年来，上农信在农业物联网核心技术方面加大了投入力度，鼓励创新，取得了一定的成效。

（一）传感器研发

传感器的集成创新，根据农业生产和应用特色，开展智能传感技术研发，选用相应的元件产品和材料进行设备研制，并形成了相应的传感器应用标准。

将传感技术（压力传感器、温度传感器、湿度传感器、水位传感器等）、定位技术、地理信息技术等相结合，以嵌入式微处理器为核心，集成了传感单元、信号处理单元和网络接口单元，使传感器由单一功能、单一检测向多功能、多点检测发展。

（二）传感器网络集成

从被动检测向主动进行信息处理方向发展，从孤立元件向系统化、网络化发展，从就地测量向远距离实时在线测控发展，加快传感器向低功耗、微型化、智能化、高度集成化演进。

根据特定的应用需求，将这些传感器通过特定的通信接口整合起来，搭载数据运算、存储和传输、控制单元，研发应用于大田、温室作物生产的上农信集成式农业环境传感监测设备和应用于水产养殖领域的水下传感监测设备。

（三）冷链物流技术

提高城市冷链物流作业中物联网技术及产品设备（传感器、网络节点、信息终端）成熟度、并进行较大规模应用，实现城市冷链物流的全面监控和合理调度，进而解决农产品冷链物流操作难度大、成本高、监控不到位等情况；建立一整套农产品冷链物流的作业标准，有利于提高农业物流的整体管理水平，让城市冷链物流可以向标准化、规模化、效率化方向发展。通过示范基地的建设，把流通与生产、消费通过物联网紧密地联系在一起，解决各个环节信息孤岛的问题，提高实现跨行业、跨职能的追溯体系的可行性。

（四）智能综合感知平台

1. 大田综合感知平台

大田综合感知平台可综合采集大田和设施农业生产所需的大气温度、湿度、风速、风向、光照度、雨量、大气压、叶表温湿度、植物茎秆和果实生长情况、土壤温湿度、土壤酸碱度、水位、重金属离子、全球定位数据等关键数据，有效提升大田作业的现代化、精准化水平（见图 26-1）。

图 26-1　大田综合感知平台

2. 空中移动感知平台

空中移动感知平台采用八旋翼飞行器，控制灵活，垂直起降，精准悬停。通过搭载的多光谱视觉感知设备与各种传感设备，可以实时采集各类环境数据和植物生长光谱信息，分析农作物的生长情况，实现大田苗情观测。空中移动感知平台可按照设定的路线在空中自主巡航，分析实时视频，一旦发现有可疑的病虫害痕迹，就可手动操作飞行器悬停进行近距离观察，节省大量时间与人力（见图26-2）。

图 26-2　空中移动感知平台

3. 水下移动感知平台

水下移动感知平台可以实现水面以及水下可控巡航，依靠搭载的各类传感设备实现水体环境实时监测，可灵活监测水质溶解氧、水体酸碱度、氨氮、温度、电导率等水体环境数据，并通过高清晰低照度的水下摄像机，观察水下鱼类的生长和进食情况，增加水下可视距离。可大大减少水产养殖的人力成本，是水产养殖的可靠辅助管理综合平台（见图26-3）。

图 26-3　水下移动感知平台

4. 水上移动感知平台

水上移动感知平台采用高抗风设计，集成了酸碱度、温度、溶解氧、氨氮等传感器。

配备动力系统，可以遥控巡航，提供广泛水域面积，完成水质综合监测、采集水质数据的任务，并和自动增氧设备联动，实现水产养殖智能化控制（见图 26-4）。

图 26-4　水上移动感知平台

三、引入云计算方式与技术

随着科技发展，云计算已经逐步渗透到企业应用当中。上农信把云计算的技术与模式逐步引入到农业信息化领域中。

利用云计算技术，整合"12316"、为农综合服务平台、农业生产和行政管理等信息平台，集成短信、网络电话、视频等工具，构建统一、融合的"三农"综合云服务平台，实现涉农信息服务的无缝链接，提供视频交互和远程培训功能，同时整合与共享涉农各类数据资源（见图 26-5）。

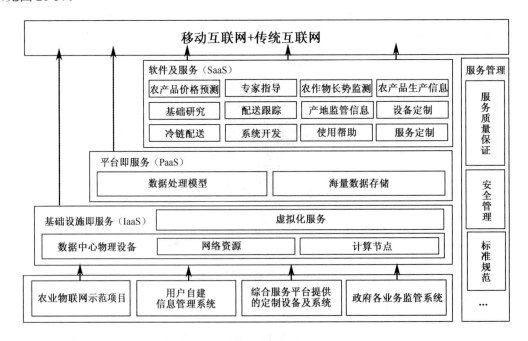

图 26-5　"三农"综合云服务平台架构

采用云计算的模式，可以大大简化系统维护的流程与强度。利用了 GIS 区域范围搜寻功能，使用 GPS 定位和基站定位，向后台 GIS 服务器提交区域范围搜寻请求，获取所在范围内的行政单位及一点通设备，并拍照确认后，连同手机设备唯一码上传到服务器进行备案审核。在设备验证、时间验证、地理信息验证、拍照验证等多重验证下，确保设备维护的质量。

四、积蓄实力准备农业大数据

2013 年，借助农业部农业物联网区域试验工程的项目推进，上农信搭建了上海农业信息化公共服务平台，积累了大量的、多方面的、各个时期的农业数据，为农业大数据准备了数据基础。

另外，上农信积极借助高等院校等社会力量，与上海交大、东华大学、复旦大学、上海理工、上海海洋大学等建立了紧密的产学研合作关系，在云计算技术和大数据分析等领域展开相关合作和研究，为农业大数据的开展积蓄力量。

五、注重有关标准和规范制定

农业信息化领域多年的经验，让上农信深刻地意识到，标准和规范的统一是影响市场发展的重要影响因素。因此，上农信积极与上海市标准化研究院合作，共同研究和开发农业物联网建设相关标准，包括相关农业编码标准、物联网数据通信和接口标准、农业传感器工艺标准等。

第四节 政策利好推动市场机遇无限

自党的"十八大"提出"四化同步"后，农业信息化市场前景一片向好。上农信牢牢把握住这个机遇期，加速开拓市场。

一、农产品安全愈加受关注

越来越严峻的食品安全问题以及举国上下对农产品质量关注度越来越高，关于农业生产及农产品安全追溯领域的市场需求呈逐年上升的趋势。特别是农产品生产、加工企业，建设农产品安全生产及追溯信息化系统的积极性与自动性大大增加。出于对农产品安全监管的职责，行政主管部门也有责任与义务完善农产品监管系统。

上农信先后开发了精准农业生产管理平台、水产安全生产管理系统、生猪安全生产管理系统、奶牛安全生产管理系统、禽蛋生产管理系统、蔬菜安全生产管理系统和食用菌生产和智能化控制管理系统等，结合 RFID、条形码、二维码等标记手段，利用成熟便捷的网络技术、数字监控技术、移动计算技术等，从农产品的安全生产管理与追溯两方面入手，建立农产品安全追溯体系的信息架构，实现从生产源头对生产环境、投入品、操作过程进行信息化监控管理，从而保证食用农产品生产源头的安全。

生猪安全生产平台系统按照国际养殖标准，从仔猪出生开始记录，包括饲料添加、生长情况、转群育肥情况、免疫情况、疾病治疗情况、用药情况等逐一登记在册，并具有工作计划安排的提醒、报警、预警等功能。目前在上海地区已有 87 家猪场在应用本系统，生猪总出栏数超过 100 万头，占全市出栏量的 40%以上。

奶牛安全生产平台已在上海市包括光明荷斯坦在内的 15 家奶牛场进行应用，牛奶安全生产控制系统通过对奶牛的配种、干奶、分娩、断奶等生理事件的记录以及对奶牛的免疫接种、两病检疫、疾病诊断等涉及牛奶安全生长信息数据的记录，实现了对奶牛的各种繁殖事件以及检疫/免疫事件的及时准确的预警，实现对全市各家奶牛场的牛奶安全生产过程实现全面监控，彻底杜绝牛奶生产过程中存在的不安全隐患。为上海市民、学生日常生活中饮用奶的安全、卫生提供了保障，为牛奶场的安全生产和质量保障提供了监管手段，有效地提升了本单位的生产管理能力，大大提高了奶牛场和奶农的盈利能力和生存能力。

蔬菜安全生产平台主要记录和管理蔬菜生产过程中虫害、病害以及防除和农药使用信息，蔬菜销售对象信息，物流运输信息，实现从生产、检测、运输、销售等环节的完整控制。在 2010 年上海世博会期间，168 家世博蔬菜备选园艺场全部使用本系统，保障了世博会期间的蔬菜质量安全供应。

二、区域试验工程推动作用显著

2013 年，农业部出台《农业物联网区域试验工程》，上海作为试点城市之一，制定了实施方案，组织实施了一批重点项目。上农信在此大好政策支持下，积极与农业企业合作，开展了多方面、深层次的试点应用。

（一）搭建上海农业物联网公共服务平台

根据上海市农业特点和应用需求，构建"一个中心、三个系统"——农业综合数据中心，综合展示系统、应用管理系统、远程指挥调度系统的农业物联网应用公共服务平台。面向政府、消费者、新型农业生产经营主体和农民提供农业生产、农产品安全监管、应急预警信息发布，及从田头到餐桌的物联网综合应用服务。围绕动物及动物产品、粮食作物、地产蔬菜、水产养殖、农机管理、在线监测、12316 服务平台、知识库及专家系统等方面，提供多角度、多维度的综合展示、应用管理、数据挖掘、决策支持等服务。公共服务平台接入了上海自"十一五"以来陆续开发的 24 个业务系统，实现信息资源数据共建共享、平台系统互联互通、业务工作协作协同（见图26-6）。

图26-6　上海农业物联网公共服务平台主界面

（二）产学研试点应用

1. 在大田"产加销"全产业链中的示范

上农信与光明米业合作，在崇明的长江农场建立了农业物联网示范基地，开展农业物联网在粮食作物生产、加工、仓储、运输、销售等环节的应用。

项目在长江农场5000亩试验区通过传感技术、网络技术、计算机技术及时获取农作物生长环境和生长状况。以长江前江六队、跃进新浦大队为农业信息化核心生产大队，通过构建信息化生产指挥管理、智能化仓储、溯源管理系统等核心子系统，辐射覆盖长江、跃进的核心水稻生产区。

据初步统计，应用物联网技术后，企业平均每亩可减少60元管理成本，其中减少生产管理成本5%（30元/亩），降低农药、化肥等生产资料投入5%（15元/亩），产量提高2%（15元/亩）。10万亩每年可为企业节省管理成本600万元。

2. 在渔业水产养殖中的示范

在上海市6000多亩的南美白对虾养殖基地，1000多立方水体育苗池开展了物联网技术在水产品养殖的综合应用及示范建设。项目专门为人工水产品养殖设计开发，采用无线传感技术、网络化管理等先进管理方法对养殖环境、水质、鱼类生长状况、药物使用、废水处理等进行全方位管理、监测，具有数据实时采集及分析、食品溯源、生产基地远程监控等功能。可以实现对养殖场环境包括水温、光照、水质（包括溶解氧、pH值、氨氮含量）等的监测；实现养殖场的智能化控制，如增氧泵自动控制、自动给排水控制、光照度控制、温度控制；可实现突发情况下的远程监测和异地处置。在保证质量的基础上大大提高了产量。

项目集传感器、执行器、控制器和通信装置于一体，集传感与驱动控制能力、计算能力、通信能力于一身，实现24小时不间断监控，实时将测量的数据传送到控制中心，并将报警信号发送到指定的手机号码（见图26-7）。

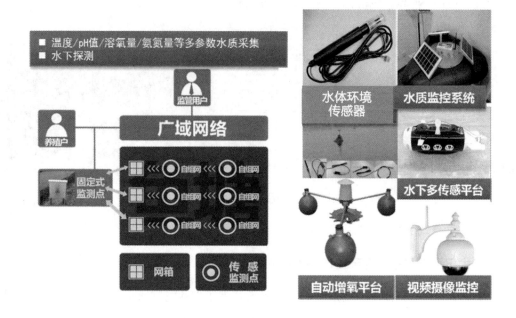

图 26-7　物联网技术在水产品养殖的应用

项目在南美白对虾的养殖中发挥了巨大效应，示范区水产品质量安全率达到 100%，智能化增氧机比其他增氧方式节能 5%～10%，全面使用降低养殖成本 5%～10%，产量增加 15%，经济效益增加 10%，劳动生产率提高 1 倍。

3. 在动物及动物产品安全监管中的示范

基于对输入性动物及动物产品的监管责任，上农信为上海市动物所卫生监督所开发了上海市动物及动物产品检疫监督信息管理系统，应用于 19 个区县动物所卫生监督所、8 个市境道口、110 个产地检疫报检点、16 家屠宰场检疫点及近 58 家动物产品集散交易单位，提升动物及动物产品数据采集、产地检疫、屠宰检疫等环节的信息化管理水平，完善生猪从养殖到屠宰过程的安全监管，形成覆盖全市检疫监督管理信息系统。在全国率先应用植入式动物电子耳标技术，对 17.5 万头能繁母猪实行电子身份证管理，确保病死母猪不流入食品链。

三、移动化应用成为市场新宠

2013 年，移动网络、智能终端等移动应用服务逐渐普及。应用与服务的无线化、移动化、轻便化的趋势愈发明显。成熟的农业信息化业务系统均把移动化作为下一步的工作计划。移动化不仅可以向下延伸业务，加大用户的黏性，提高系统的体验度；同时可以更紧密地联系用户，在用信息化改变农业产业的同时，去培养用户。移动化的应用和服务因为可以直接连接终端用户，可以激发出更多的市场需求。

在这一方面，上农信已经着手对为农综合信息服务平台的移动化改造。直接向农户推送农业技术服务、信息服务以及更多的生活服务。

四、全国市场蓬勃发展

上农信立足上海，却放眼全国。在全国多个地区建立了规模化、示范化应用。

（一）鄂尔多斯的水产物联网生态养殖应用

目前鄂尔多斯已成功应用上农信的水产物联网养殖系统，大规模养殖黄河鲤鱼。通过该系统应用，满足了当地生态养殖生产管理的需要，同时显著提高生态养殖经济效益和质量安全，进一步实现环境监控、分析决策、生产管理、设备控制等。帮助水产养殖企业实现对多个养殖基地进行精确管理和服务，对各个养殖场的生产情况、产品质量进行全程监管，真正实现工厂化、规模化养殖。

（二）都江堰智慧猕猴桃方案设计

猕猴桃是都江堰地区的特色农业产业。上农信受当地管理部门委托，专门设计了一套依托物联网技术发挥当地特色农业产业优势的方案。

方案依托各种传感节点（环境温湿度、土壤水分、果实大小、茎秆粗细等指标）实现猕猴桃生产现场环境的智能感知、专家分析、在线指导等应用，为猕猴桃生产企业提供精准化种植、可视化管理、智能化决策服务。

（三）农产品追溯系统在福建全省推广应用

上农信的农产品安全追溯解决方案在福建全省得到推广应用，并成功完成福建省农产品质量安全追溯平台的建设工作。该平台通过为每一个批次农产品设置一个"追溯码"，对每件农产品的物流、信息流进行监督管理和控制，并支持通过声讯电话、短信、二维码和网页等形式的查询应用。

五、"菜管家"农产品电子商务农业商贸新模式

（一）"菜管家"的由来

上农信成立十周年之际（2009年），"菜管家"应运而生，他是上农信农业信息化整体解决方案中的一块重要版图，也是上农信农业信息化成果的风向标和试验田。上海菜管家电子商务有限公司自2009年成立以来，依托强大的信息技术支持、完善的物流配送系统和广泛的农业基地联盟，已发展成为中国知名的优质农产品第三方电子商务订购平台。现已实现全国各地特色农产品（包括果蔬、禽类、肉类、粮油等近2000种）全程冷链配送到家服务，可为广大会员提供一站式健康厨房体验及食材解决方案。

（二）"菜管家"供应链管理

电商时代，效率为王。"菜管家"依托强大的技术支持，打造了一整套供应链管理体系，实现了整个供应链的可控和高效。通过网上商城平台和呼叫中心系统让广大市民能方便快捷的完成订购和支付流程；客户关系管理系统记录和分析所有客户的行为数据，服务和营销均能做到有的放矢；供应商管理系统把控供应商的准入制度，加强对供应商的约束和考评；采购管理系统及时分析订单和库存，按需补货；仓库管理系统支撑仓库的运作与出入库商品的质量和安全；运输管理系统监控配送车辆的一举一动，保障配送过程和操作流程合乎规定（见图26-8）。

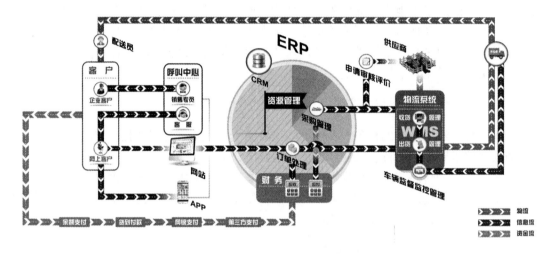

图26-8 "菜管家"运营系统展示

（三）"菜管家"食品安全管理

食品安全问题是当下的一道顽疾，为把好食品安全关，"菜管家"可谓不遗余力。严格的准入制度，近乎苛刻的考评机制，使"菜管家"拥有一批值得信赖的合作伙伴；"菜管家"自建食品安全检测室，可完成农残检测、糖度分析、光谱分析、菌群培养、三聚氰胺测定等检测项目。仓库入库前所有批次均采样检测，库存商品定时抽检。通过与供应商的深度合作，"菜管家"成为第一家推出可追溯服务的农产品电商，通过可追溯系统，消费者可以查询到商品的供应商信息、认证信息、种植与物流过程信息等。

第二十七章

福建上润精密仪器有限公司：做中国最好的传感器

第一节　公司概况

福建上润精密仪器有限公司（以下简称上润公司）成立于1991年，现注册资本8.1亿元，公司先后投资总额11.6亿元，厂房面积12万多平方米，是专业从事传感器等自动化产品研究与生产的高新技术企业，拥有一支集计算机技术、自动控制技术、精密机械及模具技术等多学科的研发队伍和高精密加工制造的技师队伍，经过20多年的研发、设计与发展，已成为仪器仪表行业研发制造的领先企业之一，产品涉及压力、温度、位移、物位传感器及水质传感器（如pH值、电导率、溶解氧、浊度、化学需氧量等），其产品在水产养殖、畜禽养殖等农业领域以及石油石化等工业领域得到广泛应用。公司现有员工1000多人，其中技术人员313人。生产的产品通过欧盟CE、TUV、RoHS、ATEX以及独联体国家的GOST-R、GOST-K等认证，并通过了ISO9000、ISO14000、OHAS18000国际标准体系认证。同时，上润公司在基于无线传感器网络的水质监测系统、生产过程的工艺优化、环保监测及能源管理、安全生产管理等方面均有成功的案例，物联网技术的应用提高了生产线过程检测、实时参数采集、生产设备监控、材料消耗监测的能力和水平，通过各种传感技术与制造技术融合，实现了对产品设备操作使用记录、设备故障诊断的远程监控。

上润公司一直坚持以高精密的机电一体化制造技术为基础。为能在传感加工工艺上有所突破，在数年内投资了10多亿元资金；在高精密机械加工设备方面，进口120余套精度高于4微米的加工中心、特种电加工机床等设备；如5轴联动加工中心、数控万能加工中心、高速数控卧式加工中心等德国、日本、瑞士的设备，并投资建成了从键合封装、自动贴片，到组装的一条完整的自动化仪表传感器生产线，为高精度传感器生产提供了坚实的精密制造基础；公司同时创造出一门"多重坐标交互定位"的高精密制造工艺学科。经过不懈努力，该技术日趋成熟，使上润在精密加工设备和精密加工工艺方面均形成了一整套完整的高精密制造技术系统，为推动机电制造向更高层次发展奠定了基础，有利于尽快将我国的精密制造技术提升到世界先进水平，为物联网安全保驾护航。

上润的目标是：制造能够做到一万个一模一样的产品，做中国最好的传感器。上润精密仪器有限公司智能执行器项目（见图27-1）。

图 27-1　福建上润精密仪器有限公司智能执行器项目

第二节　上润公司主要产品

一、智能压力/差压变送器

物联网中的关键技术是感知技术，智能压力/差压变送器作为工业物联网的感知层，其采集数据的准确性对后端的数据分析和管理控制起着尤为重要的作用，这就要求产品必须具备长期稳定性、可靠性。上润公司研发制造的智能压力/差压变送器主要用来测量液体、气体、液位、密度和压力的压力传感器，然后将测到的压力信号转换成标准的4～20mA信号输出。公司生产的压力变送器有电容式、扩散硅式和高精度单晶硅压力传感器，可用于不同的场合。主要优势是精度高、量程比宽、温度范围宽、静压高、过压能力高、抗干扰能力强、长期稳定性好，并能远程设定和校验零点和满量程及进行故障自诊断。同时"高精度硅压力传感器技术研究与产业化开发"项目凭借多方面优势在众多竞争者中脱颖而出，获得国家863项目立项（见图27-2）。

图 27-2　智能压力/差压变送器

（一）智能压力变送器

测量范围：0～250kPa～80MPa 量程可选，精度 0.5%～0.065%。

（二）智能差压变送器

测量范围：0～1kPa～1000kPa 量程可选，精度 0.5%～0.065%。

（三）智能绝对压力变送器

测量范围：-1～1MPa 量程可选，精度 0.5%～0.1%。

（四）智能液位变送器

测量范围：0～50m 量程可选，精度 0.5%～0.1%。

二、智能温度变送器

上润公司智能温度变送器是将温度变量转换为可传送的标准化输出信号的仪表。主要分为热电阻与热电偶两种功能类型，通常用来与显示仪表和计算机配套，直接测量各种生产工程中-200～1800℃范围内液体、蒸汽和气体介质以及固体表面的温度。由于它测量精度高（0.1%～0.5%），广泛被用于石油、化工、钢铁、电力等工业部门。

三、电磁流量计

电磁流量计是上润公司推出的另一系列传感产品，它通过电磁感应原理来测量管内流量，测量不受流体密度、黏度、温度、压力和电导率变化的影响，测量精度高；测量管内无阻碍流动部件，无压损，直管段要求较低；对浆液测量有独特的适应性；具有良好的耐腐蚀和耐磨损性；转换器采用新颖励磁方式，功耗低、零点稳定、精确度高。转换器可与传感器组成一体型或分体型；流量计为双向测量系统，可显示正向总量、反向总量及差值总量以及正、反流量，并具有多种输出：电流、脉冲、数字通信、HART；具有自检和自诊断功能等优势特点，广泛应用于石油、化工、冶金、轻纺、造纸、环保、食品等工业部门及市政管理、水利建设等领域。主要应用于液体流量的检测，适合于水、污水等介质。口径：DN15～DN800

可选（见图27-3）。

图27-3　电磁流量计

四、智能数字式显示控制仪表

上润公司成功开发了多种功能系列的智能数字式显示产品，产品采用表面封装模块化工艺，具有显示、控制、变送、通信、万能信号输入等功能，适用于温度、湿度、压力、液位、瞬时流量、速度等多种物理量检测信号的显示及控制，并能对各种非线性输入信号进行高精度的线性校正，适合于温度、压力、流量、物位、速度等多种物理量的检测显示与控制，可广泛使用于石油、化工、电力、冶金、造纸、制药、自来水、水处理、农业灌溉等行业。产品可带串行通信接口，可与各种带串行接口的设备进行双向通信，组成网络控制系统。同时还推出了智能数显电力仪表、安全栅及转换器、无纸记录仪等系列产品，成功应用在各个工业物联网领域，为工业现场安全、稳定、高效地运作提供有力保障。具体包括：智能数字/光柱显示控制仪表、智能多路巡回检测显示控制仪表、智能PID调节仪表、智能操作器、智能流量积算仪、智能数显电力仪表（通用电流、电压、有功、无功、周波等）、智能电量集中显示仪表、智能温度转换模块、安全栅/隔离器、通信模块等、数据采集系统和上位机监控软件平台。

五、无线温、湿度检测传感器

无线温度检测传感器主要用于计算机房温度检测，药品储运温、湿度检测，粮库储存温、湿度检测，大型仓库温、湿度集中监控，食品冷鲜仓库温湿度监控，农产品种植大棚温、湿度检测、生猪养殖场环境温度检测、弹药库温、湿度检测、茶叶库存湿度监控系统、洁净厂房、电信银行、档案馆、文物馆、孵化室、烟草库、血站等。

无线温度检测传感器的测温范围为-40～100℃；

无线温、湿度检测传感器的测温范围为-40～100℃、测湿范围为0～100%。

六、水质分析传感器

（一）溶解氧电级

溶解氧范围：0～40.0ppm（毫克/升），溶氧误差小于 0.1ppm；
温度范围：0～40℃，温度误差小于 0.2%℃。
电极采用极谱法和原电池法测量原理两种电极。

（二）溶解氧传感器

测量范围：0～40.0ppm（毫克/升），溶氧误差小于 0.1ppm；
温度范围：0～40℃，温度误差小于 0.2%℃；
带盐度补偿功能：盐度补偿范围 0～40ppt（根据用户需求软件设定）；
带大气压补偿功能：内置大气压传感器，可对大气压进行补偿；
仪表防护：IP65；
仪表供电：锂电池 3.6V，电池寿命 2 年以上；
无线发射：可选 WIA-PA 小无线网络发射模块（用于就地监测）；
选择 DTU 可将传感器数据直接卫星传送到云平台，实现用手机监控的功能（见图 27-4）。

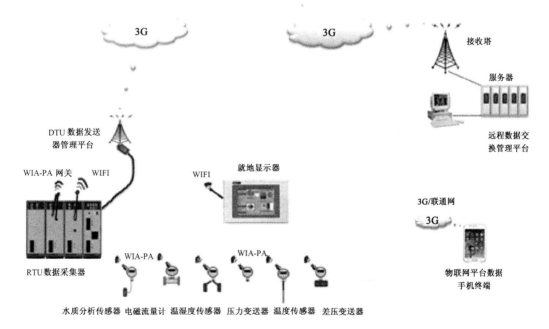

图 27-4　RTU+DTU 无线数据采集运用

本溶解氧传感器带无线发射功能，可放置于池塘任何位置，不需要布线。适合于养殖户养殖池塘中的溶解氧检测控制。可大大提高养殖的安全性，提升渔场管理水平，节约成本，提高成活率，增加产量，提高现代化水产养殖水平。

（三）MINI 型无线测量控制系统

此系统主要用于配合溶解氧传感器、温湿度传感器、pH 值传感器、电导传感器、压力传感器、液位传感器、流量传感器等，可就地组合成 MINI 小型上位机检测系统，将现场测量信号通过无线连接，数据上传至 MINI 小型机上，数据一目了然显示出来，大大提高了养殖水平。上润公司 MINI 型无线测量控制系统主要由电源模块、无线通信模块、平板显示器、监控软件四大部分组成（见图 27-5）。

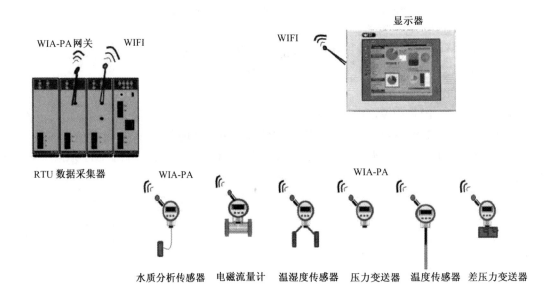

图 27-5　RTU 无线采集器运用——现场仪表数据检测

数据采集：通过 WIA-PA 无线网对现场测量传感器进行定时采样。

显示主机：采用移动式平板电脑进行数据无缝连接，将现场采集的传感器数据一一显示出来，WIA-PA 网关与现场传感器通信距离 500 米，MINI 型主机与平板显示器通信距离 30 米。

（四）代理进口多家分析传感器

公司同时代理进口多家分析传感器，例如，pH 值、电导率、溶解氧、浊度、盐度等水质分析传感器等。

七、仪表阀、分析采样阀、管接件

用高端技术及高精密设备生产的高端仪表阀门及管接件，适合于各种高温、高压、高可靠、高要求的运用场合。管阀件的标准结构材料为全 316SS 不锈钢，其耐晶间腐蚀、点蚀、强度等性能指标显著优于常规的 316 不锈钢。公司具备对材料成分、强度、腐蚀、缺陷等完备的检验设备和检验体系。管阀件的结构设计均经过国际工程领域最权威的 MSC.Nastran 软件的分析与优化，设计安全系数 4:1。所有阀门定型时均通过高于 4 倍常温工作压力的爆破测试试验和高于 2 倍的静压测试。所出厂的每一个阀门均通过 7MPa 氮气压力的密封性能测试（见图 27-6）。

图 27-6 仪表阀、分析采样阀、管接件

第二十八章

派得伟业：十佳智慧农业方案商

北京派得伟业科技发展有限公司于2001年6月由北京市农林科学院和北京农业信息技术研究中心共同投资组建，专业从事农业与农村信息化技术产品研发、销售、系统集成和服务，同时致力于城市农业技术产品开发和工程实施。

公司先后承担了国家863计划、科技支撑计划、中小企业创新基金、农业成果转化基金等国家级、省部级项目40余项、市场产业化项目200余项，获得国家科学技术进步奖、北京市科学技术进步奖、市场金桥奖等奖励10项，自主创新产品奖励28项，专利19项，软件著作权100余项。先后获国家高新技术企业、双软企业、ISO9001、信息系统集成等资质证书15项，荣获中国信息化贡献企业、北京市"守信企业"、中国软件行业农业信息化领军企业、中国中小企业100强、中关村最具发展潜力十佳中小高新技术企业奖、中关村国家自主创新示范区百家创新型企业试点、海淀区创新企业、2013年度中国金服务农业信息化领域成就企业、2013年全国质量信得过单位等荣誉57项，产品及服务遍布全国30多个省市和地区，成为我国农业和农村信息化的龙头企业。

公司现为农业部农业物联网系统集成重点实验室、首都科技条件平台北京市农林科学院研发实验服务基地、北京市农委农业农村信息化示范基地。

智慧农业以农业资源为基础、市场为导向、效益为中心、产业化为抓手，面向农业管理部门、农技推广部门、农业企业、农业园区和基地、农业专家、农民等多层次用户体系，充分利用计算机与网络技术、物联网技术、音视频技术、3S技术、无线通信技术、大数据技术、云计算及专家智慧与知识，集成传感器、监控视频头、小型气象站、智能手机等智能化自动化设备，建设以农产品质量安全、农资安全监管、农业区域资源为主的政府监管平台，以农业生产自助决策、农业物联网管理、现代农业标准化生产管理为主的生产管理平台，以及以农技推广与信息服务、植物网络医院信息服务、农业信息"三务"门户为主的信息服务平台，实现更完备的信息化基础支持、更集中的数据资源、更深入的政府监管、更先进的生产管理、更贴心的公众服务，实现农业生产、监管、服务一体化支撑，以及农业农村全方位、全过程的信息化、智慧化管理，达到信息技术与产业发展的和谐互动和融合提升，推动现代农业快速发展。

一、政府监管平台

围绕政府监管工作对农业资源管理、农资登记备案和农资执法、农产品质量监管和安全溯源的信息化管理需求，集成应用绕政府技术、移动互联技术、RFID技术、二维码技术等建立具有农业资源信息采集、维护、统计、分析、展示等功能的现代化政府监管信息管理体系，使区域农业管理部门做到"情况清、底数明"、"决策有依据、实施有目标"，建立"产品有标准、生产有规程、质量有追溯、市场有监管、企业有诚信"的长效监管模式，提升政府宏观辅助决策与农产品质量安全监管水平与信息服务能力。

（一）农业区域资源管理与决策系统

运用信息处理技术、数据库技术、信息技术、多媒体技术、网络技术等农业信息技术管理农业土地资源、水资源、气象资源、生物资源、农业生产资源、社会经济和科技资源等信息，建立具有农业资源信息采集、维护、统计、分析、展示等功能的现代化农业综合信息管理体系，搭建一个可查询、可分析、可决策的农业区域资源管理与决策系统平台，使区域农业管理部门做到"情况清、底数明"、"决策有依据、实施有目标"，使农业生产经营主体做到"优化配置农业资源、高效管理农业生产"。

农业资源管理：对区域内农业生产涉及到的土壤资源、气象气候资源和作物种类资源进行管理，并可以在地图上展示查询及进行数据统计分析，实现农业资源信息的直观获得。

农业基地管理：对区域内农业生产基地、"三品一标"基地等基地信息和农业生产档案进行管理，并可以在地图上展示查询及进行数据统计分析。

病虫害管理：围绕农业病虫害测报业务，进行市、区县、测报点三级病虫害预测预报，实现数据采集、数据分析、监测预警、病虫害防治等功能，实现农业生产病虫害测报预警，及时发布病虫情报信息。

服务体系管理：对区域农业生产相关管理机构、科技推广机构，以及农业专家信息的查询展示、编辑维护，使农业生产管理者能快速得到相关信息服务。

营销企业管理：对区域内的农业生产企业、农产品加工企业、流通派送企业和大型农贸市场等相关企业信息和生产信息进行管理，并可以在地图上展示查询及进行数据统计分析。

社团组织管理：对区域内的农业专业行业协会、合作社和为农产品生产或流通销售服务的专业合作组织进行信息化管理，包括社团组织基本信息、生产信息、经营信息、服务信息等，并可以在地图上展示查询及进行数据统计分析，为政府管理部门掌握农业社团组织情况提供支持。

（二）农产品质量安全监管与追溯系统

围绕农产品生产加工和质量安全监督管理业务，构建政府监管部门、农产品种植基地、生产加工企业、农户和消费者共同参与、多方联动的农产品质量安全追溯系统，以政府安全监管为主导，企业质量控制为措施，消费者溯源查询为手段，建立从投入品使用、基地生产管理、农产品收获、加工包装到转运销售的全程信息采集和综合管理，全面实现政府监管、企业自律、消费者监督的农产品质量安全管控模式。

1. 政府信息管理

政府信息管理可对农产品生产经营主体进行服务指导和监督检查，加强认证管理、基地准出、检验检测、诚信建设、质量追溯等监督管理，推动农产品生产基地建立健全农产品安全生产、检验检测、质量溯源等制度，加强农业投入品使用指导、监管，推进审批、生产、经营管理，提高准入门槛，畅通经营主渠道。

认证管理：对所管辖领域的所有农业生产、加工企业和基地进行产地证明管理和产品认证管理。

基地准出：对允许进入市场的所有农产品生产基地的环境信息、生产档案、加工档案、溯源打印等进行管理，建立农产品的规范化管理机制。

检验检测：对管辖区域内所有农产品生产基地的农产品质量的定量检测数据、农残数据等进行采集、汇总管理，辅助政府监管部门和基地掌握农产品质量检测情况。

诚信建设：对生产基地等农产品生产主体的诚信进行监督，构建诚信建设功能，建立信用评价管理和信用指标管理功能。

质量溯源：分为内部监管和溯源查询功能。基于生产档案、产地编码和农产品溯源条码实现对农产品产地信息、产品信息、生产过程信息和检测信息的溯源查询，方便政府部门查询和了解农产品的来源和生产加工信息，完善安全溯源机制。

2. 企业信息管理

企业信息管理为农产品生产基地用户提供了对其基地的认证管理、基地准出、质量溯源等功能，从生产的源头开始对农业生产投入品、生产环境、生产档案、加工档案等全程进行记录，并进行产地证明管理和产品认证管理，确保所有的生产活动都能够通过系统进行追溯，从源头保障农产品质量安全。

认证管理：对基地农产品的产地证明管理和产品认证管理。基地生产人员根据政府的相关要求去开具产地证明和产品认证，并对内部信息进行管理和查询。

基地准出：基地对允许进入市场的农产品生产基地的环境信息、生产档案、加工档案、溯源打印等进行管理，建立农产品的规范化管理机制。

质量溯源：基于生产档案、产地编码和农产品溯源条码实现对农产品产地信息、产品信息、生产过程信息和检测信息的溯源查询，方便政府部门、消费者查询和了解农产品的来源和生产加工信息，完善安全溯源机制。

3．公众溯源查询

公众溯源查询为消费者提供了农产品溯源信息查询的途径，可通过手机、网站、触摸屏等多种途径查询，可扫描农产品包装上的二维码，查询产品的生产基地、生产档案、加工基地、检测信息、流通途径等所有生产加工流通信息，让消费者"买的放心、吃的安心"。

（三）农资安全监管服务系统

结合市场农资监管的现实需求，以"规范农资市场、服务现代农业"，以加强农资产品质量安全监管水平为目标，围绕政府监管、诚信经营、放心溯源三条主线，建设农资安全监管服务系统，建立并完善农资监管信息采集、汇总、交互、分析和服务应用，实现农资准入、销售管理和溯源查询"三位一体"，达到源头保障、全链条监管。

农资准入管理：包括企业准入管理、农资产品准入管理和农资产品数据库管理，实现农资经销企业和销售门店准入申请、审核、备案管理，实现对市场流通的农资产品的准入登记备案，构建农资产品数据库。

信息编码管理：基于 EAN/UCC 编码体系建立信息编码管理，实现企业监管码管理、农资产品监管码管理、农资产品溯源码管理和消费者实名制信息管理，为信息编码实现农资产品溯源查询、政府监管提供支持。

经销企业经营管理：对农资经销企业经营的信息化管理，包括企业信息管理、企业农资产品管理、经营台账管理、农资产品流向管理，实现经销企业农资产品交易和农资产品流向信息化管理。

门店经营管理：对农资经营门店经营的信息化管理，包括门店信息管理、门店农资产品管理、消费者实名制登记管理、门店台账管理和基于 Android 的 POS 机销售管理。

执法检查管理：对农资企业、门店执法检查信息的汇总和综合管理，包括执法检查人员信息管理、执法检查信息管理和基于 Android 的智能终端执法检查管理，实时获取并汇总农资执法检查信息。

信用管理：对农资产品经销企业、门店经营信用进行评价和分级管理，建立信用评价和管理机制，重点建设信用指标管理、信用评价管理、信用分级管理和信用查询管理。

安全溯源管理：建立基于门户网站、智能终端等农资产品溯源查询通道，包括政府用户监管、企业用户溯源、消费者溯源查询等。

农资质量安全监管信息网：建设农资质量安全监管信息网，全面展示农资监管成就和促进农资监管信息化服务，并实现农资产品溯源信息查询和在线投诉举报等。

二、生产管理平台

围绕种植业、养殖业、水产业等主要农业产业及生产过程精细化管理需求，集成应用3S 技术、物联网、移动互联、大数据、云计算等现代信息技术，构建生产管理平台，建立农业生产自助决策系统、农业物联网管理与服务系统、现代农业标准化生产与管理系统等相关应用系统，全面掌握农业资源信息，对农业生产数据进行批量采集、建模处理、模糊推理、智能决策和自动控制，将栽培、施肥、病虫害诊断和标准化管理等方面的决策支持信息服务于农业生产管理的各个环节，全面提高农业生产效率，促进现代农业可持续、健康发展。

（一）农业生产自助决策系统

农业生产自助决策系统是模拟农业专家解决问题的智能化计算机软件系统。通过开发平台，开发出针对农业领域不同层次用户的以专家知识为主导的农业智能化应用系统，图文并茂、一问一答、生动形象地提供系统的农业专家知识，并经过科学推理智能化地帮助农民自助决策，准确实现专家解决问题的全过程。目前开发出来的产品包括种植、畜禽、水产3大类，果树、作物、蔬菜、花卉、食用菌、畜类、禽类、鱼、虾蟹、龟鳖、藻类等11个小类共100多个种类，并通过计算机、触摸屏、智能手机等多种终端满足各方面对农业知识普及、推广和服务应用的需求。

生产知识：通过目录、索引、书签和快速检索的形式来展示涵盖了农业生产管理各个环节的农业生产知识，并提供了图文并茂的多媒体农业信息。

病害诊断：通过模拟专家对动植物诊断治疗的过程，根据动植物发病症状采用渐进式诊断方法分析判断发病原因，得到病虫害结论并查看症状特点、发病规律和防治方法等病虫害相关信息。

生产决策：针对农业生产管理的产前、产中、产后三个阶段中的园地、品种、播种、定植、栽培、营养施肥、水分灌溉等各类农业生产活动，进行模糊产生式决策推理，提出定性或定量的决策性建议。

农事指导：旨在通过公历、农历和中国农业特色的二十四节气相结合的农业生产过程来指导和提醒用户，适时地进行种植栽培、施肥洒药、田间管理、储藏加工、运输销售等生产活动。

触摸屏、智能手机终端应用：建立基于触摸屏端的农业生产自助决策系统和基于智能手机端的农业生产自助决策系统，用户通过智能手机、触摸屏实现生产知识、病害诊断、生产决策和农事指导相关服务，方便农业知识普及、推广和服务应用。

（二）农业物联网管理与服务系统

农业物联网管理与服务系统，重点实现环境监控、视频监控、智能控制、监测预警等功能，并结合物联网手机端系统，实现随时随地农业生产信息获取。在指挥调度中心，可以通过三联台、大屏展示设备进行农业生产的全局把控，实现"统一展现、统一调度、统一集成"，形成集中化展现、集约化调度。

空间分布：基于电子地图展示物联网应用基地上各监测点的地理位置，查看该监测点的基本种植信息、环境信息、预警信息等，使监控指挥人员直观获取监测点的各个环境数据和生产情况。

环境监控：对传感器网络采集的空气温度、空气湿度、土壤温度、土壤湿度、光照强度、CO_2 浓度、土壤 pH 值等实时环境监测信息，并提供多种查询方式，使种植户和管理者直观获得温室环境信息。

视频监控：利用高清视频监控设备对包括种植作物的生长情况、投入品使用情况、病虫害状况情况进行实时监控，实现作物生产状况的远程在线监控。

智能控制：显示设备运行的实况信息，对设备运行模式进行设置，包括手动模式、定时模式、智能模式等。

监测预警：将监测点上环境传感器采集到的数据与作物适宜生长的环境数据作比较，当实时监测到的环境数据超出预警值时，系统自动进行预警提示，并提供相应的预警指导措施，并通过手机和大屏幕显示设备进行信息推送。

（三）现代农业标准化生产与管理系统

以现代农业基地生产定位为基础，以发展现代农业、促进精准农业物联网等现代信息与智能装备技术在农业领域大面积应用为目的，全面整合农业基地生产资源，建设现代农业标准化生产与管理系统，全面促进基地生产标准化、管理模式化、部门协同化、资源高效化，促进农产品安全生产政府监管和公众溯源，全面提高生产过程中科学管理决策信息化水平。

基地资源管理：对现代化农业生产基地的基本信息和生产资源进行管理，包括基本信息、基地区划、环境资源、投入品资源、农机资源、劳动力资源等，实现基地农业资源的信息化管理。

生产计划管理：实现基地农业生产计划、原料采购计划、播种计划、灌溉计划、施肥计划、病虫害防治计划、采收计划、仓储计划等的制定、审核、落实、调整，以及生产应急预案制定、落实管理，使基地各个生产部门优化资源配置，合理安排农业生产。

标准体系管理：对基地生产管理工作的标准，如 ISO2001、ISO14000、GAP 等质量管理体系和"三品一标"标准和生产规范建立信息化统一管理，分析产前、产中和产后各个环节的生产关键因素和关键节点，确立和设置生产关键控制点，实现对基地生产管理全程的质量管控。

生产环境监控管理：利用气象墒情采集设备和各种环境传感器设备，实时采集农业生产过程中的温度、湿度等环境因子信息，与作物生长所需环境要素的范围值进行比对，设置环境预警参数并进行及时预警报告，通过手动或系统自动控制风机、灌溉等设备对生产环境进行有效控制，同时建设基于智能手机的生产环境监控管理，实现农业生产的可视化监控、精细化管理。

视频监控管理：在基地生产田间和设施温室内安装高清网络摄像机，对包括种植作物的生长情况、投入品使用情况、病虫害状况进行实时监测，实现作物生产状况的远程在线监控。

生产档案管理：对基地农产品生产、加工、流通信息进行记录备案。包括农业投入品信息；种植、灌溉、施肥、病虫害防治、采收等农事信息以及农产品加工信息、仓储信息、物流信息、销售信息等进行采集、汇总和备案，实现对基地农产品生产加工流通全过程的信息化管理。

质量安全追溯管理：利用物联网技术、RFID标签技术、二维码技术等，重点建设编码管理、产地证明管理、质量检测数据管理、农产品质量安全溯源管理。以门户网站输入溯源码、智能手机扫描溯源二维码等为手段，以生产档案、产地编码、环境监测数据、检测数据和农产品溯源条码等农产品溯源数据为基础，实现对农产品生产链各阶段信息的溯源查询，方便政府部门和消费者查询和了解农产品的来源和生产加工信息。

三、信息服务平台

面向农业管理部门、农技推广部门、农业企业、农业园区和基地、农业专家、农民等多用户体系，打造面向区域的信息服务平台，建立以触摸屏、智能终端为主要农技服务终端的农技推广与信息服务系统，以视频诊断、自助诊断为主要远程病虫害诊断方式的植物网络医院服务系统，以政务、服务、商务为主体的农业信息"三务"门户，实现基于触摸屏、智能终端、网站等全方面的信息服务，实现农业生产者在田间地头就可以远程咨询植保专家，及时得到专家防治指导的一线服务。

（一）农技推广与信息服务系统

以全面整合农业资源信息为基础，以服务基层农民为核心，建立统一的农业资源信息综合数据库，以农业专家系统、测土配方施肥、市场交易信息、专家会诊、政务公开和新农村文化为核心应用，建立和完善面向基层农村、农户的信息交互平台，并通过触摸屏、智能手机、电脑等多种终端向广大基层农民提供农业技术、农业资源、市场行情和农村文化等信息服务。

测土配方施肥系统：围绕测土配方施肥与养分监测信息的采集，依据平衡施肥原理，建立施肥决策模块，根据各地块土壤肥力情况和作物养分特征，提供科学合理的施肥建议，加大对农民的信息服务。

农业专家系统：模拟农业专家解决农业生产问题的智能化计算机软件系统，提供了生产知识、病害诊断、生产决策、农事指导等功能，满足多方面对农业知识普及推广的需要，适用于种植、养殖、水产等行业。

市场交易信息系统：建设按产品查询价格行情、按市场查询价格行情、分析预测功能，实现当地农产品市场价格信息的实时展示和市场信息分析预测。

专家会诊系统：展示每位专家的信息，用户可以通过专家座席方式，在触摸屏端可以与专家通过视频、语音、文字的形式进行互动，交流在农事生产中遇到的问题。

政务公开系统：包括重大事项公示、本村概况、党务公开、管理架构、政策法规、便民服务、本村新闻、视频点播等，可以快速查询相应栏目的信息，展示新农村建设风貌。

新农村文化系统：建设农民书屋、地方戏视频、消防安全知识、农业生活小常识等功能，满足农民日益增长的文化需求，丰富农民精神生活。

移动农技通：利用移动通信技术和移动智能终端（手机），整合专家系统、测土配方施肥和市场交易信息、专家会诊系统等内容，将农业信息服务系统移动化，方便农业知识和技术快速传播应用。

（二）植物网络医院信息服务系统

以计算机技术、网络技术、通信技术、视频技术等现代信息技术为手段，构建一个全面、专业、快捷、方便的作物病虫害诊断与服务功能于一体的植物网络医院信息服务系统，提供农业专家、技术人员、植保企业、合作组织、农户等多用户信息交流通道，提高专家服务效率，为用户提供便捷、快速的植保信息服务。

专家视频诊断：以"一对一、多对一"等方式为农业专家、用户提供一个在线视频交流的机会，由用户向在线专家发起咨询邀请，实现视频交流、语音交流、文字交流、文件交流（图片、文件等），专家诊断病虫草有害生物种类，并出具诊断结果和技术解决方案，指导用户科学合理防治病虫草害。

预约挂号：针对专家不在线或视频咨询不方便的情况，用户通过"选择日期、选择专家"与专家预约，并提交预约咨询问题，到预约时间用户与专家进行视频咨询交流。

自助诊断：以作物病虫害农业知识为基础，模拟农业专家进行病虫害识别诊断，通过模糊诊断、渐进式诊断以及图片引导式诊断，为用户提供快速的病虫害诊断决策，并提供明确的防治技术方法，实现病害诊断、虫害诊断、病虫害图谱等功能。

信箱咨询：以用户提问、专家回复的方式实现专家与用户信息交流，包括问题分类、问题描述和相关图片，问题经审核通过后，由专家进行诊断回复。同时，用户也可以利用智能终端（智能手机）进行移动终端问题咨询。

技术培训：提供植保相关技术培训资料下载，包括视频资料、文字资料，对农民专业合作社、植保专业化统防统治组织和种植大户开展多方面的技术培训。

诊所加盟：搭建植物网络医院支撑体系，建立植物网络医院省级中心诊所、市级区域诊所、县级普通诊所和相关专业诊所，对整个诊所体系进行统一的信息化管理，更好地解决农业种植中存在的防治难、诊断难、看病难的生产问题。

（三）农业信息"三务"门户

围绕现代农业政务、服务、商务（统称为"三务"）管理与服务的需求，结合农业发展的实际，打造"三务"综合性门户网站，向政府、企事业单位及广大群众提供一个高效、简洁的综合信息服务和展示平台，形成专业、清晰的政务版、服务版、商务版信息服务版块，充分展现当地农业信息化建设成就和发展风采，为打造现代智慧农业提供全面的信息支撑。

政务版：为农业局及相关政府管理部门量身定制的门户网站，主要栏目有首页、政务公开、农业管理、网上办事、互动交流、现代农业等，展示政务信息、工作动态、通知公告、乡镇动态、农业管理、科技教育、网上服务、查询服务、互动交流、秀美村庄等主要信息。

服务版：为农业科技推广部门及相关单位量身定制的网站，主要栏目有首页、资讯、科技、生活、市场、视频等，展示农业概况、农业新闻、专家视点、农业推广、农事指导、病虫情报、科技培训、视频三农、名优特农产品、休闲农业、生活百科、市场动态等服务信息，并集成农业应用服务系统。

　　商务版：主要设置首页、名店推介、产品导购、供求信息、行情中心、资讯信息、乡村旅游等栏目，推介当地名优特农副产品、农用物资，展示当地特色的休闲旅游文化，提供市场动态信息，促进供需对接。

第二十九章

中农宸熙：关注农业现代化

第一节　公司概况

　　北京中农宸熙是依托中国农业大学创建的专注于农业信息化的高新技术企业，是一家以农业传感器等智能硬件为产业基础的，从感知层、传输层到平台层"三层技术全贯通、三层产品全做"的完全自主研发和自主生产制造的农业物联网公司；也是一家技术产品与业务领域横跨了工业化、信息化和农业现代化，"三化深度融合"的公司；同时是中欧农业信息技术研究中心、北京市农业物联网工程技术研究中心和先进农业传感技术北京市工程研究中心的建设单位，是国内最早涉足农业物联网领域并一直保持领先地位的农业智能系统解决方案提供商。公司以智能农业传感器为技术核心，重点推进物联网、云计算、移动互联、3S等现代信息技术和农业智能装备在农业生产经营领域应用，为农业龙头企业、农民合作社等规模生产经营主体在设施园艺、畜禽水产养殖、大田种植、农产品质量追溯、农机作业服务等方面提供信息技术支持，加快推动农业产业升级。

　　公司继承了中国农业大学科研团队十余年的科研成果，特别专注于为农业现代化提供物联网技术支撑，开发了具有自主知识产权的智能传感器18种、数据采集器11种、网络传输设备8种、智能控制器6种、应用软件平台8类，获专利138项、软件著作权56项。目前，已形成系统的农业物联网解决方案，包括水质在线监控系统、水下生命感知系统、智慧温室系统、畜禽智能环境监测系统、大田种植物联网系统、农业病虫害诊断系统、健康养殖精细管理系统、农产品质量安全追溯系统、农产品冷链物流与远程保鲜运输监控系统、渔情信息采集系统等模块，在山东、天津、江苏、湖北、广东、福建、海南等16个省市建立了应用示范基地，始终引领着我国农业物联网技术的发展方向。

　　农业传感器的测量范围、温度范围、响应时间、测量精度、波特率、功耗、分辨率等指标均属于国内领先水平。无线网络控制终端的工作电源、工作温度、无线通信方式、485通信波特率、控制通道、控制类型等指标均属于国内领先水平。农业物联网应用平台提供云计算服务、各种模型和算法，达到国外先进水平。

现公司已在天津、福建、山东、浙江建立了子公司，其中天津中农宸熙智能渔业装备生产制造基地是挪威 AKVA 集团的全球技术合作伙伴暨中国区域总代理；福建中农上润智能设备生产制造基地是联合福建上润企业专注于农业传感器领域的智能设备生产制造基地；杭州千岛湖智能农业"鱼菜共生"基地是携手（阿里巴巴的第一个投资者）新加坡汇亚基金联合打造的基地。目前中农宸熙的技术产品与业务领域已涵盖农业物联网、农业智能设备生产制造、智能渔业装备、水下生命感知监测、农产品质量安全追溯、农业病虫害智能诊断、智能型现代农业园开发建设和先进农业高端教育等多个版块，并已形成了面向智慧农业的全产业链条及其商业循环生态系统的自主科研力量和整体解决方案。

中农宸熙的产业链模式，已在各个产业链条之间形成产品流、人力流、资金流和信息流的共享与协同，从而为整个公司业务版块和运营系统带来了最低成本、最高效益的产业集群效应，并提供了强有力的市场竞争优势。公司的中期发展规划：在 2013—2015 年，为单一产业价值链，主要在"农业传感器等智能硬件生产制造、现代渔业智能装备和智能信息平台软件"三个版块实现上下游之间的技术、产品、服务和资本、资源等环节纵向一体化；2016—2018 年，要构建起多个产业空间链，在"智能平台软件+智能传感设备生产制造+现代渔业智能装备+现代农业智能信息模型决策+现代农业科技示范园规划设计+现代农业教育培训"的整个生态圈实现不同产业链之间在物流、渠道、财务和品牌等多维度协同和横向一体化。

公司的总发展模式将凭借独特雄厚的技术力量、多形态的资源配置和资本组合，由初创阶段的"资源整合+业务复制+资本放大"模式，经由"学、研、产、融相结合"的路径，实现成为一家"产业资本+地方资源+金融资本"三轮并转的、专注于中国农业现代化的智能科技型集团企业。

第二节　主要产品

一、水产养殖环境智能监控系统

该系统集成智能水质传感器、无线传感网、无线通信、嵌入式系统、自动控制等技术于一身，可自动采集养殖水质信息（温度、溶解氧、pH 值、深度、盐度、浊度、叶绿素等对水产品生长有重大影响的水质参数），并通过 Zigbee、GPRS、3G 等无线传输方式将水质参数信息上报到监控中心或网络服务器（见图 29-1）。

用户可以通过手机、PAD、计算机等终端实时查看养殖水质环境信息，及时获取异常报警信息及水质预警信息，并可以根据水质监测结果，实时调整控制设备，实现科学养殖与管理，最终实现节能降耗、绿色环保、增产增收的目标。

二、畜禽养殖环境智能监控系统

该系统利用物联网技术，围绕设施化畜禽养殖场生产和管理环节，通过智能传感器在线采集养殖场环境信息（空气温/湿度、CO_2 浓度、氨气、硫化氢等），同时集成改造现有的养殖场环境控制设备、饲料投喂控制设备等，实现畜禽养殖场的智能生产与科学管理（见图29-2）。

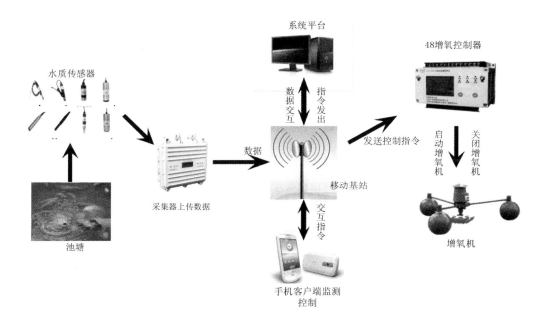

图 29-1　水产养殖环境智能监控系统

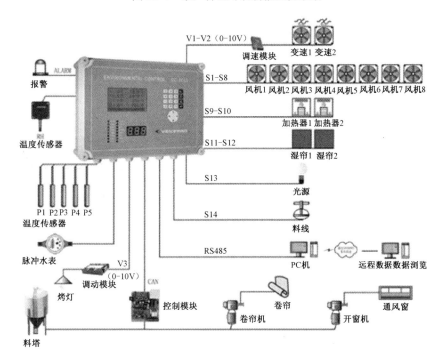

图 29-2　畜禽养殖环境智能监控系统

养殖户可以通过手机、PDA、计算机等信息终端，实时掌握养殖厂的环境信息，及时获取异常报警信息，并可以根据监测结果远程控制相应设备，实现健康养殖、节能降耗的目标。

三、设施农业（温室大棚）环境智能监控系统

该系统利用物联网技术，可实时远程获取温室大棚内部的空气温湿度、土壤水分温度、二氧化碳浓度、光照强度及视频图像，通过模型分析，自动控制湿帘风机、喷淋滴灌、内外遮阳、顶窗侧窗、加温补光等设备，保证温室大棚环境最适宜作物生长，为农作物优质、高产、高效、安全生产创造条件（见图29-3）。

用户可以通过手机、PDA、计算机等信息终端发布实时监测信息、预警信息等，实现温室大棚集约化、网络化远程管理，充分发挥物联网技术在设施农业生产中的作用。

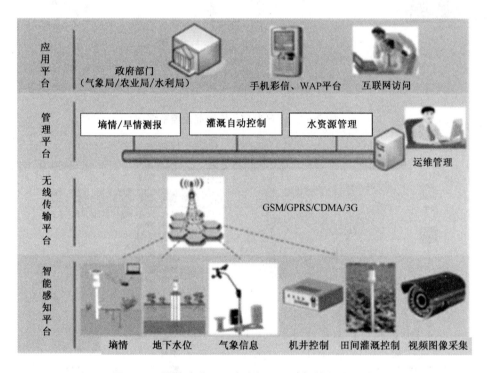

图 29-3　设施农业（温室大棚）环境智能监控系统

四、UNI 循环水养殖系统

UNI 循环水养殖系统的最主要优势是能够以最低的成本保持最理想的水质环境。所有重要的水质参数都可进行在线监控并进行相应调整，以确保达到鱼类健康生长的最佳环境。这就为所有品种的可预测性水产养殖的优等捕获质量奠定了基础。水产养殖循环水处理系统包括饲料槽、喂饲系统、生物过滤器、拆分回路设计、溶氧控制、主泵、机械过滤器、

UV 过滤器、CO_2 剥离器、死鱼收集器（见图 29-4）。

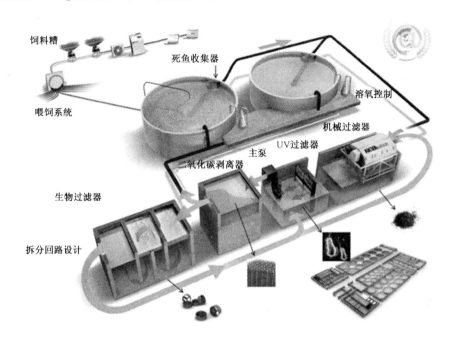

图 29-4 UNI 循环水养殖系统

（一）微滤机

该产品是一种可清除 50 微米以上颗粒的高效机械颗粒过滤器，它对于能否实现生物过滤器最佳性能和对常见病原体的最优控制至关重要。微滤机采用尼龙材质的网来拦阻水中的有机固体颗粒，以重力排水或水泵抽水的方式将循环水引入过滤系统，不停转动的轮鼓上部有尼龙的微细网以筛除悬浮固体。当滤网阻塞，水位上升触动液位控制器时，会驱动圆筒滚动装置及高压冲水水泵，直到滤网畅通为止。冲刷下来的固体，由收集管导入集污槽。

（二）UV 过滤器（或 AOP 杀菌）

UV 过滤器能以更经济的方式利用紫外线对水进行有效消毒。设计采用选择性光照波长，保留有益菌，消灭病原体，配合集成软件系统实现计算机智能控制。

（三）CO_2 剥离器

CO_2 剥离器可在低能耗的情况下有效消除 CO_2，其中包括有效剥离氮气。CO_2 剥离器由复合聚乙烯材料建造，配合疏水涂层保证耐腐蚀性能优越。

（四）生物过滤器

固定式流化床生物过滤器兼具高性能、保养简便和操作成本低等多项优势。该款生物

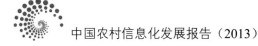

中国农村信息化发展报告（2013）

过滤器采用多阶设计概念，具备极佳的稳定性。

（五）拆分回路设计

为了得到最佳的稳定性和生物过滤效率，必须使经过生物过滤器的流量少于经过 CO_2 剥离器的流量。也可以在更高的 CO_2 浓度下完成作业，但这种方式可能会导致鱼类生长率降低、饲料需求量增加。

（六）喂饲系统

Akva smart CCS 喂饲系统集成在 UNI 循环水养殖系统之中。无论是配有转头式撒料机的集中式喂饲系统，还是独立式鱼池喂饲装置，都能连接至 Akva 控制软件。为确保饲料品质，所有系统均经过饲料保证标准认证。

（七）溶氧控制

稳定的溶氧含量对于所有水产养殖系统而言至关重要，因为溶氧含量周期性下降会导致鱼类食欲不振、胁迫感和死亡率上升。系统同时还设计了过量供氧阻断气头装置，防止过度充氧，以节约能源。整合入智能控制系统的溶氧监控探头，可以实时及长期监控水体溶氧。

（八）软件系统

控制软件可对养殖过程进行精确控制，并详细记录饲料类型、饲料批次和喂饲时间，完整记录所有处理过程和重要数据。此外，该软件能够将所有流程生成归档文件，保证对环境无害并保障食品安全，可通过包装/标签和销售系统实现对鱼类从渔场到客户端整个过程的全程追踪。

五、鱼菜共生系统

鱼菜共生是一种新型的复合耕作体系，它把水产养殖与水耕栽培这两种原本完全不同的农耕技术，通过巧妙的生态设计，达到科学的协同共生，从而实现养鱼不换水而无水质之忧、种菜不施肥而正常成长的生态共生效应。在传统的水产养殖中，随着鱼的排泄物积累，水体的氨氮增加，毒性逐步增大。而在鱼菜共生系统中，水产养殖的水被输送到水耕栽培系统，由微生物细菌将水中的氨氮分解成亚硝酸盐和硝酸碱，进而被植物作为营养吸收利用。由于水耕和水产养殖技术是鱼菜共生技术的基石，鱼菜共生可以通过不同模式的水耕和水产养殖技术的组合而产生多种类型的系统。鱼菜共生让动物、植物、微生物三者之间达到一种和谐的生态平衡关系，是未来可持续循环型零排放的低碳生产模式，更是解决农业生态危机的最有效方法。

发展政策篇

中国农村信息化发展报告 (2013)

第三十章

政策法规

2013 年年初 中央一号文件发布

《中共中央国务院关于加快发展现代农业，进一步增强农村发展活力的若干意见》指出，必须统筹协调，促进工业化、信息化、城镇化、农业现代化同步发展，着力强化现代农业基础支撑，深入推进社会主义新农村建设。一号文件全文共分 7 个部分 26 条，包括建立重要农产品供给保障机制，努力夯实现代农业物质基础；健全农业支持保护制度，不断加大强农惠农富农政策力度；创新农业生产经营体制，稳步提高农民组织化程度；构建农业社会化服务新机制，大力培育发展多元服务主体；改革农村集体产权制度，有效保障农民财产权利；改进农村公共服务机制，积极推进城乡公共资源均衡配置；完善乡村治理机制，切实加强以党组织为核心的农村基层组织建设。

一号文件指出要加快用信息化手段推进现代农业建设，启动金农工程二期，推动国家农村信息化试点省建设。发展农业信息服务，重点开发信息采集、精准作业、农村远程数字化和可视化、气象预测预报、灾害预警等技术。加快推进农村集体"三资"管理的制度化、规范化、信息化，支持建设农村集体"三资"信息化监管平台。

2013 年年初 农业部印发《全国农村经营管理信息化发展规划（2013—2020 年）》

为了贯彻落实党的十八大关于促进工业化、信息化、城镇化、农业现代化同步发展的要求，农业部发布《全国农村经营管理信息化发展规划（2013—2020 年）》，以加强对各地农村经营管理信息化科学发展的指导，夯实稳定完善农村基本经营制度和促进农村社会和谐稳定的工作基础。

发展规划以创新农业经营体制机制、维护农民合法权益、促进农村改革发展为目标，提出了四项主要任务：一是建设农村经营管理综合信息平台；二是加快农经监管信息化建设步伐；三是提升农业生产经营服务信息化水平；四是加强农经信息化基础条件建设。发展规划以规范监管行为、提升服务水平、强化民主监督为方向，设计了农经电子政务平台建设工程、农经监管服务信息化推进工程、农村土地承包管理信息化示范工程以及农业生产经营服务信息化示范工程。

中国农村信息化发展报告（2013）

2013 年 1 月 国务院印发《"十二五"国家自主创新能力建设规划》

国务院印发《"十二五"国家自主创新能力建设规划》（国发〔2013〕4 号），引导创新主体行为，指导全社会加强自主创新能力建设，加快推进创新型国家建设。该建设规划明确了我国目前自主创新能力的建设基础与面临形势，确定了指导思想、建设目标和总体部署。规划指出要加强科技创新基础条件建设、增强重点产业持续创新能力、提高重点社会领域创新能力、强化区域创新发展能力、推进创新主体能力建设、加强创新人才队伍建设以及完善创新能力建设环境。在增强重点产业持续创新能力方面，规划指出要增强农业持续创新能力，包括加强农业技术创新平台建设、推进农业创新资源集聚、加快农业技术推广体系建设。

2013 年 2 月 农业部印发《全国农业农村信息化示范基地认定办法（试行）》

为鼓励、引导信息技术在农业生产、经营、管理及服务等领域的应用创新，引领农业农村信息化发展，提升农业农村信息化水平，促进现代农业快速、健康发展，农业部印发了关于《全国农业农村信息化示范基地认定办法（试行）》（农市发〔2013〕1 号）的通知，启动申报认定工作。经过地方申报、专家评审，正式认定了整体推进型、生产应用型、经营应用型、政务应用型、服务创新型、技术创新型六类共 40 个全国农业农村信息化示范基地，鼓励和引导信息技术在农业生产、经营、管理及服务等领域的应用创新。

2013 年 2 月 国务院印发《关于推进物联网有序健康发展的指导意见》

《国务院关于推进物联网有序健康发展的指导意见》（国发〔2013〕7 号）（以下简称《指导意见》）指出，到 2015 年，实现物联网在经济社会重要领域的规模示范应用，突破一批核心技术，初步形成物联网产业体系，安全保障能力明显提高。《指导意见》提出了九个方面主要任务，包括加快技术研发，突破产业瓶颈；推动应用示范，促进经济发展；改善社会管理，提升公共服务；壮大核心产业，提高支撑能力等。其中，在推动应用示范方面，提出对工业、农业、商贸流通、节能环保、安全生产等重要领域和交通、能源、水利等重要基础设施，围绕生产制造、商贸流通、物流配送和经营管理流程，推动物联网技术的集成应用，抓好一批效果突出、带动性强、关联度高的典型应用示范工程。积极利用物联网技术改造传统产业，推进精细化管理和科学决策，提升生产和运行效率，推进节能减排，保障安全生产，创新发展模式，促进产业升级。

2013 年 4 月 农业部印发《农业部关于加快推进农业农村信息化的意见》

农业部印发《农业部关于加快推进农业农村信息化的意见》（农市发〔2013〕2 号），明确了推进农业信息化的指导思想、工作原则和四大战略目标，作为指导当前和今后一个时期农业信息化工作的重要依据。

意见指出，目前农业农村信息化的十大重点工作任务为：大力推进农业生产经营信息化，着力强化市场信息服务能力，不断提高农业科技创新与推广信息化水平，加快完善农产品质量安全监管手段，持续提升重大动植物疫病防控能力，显著提高农村经营管理水平，积极探索农业电子商务，切实提升农业生产指挥调度能力，进一步强化农业信息资源开发利用，全面推进国家现代农业示范区信息化建设。意见明确了农业农村信息化工作的七项工作措施：加强组织领导，强化顶层设计，完善信息服务体系，推动试验示范，重视标准与安全，培育创新体系，加大投入力度。

2013 年 4 月　农业部提出《农业物联网区域试验工程工作方案》

为深入贯彻落实党的十八大精神及《国务院关于推进物联网有序健康发展的指导意见》（国发〔2013〕7 号）要求，加快推进农业物联网应用发展，促进农业生产方式转变，支撑农业现代化建设，农业部启动农业物联网区域试验工程，印发《农业物联网区域试验工程工作方案》（农办市〔2013〕8 号），首批选择天津市、上海市、安徽省开展试点试验工作，探索农业物联网发展路径和应用模式，培育一批可看、可用、可推广的示范典型，为全国范围推广应用积累经验。

2013 年 4 月　农业部印发《关于开展国有农场信息化试点工作的通知》

促进工业化、信息化、城镇化、农业现代化同步发展是党十八大做出的重大战略部署。我国正处于从传统农业向现代农业转变的关键时期，加快用信息化手段推进现代农业建设是新时期农业发展的一项重要任务。为贯彻落实党的十八大精神，更好地推进"两个率先"目标的实现，农业部办公厅印发《关于开展国有农场信息化试点工作的通知》（农办垦〔2013〕29 号），通过开展国有农场信息化试点工作，积极探索信息技术在农业生产经营和农场管理服务等领域的应用创新，提升农垦农业生产经营和管理水平，加快农垦现代农业建设；提升农场社会事务管理水平，加快和谐小康垦区建设；更好地展示农垦企业形象，扩大对外合作与交流，拓展发展空间。

2013 年 4 月　农业部印发《启动全国基层农业技术推广体系管理信息系统运行的通知》

农业部印发《启动全国基层农业技术推广体系管理信息系统运行的通知》（农办科〔2013〕24 号）。一是为快速了解基层农业技术推广体系发展动态，准确掌握基本信息，及时发现问题、总结经验，增强工作指导的针对性和有效性，为完善政策、健全制度提供精准的参考和依据。二是巩固近年改革与建设成果，强化对基层农技人员评聘、岗位状态、绩效考评等的动态监测，规范基层国家农业技术推广机构管理。三是指导、督促基层国家农业技术推广机构健全运行机制，量化工作任务，创新推广方式，提高工作效率，确保基层国家农业技术推广机构有效履职。

2013 年 5 月　农业部提出《关于加快推进农业信息化的意见》

为深入贯彻落实党的十八大精神及《国务院关于大力推进信息化发展和切实保障信息安全的若干意见》（国发〔2012〕23 号）要求，加快推进农业信息化，农业部提出《关于加快推进农业信息化的意见》（农市发〔2013〕2 号），准确把握了新时期推进农业信息化的重要意义，明确了推进农业信息化的指导思想、战略目标和基本原则，着力解决农业农村经济发展的突出问题，提出了七项措施，保障农业信息化持续健康发展。

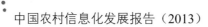

2013 年 6 月 农业部提出《关于进一步加强农业应急管理工作的意见》

为进一步加强农业应急管理工作，切实提高农业突发公共事件应急处置工作水平，农业部提出《关于进一步加强农业应急管理工作的意见》（农市发［2013］5 号），明确了农业应急管理工作的指导思想、基本原则和主要目标，提出要进一步加快农业应急管理规范化建设，大力推进农业应急管理信息化建设，进一步提高农业突发公共事件防范能力，进一步加强农业突发公共事件应急处置工作以及农业突发公共事件新闻媒体应对，并提出了保障措施。

2013 年 8 月 1 日 国务院印发《"宽带中国"战略及实施方案》

2013 年 8 月 1 日，国务院印发《"宽带中国"战略及实施方案》（国发［2013］31 号），提出了我国宽带设施的发展目标。方案指出，农村地区应因地制宜，灵活采取有线、无线等技术方式进行接入网建设。到 2013 年年底，固定宽带用户超过 2.1 亿户，城市和农村家庭固定宽带普及率分别达到 55%和 20%，行政村通宽带比例达到 90%，农村地区宽带用户中 4Mbps 宽带接入能力覆盖比例达到 85%。到 2015 年，固定宽带用户超过 2.7 亿户，城市和农村家庭固定宽带普及率分别达到 65%和 30%，行政村通宽带比例达到 95%，农村家庭宽带接入能力达到 4Mbps。3G 网络基本覆盖城乡。2016—2020 年行政村通宽带比例超过 98%，并采用多种技术方式向有条件的自然村延伸，农村家庭宽带接入能力达到 12Mbps。

第三十一章

政策解读

农业现代化 农村信息化 农民职业化 农业发展潜力在科技

——科技部副部长张来武

2013 年 1 月 31 日中央一号文件发布。一号文件提出加快发展现代农业,进一步增强农村发展活力。为此,科技日报特邀科技部副部长张来武解读一号文件精神。

创新驱动 构建农业社会化科技服务体系

科技日报:今年发布的一号文件是新世纪以来 10 个中央指导"三农"工作的一号文件,突出了组织创新主题。您认为有何重大意义?

张来武:十八大提出坚持走中国特色新型工业化、信息化、城镇化、农业现代化的"四化同步"发展道路,并提出发展多种形式规模经营,构建集约化、专业化、组织化、社会化相结合的新型农业经营体系。2012 年年底召开的中央农村工作会议也强调,当前和今后一个时期,要"抓住两个关键",即着力培养新型经营主体、着力发展多种形式的新型农民合作组织和多元服务主体。

2012 年一号文件,明确了农业农村科技的基础性、公共性、社会性战略地位。2013 年一号文件更加突出加快发展现代农业、进一步增强农村发展活力。亮点便是组织创新,强调大力培育服务主体,构建农业社会化科技服务体系。

十八大提出"创新驱动发展战略"。静态地看,创新驱动要看生产要素中科技、人力资本、生态比重,如果传统的要素(比如土地、人工、资本)占的较多,便和传统的经济发展方式区别不大,如果经营体制和经营主体改变了,比如让科技特派员来做农场,这就有了内生驱动的力量,令人耳目一新。经营方式方面,创新驱动更重视市场、品牌、现代物流等市场倒逼方式驱动。微观经营方式的创新,要求在市场、生产过程中充分吸引科技要素,吸引资本,实现科技市场价值。

在农村领域创新就可以通过重新组织产业、重新培育经营主体。经营主体可以以企业、准企业的形式，随着农场、大户等多种经营主体的出现，一、二、三产业融合发展，农业的附加值可得到大幅度提高。

2013年一号文件提出的组织创新，强调集中力量发展农业科技服务体系，就要求成体系推动城乡统筹的服务体系，这其中不仅包含公益性服务，最重要是要有第三产业的进入，全产业链就要求经营主体多元化、专业化、职业化。

2012年，科技部同教育部共同在十所大学成立了高等学校新农村发展研究院，这是在学习美国、印度的大学推广模式基础上结合中国国情进行的新探索。目前，西北农林科技大学等有关高校已探索建立了一批综合服务基地、分布式服务站，服务地方农业、农村发展，一批高校也在积极争取加入试点。在社会化创业服务模式中，以24万科技特派员为代表，他们在做企业、创业过程中，和农民一块风险共担、利益共享，领着农民干、做给农民看、带着农民赚。

现代农业是以现代服务业引领的一、二、三产业结合体

科技日报：2013年一号文件再次强调加快发展现代农业，您理解的现代农业是怎样的？

张来武：现代农业不是传统的第一产业概念，而是以现代服务业引领的一、二、三产业的有机结合体。

现代农业的实质就是科技型农业，是以现代科技引领农业一、二、三产业融合，产前、产中、产后一体化的产业体系；现代农业的发展过程，是用先进科技改造传统农业的过程，是转变农业发展方式的过程。随着从传统农业向现代农业的快速转型，农业的核心要素将由土地、水等自然资源，转变为科技进步和人力资本；是以科技等现代生产要素的综合投入为基础，以现代物质条件、工业化生产手段和先进科学技术为支撑，以社会化的服务体系相配套，用现代经营方式和组织形式进行管理的"产业化大农业"。

实际上，在城市，第三产业非常发达，比如在城市做产业或企业，需要市场，营销部门就可自动找上门来。但在农村，第三产业就比较欠缺发达的环境和配套。缩短城乡二元差距，必须转变现代农业发展方式，统筹城乡服务体系，首当其冲抓第三产业，要把农业的产业链拉开，做到高效服务、三产服务、系统服务，再在农业工业的基础上依靠科技进行标准化种植养殖。

产业链的拉开要注重品牌、物流配送等，微笑曲线的右端与之相应，微笑曲线的左端的产品研发等才能得到高回报。2013年一号文件以专门一节来谈，提出要构建农业社会化服务体系建设，由此强调它是农业的组织创新，以一、二、三产业融合方式设计和发展现代农业，以现代农业促进新型产业聚集，进而形成人气聚集和城镇的形成和发展，这样依托现代农业发展形成新型城镇化发展模式是实施"四化同步"的重大战略。

科技特派员是职业农民

科技日报：目前，虽然中国拥有9亿农民，但大部分男性青壮年劳动力都在外务工，留在农村的群体被称为"386199"部队，即妇女、小孩、老人。那么未来我国谁来种地？又要怎么种地？

张来武： 现代农业需要培养职业农民。国际发达国家发展农业的经验表明，改造传统农业，提高劳动生产率，最直接、最有效的途径就是依靠科技提高劳动者综合素质，培养一批职业化的现代农业大军。从目前劳动力需求来看，城镇化和二、三产业发展对劳动力的需求依然十分旺盛。要高度重视农村劳动力职业化培训和技术服务工作，培养造就有知识、有技能、懂市场、懂经营的现代新型农业产业工人，使他们依靠自身技能，提高创业致富能力，既能够在农忙生产季节当好生产技术工人，也能够凭借专业特长在农闲季节从事二、三产业。

10 年前，在宁夏工作的时候我就深切体会到，中国农业是迫切需要突破的地方。于是，2002 年宁夏启动实施了科技特派员农村科技创业行动。目前，这个行动变成了科技部、农业部、教育部九个部委一起抓，全国 24 万科技特派员成为了职业化、专业化农民的先锋，带动了一大批农民创业，领办、创办或协办了一批小微科技企业和农业合作经济组织。截至 2011 年年底，法人科技特派员有 7298 家，科技特派员组建的利益共同体有 1.6 万个，创办了 8401 家企业。这项行动加速了农业科技成果的转化示范和推广应用，做大、做强了地方特色优势产业，促进了农民就业增收致富。

信息化让"小农民进入大市场"

科技日报： 目前，破解城乡"二元结构"依然是我国要面临的显要问题，您认为有什么好的方法可以解决这个问题？

张来武： 中国幅员辽阔，信息化水平差距是城乡"二元结构"的主要差距之一，在实施工业化、信息化、城镇化同步推进农村现代化的"四化同步"中，推进农村信息化则是最薄弱而且是最重要的环节。

10 年前，我们在宁夏农村率先转变发展方式、进行创业实践，在此过程中，注意到农村是容易被忽略的地方，更需要系统设计和转变；注意到新农村是需要在信息化引领下的新型城镇化；注意到只有信息化可以打破"数字鸿沟"，信息化程度越高，农业格局越合理；注意到唯有信息化才能让世界变成平的，让宁夏的小孩和美国小孩接受到一样的教育，这就是为什么唯有在信息化领域，会有小孩超过父母、学生超过老师的案例。

宁夏建成的网络"三农"呼叫中心服务平台的成功案例说明，越是贫困的地方，信息化越有市场。农产品和工业产品不同，它们更鲜活、更个性，因此对信息化要求更高，新型农民最重要的体现便是对信息和市场的掌控能力。因此，城乡"二元结构"鸿沟在信息化时代有可能最终被填平。

目前，科技部、中组部、工业和信息化部联合启动了国家农村农业信息示范省建设工程，已在山东、湖南、安徽、河南、湖北、广东、重庆七个省（市）组织实施并取得初步成效。希望通过 3～5 年，在全国范围内把农村信息化做起来，让更多农民享受信息化带来的福祉。

2013年中央一号文件专家解读

2013年中央一号文件《中共中央国务院关于加快发展现代农业进一步增强农村发展活力的若干意见》是新世纪以来指导"三农"工作的连续第10个中央一号文件。

中央一号文件共分7个部分，包括建立重要农产品供给保障机制、健全农业支持保护制度、创新农业生产经营体制、构建农业社会化服务新机制、改革农村集体产权制度、改进农村公共服务机制、完善乡村治理机制。

1. 党的十六大以来，"三农"工作的理论成果有哪些？

党的十六大以来，"三农"工作的理论成果表现在四个"全面"：一是全面推进"三农"实践创新、理论创新、制度创新；二是全面确立重中之重、统筹城乡、"四化同步"等战略思想；三是全面制定一系列多予少取放活和工业反哺农业、城市支持农村的重大政策；四是全面构建农业生产经营、农业支持保护、农村社会保障、城乡协调发展的制度框架。

2. 伴随工业化、城镇化深入推进，我国农业农村发展呈现哪些阶段性特征？

呈现出农业综合生产成本上升、农产品供求结构性矛盾突出、农村社会结构加速转型、城乡发展加快融合的态势。遇到的新矛盾新问题有以下几个方面。一是人多地少水缺的矛盾加剧，农产品需求总量刚性增长、消费结构快速升级，农业对外依存度明显提高，保障国家粮食安全和重要农产品有效供给任务艰巨。二是农村劳动力大量流动，农户兼业化、村庄空心化、人口老龄化趋势明显，农民利益诉求多元，加强和创新农村社会管理势在必行。三是国民经济与农村发展的关联度显著增强，农业资源要素流失加快，建立城乡要素平等交换机制的要求更为迫切，缩小城乡区域发展差距和居民收入分配差距任重而道远。

3. 为什么把城乡发展一体化作为解决"三农"问题的根本途径？

之所以把城乡发展一体化作为解决"三农"问题的根本途径，是因为城乡发展一体化是超乎于农村自身工作之上的工作思路。它源于农村自身工作、高于农村自身工作、以"跳出农村抓农村"的视角解决"三农"问题。农村自身工作不能脱离城乡发展一体化独行，而要纳入城乡发展一体化轨道并行。在城乡发展一体化轨道中，农村自身工作才能有活力，农民才能平等参与现代化进程、才能共同分享现代化成果。

全面建成小康社会，难点、重点都在农村。尽管过去的十年，是农村发展的十年黄金期，但是农村距离全面的小康社会还很遥远，农村的任务还很艰巨。因此，推进城乡发展一体化，必须统筹考虑城镇化与新农村建设；必须建立城乡要素平等交换关系；必须全面推进城乡基本公共服务均等化；必须加大城市支援农村力度。

4. 为什么必须统筹协调，促进工业化、信息化、城镇化、农业现代化同步发展？

加快推进农业现代化是实现"四化同步"的重大任务。因为实现现代化建设大业，最艰巨、最繁重的任务在农业。只有着眼于国民经济社会发展全局，加快推进农业现代化，发挥工业化、信息化和城镇化对农业现代化的支持和带动作用，才能从根本上解决"三农"问题，促进城乡经济社会一体化发展。

实现"四化同步"有其内在联系，四者之间相辅相成。工业化、信息化、城镇化和农业现代化是我国社会主义现代化建设的重要组成部分。工业化、信息化和城镇化需要农业现代化提供物质和人力资源以及广阔的市场，农业现代化需要工业化、信息化和城镇化的支持、辐射和带动。必须以新型工业化、信息化带动和提升农业现代化，以城镇化带动和推进新农村建设，以农业现代化夯实城乡发展一体化基础。

5.2013年农业农村工作的总体要求是什么？

2013年农业农村工作的总体要求是：全面贯彻党的十八大精神，以邓小平理论、"三个代表"重要思想、科学发展观为指导，落实"四化同步"的战略部署，按照保供增收惠民生、改革创新添活力的工作目标，加大农村改革力度、政策扶持力度、科技驱动力度，围绕现代农业建设，充分发挥农村基本经营制度的优越性，着力构建集约化、专业化、组织化、社会化相结合的新型农业经营体系，进一步解放和发展农村社会生产力，巩固和发展农业农村大好形势。

6.怎样理解集约化、专业化、组织化、社会化相结合的新型农业经营体系？

新型农业经营体系是集约化家庭经营与产业化合作经营相结合的新型农业经营体制。其特征是：集约化、专业化、组织化、社会化。

集约化，是指以较多的资金、科技或劳动的投入，获取较多的产出，并获取较高的社会效益、经济效益和环境效益。

专业化，是指某一经济单位专门从事一种及与之相关品种的生产经营活动。它是社会分工加深和经济联系加强的客观历史过程。

组织化，是指相对于分散的农民从事农业生产的一种集中，是相对于有限的资源分散使用的一种整合，是相对于单个的农业生产经营者进入社会化大市场的一种拓展。

社会化，是指在社会分工扩大和农业生产专业化的基础之上，转变农业的生产与发展方式，将原本孤立、封闭、自给型的体系转变为分工细密、协作广泛、开放型的商品性体系的过程。

构建新型农业经营体系，集约化生产是目标，专业化管理是手段，组织化经营是路径，社会化服务是保障。农业集约化是发展现代农业、繁荣农村经济的必由之路。农业专业化是社会分工和商品经济发展的必然结果和重要标志。实现农业集约化和专业化需要提高农业生产经营组织化程度，需要大力发展农民专业合作社和农业产业化经营。在组织化经营的覆盖下，分散生产和经营的农户也能够得到健全良好的社会化服务。

7.2013年农业农村工作有哪些部署？

2013年农业农村工作部署有七个方面：一是建立重要农产品供给保障机制，努力夯实现代农业物质基础；二是健全农业支持保护制度，不断加大强农惠农富农政策力度；三是创新农业生产经营体制，稳步提高农民组织化程度；四是构建农业社会化服务新机制，大力培育发展多元服务主体；五是改革农村集体产权制度，有效保障农民财产权利；六是改进农村公共服务机制，积极推进城乡公共资源均衡配置；七是完善乡村治理机制，切实加强以党组织为核心的农村基层组织建设。

8.怎样建立重要农产品供给保障机制，努力夯实现代农业物质基础？

确保国家粮食安全、保障重要农产品有效供给，始终是发展现代农业的首要任务。必须毫不放松粮食生产，加快构建现代农业产业体系，着力强化农业物质技术支撑。要从五个方面着手：稳定发展农业生产；强化农业物质技术装备；提高农产品流通效率；完善农产品市场调控；提升食品安全水平。

9．怎样健全农业支持保护制度，不断加大强农惠农富农政策力度？

要在稳定完善强化行之有效政策基础上，着力构建"三农"投入稳定增长长效机制，确保总量持续增加、比例稳步提高。要从三个方面着手：加大农业补贴力度；改善农村金融服务；鼓励社会资本投向新农村建设。

10．怎样创新农业生产经营体制，稳步提高农民组织化程度？

农业生产经营组织创新是推进现代农业建设的核心和基础。要尊重和保障农户生产经营的主体地位，培育和壮大新型农业生产经营组织，充分激发农村生产要素潜能。要从四个方面着手：稳定农村土地承包关系；努力提高农户集约经营水平；大力支持发展多种形式的新型农民合作组织；培育壮大龙头企业。

特别需要指出的是，农民合作社是带动农户进入市场的基本主体，是发展农村集体经济的新型实体，是创新农村社会管理的有效载体。支持其发展的措施有：一是把示范社作为政策扶持重点；二是安排部分财政投资项目直接投向符合条件的合作社；三是增加农民合作社发展资金；四是逐步扩大涉农项目由合作社承担的规模；五是对示范社给予补助；六是对示范社开展联合授信；七是把合作社纳入国民经济统计并作为单独纳税主体列入税务登记。八是是创新适合合作社生产经营特点的保险产品和服务；九是建立合作社带头人人才库和培训基地；十是合作社生产设施用地和附属设施用地按农用地管理等。

11．怎样构建农业社会化服务新机制，大力培育发展多元服务主体？

要坚持主体多元化、服务专业化、运行市场化的方向，充分发挥公共服务机构作用，加快构建公益性服务与经营性服务相结合、专项服务与综合服务相协调的新型农业社会化服务体系。要从三个方面着手：强化农业公益性服务体系；培育农业经营性服务组织；创新服务方式和手段。

12．怎样改革农村集体产权制度，有效保障农民财产权利？

必须健全农村集体经济组织资金资产资源管理制度，依法保障农民的土地承包经营权、宅基地使用权、集体收益分配权。要从三个方面着手：全面开展农村土地确权登记颁证工作；加快推进征地制度改革；加强农村集体"三资"管理。

13．怎样改进农村公共服务机制，积极推进城乡公共资源均衡配置？

按照提高水平、完善机制、逐步并轨的要求，大力推动社会事业发展和基础设施建设向农村倾斜，努力缩小城乡差距，加快实现城乡基本公共服务均等化。要从四个方面着手：加强农村基础设施建设；大力发展农村社会事业；有序推进农业转移人口市民化；推进农村生态文明建设。

14．怎样完善乡村治理机制，切实加强以党组织为核心的农村基层组织建设？

顺应农村经济社会结构、城乡利益格局、农民思想观念的深刻变化，加强农村基层党建工作，不断推进农村基层民主政治建设，提高农村社会管理科学化水平，建立健全符合国情、规范有序、充满活力的乡村治理机制。要从四个方面着手：强化农村基层党组织建设；加强农村基层民主管理；维护农民群众合法权益；保障农村社会公共安全。

15．如何建设美丽乡村？

党的十八大提出了建设美丽中国的方针。2013年一号文件也提出了加强农村生态建设、环境保护和综合整治，努力建设美丽乡村的任务。美丽乡村建设是生态文明建设的重要组成部分，是建设美丽中国的重要组成部分。怎么建设？浙江省已走在前边。其目标：一是加快发展农村生态经济；二是不断改善农村生态环境；三是日益繁荣农村生态文化。其任务：一是实施"生态人居建设行动"；二是实施"生态环境提升行动"；三是实施"生态经济推进行动"；四是实施"生态文化培育行动"。其工作措施：一是编制建设计划；二是加大投入力度；三是增强科技支撑；四是营造良好氛围；五是加强农村基层组织建设。

在这里要注意的是：美丽乡村建设，不是给村庄一个美丽的外表，关键在于实实在在提升村民的幸福感。还有，对自然生态要尊重，对乡村文化历史要尊重，对可持续发展要尊重。

国家发展改革委有关负责人就《推进物联网有序健康发展的指导意见》答记者问

2013年2月5日，国务院关于《推进物联网有序健康发展的指导意见》（国发［2013］7号，以下简称《指导意见》）正式出台。为什么要在此时出台推进物联网有序健康发展的指导意见？有什么背景情况？总体发展思路和目标是什么？提出了哪些保障机制和措施？记者就此采访了国家发展改革委有关负责人。

1．请介绍一下《指导意见》出台的背景。为什么要提有序健康发展？

制定和出台《指导意见》，充分考虑了物联网发展的国际、国内形势。

从全球范围看，物联网正处于起步发展阶段，并在部分领域取得了显著进展，从技术发展到产业应用已显现了广阔的前景。物联网作为新一代信息技术的高度集成和综合运用，其渗透性强、带动作用大、综合效益好的特点日益突出。抓住机遇推进物联网的应用和发展，对促进生产生活和社会管理方式向智能化、精细化、网络化方向转变，提高经济和社会信息化水平，提升社会管理和公共服务水平，带动相关学科发展和技术创新能力增强，推动产业结构调整和发展方式转变均具有十分重要的意义。

我国在物联网技术研发、标准研制、产业培育和行业应用等方面已初步具备一定基础。但关键核心技术有待突破、产业基础薄弱、网络信息安全存在潜在隐患等问题仍较突出，解决不好这些问题，就不能把握物联网发展的主动权。同时，在当前我国物联网发展过程中，确实还在一些地方或机构出现了超能力布局和贪大求全、盲目炒作概念、圈钱圈地和发展主题房地产等现象。为此，迫切需要加强政策引导和规范，充分认识把握物联网的科学发展规律，推动物联网的应用和产业的健康发展。

国务院领导高度重视物联网的发展，近几年来就推动物联网有序健康发展做出了一系列指示，要求国家发展改革委、工业和信息化部等部门，研究提出有针对性和操作性的意见和措施。

2.《指导意见》确定的推动我国物联网发展的总体思路是什么？

为推动我国物联网有序健康发展，《指导意见》根据我国物联网发展状况和对国际发展形势的分析判断，以"十二五"期间为重点，针对当前物联网发展面临的突出问题，以及长远发展的需要，从全局性和顶层设计的角度进行了系统考虑，提出了推动我国物联网有序健康发展的总体思路，即"以市场为导向，以企业为主体，以突破关键技术为核心，以推动需求应用为抓手，以培育产业为重点，以保障安全为前提，营造发展环境，创新服务模式，强化标准规范，合理规划布局，加强资源共享，深化军民融合，打造具有国际竞争力的物联网产业体系"。同时，《指导意见》提出重点要从四个方面统筹好物联网发展。

一是统筹物联网各关键环节的协同发展，实现应用示范推广、技术研发攻关、标准体系建设、产业链构建、基础设施建设与信息安全保障环节的相互支撑和相互促进，形成协同效应。二是统筹物联网发展与安全的关系，将保障安全明确作为物联网发展的基本要求，强调安全可控。同时，对涉及国家公共安全和基础设施的重要物联网应用提出了自主可控的要求。三是统筹物联网的区域发展定位，根据区域条件差异提出了不同地区的发展重点。强调引导和督促地方根据自身条件合理确定物联网发展定位，因地制宜、有序推进物联网发展。信息化和信息产业基础较好的地区要强化物联网技术研发、产业化及示范应用，信息化和信息产业基础较弱的地区侧重推广成熟的物联网应用。四是统筹资源协同共享，提出了相关的要求，强调应用效能，从而避免形成信息孤岛、避免重复建设、避免不合理投资。

3.《指导意见》确定的我国物联网发展目标是什么？

《指导意见》提出了我国物联网发展的总体目标，即"实现物联网在经济社会各领域的广泛应用，掌握物联网关键核心技术，基本形成安全可控、具有国际竞争力的物联网产业体系，成为推动经济社会智能化和可持续发展的重要力量"。同时，针对"十二五"时期发展，提出到2015年，要实现物联网在经济社会重要领域的规模示范应用，突破一批核心技术，初步形成物联网产业体系，安全保障能力明显提高。具体包括以下几个方面。一是在协同创新方面，要使物联网技术研发水平和创新能力显著提高，感知领域突破核心技术瓶颈，明显缩小与发达国家的差距，网络通信领域与国际先进水平保持同步，信息处理领域的关键技术初步达到国际先进水平。实现技术创新、管理创新和商业模式创新的协同发展。创新资源和要素得到有效汇聚和深度合作。二是在示范应用方面，要在工业、农业、节能环保、商贸流通、交通能源、公共安全、社会事业、城市管理、安全生产、国防建设等领域实现物联网试点示范应用，部分领域的规模化应用水平显著提升，培育一批物联网应用服务优势企业。三是在产业发展方面，要发展壮大一批骨干企业，培育一批"专、精、特、新"的创新型中小企业，形成一批各具特色的产业集群，打造较完善的物联网产业链，物联网产业体系初步形成。四是在标准体系方面，要制定一批物联网发展迫切需要的基础共性标准、关键技术标准和重点应用标准，初步形成满足物联网规模应用和产业化需求的标准体系。五是在安全保障方面，要完善安全等级保护制度，建立健全物联网安全测评、风险评估、安全防范、应急处置等机制，增强物联网基础设施、重大系统、重要信息等的安全保障能力，形成系统安全可用、数据安全可信的物联网应用系统。

4. 为什么要把技术研发和应用作为当前我国物联网发展的中心任务，《指导意见》在哪些方面体现了这个任务的中心地位？

《指导意见》将研发和应用作为物联网发展的中心任务，主要基于如下考虑。一方面，从全球来看，物联网大规模应用的技术条件尚未完全具备，许多领域亟待突破，我国面临着发展和赶超的重要机遇。同时，在已有的技术基础方面，部分领域我国与发达国家差距还较大，产业技术能力薄弱，必须将研发攻关放在优先位置。另一方面，物联网的发展根本上依赖应用需求的牵引，而当前物联网应用规模较小、需求尚需要激发培育、应用模式尚需要探索，做好应用示范和推广工作，特别是发挥好应用的先导作用是物联网发展的关键。国务院领导同志曾就物联网发展专门指出："要加强我国物联网产业发展的设计、规划、指导和支持，关键是技术研发和应用"。《国民经济和社会发展第十二个五年规划纲要》也曾明确提出"推动物联网关键技术研发和在重点领域的应用示范"。因此，《指导意见》在指导思想、基本原则、发展方向、重点任务、保障措施中，均突出体现了技术研发和应用的优先性。

在技术研发方面，《指导意见》提出将突破关键技术作为物联网发展的核心，从物联网感知、网络通信、信息处理等三大关键环节提出相应目标，明确了研发攻关的主要任务。

在应用方面，《指导意见》提出将深化应用作为物联网发展的抓手，从促进经济社会发展和维护国家安全的重大需求出发选择了工业、农业、节能环保、商贸流通、交通能源、公共安全、社会事业、城市管理、安全生产、国防建设等领域作为应用试点示范的重点，通过示范在部分领域实现规模化应用，培育一批物联网应用服务优势企业。

5. 如何发挥好政府和市场的作用，建立物联网发展的长效促进机制？

党的十八大报告指出："经济体制改革的核心问题是处理好政府和市场的关系，必须更加尊重市场规律，更好发挥政府作用"。物联网发展涉及国民经济和社会发展的各个领域，产业链长，涵盖面广，处理好政府与市场的关系，明确各自的职责尤为关键。一方面，在当前物联网起步发展阶段，政府在统筹规划、规范引导、营造环境等方面起着不可替代的作用，应将建立应用示范、组织关键核心技术研发、推进产业链协同发展作为当前工作重点。为此，《指导意见》明确提出了相关要求。另一方面，从长效机制来看，物联网的持续健康发展根本上还是要依靠市场的力量，《指导意见》也多次予以强调。

一是坚持市场化导向作为基本的指导思想，明确提出物联网发展要以市场为导向，以企业为主体，增强物联网发展的内生动力。考虑到物联网应用领域的复杂性和多样性，特别强调在竞争性的应用领域，要始终坚持应用推广的市场化。在社会管理和公共服务等政府作用相对较大的领域，也要积极引入市场化机制。

二是坚持通过市场的办法解决物联网发展的问题，提出将需求牵引作为物联网发展的重要原则，以重大示范应用为先导，统筹部署、循序渐进，带动关键技术突破和产业规模化发展。

三是将商业模式创新作为物联网创新发展的重要原则和重要任务，提出加大物联网建设模式、运营模式、应用推广模式的探索，通过商业模式创新形成可持续的机制，培育发展物联网新兴服务业。

6. 通过什么样的机制和政策保障物联网健康发展？

在工作机制方面，按照国务院的要求，国家发展改革委、工业和信息化部等部门已开展了几个方面工作。一是建立健全物联网发展的协调推进机制。2012 年 8 月底，成立了由国家发展改革委、工业和信息化部共同牵头，13 个部门参加的物联网发展部际联席会议。二是成立了物联网发展专家咨询队伍。组建了由 34 位来自不同单位的专家组成的物联网发展专家咨询委员会，为物联网发展战略、顶层设计、重大专项提供建议，支撑政府决策。三是研究起草了 10 个物联网发展专项行动计划。为落实《指导意见》，目前 10 个行动计划已经完成了起草工作，下一步将在做好与物联网相关规划、科技重大专项、产业化专项等的衔接的基础上，尽快颁布实施。

在政策措施方面，《指导意见》从发展环境、财税扶持、投融资、国际合作、人才队伍建设等 5 个方面提出了具体要求，强调加大财政投入，用好现有政策，做好政策落实，充分利用好国家科技计划、重大专项、战略性新兴产业发展专项资金等，集中力量推进物联网关键核心技术研发和产业化，大力支持标准体系、创新能力平台、重大应用示范工程建设。积极发挥中央国有资本金经营预算作用，支持中央企业开展物联网应用示范。特别提出利用国家战略性新兴产业创投计划，支持设立一批物联网创业投资基金。相信上述政策的实施，将有力地支持我国物联网产业的快速发展。

陈晓华部长在全国农业信息化工作会议上的讲话

这次会议的主要任务是，深入贯彻落实党的十八大精神，以扎实推进信息化与农业现代化全面融合为目标，全面总结近年来农业农村信息化发展取得的成效和经验，深入分析当前面临的机遇和挑战，进一步统一认识，理清思路，明确方向，部署当前和今后一个时期重点工作。

近年来，伴随着国家信息化战略的实施，在有关部门、社会各界的大力支持下，各级农业部门在推进农业信息化方面进行了大量卓有成效的实践探索，取得了显著的成效。

一是农业信息化基础条件不断夯实。中央及地方各有关部门按照统筹城乡发展的要求，采取多种有效形式，大力推进信息化基础设施向农村延伸。目前全国 99% 的乡镇和 90% 的行政村已接入宽带，农村网民 1.56 亿，占网民总量的 27.6%；农村每百户有计算机和移动电话分别达到 18 台和 179.7 部；农村地区广播电视已由"村村通"向"户户通"延伸，深刻影响着农业生产经营方式、农民生活方式。

二是农业信息资源建设水平明显提高。经过多年努力，覆盖部、省、地、县四级农业门户网站群基本建成，涉农网站超过 4 万家。各级农业部门初步搭建了面向农民需求的农业信息服务平台。农业部相继建设了农业政策法规、农村经济统计、农业科技与人才、农产品价格等 60 多个数据库，构建了 40 余条部省协同信息采集渠道。各省级农业部门也结合实际情况建设了一批地方数据库，为农业决策和行政管理提供了有力支撑。

三是农业信息服务体系不断完善。目前，全国 32 个省级农业行政主管部门（含新疆生

...

产建设兵团）均设有信息化行政管理机构或信息中心，超过 55% 的县设有农业信息化行政管理机构，39% 的乡镇有农业信息服务站，22% 的行政村建有信息服务点。全国专兼职农村信息员超过 18 万人，对村级公共信息服务资源的配置起到了重要作用。集语音、短彩信、视频、网站等现代信息传播方式于一体的 12316"三农"信息服务平台体系初步形成，12316 热线被誉为农民和专家的直通线、农民和市场的中继线、农民和政府的连心线。以国家和省级农业科研院所、大中专院校以及信息化骨干企业为核心的农业信息化创新体系逐渐形成，并发挥着巨大的技术引领和支撑作用。

四是信息技术在农业产业发展中的应用日益深入。物联网、移动互联网、3S 等信息技术及智能农业装备在大田种植、设施园艺、畜禽水产养殖、农产品流通及农产品质量安全追溯等领域的应用日渐深入。农产品流通领域信息化程度明显提高，国家级大型农产品批发市场大部分实现了电子交易和结算；农业电子商务快速发展，多个省份年交易额突破亿元，2012 年阿里平台上农产品的交易额已近 200 亿元；生产经营主体管理信息化意识不断加强，国家级农业产业化龙头企业全部实现了内部经营管理信息化。各级农业部门相继建设并启用了大批电子政务信息系统，有效推动了农业行政管理方式创新，基本实现了行政办公、资源管理、信息采集、政务公开、应急调度与指挥等方面的信息化，农业部门监管经济运行能力、决策能力和服务"三农"水平明显提高。

回顾和总结农业信息化建设与发展，成绩来之不易，凝聚了各有关部门、各地和社会各界的智慧与汗水。总结经验主要有以下几个方面。

一是始终坚持把满足产业发展需求和农民生产、生活需要作为工作的着力点，注重解决实际问题。在农业农村信息化推进工作中，始终立足于农业产业发展、农民生活改善和农业管理现代化的实际需要，着力解决农业农村经济发展的难点问题、热点问题和农民群众最关心、最迫切的问题，这是推进农业信息化建设根本动力。

二是始终坚持把机制创新作为推动工作的重要途径，注重可持续发展。各地、各有关单位在推进农业农村信息化的实践中，紧紧围绕创新发展方式、建设模式、管理体制、运行机制等多个方面，开展了卓有成效的实践探索，把探索总结发展机制作为重要工作任务和目标，初步形成了政府推动、市场运作、多元参与、合作共赢的农业信息化发展机制，促进了农业信息化的可持续发展。

三是始终坚持把项目带动作为推动工作的重要抓手，注重发展成效。项目建设是落实政策和实施规划的最有效、最直接、最重要的实现形式。在国家发改委、财政部等部门的支持下，农业部组织实施的"金农工程"、"三电合一"、"物联网区试工程"等项目，起到了"四两拨千斤"的作用。各地、各部门也启动实施了一大批信息化工程项目，促进了农业信息化的快速发展。

四是始终坚持把培育典型作为推动工作的重要方法，注重示范引领。多年来，各地在推进农村信息化发展中，探索和培育了大量不同模式、不同类型的先进典型。各级农业部门通过总结、宣传、推广典型经验，以点带面，形成"比学赶帮超"的良好氛围，有力地促进了农业信息化的快速发展。今年我部首批认定了 6 类 40 个示范基地，目的是进一步发挥典型的示范引领作用，鼓励引导信息技术在农业生产、经营、管理及服务等领域的应用创新，促进农业农村信息化的健康稳定快速发展。

国内外发展现代农业的实践经验表明，信息化既是农业现代化建设的重要组成部分，又是发展现代农业的重要支撑和推动力。当前，我国农业信息化建设正在由以信息服务为主向农业生产、经营、管理、服务各领域并重转变，由以政府推动为主向政府引导、需求拉动并重转变，由以单项技术应用为主向综合技术集成组装应用转变。在国家同步推进工业化、信息化、城镇化和农业现代化的大背景下，农业信息化发展环境更加优化，需求更加迫切，为信息化与农业现代的全面融合提供了难得的发展机遇。

一是党和国家的宏观政策为农业信息化提供了良好的发展环境。党中央、国务院高度重视农业现代化发展，十分关心农业信息化工作。党的十八大报告提出了 2020 年全面建成小康社会的宏伟目标和"四化同步"的战略部署，今年中央一号文件进一步明确提出了加快用信息化手段推进现代农业建设的要求。农业部党组高度重视农业信息化，多次召开专门会议研究部署，制定了《全国农业农村信息化发展"十二五"规划》（以下简称《规划》），印发了《农业部关于加快推进农业信息的意见》（以下简称《意见》），明确了当前和今后一段时期的目标任务。我们要抓住国家战略和良好政策环境带来的发展机遇，乘势而上，加快推进农业农村信息化工作。

二是信息技术迅猛发展为农业信息化提供了重要的支撑手段。近年来，世界各国信息技术发展迅猛，我国信息技术创新和研发也取得了长足进步，物联网、云计算、大数据、移动互联等现代信息技术的日渐成熟，使得农业信息化从单项技术应用转向综合技术集成、组装和配套应用成为可能。"十二五"时期，整合融合、安全泛在的下一代国家信息基础设施建设力度正在加大，农村地区宽带网络建设进一步加强。信息技术的不断进步为农业信息化的快速发展提供了重要基础条件，也带来了难得的发展机遇。

三是经济社会的迅速发展为农业信息化创造了有利条件。进入新世纪以来，经济社会的发展势头强劲，包括农业，也实现了"九连增"，农民的收入增收"九连快"。2012 年我国人均 GDP 已达到 6100 美元。根据国际经验，这已经达到了支持信息产业快速发展的阶段。广东、江苏、山东、浙江等经济发展迅速省份的实践表明，各类农业生产经营主体对现代农业信息技术的需求日益迫切，应用的水平也在不断提高，这给农业信息化的发展注入了强大的动力。在经济社会迅速发展的驱动下，社会公众对农业信息的需求持续增长，已成为推动农业信息化加快发展的动力基础。

四是现代农业的发展为农业信息化提供了强大的内生动力。现代农业是建立在资源环境可持续发展基础之上的社会化、市场化的农业，一方面需要利用先进的科学技术和生产要素装备农业，实现农业生产物质条件和技术的现代化；另一方面需要通过农业管理方式的变革，实现农业组织管理的现代化。当前，迫切需要利用信息技术对农业生产的各种资源要素和生产过程进行进精细化、智能化控制，对农业行业发展进行专业化、科学化管理，以减少对资源环境的依赖，突破资源、市场和生态环境对农业产业发展的多重约束，从而推动农业产业结构升级。当前农业生产经营体制机制的创新为农业信息化技术的应用创造了良好的基础，专业大户、家庭农场、农民合作社和农业产业化龙头企业，这些不仅是我们农业生产经营的重要的骨干力量和发展的生力军，也是信息化和先进技术应用的骨干力量和生力军。相比传统农户而言，这些新型农业经营主体更加关心并追求农业生产经营的质量和效益，对强农惠农政策、生产经营技术、市场形势变化等信息的需求更加迫切，应用信息技术的愿望更加强烈。

总而言之，农业信息化对农业和农村经济发展全局的影响越来越深，越来越大。实践证明以下几点。首先，农业信息化是打造"三农"工作亮点的重要抓手。现代信息技术是高新技术，不仅能感知环境和生物因子，还能实现对各类因子的智能化控制，在农业生产、经营、管理和服务等各领域的应用，会立即焕发出现代农业的勃勃生机。将信息化要素注入农业环节，用信息化手段培养新型经营主体创新管理方式，农业生产方式、经营方式、管理方式会在很短的时间内发生重大变革，推进农业信息化便很快成为发展现代农业、建设新农村闪闪亮点。比如通过对种植业、养殖业等农业生产经营环节运用物联网、移动互联等信息技术，实现可视化、数字化、智能化和精准化，现代农业的效果会立刻呈现。其次，农业信息化是解决当前"三农"工作难题的有效途径。通过对农业生产信息、市场信息的监测、分析与发布，让农业生产经营主体及时掌握生产和市场信息，有效地促进生产与市场的衔接，最大限度地避免买难卖难、暴涨暴跌局面的出现，再加上农业电子商务的有力推进，努力减少农产品流通的中间环节，促进农产品顺价销售，增加农民收入；通过农产品质量安全追溯系统的建设，建立起农产品的身份履历制度，可以实现农产品生产、加工及流通各环节的追踪，从而有效解决农产品质量安全问题。再次，推进农业信息化是缩小城乡差距的现实选择。当前，我国城乡二元结构仍然十分突出，城乡"数字鸿沟"、信息孤岛仍然普遍存在。加快推进农业农村信息化，促进网络的多网融合和系统的互联互通，实现各类信息资源、社会公共资源的城乡居民互利共享，必将进一步促进政府公共资源的合理布局，推动城乡公共服务均等化，使广大农民享受社会进步带来的文明成果。实践表明，推进农业农村信息化可以达到弯道超车的效果，避免农业成为"数字鸿沟"的受害者，信息化成为城乡差距的新表现，切实推进城乡二元结构的消除，全面统筹城乡一体化发展。

总体看，我国农业信息化发展取得了积极进展，信息技术在农业生产经营管理服务等领域的应用日渐深入，对农业产业发展的支撑作用逐步显现。但我们必须清醒地认识到，与现代农业和新农村建设的要求相比，与国民经济其他行业相比，农业信息化还有相当多的问题和困难，推进农业信息化的任务十分艰巨。一是认识不到位，投入严重不足。社会各界对信息化支撑现代农业发展的认识不到位，农业部门的不少同志对信息技术发展及其应用也缺乏基本了解。此外，国家还没有建立起稳定完善的投入机制，建设和运维资金不足，农业生产经营主体规模小、投入能力弱。二是发展不平衡，总体推进困难。发达地区信息化发展水平相对较高，区域差异呈现日益扩大趋势。电子政务和信息服水平较高，但生产和经营环节推广应用信息技术亟待加强。农业内部的种、养、加信息化发展不平衡。三是农业信息技术创新能力不足，产业化程度低。既懂"三农"又懂信息化的复合型人才严重缺乏，农业信息技术产品科研成果转化率和产业化程度不高，集成示范应用能力偏弱，适合于农业生产经营的多功能、低成本、易推广、见实效的信息技术和设备严重不足。四是统筹协调力度不够，信息孤岛现象严重。不同部门、不同行业多头并进，缺乏顶层设计与标准指导，难以互联互动。各级地方农业部门、农业各行业各自为阵现象突出，已有信息资源和信息系统难以互联互通、协同共享。这不仅导致信息孤岛的大量存在，更严重的是信息资源鱼龙混杂，有效信息资源的开发利用严重不足，农民真正看得见、听得懂、用得上的信息十分匮乏。

当前和今后一个时期，要紧紧围绕"两个千方百计，两个努力确保，两个持续提高"目标，坚持"政府引导、需求拉动、突出重点、统筹协同"的原则，按照现代农业高产、优质、高效、生态、安全的要求，力争实现农业生产智能化、经营网络化、行政管理高效透明、信息服务灵活便捷，加快促进信息化与农业现代化的融合。《规划》和《意见》对农业信息化的发展做出了明确部署，各地各部门要认真学习领会、深入贯彻落实。这里，我再强调一下几项重点任务。

一是强化信息技术在农业生产领域的集成，以信息化促进农业产业升级，确保农产品有效供给。加快推进物联网、云计算、大数据、移动互联等新兴信息技术在农业生产领域的应用，利用信息化推动农业产业升级，进一步提高农产品产量和质量，确保农产品有效供给。积极推进耕地质量管理、肥水药精准实施、农机导航与调度等信息技术与装备的应用，实现大田种植的数字化、精准化。加快推进温室环境监控、植物生长管理、设施自动化控制等信息技术产品的应用，实现设施园艺生产的自动化、智能化。研制推广设施养殖环境监控系统、自动饲喂、疫病诊断与辅助决策等信息技术产品的应用，实现集约化健康养殖管理的智能化。积极推进船舶自动识别、捕捞作业、船舶调度指挥等信息技术产品的应用，提高渔业生产作业的信息化水平。

二是推动信息技术在农业经营领域的创新，提高经营主体自身信息化水平，着力提升农业经营网络化水平。提高农产品流通效率，建立专业大户、家庭农场、农民合作社等经营主体的信息管理平台，为他们提供农产品批发市场价格信息、农资市场价格和质量信息，实现营销在网、业务交流、资源共享。支持大型农产品批发市场信息化建设，加强农产品物流配送、市场、管理、交易等方面的信息化建设，减少交易中间环节，提高交易效率。积极开展农业电子商务试点，探索农产品电子商务运行模式和相关支持政策，培育一批农业电子商务平台，提供生产、流通、交易、竞价、网上超市等服务。鼓励和引导大型电商企业开展农产品电子商务业务，支持各新型经营主体发展在线交易，积极发展以电子商务为导向的物流配送。

三是加快信息技术在政务管理领域的应用，推动"三农"管理方式创新，切实提高农业行政管理高效透明。加快启动金农工程二期，提高农业政务管理信息化水平。建设国家农产品质量安全追溯管理信息平台，建立农作物种子监管追溯系统，确保农产品质量安全。提升我国动植物疫病监测、预警、防治、应急管理、信息传输和灾情发布的信息化水平。加强农村集体"三资"管理的信息化水平。依靠信息化全面提升各级农业部门行业监管能力。完善农业行政审批服务平台，推进行政审批和公共服务事项在线办理，逐步实现农业部内各环节、各级农业部门间行政审批的业务协同，进一步推动信息公开，让广大农业生产经营者从中得到实惠。强化涉农数据的采集、监测、统计、分析，提高"三农"政策决策的科学化水平。当前的主要任务就是要进一步整合资源，开发和利用好这些数据。

四是完善农业综合信息服务体系，拓宽信息服务领域，为农民提供灵活便捷的信息服务。继续推进"三电合一"，建立健全农业综合信息服务体系，着力强化乡、村农业信息服务站（点）建设，探索设置乡镇综合信息服务站和农业综合信息员岗位，引导和鼓励社会力量积极参与乡村信息站点建设，探索建立可持续运行机制。加强村级农村信息员队伍建设，继续从种养大户、农村经纪人、农民专业合作社以及大学生村官等群体中培养选拔农村信息员，尝试引入市场化机制，增强乡镇信息服务站活力和农村信息员创业热情。逐步构建以 12316 热线为纽带，村级信息员为窗口，乡镇信息点为依托，县有服务中心、省有云服务平台的全国农业信息服务体系，让广大农民享受信息化。

五是加强农业信息化基础设施建设，加快农业基础设施、装备与信息技术的全面融合。积极推动国家有关部门加强农业信息化基础设施建设，全面提高农村地区信息终端普及率和宽带网络接入率。推进农机及农业装备与信息技术的全面融合，发展智能作业机具及装备。积极推动国家农业云服务平台的建设，构建基于空间地理信息的国家农业自然资源和生态环境基础信息数据库体系。要重视物联网、移动互联等新型信息技术应用产生的数据的采集、整理及开发利用。鼓励和引导社会力量积极开展区域性、专业性涉农信息化基础设施和信息资源建设，不断健全农业信息资源建设体系，丰富信息资源内容。

为了完成以上任务，我们必须加强以下几方面工作。

一要统一认识，强化组织领导与顶层设计。农业部已经成立了信息化领导小组，统揽农业部农业信息化工作，领导小组办公室设在市场信息司。各级农业行政主管部门要认真学习贯彻党的十八大和 2013 年中央一号文件精神，进一步统一思想、提高认识，把推进农业信息化工作摆在更加突出的地位，强化信息化工作的组织领导，按照《规划》和《意见》的总体要求，结合当地农业发展实际，组织专门力量编制本地区、本行业农业信息化发展建设规划。要着力加强中央与地方之间、部门之间、部门内部之间的协调，避免重复建设，联通信息孤岛，集中力量共同推进农业信息化工作。

二要加强示范，探索发展路径与应用模式。今年，农业部启动实施了农业物联网区域试验工程，首批选择了天津、上海和安徽开展试点试验工作。同时，还组织开展了农业农村信息化示范基地认定工作，认定了 40 个在整体推进、生产应用、经营应用、政务应用、服务应用和技术创新六方面的杰出典型。各试点省市、示范基地要积极探索农业信息技术应用的主攻方向、重点领域、发展模式及推进路径，开展技术研发与系统集成，构建农业信息化技术、标准、政策体系及专用平台开发，探索中央与地方、政府与市场、产学研和多部门协同推进的创新机制和可持续发展的商业模式，为在全国范围内深入推进农业信息化应用积累经验。各级农业行政主管部门要以支撑现代农业发展为目标，采取多种措施，鼓励各类农业生产经营主体积极示范应用现代信息技术，着力探索适合于本地区的农业信息化发展模式和可持续发展机制，打造一批农业信息化发展典型。

三要协同创新，促进产学研用结合与人才队伍建设。部里在 2011 年启动了农业部农业信息技术学科群建设，部署了以 2 个农业信息技术综合性重点实验室为龙头，以农业信息获取技术、农业信息服务技术 2 个专业性重点实验室为骨干，以东北规模农场、黄淮海平原 2 个农业信息技术科学观测实验站为延伸的重点实验室体系。目前也正在研究打造以中国农科院、热科院、中国农业大学、国家农业信息化工程技术研究中心等科研院所为依托

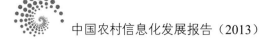

的国家级农业信息化科研、应用创新基地，利用农业行业科研专项加强信息化创新能力建设。各级农业行政主管部门要加强农业信息化学科体系建设，充分发挥国家及地方农业院校、农业直属事业单位的支撑作用，进一步加大支持力度，支持产、学、研、用协同创新与联合攻关，鼓励建立省际科研及创新基地，培养科研领军人才和创新团队。要加强各级农业部门信息中心条件建设，更好地为农业行政管理及信息化推进提供技术和服务支撑。要充分利用各类培训资源，强化对基层农业行政管理人员、农业生产经营主体、农村信息员及农民的培训力度，不断提高应用主体的信息素养。

四要谋划项目，争取财政支持与多元化投入。目前，农业部加大了对信息化的倾斜支持力度，提高了基建、财政及农业行业科研专项中的信息化投入比例。此外，部里也在积极谋划，争取在财政部的支持下启动"益（e）农计划"，系统推进全国农业生产经营信息化与信息服务体系建设；争取在发改委支持下启动金农工程二期，提高各级农业部门的政务信息化水平；研究建立农业信息补贴制度，加快推动将农业信息化相关产品和装备纳入农机购置补贴目录。各级农业行政主管部门要按照《规划》和《意见》的要求，深入调研需求，认真凝练项目，积极与本级发改、财政部门沟通，不断提高农业信息化投入保障水平。要充分调动电信运营商、IT涉农企业、科研院校等社会力量的积极性和主动性，逐步形成政府引导下的投资主体多元化、运行维护市场化，合力推进农业信息化的良好局面。

五要注重实效，加快标准建设与安全防护。农业部正在组建农业信息化标准委员会，加快研究制定数据标准、技术标准、服务标准、安全标准等信息化建设相关标准体系，建立健全相关工作制度。各级农业行政主管部门要根据本地农业信息化发展实际，加强地方信息化标准体系建设，大力推进标准应用和实施，夯实信息系统互联互通基础。要加强信息网络监测、管控能力建设，提高风险隐患发现、监测预警和突发事件处理能力。要强化安全防护设施同步规划、同步建设、同步运行，确保农业网络和重要信息系统安全，切实保障国家信息安全和农业产业安全。

专题视点篇

中国农村信息化发展报告(2013)

第三十二章

我国农业信息化建设重点、难点及路径选择

李昌健

农业信息化既是农业现代化的重要内容，也是推进现代农业发展的重要技术支撑。推进农业信息化是加快发展现代农业的必然选择，是提高农业国际竞争力的重要抓手，也是实现城乡基本公共服务均等化的必要手段和保障。

一、信息化正在给我国农业发展带来重大变革

在传统农业向现代农业的转变过程中，随着物联网、云计算、大数据、移动互联以及遥感、RFID 及机器人等现代信息技术在农业领域的推广应用，我国农业生产、经营、管理和服务等方式已经或正在发生重大变革。信息化与现代农业的全面、深度融合，将大大提高农业劳动生产率、资源利用率和经营管理效率。

（一）农业生产方式的变革

信息化改变了以往传统农业生产的种植、养殖模式，促进了农业生产由粗放型向集约型的转变，正在逐步实现生产的智能化。通过引入现代信息技术手段，农业生产条件有了很大改变，农业智能设备、装备逐步推广应用，为农业生产带来了很大便利，对于发展精准农业、引领农业产业升级发挥了积极作用。物联网技术在大田种植、设施园艺、畜禽养殖、水产养殖等领域的应用，实现了农业资源、环境、生产过程等环节信息的实时获取和数据共享，农户在自己家里，就可以借助信息化平台或移动智能终端实时查看大田里土壤的温度、湿度、光照度，实现畜禽精细投喂、个体行为监测和疾病诊断，了解养殖塘内的溶氧量、温度、水质等，从而及时进行相应的远程调控，有效地提高了农业劳动生产率。

（二）农业经营方式的变革

在市场经济条件下，信息化作为一种催化剂，正在改变农业的经营理念和模式，推动了农业经营的网络化。从内部看，农业种养大户、龙头企业、农民专业合作社、家庭农场以及一些农户等农业经营主体借助信息化手段，对内部生产过程、投入品、成本核算、人力资源等进行管理，有效地提高了经营的组织化和产业化程度。同时，信息技术应用还促使一家一户分散的耕地逐步走向集中连片经营，大大提高了农业经营的规模化水平，提高了资源利用率。从外部看，农业电子商务的兴起，带来了农产品、农业生产资料等销售方式的改变，为引导农业生产资料和生活用品下乡、建立新的流通模式、打造农产品品牌等提供了快捷通道，大大提高了市场流通效率，促进了农产品产销衔接，也使得市场竞争更加自由、充分，农业生产要素的交换和配置更有效率。《阿里农产品电子商务白皮书（2013）》显示，2013 年阿里巴巴平台上经营农产品的卖家数量已达 39.40 万个，相比 2012 年的 26.06 万个有了 51.19%的增幅，农产品销售额较 2012 年增长 112.15%，农业电子商务得到了蓬勃发展。

（三）农业管理方式的变革

信息化为"三农"宏观管理提供了便捷支撑手段，推动了"三农"管理方式创新，提升了农业部门行政效能，实现了农业管理高效透明。随着农业行业每天产生大量的数据资源，通过大数据分析技术应用，使得数据资源的挖掘更加便捷高效，为农业科学决策提供了有力支撑；通过信息系统建设，对农业生产经营要素、市场、资源等方面的信息监测更加及时可靠，分析处理结果更加精准；通过网络、通信、视频等技术的综合应用，使各级农业部门在应对自然灾害、处置突发事件、重大动物疫病防控等方面的反应更加迅速，应急指挥能力明显增强。以国家重大电子政务建设项目金农工程一期项目为例，其农药进出口监管系统实现了与海关总署进出口管理系统的互联互通，建立了信息共享机制，不仅大大提高了业务协同办公效率，有效地降低了农药企业成本支出，而且堵住了原有的农药进出口管理漏洞，有效地规范了农药进出口监管秩序，从源头上打击了违法行为。金农一期的另一个管理系统——农机监理管理系统建立了全国集中的农机监管数据库，实现了农机监理行政审批和业务监督管理的规范化、标准化、网络化处理，提高了工作效率，增加了业务透明度，为农机所有人和驾驶员提供了便捷高效的服务。

（四）农业服务方式的变革

信息化为面向"三农"的信息服务开辟了多种现代化的渠道，拓宽了信息服务领域，丰富了信息服务手段和模式，实现了服务的灵活便捷。通过计算机、电话、电视、广播以及微博、微信、移动终端等载体，各级农业部门及时发布与农民生产、经营、生活息息相关的信息，为农民提供了政策、市场、科技等全方位的信息服务，大大缩短了小农户与大市场的距离。在"三农"信息服务日渐综合化、多样化的同时，信息服务模式也不断丰富，为各类涉农主体及时获取信息、加快农业技术推广、缩小城乡"数字鸿沟"、推动农民生产生活方式改变、促进城乡经济社会协调发展等发挥了积极作用。以 12316 全国农业系统公益服务统一专用号码为纽带，农业部门在全国范围内打造了公益性的 12316"三农"综合信息服务平台，建立起了集 12316"三农"热线电话、农业信息网站、农业电视节目、手机短彩信、移动客户端等于一体，多渠道、多形式、多媒体相结合的农业综合信息服务平台。目前，12316 热线已经覆盖全国 1/3 的农户，成为农民和专家的直通线、农民和市场的中继线、农民和政府的连心线。

二、未来农业信息化建设重点

当前，推进农业信息化迎来了前所未有的机遇。首先，党中央提出了"四化同步"的战略部署，要求工业化、信息化、城镇化和农业现代化同步发展。其次，发展现代农业从生产方式、经营方式、管理方式及服务方式等多方面对信息化提出了强烈的需求。再次，信息技术的迅速发展为农业信息化快速推进奠定了基础。最后，社会、经济的快速发展为农业领域各环节采用现代信息技术提供了经济基础。因此，必须抓住机遇，围绕农业农村经济发展的核心目标，切实开展农业信息化建设。

（一）开展重大工程建设和技术应用示范

建议国家层面实施农业信息化专项，始终坚持把项目带动作为推动工作的重要抓手，注重发展的成效。鼓励各类农业生产经营主体积极示范应用现代信息技术，着力探索信息化发展模式和可持续发展机制，打造一批农业信息化发展典型。尽快实施金农二期工程，加速实现中央与地方互联互通，推动农业电子政务公共服务延伸到乡村。农业电子政务系统的应用和推广，将进一步促进政府职能转变，增强决策和管理能力，提升办公效率和服务水平。加速推进农业物联网示范应用，用现代信息技术改造传统农业、装备农业，提升农业生产信息化、标准化水平，提高农作物单位面积产量和农产品质量，通过自动化生产、最优化控制、智能化管理、系统化物流、电子化交易等全程信息化监管与应用，推动信息化与农业现代化深度融合，进而实现农业集约、高产、优质、高效、生态和安全的目标。广泛普及农业综合信息服务，建设全国 12316 农业综合信息服务云平台，最大限度地推动部省平台对接，为农业生产、经营、管理、服务等相关系统应用提供支持，推进信息进村入户，促进农业生产技术的推广、政策法规的普及、农业投入品和农产品市场的产销衔接等，提升农民的信息化应用水平，让农民享受信息化服务，实现农民增收和农村的社会和谐稳定。

（二）统筹建立国家"三农"数据中心

随着大数据时代的到来，"三农"信息资源的整合、开发和利用，将成为农业信息化的重要内容和迫切需求，"三农"信息资源的开发利用将为农情调度、粮食安全、土壤治理、病虫害预测与防治、动植物育种、农业结构调整、农产品价格、农村环保、农民生活等提供有效预测和干预，为农业生产经营、政府决策、涉农企业发展、新农村建设等提供决策支持，决策行为将由凭经验直觉向基于数据分析转变。按照云架构要求，统筹建立国家"三农"数据中心，打破部门、区域、学科界限，推进农科教、产学研与推广应用的紧密结合，有效整合"三农"相关资源，不断提高"三农"信息资源开发利用效率，为现代农业发展提供全方位、立体化、可靠的数据保障，以支撑"三农"领域相关战略布局及政策制定。

（三）全面完善农业信息化体系建设

农业信息化建设不能由各部门盲目进行，必须由统一部门领导，建立组织机构，制订战略规划，统一标准规范，全面完善农业信息化体系建设，制订实施方案，落实任务，明确分工。一是完善农业信息化学科体系建设，加强农业信息化理论基础研究，探寻农业信息化自身发展规律，在高校和相应科研机构设立相关专业，利用农业行业科研专项加强信息化创新能力建设，为吸引人才、培养人才和留住人才营造良好的环境氛围。二是完善农业信息行业体系建设，打造一支左右协同、上下畅通、互联互动、共建共享的推进农业信息化的联合舰队，加大对农业行政管理人员、技术推广人员、农业生产经营主体、农村信息员及农民的培训力度，不断提高应用主体的信息素养，更好地为农业行政管理、科研推广及信息化推进提供技术和服务支撑。三是完善农业综合信息服务体系建设，构建以 12316平台为纽带，农业专家和信息资源为依托，村有信息点、乡有信息站、县有服务中心、省和国家有云服务平台的国家农业综合信息服务体系，加大对农村信息员和农民信息方面的培训力度，全面提升农业综合信息服务能力和水平。四是完善社会化信息服务体系建设，通过资金补贴方式扶持一些信息意识强的农村人才自办信息服务点，扶持专门从事农业信息服务的专业合作社、涉农企业等开展社会化信息服务，调动各类社会市场主体的积极性，由市场来发挥主导作用。

（四）牢固构筑农业信息化安全防线

为解决大数据时代的新安全威胁，农业领域信息系统一体化的安全防护体系有待加强，保障安全的物理设备需统筹部署，具体的数据保护技术需要落实。联合各有关部门和主体，协同开展数据安全措施的研究和安全体系的建设，牢固构筑农业信息化安全防线，护航农业信息化健康发展。

三、未来农业信息化建设难点

我国农业本身具有弱质产业特点，既具有自然风险，也面临着市场风险，还潜伏着生态风险。无论是生产、经营、管理理念，还是组织形式；无论是生产集约化程度，还是生产经营主体素养，都为推进农业农村信息化带来了较多困难。

（一）农业信息化基础薄弱，信息化水平仍然较低

长期以来，由于中央和地方偏重于城市信息化建设投资，对农业和农村信息化建设的投入十分有限，不但造成农业信息化的基础设施薄弱，农业信息化网络和传播体系不健全，而且导致农业信息技术的研究开发不足、信息服务业落后和农村信息资源稀缺，农业信息

化程度不高，农业信息服务产业化水平低，信息进村入户难，且地区间发展不平衡。

（二）基层信息意识淡薄，农业信息化人才依然匮乏

农村基层领导干部对农业信息化的认识不足且存在偏差。一方面，片面地把农业信息化单纯看成是设施建设和技术问题，认为只要铺设了网线、购置了计算机等信息设备，就是农业信息化；另一方面，认为农业信息化所要求的高科技与农村现状距离太过遥远，发展农业信息化的条件还不具备。农业信息化是一项复杂的系统工程，需要一批既要熟悉农业生产经营又要精通信息网络技术的复合型人才。但是，目前我国的这类人才非常缺乏。同时，由于农村条件艰苦，大专院校信息技术专业人才不愿去县以下地区就业，已经在那里工作的年轻人流动性也很大，基层农业部门很难留住信息技术人才。然而，在乡务农人员大多年龄偏大、文化知识水平偏低、接受新事物意愿不强，这将影响我国未来农业信息化的发展速度。

（三）顶层设计不够，农业信息体系尚不完善

我国农业信息化规划在顶层设计的领域存在很多不系统、不配套、部门分割严重、缺乏有效协调的问题，使得农业信息体系不完善。主要表现在两个方面一是在农业信息组织体系建设中，存在政府的主导作用发挥不够，没有强有力的自上而下推动信息化建设的专门组织机构，且管理体制不合理，部门协调分工不明确，配套政策和激励机制不完善，农业信息服务机构不健全等问题。二是在农业信息资源开发利用方面，农业信息资源分散，缺乏有效的整合标准，开发利用程度低。

（四）农业信息技术研发与创新不足

农业信息技术创新投入大、周期长、风险大，创新成本较高，需要企业具有雄厚的资金实力和风险承受能力，但我国农业科技企业一般规模较小，资金实力不足，加上国家投入资金有限，难以形成有效的科技创新成果。同时，我国也没有形成完善的农业信息技术创新模式，而且多数农业科技企业对信息技术创新认识不清，在农业信息技术应用方面存在一定的盲从性和投机性，很少能够创造出品牌产品。

四、未来农业信息化建设路径选择

推进农业信息化是一项复杂的系统工程，需要多措并举，从顶层设计、政策、资金、机制以及人才培养等多元路径出发，提供切实有力的保障。

（一）加强顶层设计

切实加强农业信息化顶层设计，推进出台农业信息化中长期发展规划、专项规划，建立专门行业机构统筹协调全局发展、统筹管理工程项目。参照商务部等部委的做法，农业部内设机构成立专门的"农业信息化推进司"，统筹农业信息化发展战略、发展规划、重大

项目以及资金的使用安排，牵头组织实施农业各行业的信息化工程及基础性建设工作，实行统一领导、统一规划、统一建设、统一标准、统一管理，为实现信息系统的互联互通、资源的共建共享和业务的协作协同奠定基础。

（二）加大投入力度

建立健全投入保障机制，积极争取发展改革部门和财政部门支持，逐步形成稳定的农业信息化投资渠道，逐年提高基本建设投资、财政事业费及农业重大工程建设中用于信息化的投资比例。建立社会力量广泛参与的信息化投融资机制，充分调动电信运营商、IT 及涉农企业、科研院校等社会力量的积极性和主动性，逐步形成政府引导下的投资主体多元化、运行维护市场化的良好局面，为农业和农村信息化建设不断注入新的活力。国家农业信息化发展资金，重点用于示范性项目建设、信息化基础设施建设、农业信息技术研发以及人员培训等方面。

（三）完善体制机制

通过建立"政府主导，市场运作"的"公益+市场"的资金投入机制，有效引导社会力量投入农业信息化建设，探索可持续发展的农业信息化建设运行模式。通过建立"资源整合，协作共享"的项目运行机制，统筹利用基础环境、软硬件、安全监管等信息化基础设施，建设标准统一、实用性强的信息共享平台和公共数据库，推动农业各行业和其他涉农部门资源整合。坚决避免由于重复投入和信息孤岛造成的资源浪费，提高信息资源利用率，确保信息化建设整体效益提高。

（四）强化工程示范

加强试验示范、典型宣传、样板推广，提高社会各界对发展农业农村信息化的认识。以每年一届的全国农业信息化工作会议为契机，系统总结农业信息化工作成效，交流经验，表彰先进，宣传典型。切实发挥农业信息化典型的示范引导作用，带动不同地区、不同领域信息化水平整体提升。采取多种措施，鼓励各类农业生产经营主体积极示范应用现代信息技术，着力探索信息化发展模式和可持续发展机制，打造一批农业信息化发展典型。

（五）强化人才队伍培养

加强人才培育和队伍体系建设，成立农业农村信息化发展战略专家委员会，加强农业信息化人才队伍战略研究，并在国家现代农业产业技术体系中设立农业农村信息化专家岗位。支持科研院校农业信息化学科建设，加大科研领军人才和创新团队的培养力度，加强农业信息化专业的教学管理和人才培养。重视农业部门信息体系队伍建设，探索设置乡镇综合信息服务站和农业综合信息员岗位，将农业农村信息化相关内容作为阳光工程重点培训科目，强化乡、村两级信息员培养。

第三十三章

我国农业物联网发展现状及对策

许世卫

农业物联网是物联网技术在农业生产、经营、管理和服务中的具体应用，是用各类感知设备，采集农业生产过程、农产品物流以及动植物本体的相关信息，通过无线传感器网络、移动通信无线网和互联网传输，将获取的海量农业信息进行融合、处理，最后通过智能化操作终端，实现农业产前、产中、产后的过程监控、科学决策和实时服务。

我国传统农业正在加快向现代农业转型。信息化与农业行业的深度融合，实现广泛的智能化，是我国现代农业未来发展的主要特征和必然趋势。而农业物联网正是农业走向信息化、智能化的必要条件。

近年来，从我国重大需求出发，物联网技术在农情信息资源监测与利用、农产品市场信息感知、农业生产精细管理、农产品质量溯源几个领域得到了广泛应用，并取得了重要进展。

一、农业生产实现精准化、自动化，农业资源利用率和劳动生产率显著提高

应用物联网技术进行农业生产精细管理是现代农业发展的关键。其核心在于集成应用感知技术、GPS、RS、GIS 等技术，无线传感网络技术、移动通信技术实现农业生产信息的定位、采集、传输和管理。通过农业物联网感知技术，对农作物生长土壤养分、墒情、苗情、病虫、灾情等进行监测，能够及时了解农田、作物和环境数据信息。在此基础上，结合农业物联网智能应用技术，在大田和设施农业环境监测控制、施肥灌溉管理、作物病虫防治等方面实现农业信息准确感知、及时反应，帮助农业生产者、管理者做出有效的决策。

（一）农用传感器技术发展迅速，专业化程度越来越高

从以往精准农业技术的研究和发展来看，农用传感技术是决定农业装备化、现代化的主要制约因素，现在这一状况得到了极大改善。迄今为止，农业传感器产品已覆盖土壤传感器、水体传感器、气象传感器、植物生长传感器、重金属检测传感器、生物传感器、气敏传感器等众多门类，另外还出现了用于土壤墒情信息、土壤电导率信息、作物苗情诊断信息、作物冠层信息、土壤重金属信息、土壤肥力信息、禽流感快速检测信息、水体污染信息、空气污染信息、CO_2 含量等关键要素监测的复杂专业传感器，为农业生产数据采集提供了强大支撑。

目前我国已有较多的科研机构、物联网企业开展农业传感器的研制，设计研发了一批低成本、低功耗、小型化、高可靠性的农业传感器，在我国传统农业改造升级中发挥了重要作用。

（二）信息技术的发展，为农业生产数据可靠传输提供了更多选择

无线传感器网络技术在精准农业、远程信息监测、专家系统等农业信息化领域得到了广泛应用，在设施农业控制系统、大田作物数字化管理系统和精准农业控制系统，以及农业环境监测、农业生产控制和智能监测管理等方面发挥了重要作用。

基于 Zigbee 无线传感器网络能够实现无线自组织数据传输，在大田生产管理、大面积水体监测、大规模养殖等领域广泛应用，保证了无线数据传输的可靠性。Zigbee 技术与 RS485 总线配合，能够实现农业生产中有线和无线数据传输的有效融合，既保证了远程数据采集的便捷性，也保证了数据汇聚的时效性，为农业领域的数据传输提供了良好的解决方案。

（三）自动控制与农业模型的发展，为农业生产智能管理提供了手段

目前，我国已有部分企业和科研机构开始物联网核心控制芯片的研发，并取得了一定的研究成果。如我国国内首个物联网核心芯片"唐芯一号"，具有无线通信、无线组网、无线传感、无线控制、数据处理等能力。全球首款支持三大工业无线国际标准的物联网核心芯片"渝芯一号"，可以广泛应用于智能农业、智能工业等领域，具有广阔的应用前景。

GIS 与土壤墒情监测及抗旱管理相结合，在土壤水分、墒情等信息采集的基础上，将动态监测、分析、管理、决策与空间信息管理融为一体，大大提高了农业用水效率。基于无线传感器网络的水质监测系统，能够实现大面积水体水质监测，及时发现突发性污染事件并及时做出反应。Web GIS 技术与作物水肥需求信息采集相结合，利用作物生长模型，能够实现农田远程诊断与决策。农业物联网与云计算技术融合，配合智能决策模型和反馈控制系统，可以实现病虫害远程诊断、监控预警、指挥决策，肥、水、药智能施放等功能，有效提升农业生产的智能化、精细化程度。

安徽省开展了大田生产物联网应用示范，以大田作物"四情"（苗情、墒情、病虫情、灾情）监测服务为重点，通过物联网技术的集成应用，实现了大田作物全生育期动态监测预警和生产调度。

二、农产品市场信息感知与处理技术取得革命性突破，极大增强了农产品市场监测预警能力与信息服务水平

近年来，我国农产品市场波动频繁，部分农产品价格"过山车"式的暴涨暴跌时有发生，给农业市场带来诸多不稳定因素，亟须加强对农产品市场的适时监测，及时、准确地掌握农产品市场异常变化情况，稳定农产品市场。农业物联网市场信息感知与处理技术的快速发展，提升了农产品市场信息采集和农资流通产业信息感知处理的水平，增强了我国农产品市场监测预警、农资行业市场监管力度与信息服务水平。

（一）移动物联网技术广泛应用于农产品市场信息采集

基于物联网技术研制的市场信息采集设备，实现了及时、准确、有效的农业信息采集，将成为把握农产品市场信息、增强农产品市场监测预警的利器。中国农业科学院农业信息研究所研发的基于物联网的便携式农产品市场信息采集器，通过现代信息技术集成创新，嵌入行业标准，CAMES（中国农产品监测预警系统）智能支撑，多元化布局，每日可采集上报 69 个品种的田头市场、批发市场、零售市场的价格数据，成为把握农产品市场信息的利器。国家农业信息化工程技术研究中心研发的基于智能终端的农产品价格信息采集系统，在移动手机存储卡导入信息采集（表或文档）软件，信息采集员通过该软件可每天短信发送采集信息；在收信计算机植入短信文本转换软件，实现采集信息自动接收和导入，及时提供农产品价格、主要农业生产资料价格、农业生产运行趋势和主要农产品市场供求等信息，为农产品价格信息预测分析与发布（推送）系统提供数据支持。

（二）RFID 与二维码技术的应用提升农业信息服务水平

采用传感器技术、RFID 技术和二维码技术构建的农资管理与流通智能服务平台，突破了大规模服务的低成本、个性化与智能化服务瓶颈，有效增强了农资质量防伪、商品信息推送、广告精准推送等市场信息服务能力。中科院半导体所开展的低成本超高频 RFID 电子标签与嵌入温度传感器 RFID 标签开发工作，为低成本、普适化、可持续的农资信息采集处理提供了技术支持。合肥物质科学研究院开展的低质量农资二维码图像识别技术方面的研究，对于 30 万像素、无聚焦镜头的手机拍摄二维码图像识别率超过 99%，基本满足了我国广大农民主流手机需求，这将有效提升我国农资信息感知能力。

目前，农产品市场信息感知与处理技术已经在天津、河北、湖南、福建、广东、海南 6 省市 50 余个农产品市场、农资配送中心、农资连锁经营店开展试点应用工作，每日就 69 个品种的田头市场、批发市场、零售市场的价格数据进行采集上报。试点工作进展顺利，成就显著，实现了现代农业由粗放型经营向集约化经营方式的转变，对"四化同步"发展具有重要作用。

三、农业管理实现数字化、智能化，农业管理水平和效率显著提高

随着物联网技术的发展与渗透，物联网在农业管理中的应用也愈加凸显，物联网技术

与 GPS、GIS、云计算等技术的结合，大大提高了农业管理的效率。目前，物联网在农业管理方面的应用已取得明显进展。

（一）物联网技术在农产品质量安全追溯领域得到普及

农产品质量安全问题是当前社会较为关心的一个焦点，运用农业物联网技术，通过对农产品生产、流通、销售过程的全程信息感知、传输、融合和处理，可实现农产品生产、流通、消费整个流程的跟踪与溯源，实现农产品流通全过程的监管，为农产品安全保驾护航。从 2000 年开始，我国已开展了以提高农产品和食品安全为目标的溯源技术研究和系统建设，研发了农产品流通体系监管技术。

目前，我国基本建成了蔬菜追溯体系、猪肉质量安全追溯体系、牛肉质量安全追溯体系等，建立了从产地到流通的追溯编码体系，实现了肉类、蔬菜在生产、加工和流通各环节的安全生产，并建立了面向政府监管和消费者查询的公共网络平台，有效保障了农产品的质量安全。此外，还建立了基于 RFID 和二维码标识体系的水产品质量安全及溯源系统，蜂产品质量安全追溯平台，中药溯源系统，粮油产品、水果、茶叶、乳制品等多种农产品安全追溯系统，不仅为人民群众的饮食健康提供安全优质的农产品，也提高了农业企业信誉和综合竞争力。

北京市结合"菜篮子"工程要求，围绕北京市农产品质量安全和生态环境安全问题，采用生物、传感器、无线通信和自动化控制等技术，开发了面向设施蔬菜生产管理和面向政府决策、农户技术指导、公众消费的农业物联网应用系统。对发展高效农业、增加农民收入起到了重要作用。

（二）GPS 和 GIS 技术用于农机调度，实现了农机资源的充分利用

基于物联网技术对省际乃至全国范围内的大型农机作业进行有效监控管理，通过专业管理平台对大型农机作业情况、作业质量、耕地效果进行远程监控指导，能够有效地为我国农业产能提供保障。

基于 GIS 和 GPS 技术的农业作业机械远程监控调度系统，可实现农机的精准远程定位和部署，从而优化农机资源分配，避免盲目调度。基于 GIS，GPRS 及 GPS 技术以及相关寻路算法，还可以规划农机的调度路径实现农机的有效管理以及调度，提高作业效率。

中国农业部 2013 年启动的农业物联网区域试验工程建立了基于物联网技术的农机作业质量监控与调度指挥系统，在粮食主产区基于无线传感、定位导航与地理信息技术，开发了农机作业质量监控终端与调度指挥系统，实现了农机资源管理、田间作业质量监控和跨区调度指挥。

（三）农业物联网的实时感知和智慧处理能力，成为电子政务创新的"智慧神经"

电子政务的核心是政务，但现代的政务管理是建立在电子信息和通信技术之上的。物联网连接的是物理感知域，具有信息感知和协同处理的功能，可应用于监控、预警和指挥等系统。因而物联网的应用能够提升政府部门在公共安全、公众服务、市场监管、社会管理等领域的实时感知和智慧处理能力。

我国政府在应用物联网进行社会管理、公共安全方面进行了大量探索性工作。在农业生态环境监测方面，地面监测站和遥感技术结合的墒情监测系统，已在贵阳、辽宁、黑龙江、河南、南京等地示范应用。大气环境和水环境监测系统，实现了对大气中二氧化硫、二氧化氮等有害气体，以及水温、pH 值、浊度、电导率和溶解氧等水环境参数的实时监测；研制了农业环境无线监测站和便携式土壤墒情监测系统，依靠传感器技术和无线通信技术，实现农业生态环境的自动监测与管理。

农业物联网在技术方面的先天优势决定了其在农业资源调查、农业环境变化与污染监测等方面能够做到准确感知、及时反馈，以帮助政府部门和管理者及时掌握情况，做出正确决策。

四、农业物联网发展趋势、存在问题及对策

农业物联网的发展必将引发我国农业新一轮全新的变革。农业物联网的广泛的、深层次的应用，能够促进农业生产向高产、高效、低耗、优质、生态和安全的方向转变。现代农业的需求和当代社会的发展决定了我国农业物联网的发展将呈现以下趋势。

（一）智能化数据处理成为农业物联网发展的前沿

物联网的感知层、传输层和应用层实现了农业数据的采集、传输和人机交互，而物联网的核心是对数据的处理和分析，并最终用来辅助人类的决策行为。而数据的分析处理涉及人工智能、概率论、统计学、机器学习、数据挖掘以及多种相关学科的综合应用以及计算机建模与实现，是当代信息技术的核心与前沿，是“智能化”的源泉和动力，只有实现了智能的数据处理，农业物联网才能真正地展现出其巨大优势。农业传感器、无线网络及开发应用系统技术的应用已较为成熟，“智能化”必将成为下一阶段农业物联网研究的重点和前沿。

（二）低成本、小型化与移动性感知设备成为农业物联网应用的关键

包括平板电脑、智能手机、定制设备的智能移动设备的发展已成为现阶段信息技术发展的重要组成部分，与之相关的软件产品和硬件产品发展迅猛，成本不断降低，性能不断提升，在很大程度上彻底改变了人类的生产、生活方式。其低成本、操作简便、功能强大等特征决定了基于移动智能设备的农业物联网产品必将得到大范围的普及与应用。

（三）与时间和空间要素的结合成为农业物联网扩展应用的重点

随着 GIS 和时空数据分析处理技术的发展，时空要素已能够与应用系统较好地融合。时间性和空间性特征是农业系统的固有属性，离开了时间和空间要素，农业数据和信息的处理就会发生偏差和谬误。在现有先进信息技术的支撑下，农业物联网应用系统必将实现与时空信息的集成与融合，从而实现灵活的时空信息环境下的数据分析与处理，进而提高农业决策的精确程度。

（四）统一的应用标准体系将成为农业物联网的基础

我国已制定了一些农业物联网标准，但是标准无法构成完整体系，不能有效支撑农业物联网良性发展。相关工作标准、管理标准和技术标准的缺乏，已成为影响农业物联网发展的首要问题和制约物联网在现代农业领域发展的重要因素。

现阶段我国农业物联网的发展主要面临着"缺标准、缺设备、缺人才、缺模式"等几个主要问题。

（一）农业物联网缺少统一的应用标准体系。

物联网是在经济全球化与生产国际化的大背景下产生的。因此，物联网的建设和运行必然涉及到国内外共同遵守的行业协议与标准。目前，我国在农业物联网标准制定方面取得了一些进展，但是较为分散，缺乏统一的国家标准。农业物联网的建设离不开大量传感器监测获取和传输的数据，由于农业应用对象复杂、获取信息广泛，因缺少统一标准，传感器所采集的数据无法进行统一应用，已成为影响农业物联网发展的首要问题和制约物联网在现代农业领域发展的重要因素。

（二）农业物联网关键设备与核心理论缺乏

我国现在处于物联网技术发展的起步阶段，需要多方探索和研究。总体来看，我国农业物联网在关键设备和核心理论的研发上还处于初级阶段，尚未形成一套符合国情的、合理的、具有针对性和开放性的物联网技术与理论体系，缺少成熟应用的农业物联网关键设备。农业信息传感的关键设备研发方面，缺少精准、灵敏的小型化、集成化和多功能化的国产优质农业传感设备。在核心理论研究方面，农业物联网已经开展了人机物一体化理论研究，但仍缺乏统一的理论构架和突破性进展，不能很好地指导农业物联网的应用推广，需要在应用体系智能化、标准体系统一化、技术体系完备化等方面进一步开展理论研究工作。

（三）基层农户与农技人员认知不足，缺少专业物联网技术人才

农业物联网是一项全新技术，组建、运用、管理和维护农业物联网系统需要大量的专门人才。但是，农业物联网技术在农业领域中的应用刚刚起步，广大基层农户、农技人员对于农业物联网技术概念模糊，缺少在现代农业发展中运用物联网技术的认识。同时，在基层专业从事农业信息化的技术人才匮乏，而了解新兴农业物联网技术的人才尤为紧缺，不利于农业物联网技术的推广和深度应用。

（四）我国农业物联网发展缺少成熟商业应用模式

农业作为我国传统生产项目，关系到民生、民情，具有规模性，将物联网技术应用到农业当中，将有效改善传统农业中出现的问题。当前我国农业物联网项目绝大多数为政府示范项目，在实际应用中由政府补贴或免费为农户进行物联网设备安装、运行、维护，具有较好的应用示范效果。但是，我国农业物联网从示范推广走向全面应用，需要探索出一条具有中国特色的农业物联网商业模式，一方面向农民普及农业物联网知识，使得农民能够用得好农业物联网；另一方面在应用示范中降低农业物联网的建设成本、维护成本，让广大的农民用得起农业物联网。

以上问题成为制约我国农业物联网发展的主要体制性障碍。为此，笔者认为现阶段我国农业物联网的发展应强化以下几方面的工作

（一）我国必须高度重视和组织有关农业物联网相关标准的研究与修订工作

任何事物的发展都要经历一个从无序到有序的过程，农业物联网发展到一定阶段时，标准的缺失将会成为制约其发展的关键因素。因此，我国政府应高度重视农业物联网标准的修订工作，开展农业物联网标准体系研究，制定科学合理的农业物联网标准体系框架，有计划、有步骤地加速完善我国农业物联网标准建设，先机占领标准制高点，避免可能出现的核心标准受制于国外的状况，积极引进、参与国际农业物联网标准引进与制订，以保证农业物联网发展的国家利益。

（二）有统筹地开展农业物联网核心理论与共性技术的研究

任何技术的发展都会受到相应的理论限制或推动，理论是技术进步的前提与核心动力。理论的进步能够有效指导技术发展的方向，发现技术攻关的重点，有利于集中优势力量进行突破。因此，学术界应高度重视农业物联网发展过程中的核心理论研究工作，避免盲目地、未加思考地上马各种新技术。在共性技术方面，国家应本着统筹安排、重点突破的方针，集中力量预见未来可能会构成瓶颈的共性技术并实施措施，引导科研人员重点突破，避免由于不合理的科研布局造成的资源浪费，保证我国农业物联网发展直线前进。

（三）加快农业物联网人才培养，提高我国农业科技创新能力

为加快我国农业物联网技术在基层的应用和推广，必须重视农业物联网的人才培养与培训，加强基层对农业物联网知识的宣传和学习。为支撑农业物联网技术研究与应用的可持续发展，需要联合科研院所与高校，加快培养农业物联网专业技术人才，提升我国技术水平；联合基层农业技术推广站，加强对农业科技人员的培训，提高农业物联网技术的应用能力；推进基层农业物联网推广激励机制的建立，稳定和扩大基层技术推广人员队伍，满足农业物联网发展人才需求，推进我国农业物联网建设步伐。

（四）探索成熟的商业应用模式，实现农业物联网全面发展

近年来农业物联网产业发展迅猛，初步具备了技术、产业和应用基础，呈现出良好的发展态势。目前我国农业物联网产业主要由运营商主导，商业模式并不成熟，正面临从单一中心向多中心发展，由单一主体创造价值为主向多样化主体共同创造价值转变的趋势，有待进一步创新和完善。

随着农业物联网技术和应用的飞速发展，农业物联网的复杂度不断提升，应当鼓励科研院所、高等院校、电信运营商、信息技术企业等社会力量联合参与农业物联网技术研发、项目建设、转化推广与应用，创建政府主导、政企联动、市场运作、合作共赢的成熟农业物联网应用发展模式，完善农业物联网应用产业技术链，实现农业物联网的全面发展。

第三十四章

对我国农业物联网发展的思考与建议

赵春江

自 2008 年以来，物联网"The Internet of Things（IOT）"已经从概念逐步发展成为一种产业，并被视为继计算机、互联网之后的第三次信息技术革命。从世界农业发展的历程看，信息技术的每一次变革都深刻影响着世界农业的发展，这次也不例外。自 2009 年以来，我国农业物联网的发展进入了快速发展阶段，智能感知、无线传感网、云计算与云服务等物联网技术正在向农牧业生产、食品溯源、农产品供应链管理等领域渗透，已成为物联网技术发展和应用的重点与新方向。当前，我国正处于"促进工业化、信息化、城镇化、农业现代同步发展"的关键时期，以物联网为代表的农业信息技术面临着巨大的社会经济需求，也迎来了新的发展机遇。面对新需求、新机遇，有必要对我国农业物联网的发展做深入的思考。

一、对农业物联网的认识

我国农业正处于由传统农业向现代农业转型的关键时期。现代农业是一个集种养加、产供销、农工商、"一、二、三"产业于一身的融合性产业，也是一个集食物保障、原料供给、资源开发、生态保护、经济发展、市场服务一体的综合系统，信息已成为现代农业发展的新要素，是调控农业系统结构与功能、能流与物流，延长农业产业链、放大农业价值链的重要手段，也是在市场经济条件下保证农业产业链条上各方利益的必要手段。以物联网为代表的现代信息技术，对发展农业现代化具有重要作用。

农业物联网通过在农业系统中部署有感知能力、计算能力和执行能力的各种信息感知设备，通过信息传输网络，实现农业系统中"人—机—物"一体化互联。农业物联网以更加精细和动态的方式认知、管理和控制农业中各要素、各过程和各系统，极大地提升我们对农业动植物生命本质的认知能力、农业复杂系统的调控能力和农业突发事件的处理能力。以物联网为代表的信息技术在农业领域的广泛应用，将变革农业生产组织方式，解放农业生产力，大幅度提高劳动生产率、土地产出率和资源利用率，是发展现代农业必然选择。

农业物联网得到国家各级部门和各省市政府的高度关注，国家发改委在北京、黑龙江和江苏三省实施了农业物联网应用示范项目，工信部也积极支持农业物联网的产业化发展，科技部从技术层面实施了现代农业感知技术重大项目。各省市有关部门积极开展农业物联网应用示范。有关农业企业、基地、农场、园区表现出对农业物联网技术需求的强劲势头。

但应该看到，目前，由于农业物联网还刚刚起步，人们对农业物联网"人—机—物"一体化本质特征的认识还需要提高；农业物联网发展的技术、人才、标准、机制、模式和政策等诸多方面还需要系统的研究探索；农业物联网发展的理论、技术、应用、产业等不同环节还没有贯通。

二、优先发展应用领域

在我国，农业是一个弱势产业，农业生产者主体经济收入不高，操作对象是具有生命特征的动植物，生产条件可控性差，这决定了物联网在农业领域的应用明显不同于在工业等其他领域的应用。我国发展现代农业面临着资源紧缺与生态环境恶化的双重约束，面临着资源高投入和粗放式经营的矛盾，面临着农产品质量安全问题的严峻挑战，迫切需要加强以农业物联网为代表的农业信息技术应用，实现农业生产过程中对动植物、土壤、环境从宏观到微观的实时监测，提高农业生产经营精细化管理水平，达到合理使用农业资源、降低生产成本、改善生态环境、提高农产品产量和品质的目的。物联网农业领域应用应在土地资源、水资源开发利用、环境保护、生产过程精细管理、农产品与食品安全监控系统等领域优先发展。

三、重点发展关键技术

在物联网的感知、传输和应用三个方面，农业专用传感器特别是农业动植物生命信息感知传感器的缺乏是我国农业物联网发展的瓶颈。目前我国农用传感器种类不到世界的10%，国产化率低、缺乏市场规模效应；在覆盖面、适用性、可靠性等方面与欧美、日本等发达国家相比存在较大差距，不能满足农业生产资源、环境、生产过程、流通过程等环节信息的实时获取和数据共享。应面向农业资源、环境与生态信息监测，重点研制土壤肥力、有机质、盐碱度、重金属等传感设备面向动植物生命信息获取及解析，重点研制获取农作物和养殖动物生命信息和反映动植物生长、发育、营养、病变、胁迫等生长状况的传感器，以保证农业种植、养殖生产管理的按需调控。面向农产品品质监测及标识，重点研制能够测量组分、含量、形态等指标的产品品质传感器，重点研制生产环境及加工过程中有害物快速和多残留检测传感器、符合生产和流通交易特性的不同产品包装标识产品及识别技术产品，确保农产品从田间到餐桌的安全监控。在农业装备检测传感器方面，重点研发农用 GNSS 定位、地速传感器、油量传感器、驾驶员生理状态等传感器（监测疲劳状态），以监测农机作业状态。

四、着力培育新兴产业

紧紧围绕发展现代农业的重大需求，重点突破农业专用传感器瓶颈性科学技术难题与新产品开发、农业传感器网络、智能化农业信息处理等一批重大共性关键技术，构建适于推广应用的重大技术、产品和应用系统规范原型，促进物联网技术在农业资源和生态环境监测、精细农牧业生产管理、农产品与食品安全管理和溯源等领域逐步得到推广应用，在支持现代农业发展的同时，培育一批农业物联网相关新兴产业。主要包括以下几点。

一是重点研制农业环境监测、动植物生命信息获取、农产品品质检测等农业专业传感器和农业物联网专用路由、信息采集设备等关键装备，着力培育农业物联网电子与通信产业。

二是重点研究农业物联网信息融合、知识发现、异构网络接入、智能决策等基础软件平台和农业信息云服务平台，着力培育农业物联网软件产业和面向农业生产主体的信息服务产业。

三是重点研究基于北斗卫星的农业导航与控制技术、精准作业技术装备、设施农业智能化技术装备，形成面向农业生产主体的农业智能装备产业。

四是重点突破农产品智能电子标签、冷链物流技术与装备、农产品价格分析与预测、供应链协同管理与溯源等技术产品，形成面向农产品经营主体的农产品物流与电子商务产业。

五是积极探索"政府引导、企业投入、社会参与"投入模式和"产、学、研结合"的实施模式，创新农业物联网技术产品的推广和商业化运营模式，加快传统农业升级改造，促进和培育新的农业信息消费产业，拉动电子、通信、软件等产业的发展。

五、政策建议

一是建议加强农业物联网发展战略研究与宏观指导。农业物联网工作涉及面广，资源整合和共享问题突出，为了减少重复投资，必须进行顶层设计和统一规划。针对建设现代农业的发展需求，大力推进农业物联网技术研发、转化、推广和应用过程中的重大问题研究，强化政府对农业物联网工作的宏观指导。

二是建议实施农业物联网专项，加强政府支持力度。与其他领域相比，农业物联网应用具有需求最迫切、基础最薄弱、覆盖面最广、受益农民最多等特点，在当前农民收入水平较低、农业信息化市场化运作还不完善的情况下，当前农业物联网发展非常需要政府的正向引导，加强资金支持力度，整合社会资源，推进农业物联网跨越发展。为此，建议国家专门设立农业物联网专项，由农业部牵头，按照农业物联网"全要素、全过程和全系统"的理念，按照现代农业产业体系的链条进行实施。

三是建议各级政府部门将农业物联网发展列入政府的基本建设预算。同时，在现有农机补贴政策的基础上，研究制订农业物联网技术产品补贴政策，鼓励研发机构、企业等共同参与农业物联网的建设与运营工作。

四是建议农业部统筹项目、基地、人才、标准，尽快进行全局部署，在全国建立 10 个技术研发基地，50 个产品转化与运维服务基地（企业），100 个应用示范基地（园区、合作组织），1 个产品质量检测基地。同时，加强农业物联网标准研究。

我国农业信息化发展的新形势和新任务

李道亮

　　我国正处于工业化、信息化、城镇化、农业现代化迅速推进的时期，社会经济发展和信息技术发展日新月异，客观、公正、全面分析我国农业信息化发展的新形势，明确农业信息化的新任务，对信息化推进现代农业，促进"四化同步"意义重大。

一、农业信息化发展面临的新形势

　　党的十八大、十八届三中全会以及近期召开的中央农村工作会议高度关注"三农"问题，明确提出"坚持走中国特色新型工业化、信息化、城镇化、农业现代化道路，推动信息化和工业化深度融合、工业化和城镇化良性互动、城镇化和农业现代化相互协调，促进工业化、信息化、城镇化、农业现代化同步发展"，在全面深化改革的新阶段，为农业信息化的发展提出了更高的要求。当前，我国农业信息化发展所面临的形式也在不断发生新的变化。

（一）农业现代农业依然是"四化同步"短腿

　　党的十八大提出"四化同步"，是党中央立足全局、着眼长远、与时俱进的重大战略决策，也是在中国现代化建设发展到一定阶段，对现阶段突出矛盾的一次求解。"四化同步"的表述不仅明确了农业现代化与其他"三化"同等重要、不可替代的战略地位，而且明确了"四化"之间相互依存、互相促进的关系，为加快农业现代化步伐赋予了新的内涵。目前，我国农业现代化明显滞后于工业化、信息化和城镇化，表现为农业劳动生产率和效益比较低，农民收入水平和消费水平大幅低于城镇居民，城乡"数字鸿沟"长期以来难以消弭。农业现代化的滞后，一定程度上阻碍了"四化同步"的实现。

（二）农业信息化建设要协调发挥政策与市场双重作用

党的十八届三中全会指出，要使市场在资源配置中起决定性作用。这就要求在农业信息化建设中要探索处理好政府与市场的关系，创造良好的制度环境。一方面，要持续完善农业信息化基础设施，增强涉农信息资源开发和利用能力，为农民提供基本的、公益性的公共信息服务；不断强化科技和人才支撑，加强信息安全防护能力建设，为农业信息化的快速、健康、有序发展建立起强大的政府支撑体系。另一方面，要充分发挥市场在资源配置中的决定性作用，广泛动员社会参与，充分调动生活服务商、金融服务商、平台电商、电信运营商、系统服务商、信息服务商等企业合力推进农业信息化建设，探索出一条"政府得民心、企业得利益、农民得实惠"可持续发展的路子。

（三）新型农业经营主体是实现农业信息化的重要载体

2014年政府工作报告强调：要坚持家庭经营基础性地位，培育专业大户、家庭农场、农民合作社、农业企业等新型农业经营主体。新型农业经营主体克服了传统农业单兵作战的种种弊端，通过多种形式的适度规模经营，有利于农业生产走向集约化、规模化和现代化。以新型农业经营主体为载体，通过构建专业化、组织化、社会化相结合的新型农业经营体系，有助于畅通信息服务渠道，提升利用信息化发展现代农业的意识，准确了解农业生产经营过程中的信息化需求，提供个性化的农业信息化服务。

（四）信息技术的日新月异牵引农业信息化创新发展

信息技术的突飞猛进，以及互联网的创新发展，为农业信息化发展带来了新的机遇。我国4G牌照的发放，引发了国内移动互联网的发展热潮，系统设备颠覆创新、业务应用百花齐放、智能终端给力上市；物联网应用领域持续深入，云计算成为信息平台建设的理想选择，大数据则为精准化的分析提供了新的技术手段；与此同时，微信、互联网金融等新媒体和新业务的迅速普及，为传统生产、经营、管理、服务模式带来了极大挑战。在信息化浪潮再次席卷的当下，农业信息化同样面临革命性的变革契机，探索和实践新兴技术在农业领域的应用，将是未来一段时期农业信息化创新发展的重要命题。

二、新形势下农业信息化发展作用和地位

（一）支撑点：现代农业发展的重要支撑

随着农业信息化建设步伐的加快，信息技术在农业产业发展中的应用日渐深入。实践证明，农业信息化是破解"三农"问题、缩小城乡差距、促进现代农业发展的重要支撑。大力发展农业信息化，有利于强化信息技术在农业生产领域的集成应用，以信息化促进农业产业升级，确保农产品有效供给；有利于推动信息技术在农业经营领域的创新，提高经营主体自身信息化水平，提升农业经营网络化水平；有利于加快信息技术在政务管理领域的应用，推动"三农"管理方式创新，切实提高农业行政管理水平；有利于完善农业综合

信息服务体系，拓宽信息服务领域，为农民提供灵活便捷的信息服务；有利于加强农业信息化基础设施建设，加快农业基础设施、装备与信息技术的全面融合。

（二）制高点：农业现代化水平的重要体现

农业系国之命脉，根本出路在于现代化，而现代化的必要条件是信息化。用现代信息技术改造传统农业，将提高农业生产过程中的技术含量及劳动生产率，为农业的长远发展提供动力。信息化是农业现代化水平的重要体现，以信息化推动农业现代化，更加符合市场经济规律和我国农业发展现实。当前，我国的农业已经进入由传统农业向现代农业进军的新阶段，其难点在于如何按市场机制配置资源发展市场农业，如何提高科技含量发展知识农业，如何全方位拓展产业链条发展产业化农业。这三方面的互助互动，有机结合，同步发展，构成了推动农业现代化的强大动力。在推动农业现代化的实践中，抓住信息化这个关键，意味着抓住了带动农业现代化的龙头；实现信息化这个目标，标志着农业现代化已经迈上了新的高度。

（三）着力点：农业现代化建设的重要内容

现代农业是以保障农产品供给、增加农民收入、促进可持续发展为目标，以提高劳动生产率、资源产出率和商品率为途径，以现代科技和装备为支撑，在家庭经营基础上，在市场机制与政府调控的综合作用下，农工贸紧密衔接，产加销融为一体，多元化的产业形态和多功能的产业体系。农业信息化是现代农业按照多元化产业形态和多功能产业体系实现规模化大发展的重要内容。信息技术的应用，能够将农业资源、生产要素、市场信息的运用提升到一个全新的水平，能够集合人力、物力、财力、管理等生产要素，进行统一配置，在集中、统一配置生产要素的过程中，以节俭、约束、高效为价值取向，从而达到降低成本、高效管理。大力发展农业信息化，能够使农业增长方式由单纯地依靠资源的外延开发转到主要依靠提高资源利用率和持续发展能力的方向上来，真正成为规模化的产业。

三、新形势下农业信息化发展的主要挑战与瓶颈

（一）认识不到位，投入严重不足

部分农业部门对信息化的认识不到位，看不到信息技术对促进劳动生产率、资源利用率以及经营管理效率提高的作用，不能结合实际业务提出信息化提升业务水平的有效需求，因此国家在农业信息化方面还没有建立起稳定完善的投入机制，建设和运维资金不足，这在很大程度上制约了农业信息化建设水平和应用水平的提高。

（二）缺乏有效的统筹协调，"信息孤岛"现象严重

一是部门间缺乏必要的统筹，国家层面统筹发展的机制尚未建立，农业、商务、科技等各部门各自为政，存在着低水平重复建设等问题。二是农业部门内缺乏有效的统筹，各业务部门信息系统难以互联互通，信息资源无法协同共享，"信息孤岛"现象严重。三是中

央和地方农业信息化建设缺乏整体统筹，全国尚未形成"一盘棋"的业务协同统筹推进的局面。这种多头并进、缺乏统筹的推进格局，导致了人财物的浪费，制约了信息化整体效能的发挥。

（三）发展不平衡，整体推进困难

一方面，区域发展不平衡。总体看，地理位置优越、经济发展水平较高的地区，对农业信息化建设较为重视，信息化发展水平相对较高；而偏远、贫穷的欠发达地区，对农业信息化重视程度普遍不够，信息化发展水平普遍偏低。另一方面，领域发展不平衡。农业信息化应涵盖生产、经营、管理和服务等各个方面，但近年来，农业信息化工作在推进电子政务和信息服务方面做了大量工作，但在生产和经营环节推广应用信息技术还有待加强。

（四）技术产品不成熟，产业化程度低

持续的技术创新是推进农业信息化的基础和动力。发展现代农业，实现农业发展方式的转变亟须将现代信息技术与农业生产、经营、管理、服务全面融合，实现技术的再创新。目前，现有的信息系统、技术和产品基本上都来自高校和科研院所的科研项目，产业化程较很低，真正面向生产实际，多功能、低成本、易推广、见实效的信息技术和设备严重不足，难以满足现代农业快速发展的需要，严重阻碍了农业信息化的发展。

（五）农业信息化应用主体发育不成熟，亟须新型农业经营主体示范带动

首先是农民对计算机、互联网作用的认识非常有限，远没有建立起依赖信息技术的生产生活习惯，限制了农业信息化应用的整体水平。其次是新型农业经营主体是采用现代信息技术的主体和排头兵，但目前我国新型农业经营主体总体规模小、实力弱、基础条件差、信息化意识不强，缺乏采用先进信息技术实现内部经营管理和生产的信息化的积极性和主动性，迫切需要国家进行示范引导。

四、新形势下农业信息化的主要任务

（一）加快推进农业生产过程信息化，创建智慧农业生产体系

1.加快推进种植业信息化

推广基于环境感知、实时监测、自动控制的设施农业环境智能监测控制系统，提高设施园艺环境控制的数字化、精准化和自动化水平。开展农情监测、精准施肥、智能灌溉、病虫草害监测与防治等方面的信息化示范，实现种植业生产全程信息化监管与应用，提升农业生产信息化、标准化水平，提高农作物单位面积产量和农产品质量。积极推动全球卫星定位系统、地理信息系统、遥感系统、自动控制系统、射频识别系统等现代信息技术在现代农业生产的应用，提高现代农业生产设施装备的数字化、智能化水平，发展精准农业。

2．加快推进养殖业信息化

以推动畜禽规模化养殖场、池塘标准化改造和建设为重点，加快环境实时监控、饲料精准投放、智能作业处理和废弃物自动回收等专业信息化设备的推广与普及，构建精准化运行、科学化管理、智能化控制的养殖环境。在国家畜禽水产示范场，开展基于个体生长特征监测的饲料自动配置、精准饲喂，基于个体生理信息实时监测的疾病诊断和面向群体养殖的疫情预测预报。

3．加快发展农业信息技术

加强现代信息技术的集成应用与示范，对物联网、云计算、移动互联、大数据等现代农业信息技术进行中试、熟化与转化，全面提升农业信息化技术水平。加强农业遥感、地理信息系统、全球定位系统等技术研发，努力推进农业资源监管信息化建设。加强农业变量作业、导航、决策模型等精准农业技术的研发，对种植业用药、用水、用肥进行控制，促进种植业节本增效。加强农业生物环境传感器、无线测控终端以及智能仪器仪表等信息技术产品研制，对设施园艺、畜禽、水产养殖过程进行科学监控，实现农业信息的全面感知、可靠传输和智能处理。

（二）大力发展农产品电子商务，推进新型经营主体经营网络化

1．大力发展农产品电子商务

积极开展电子商务试点，探索农产品电子商务运行模式和相关支持政策，逐步建立健全农产品电子商务标准规范体系，培育一批农业电子商务平台。鼓励和引导大型电商企业开展农产品电子商务业务，支持涉农企业、农民专业合作社发展在线交易，积极协调有关部门完善农村物流、金融、仓储体系，充分利用信息技术逐步创建最快速度、最短距离、最少环节的新型农产品流通方式。

2．提升农业企业信息化水平

鼓励农业企业加强农产品原料采购、经营管理、质量控制、营销配送等环节信息化建设，推动龙头企业生产的高效化和集约化。鼓励农产品流通企业进行信息化改造，建立覆盖龙头企业、农产品批发市场、农民专业合作社和农户的市场信息网络，形成横向相连、纵向贯通的农村市场信息服务渠道，推进小农户与大市场的有效对接。

3．开展农民专业合作社信息化示范

面向大中型农民专业合作社，逐步推广农民专业合作社信息管理系统，实现农民专业合作社的会员管理、财务管理、资源管理、办公自动化及成员培训管理，提升农民专业合作社综合能力和竞争力，降低运营成本。依托农民专业合作社网络服务平台，围绕农资购买、产品销售、农机作业、加工储运等重要环节，推动农民专业合作社开展品牌宣传、标准生产、统一包装和网上购销，实现生产在社、营销在网、业务交流、资源共享。

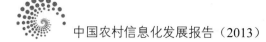

中国农村信息化发展报告（2013）

4．加快农产品批发市场信息化进程

充分利用传统专业市场在基础设施、质量监管、物流仓储、认证查询、质量检测、价格咨询等方面优势，与信息化有机结合，构建适合农产品特点的新型流通格局，切实提高农产品流通效率，促进农业生产稳定发展。

（三）进一步强化农业政务信息化建设，提高农业部门行政效能

1．推进农业资源管理信息化建设

建设国家农业云计算中心，构建基于空间地理信息的国家耕地、草原和可养水面数量、质量、权属等农业自然资源和生态环境基础信息数据库体系；强化农业行业发展和监管信息资源的采集、整理及开发利用；重视物联网等新型信息技术应用产生的农业生产环境及动植物本体感知数据的采集、积累及挖掘；注重开发利用信息服务过程中的农民需求数据，及时发现农业农村经济发展动向和苗头性问题；鼓励和引导社会力量积极开展区域性、专业性涉农信息资源建设，不断健全涉农信息资源建设体系，丰富信息资源内容。

2．加强农业行业管理信息化建设

推进国家农情（包括农、牧、渔、垦、机）管理信息化建设，对农业各行业进行动态监测、趋势预测，提高农业主管部门在生产决策、优化资源配置、指挥调度、上下协同、信息反馈等方面的能力和水平。推动渔业安全通信网建设，实现对渔船的实时、可视化监管。建立国家农机安全监理信息监控中心，监控与指导省级农机安全监理机构，协调注册登记、违章处罚、事故处理、保险缴纳等农机安全监理信息的共享与交流。加强农产品贸易信息和国际农产品价格监测，完善农业产业损害监测预警体系。大力推进农村集体资源管理信息化建设。建立农产品加工业监测分析和预警服务平台，促进农产品加工业健康发展。

3．提高农业综合执法信息化水平

完善农业行政审批服务平台，推进行政审批和公共服务事项在线办理，建立和完善农药、肥料、兽药、种子、饲料等农业投入品行政审批管理数据库，逐步实现农业部内各环节、各级农业部门间行政审批的业务协同，提高为涉农企业、农民群众服务的水平。

4．加快农产品质量安全监管信息化建设

完善农产品质量安全追溯制度，推进国家农产品质量安全追溯管理信息平台建设，开发全国农产品质量安全追溯管理信息系统。探索依托信息化手段建立农产品产地准出、包装标识、索证索票等监管机制。加快建设全国农产品质量安全监测、监管、预警信息系统，实行分区监控、上下联动。积极推进农资监管信息化，规范农资市场秩序，尽快建立农作物种子监管追溯系统，加快推进农机安全监理信息化建设，提高农资监管能力和水平。

5．完善农业应急指挥信息化建设

建设上下协同、运转高效、调度灵敏的国家农业综合指挥调度平台，进一步推动种植业、畜牧兽医、渔业、农机、农垦、乡企、农产品及投入品质量监管等领域生产调度、行政执法及应急指挥等信息系统开发和建设，全面提升各级农业部门行业监管能力。进一步加强办公自动化建设，推进视频会议系统延伸至县级农业部门，加快推进电子文件管理信息化。

（四）切实完善农业农村综合信息服务体系，推进信息进村入户

1．打造全国农业综合信息服务云平台

进一步完善全国语音平台体系、信息资源体系和门户网站体系；探索将农技推广、兽医、农产品质监、农业综合执法、农村三资管理、村务公开等与农民生产生活及切身利益密切相关的行业管理系统植入 12316 服务体系；推广 12316 虚拟信息服务系统进驻产业化龙头企业、农民专业合作社等新型农业生产经营主体，有效满足其对外加强信息交流、对内强化成员管理需求。

2．完善信息服务站点和农村信息员队伍建设

依托村委会、农村党员远程教育站点、新型农业经营主体、农资经销店、电信服务代办点等现有场所和设施，按照有场所、有人员、有设备、有宽带、有网页、有可持续运营能力的"六有"标准认定或新建村级信息服务站。建立健全农业综合信息服务体系，着力强化乡、村农业信息服务站（点）建设，探索设置乡镇综合信息服务站和农业综合信息员岗位；加强农村信息员队伍建设，充分发挥农村信息员贴近农村、了解农业的优势，有针对性地满足农民信息需求。

3．探索信息服务长效机制

充分发挥市场在资源配置中的决定性作用，同时更好发挥政府作用。探索市场主体投资农业信息服务。鼓励村委会与各类企业合作或合资筹建村级信息服务站，采用市场化方式运营，实现社会共建和市场运行。

（五）全面夯实农业信息化基础，助力农业信息化健康有序发展

1．推进农业信息化基础设施建设

积极推进光纤进入专业大户、家庭农场、农民专业合作社等新型农业经营主体，全面提高宽带普及率和接入带宽。在国家统筹布局新一代移动通信网、下一代互联网、数字广播电视网、卫星通信等信息化设施建设的背景下，探索政府补贴与优惠政策，推进农业信息化基础设施建设。

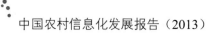

2．加大涉农信息资源开发和利用力度

建立和完善涉农信息资源标准，开展涉农信息资源目录体系建设，健全涉农信息资源数据库体系。面向"三农"需求，开发实用的各类涉农信息资源，切实解决农业农村信息服务"最初一公里"问题。探索并完善涉农信息共建共享机制，逐步实现跨部门、跨区域涉农信息系统的数据互通、资源共享和业务协同，避免形成新的信息孤岛。

3．加强工作体系建设

加强市场信息体系建设，积极与有关部门沟通协调，强化工作力量。加强各级农业部门信息中心条件建设，更好地为农业行政管理及信息化推进提供技术和服务支撑。充分利用各类培训资源，强化对农业行政管理人员、农业生产经营主体、农村信息员及农民的培训力度，不断提高应用主体的信息素养。

4．大力发展农业信息化产业

立足于自主可控原则，加强核心技术研发，加快农业适用信息技术、产品和装备研发及示范推广，加强创新队伍培养。支持鼓励涉农企业及科研院所加快研发功能简单、操作容易、价格低廉、稳定性高、维护方便的信息技术产品设备和产品。鼓励成立农业信息化等领域的产业联盟，以企业为主体，推进农业信息化产业创新和成果转化。

五、新形势下推进农业信息化的对策与建议

（一）坚持处理好政府和农民的关系，摸清农民信息需求

深入分析和把握新形势下的农民特点，吃透民情、把握民意、顺应民心，充分满足农民的各种信息需求，是推进农业信息化建设的出发点和落脚点。因此，在推进农业信息化建设时，要注重调研，切实以农业发展和农民需求为导向，充分发挥信息技术优势，优先解决农业农村经济发展中的热点、难点尤其是人民群众关心的问题，突出应用，务求实效。

（二）坚持处理好政府和市场的关系，充分调动市场的积极性

党的十八届三中全会指出，要使市场在资源配置中起决定性作用。如何在农业信息化建设中处理好政府与市场的关系，发挥好二者的应有作为，是一个重大问题。在推进农业信息化建设时，要更好地发挥政府作用，为农业信息化建设创造良好制度环境，完善农业信息化基础设施，增强涉农信息资源开发和利用能力，为农民提供基本的、公益性的公共信息服务，强化科技和人才支撑，加强信息安全防护能力建设，为农业信息化的快速、健康、有序发展建立起强大的政府支撑体系。同时，要发挥市场在资源配置中的决定性作用，广泛动员社会参与，充分调动电商、电信运营商、信息服务商等企业合力推进农业信息化建设，探索出一条"政府得民心、企业得利益、农民得实惠"可持续发展的路子。

（三）坚持处理好中央和地方的关系，建立上下协同的工作机制

加快推进农业信息化建设，要充分发挥中央和地方两个积极性，合理划分实权，做到各负其责、上下协同，努力实现农业信息化建设整体效能的最大化。中央主要是把方向、抓重点，制订好农业信息化建设的扶持政策和发展规划。地方主要是结合本地实际，根据中央总体部署，因地制宜推进本地农业信息化建设。

（四）加大投入力度，落实专项工程

研究建立农业信息化支持政策体系，引导和吸引社会资金投入农业信息化建设，完善以政府投入为引导、市场运作为主体的投入机制，按照"基础性信息服务由政府投入，专业性信息服务引导社会投入"的原则，多渠道争取和筹集建设资金。鼓励地方设立农业信息化基本建设专项，用于系统稳定地推进农业信息化重大建设工程；设立财政专项经费，用于开展信息系统运维、标准体系建设、典型示范、安全防护及信息资源建设等工作。

（五）积极探索信息补贴政策，促进推广应用

目前我国已进入"工业反哺农业，城市支持农村"的阶段，"农机、良种、家电"等补贴政策的实施对刺激农村经济发展、促进农民增收效果显著，开展农业信息补贴必将大大推进农业信息化，建议国家和地方开展农业信息补贴试点工作。建议各级财政每年安排一定规模资金，选择信息化水平较好、专业化水平高、产业特色突出的农业产业化龙头企业、农业科技园区、国有农场、农民专业合作社等开展物联网、云计算、移动互联等现代信息技术的应用示范，并对这些应用主体实施信息补贴，以点带面促进我国农业信息化跨越式发展。

（六）完善标准规范和评价体系，保障农业信息化规范发展

农业信息化标准是农业信息化建设有序发展的根本保障，也是整合农业信息资源的基础，要加快研究制定农业信息化建设相关标准体系，建立健全相关工作制度，推动农业信息化建设规范化和制度化。农业信息化评价工作是全国及地方开展农业信息工作的风向标，是检查、检验和推进农业信息化工作进展的重要手段，要加快推进农业信息化评价工作，建立和完善评价标准、办法和工作体系，引领农业信息化健康、快速、有序发展。

（七）提前谋划"十三五"规划，加强顶层设计

党中央、国务院作出了确保到 2020 年全面建成小康社会的战略部署，而信息化水平也是衡量全面建成小康社会是否建成的关键指标，这一目标能否实现，"十三五"是关键。现在距离"十三五"不到两年时间，提早谋划"十三五"农业信息化发展规划是当务之急。要科学制定"十三五"时期农业信息化发展的总体目标、主要任务、重大工程和保障措施，必须充分调研、反复论证，以确保规划的战略性、科学性、前瞻性和可操作性，因此必须提前谋划、布置和部署。

专题调研篇

中国农村信息化发展报告（2013）

第三十六章

我国农村信息化现状和需求调研报告

第一节 引言

近年来，我国农业信息化发展取得了很大进步，农户作为农业信息化的主要参与者，是信息化建设的关键因素，发展有文化、懂技术、会经营的科技型农户，培养农户发现问题、分析问题、应用信息化设备解决问题的意识和能量，充分发挥农户在我国信息化发展进程中的主体作用，有助于我国农业信息化的发展，对我国实现"四化同步"具有重要作用。

在我国农业信息化发展过程中，仍然存在着农户信息化信息意识不强，对信息化设施持无所谓态度，已有的信息化设备不能得到充分地使用等问题，为了进一步了解全国范围内农业信息化的发展水平现状和农户对信息化的需求，分析在信息化建设过程中存在的问题，提出可行性方案，开展了《中国农业信息化发展研究》课题。

第二节 调研对象和调研内容

一、调研对象

根据课题需要，通过"农业信息化发展与需求农户调查问卷"，以江苏、山东、吉林、河南、贵州五省农村为抽样调查和分析研究对象。

从经济发展水平看，具有一定的层次差别，江苏和山东属于经济相对发达的省份，河南和吉林属于经济中等发展水平的省份，贵州属于经济水平相对较差的地区。

从区域分布上看，江苏和山东、河南、贵州，分别处于中国的东部、中部、西部地区。

五个省都是农业大省，农业对于当地的经济发展有至关重要的作用。

二、调研内容

此次研究重点根据农户所从事的产业、经济收入、文化水平、年龄结构等方面的差异，分析不同区域信息化程度的差异和对信息化信息的需求差异，展开调研工作。调研内容涉及农户家庭基本情况、农户生活信息化现状、农户生产信息化现状、农户信息需求和信息站点建设情况5部分内容。

将五个省市按照经济发展情况不同分为3个不同层次，分别为经济高度发达地区、经济中等发达地区、经济欠发达地区。以山东省和江苏省代表经济高度发达地区，以吉林省和河南省代表经济中等发达地区，以贵州省代表经济欠发达地区。分析五个省农户生活信息化现状，并对不同经济发展程度的地区进行比较。

三、调研方法

实地调研过程采用结构式问卷调查，即采用结构式问卷，对通过随机抽样选取的被访问者进行面对面、一对一的访问。

（一）问卷设计与访谈对象。

此次调研以农户为主要调研对象，根据研究内容，设计调研问卷包括以下几个方面：农户个人和家庭的基本情况、农业生产情况；农户生活信息化现状，包括固定电话、手机、计算机、有线电视等信息化设施的安装和使用情况；农户生产信息化现状，测土配方施肥系统、节水灌溉应用面积、病虫害防治系统应用面积、畜禽和水产养殖生长环境监控系统、疫病诊断与防控系统应用、食品安全信息等方面的信息化设施的安装和使用情况；农业信息化对农户生产和生活的应用；农户在生产和生活方面对信息化的需求情况；农户在信息化建设中期望政府实施的职能和政策支持；农村信息站的建设情况和农户对信息站的满意程度。

（二）问卷发放与回收情况。

本次调研总共发放调研问卷950份，回收950份，其中有效问卷884份（见图36-1）。

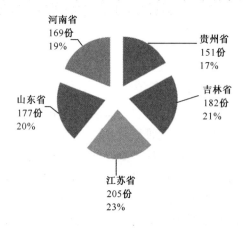

图 36-1　五省市农户分布调研问卷情况

四、调研样本基本特征

由于户主对家庭的基本情况及信息化程度比较了解，所以调研过程中，以户主为主要调研对象，男性作为优先选择调研对象。从图 36-2 可以看出五个省市被访谈者的性别比例情况，都是以男性作为主要访谈者。

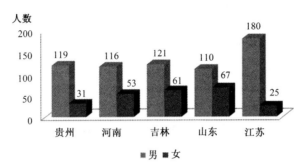

图 36-2 被调研者性别分布情况

由于不同年龄段信息化程度有一定的差别，且不同年龄段对信息化的需求程度不同，在调研过程中有选择的对不同年龄段的人群进行调研。图 36-3 反应出五个省市被访谈者的年龄分布情况。

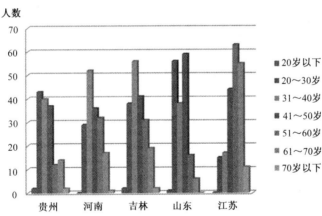

图 36-3 被调研者年龄分布情况

通过调研发现，五个省市农户的教育水平普遍偏低，小学和初中文化水平的农户较多，缺少专科和本科及以上的具有高知识水平的农民。总体来看，农户受教育水平偏低，大多数农户缺乏对计算机的使用兴趣和使用技能，普遍缺乏计算机相关知识（见图 36-4）。

调研发现，贵州主要以大田种植和林业为主要农业产业，河南主要以大田种植为主，吉林主要以大田种植和林业为主，山东主要以蔬菜种植为主，江苏主要以大田种植和水产养殖为主。在调研中还发现，从事其他工作的农户（主要是指外出打工和有家庭自营产业）所占比例较大，说明我国传统农业的比重正在逐步缩减（见图 36-5）。

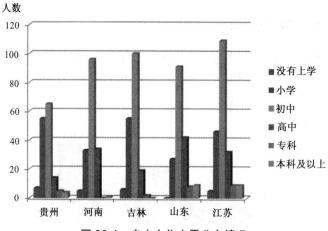

图 36-4　农户文化水平分布情况

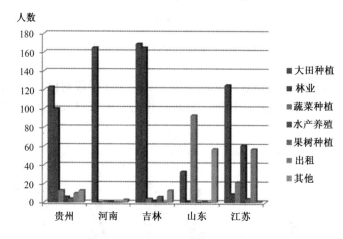

图 36-5　农户从事工作分布

　　从农户的年收入情况来看，贵州农户收入水平较低，河南和吉林的农户收入水平居中，山东和江苏的农户收入水平较高。总体来看，农户收入普遍较高，农民生活得到改善，为实现信息化提供经济支持（见图 36-6）。

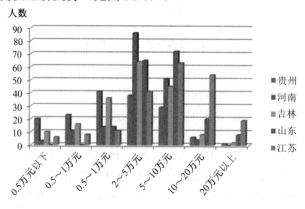

图 36-6　农户收入分布

第三节 我国五个省份农户生活信息化现状

一、信息化基础设施普及率

通过调研及统计分析得出我国五个省份的电话户拥有量平均为 0.33 台，其中贵州省的电话户拥有量最低为 0.18 台，江苏省的电话户拥有量最高为 0.72 台，河南省、吉林省和山东省的电话户拥有量没有达到五个省份电话户拥有量的平均值。我国五个省份的手机户拥有量平均为 2.94 部，其中贵州省最高，数量为 3.42 部，吉林省最低，数量为 2.63 部。我国五个省份有线电视的户拥有量的平均值为 1.29 台，其中贵州省最低，数量为 1.07 台，江苏省最高，数量为 1.74 台；我国五个省份的计算机户拥有量平均为 0.82 台，其中贵州省最低，数量为 0.48 台，江苏省最高，数量为 1.12 台。从总体来看，山东省和江苏省的信息化基础设施水平较高，尤其是计算机的拥有量，贵州省的信息化基础设施水平较低。我国五个省份农户拥有的信息化基础设施数量最多的是手机，其次是有线电视、计算机和电话，由于手机和有线电视具有方便操作和易携带等特点，已经超越固定电话成为主要的信息获取终端（见图 36-7）。

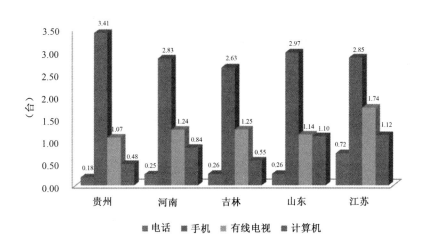

图 36-7 我国五个省份信息化基础设施每户拥有量

二、农户的信息意识及操作水平

在调研农户使用信息设施主要用途的过程中发现，我国五个省份的农户使用基础信息设施主要用于了解新闻和休闲娱乐，其中河南省农户最为明显，了解新闻和休闲娱乐占总调查户数的百分比分别为 71% 和 78%。江苏省、山东省的农户中各有 33% 和 29% 的农户使用基础信息设施来获取农业信息，这两个省份是使用基础信息设施获取农业信息较积极的省份。由此可以看出，我国五个省份农户使用信息化设施获取农业信息的意识有待加强（见图36-8）。

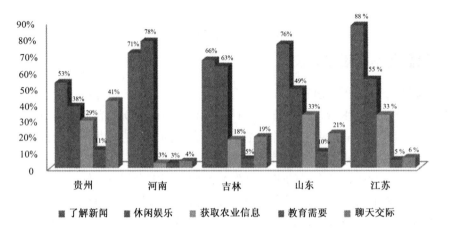

图36-8　我国五个省份生活信息设施的用途

由图36-9可以看出，农户的主要上网途径是家里的计算机和手机。山东省通过各种途径上网农户比较多，数量为总农户的 89%，贵州省和吉林省的上网农户最少，数量均为51%。贵州省上网农户少是由于计算机户拥有量少，虽然有些农户有上网需求，但是由于没有设备而不能上网。每个省份都有很多不上网的农户，其中一些农户虽然家里有计算机，但是不会上网或者没有时间上网。这说明，农户还没有充分认识到互联网在日常生活中的作用和对提高农业生产的作用。

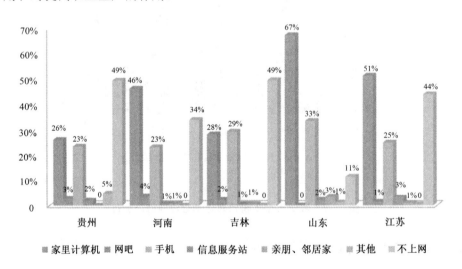

图36-9　农户上网途径

通过上面分析可知，农户最常用的上网途径是家里计算机和手机，那么不同年龄段的农户对上网途径的选择有什么不同呢？通过分析我们可以得出，使用家里计算机上网比例最高的年龄段是 41～50 岁，占总上网农户的 47%，比例最低的年龄段是 70 岁以上，占总上网农户的 6%；使用手机上网比例最高的年龄段是 20～30 岁，占总上网农户的 35%，比例最低的年龄段是 70 岁以上，占总上网农户的 6%。在不上网的农户中，比例最高的年龄段是 70 岁以上，占总农户的 63%，比例最低的年龄段是 20～30 岁，占总农户的 24%。由此我们可以看出，选择手机上网的农户趋向年轻化，选择计算机上网的农户在年龄上没有明显趋势。不上网的农户随着年龄的增大越来越多，说明年轻的农户具有信息化思想，能够接受信息化，要想实现农业信息化，重点在于培育年轻的农民（见表 36-1）。

表 36-1　不同年龄段农户的上网途径

年龄	家里计算机	网吧	手机	信息服务站	亲朋、邻居家上网	其他	不上网
20 岁以下	40%	0	0	0	0	20%	40%
20～30 岁	46%	3%	35%	1%	1%	4%	24%
31～40 岁	42%	2%	31%	2%	1%	7%	28%
41～50 岁	47%	2%	27%	1%	1%	10%	29%
51～60 岁	44%	1%	22%	2%	1%	9%	36%
61～70 岁	42%	1%	13%	4%	0	3%	43%
70 岁以上	6%	0	6%	0	0	0	63%

农户在生活中主要通过 7 种渠道获得信息，电视是农户获取生活信息的首选渠道，可以看出，电视对农户生活信息化有重要的作用。山东省农户更倾向于通过互联网获得信息，说明山东省农户能更好地在生活方面利用互联网信息的丰富性和便利性。我国五个省份中，通过亲朋好友获得生活信息的农户也有很多，尤其是河南省的农户，这说明农户在获取信息方面还是更为依靠亲朋好友的相互交流和沟通。需要指出的是，江苏通过农民组织获得信息的农户呈明显增多趋势，农民组织主要是指农药销售点、饲料销售点等农资农具销售点（见图 36-10）。

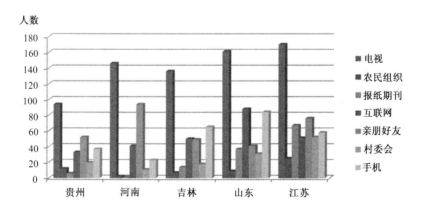

图 36-10　农户获取生活信息的主要渠道

由图 36-11 可以看出，我国五个省份的农户主要通过自学或朋友家人的指导来学习使用信息设施，这是比较方便和快速学习使用信息设施的途径。其中，江苏省有 26%的农户通过信息化培训学习使用信息设施，这说明江苏省开设了信息化培训班专门为农户提供相关的信息培训。在此次调研中发现，有些农户通过其他途径学习使用信息设施，比如，网络查询、使用说明书等。

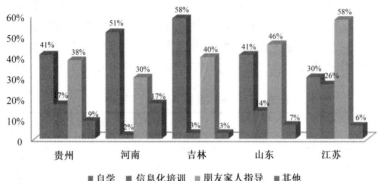

图 36-11　农户使用信息设施的学习途径

通过调研分析可以得出，我国五个省份的农户在使用信息设施过程中存在较多困难。我国五个省份中 20%的农户没有基础设施，其中贵州省没有基础设施的农户最多，比重为34%，江苏省最少，比重为 13%；我国五个省份使用信息设施的最大困难为有设施不会使用，有 38%的农户属于这一类别，其中江苏省最多，比重为 55%，贵州省最少，比重为27%；我国五个省份中有21%的农户不知道获取哪些信息，其中山东省这样的农户最多，比重为29%，吉林省最少，比重为11%；我国五个省份中大概有16%的农户表示在使用信息化基础设施时会有其他困难，比如设施不齐全、公布的信息真假难辨、基础设施落后、信息不及时、断网等。由此可以看出，对农户进行信息化基础设施使用方法的培训是提高我国信息设施使用率的关键，保障信息质量和信息的及时性也是提高我国信息设施使用率的途径之一（见图 36-12）。

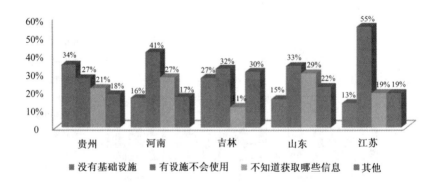

图 36-12　农户使用信息设施的困难

在对农户使用计算机的熟练程度调研中发现，我国五个省份 36%的农户完全不会使用计算机，其中贵州省最多，占贵州省调查农户的 55%，山东省最少，占山东省调查农户的 10%；34% 的农户会一些计算机操作，其中贵州省和江苏省农户最低，均占本省调查农户的 27%，山东省最高，占山东省调查农户的 44%；只有 13% 的农户能够非常熟练地使用计算机，其中山东省最多，占调查农户的 27%，河南省最少，占调查农户的 5%。山东省使用计算机熟练程度比其他四个省份要高，贵州省熟练程度最差。总体来看，农户完全不会使用计算机网络的比例较高，需要加强农户对计算机网络使用的培训（见图 36-13）。

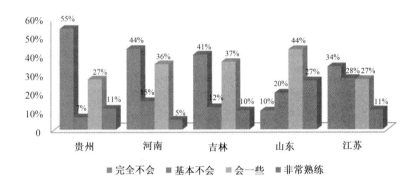

图 36-13　农户对计算机网络的使用情况

　　通过调研分析可以得出，我国五个省份计算机的平均日使用时间为 2.13 小时，其中山东省农户平均使用时间最长，为 4.06 小时，吉林省农户使用时间最短，为 0.76 小时；我国五个省份电视的平均日使用时间为 3.33 小时，其中山东省农户使用时间最长，为 4.03 小时，江苏省农户使用时间最短，为 2.60 小时；我国五个省份计算机上网的平均日使用时间为 1.82 小时，其中山东省农户使用计算机上网时间最长，为 3.32 小时，贵州省农户使用计算机上网时间最短，为 0.96 小时；我国五个省份手机上网的平均日使用时间为 1.35 小时，其中河南省农户使用时间最短，为 0.88 小时，山东省农户使用时间最长，为 2.09 小时。江苏省农户虽然信息设施拥有量比较高，但是信息设施使用时间较短，是因为农户没有时间使用信息设施。总体来看，山东省对信息设施的使用时间最长，其次是河南省农户（见图 36-14）。

　　从图 36-15 可以看出，河南省农户很少登录涉农网站；贵州省农户登录种植网站、新浪各地综合网站和批发市场网站相对较多；吉林省农户登录农资农机网站、涉农综合网站、新浪各地综合网站较多；江苏省农户登录新浪各地综合网站、水产网站较多；山东省农户与其他省市农户相比，各网站登录都相对较多，尤其是种植网站、农业部机构网站、农科院研究所网站和批发市场网站。虽然我国涉农网站数量种类较多，但是登录涉农网站的农户却很少，主要原因有三个方面。①农户认为涉农网站公布的信息真假难辨，不敢相信涉农网站的信息；②农户认为涉农网站公布的信息不及时，不能满足农户的需要；3.基础设施的拥有量和相关服务设施的落后限制了农户对涉农网站的使用，比如，网络网速慢、经常断网等。

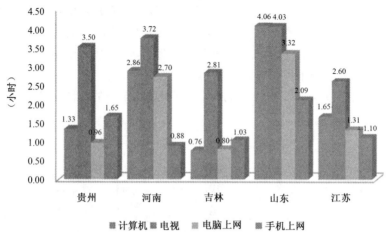

图 36-14　农户使用信息设施的时间

图 36-15　农户登录涉农网站

由图 36-16 可以看出，各省农户使用互联网主要用于浏览新闻、娱乐聊天和网上购物，使用互联网查询农技信息、农产品和生产资料价格的农户很少，山东省农户在查询农技信息、农产品和生产资料价格方面使用互联网较多，占调查农户的百分比分别为 25%和 19%，河南省农户在这两方面对互联网的使用最差，使用农户所占百分比分别为 1%和 1%。由此可以看出，农户虽然使用互联网，但是主要用于娱乐和购物。由于农户缺乏将信息化设施应用于农业生产的意识，致使即使有基础设施也不会用于农业生产的现象存在。应加强农户将农业生产与信息化设施相结合的意识，促进我国农业信息化的快速发展。

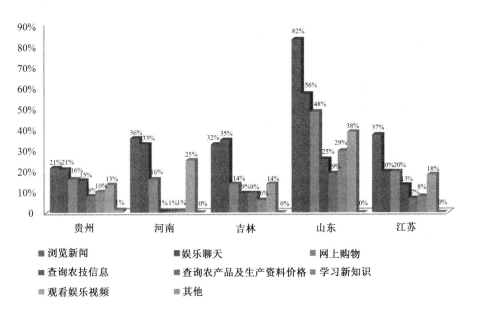

图 36-16　农户对于互联网的应用

由表 36-2 可以看出，对于 20 岁以下和 20～30 岁的农户，互联网主要用于娱乐聊天；31～60 岁的农户，主要用于浏览新闻；61～70 岁的农户，主要用于浏览新闻和观看娱乐视频；70 岁的农户很少上网，主要是浏览新闻和查询农技信息。

表 36-2　不同年龄段农户对互联网的应用（单位：户）

年龄段	浏览新闻	娱乐聊天	网上购物	查询农技信息	查询农产品及生产资料价格	学习新知识	观看娱乐视频
20 岁以下	5	12	8	1	0	2	5
20～30 岁	103	111	66	27	17	35	59
31～40 岁	100	74	45	27	19	28	50
41～50 岁	93	44	33	33	20	11	50
51～60 岁	31	17	9	14	10	11	15
61～70 岁	6	4	5	3	2	2	6
70 岁以上	1	0	0	1	0	0	0

通过调研互联网（手机上网）对农户日常生活的影响，结果发现，我国五个省份农户认为互联网（手机上网）对日常生活影响很大的农户百分比平均为 19%，其中山东省农户最多，占本省农户的 28%，河南省农户最少，占本省农户的 4%；认为互联网（手机上网）对日常生活影响大的农户百分比平均为 16%，其中山东省农户最多，占本省农户的 33%，江苏

省农户最少，占本省农户的8%；认为互联网（手机上网）对日常生活影响一般的农户平均百分比为13%，山东省农户最多，占本省农户的15%，江苏省最少，占本省农户的8%；认为互联网（手机上网）对日常生活影响小的农户百分比平均为8%，其中河南省农户最多，占本省农户15%，江苏省农户最少，占本省农户的4%；认为互联网（手机上网）对日常生活没有影响的农户百分比平均为50%，其中江苏省农户最多，占本省农户的62%，山东省农户最少，占本省农户的18%。总体来看，互联网（手机上网）对山东农户的日常生活影响最大，对江苏省农户的影响最小，这充分反映出江苏省农户缺乏对互联网（手机上网）作用的认识，不能利用互联网（手机上网）为生活所用（见图36-17）。

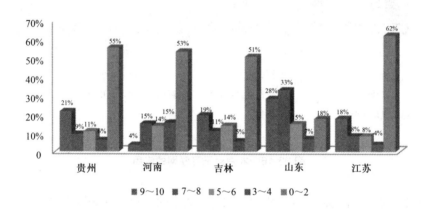

图 36-17　互联网对农户的影响

通过调研有线电视对农户日常生活的影响，结果发现，我国五个省份认为有线电视对日常生活影响很大的农户平均百分比为23%，其中江苏省的百分比最高，比重为35%，河南省的百分比最低，比重为7%；认为电视对日常生产影响大的农户的平均百分比为18%，其中山东省的百分比最高，比重为31%，贵州省的百分比最低，比重为6%。认为电视对日常生活影响一般的农户平均百分比为20%，其中河南省的百分比最高，比重为29%，贵州省百分比最低，比重为12%。认为电视对日常生活影响小的农户平均百分比为11%，其中河南省的百分比最高，比重为20%，吉林省的百分比最低，比重为5%。认为电视对日常生活几乎没有影响的农户平均百分比为31%，其中贵州省的百分比最高，比重为55%，江苏省的百分比最低，比重为13%。有线电视对山东省和江苏省农户的日常生活影响较大，对吉林省和河南省农户的日常生活影响居中，对贵州省农户日常生活的影响较小。通过与互联网对农户日常生活影响作比较，发现有线电视对农户日常生活的影响要比互联网的影响大（见图36-18）。

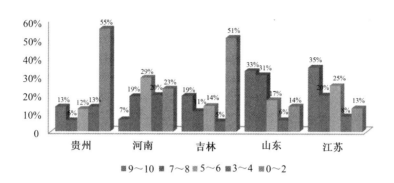

图 36-18　有线电视对农户的影响

三、小结

通过对我国五个省份农户生活信息化现状调研发现，在信息化基础设施普及率方面，五个省份农户在固定电话拥有量、手机拥有量和有线电视拥有量方面没有明显的地域差别，但是在计算机拥有量方面可以看出，山东省和江苏省农户的计算机拥有量明显高于其他三个省份。这与当地经济发展状况和农户的收入状况有关系，山东省和江苏省农户的收入水平高于其他三个省份农户的收入水平。

通过分析可以看出，山东省农户和江苏省农户对互联网信息的利用率较高，尤其是山东省农户更为明显。山东省农户在信息设施使用熟练程度和使用时间上也高于其他省份，其次是江苏省农户。对信息化设施使用率较高，说明农户具有较强的信息化意识。

农户较少利用互联网信息、手机短信息，在农业生产过程中凭借自身经验安排生产，主要原因是涉农信息质量不具有权威性，且信息发布不及时。

通过分析信息化设施对农户日常生活影响程度发现，山东省和江苏省的农户认为互联网（手机上网）、有线电视对日常生活影响较大，贵州省和吉林省农户认为二者的影响一般，河南省农户认为二者的影响较小。

我国五个省份农户对信息化设备的普及率仍有提升的空间，应进一步提高农户的信息化意识，提高农户利用信息技术的积极性，规范涉农信息发布质量标准。

第四节　我国五个省份农户生产信息化现状

一、农户生产信息化现状

通过调研发现，我国五个省份农户在遇到生产困难时选择的解决路径几乎相同，主要渠道有电视、计算机、亲朋好友、农业技术推广部门、其他方式。在其他解决途径中，农户主要凭借自己的经验、在农资农具销售点了解信息等方法解决问题（见图 36-19）。

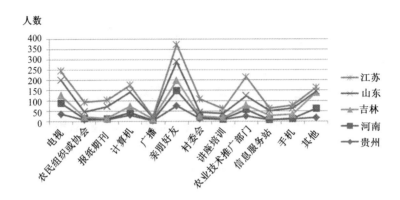

图 36-19　农户解决农业生产问题的渠道

通过对农户是否知道国家惠农政策的调研发现，我国五个省份的农户对惠农政策比较了解。几乎所有农户都了解减免农业税政策。少数农户对良种补贴、种粮直补和农机补贴不了解，是因为常年不种地在外打工。与其他四项惠农政策相比，知道农业综合补贴政策的农户相对较少，其中山东省农户对这项政策的了解程度最低，江苏省农户对这项政策的了解程度最高（见图 36-20）。

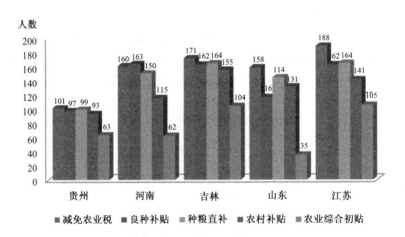

图 36-20　农户对惠农政策的了解程度

通过对农户关于信息化设施了解程度的调研发现，我国五个省份的农户对农业信息化设施都有了解，但是每个省的了解情况不同，从事不同行业的农户对农业信息设施的了解程度也不同。总体看，五个省份的农户了解最多的信息化设施就是病虫害防治、测土配方施肥和节水灌溉。江苏省农户对农业生产环境监测的了解也比较多，山东省农户对物流配送了解较多。江苏省和山东省农户对信息化设施了解程度较高，吉林省农户对信息化设施了解程度居中，河南省和贵州省的农户对信息化设施了解程度较低，这与当地农业经济发展状况以及当地农业技术部门的推广措施有关（见图 36-21）。

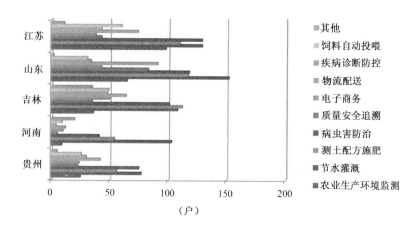

图 36-21 农户对信息设施的了解程度

通过表 36-3 可以看出，从事大田种植的农户中，了解节水灌溉系统的农户最多，有 381 户，了解质量安全追溯系统的农户最少，有 97 户；从事水产养殖的农户中，了解农业生产环境监测的农户最多，有 38 户，了解电子商务的农户最少，有 12 户；从事果树种植的农户中，了解节水灌溉系统的农户最多，有 15 户，了解电子商务和饲料自动投喂系统的农户最少，有 1 户；从事蔬菜种植的农户中，了解节水灌溉的农户最多，有 108 户，了解饲料自动投喂系统的农户最少，有 24 户。通过分析可以得出，农户对自己进行农户生产相关的信息设施了解较多（见表 36-3）。

表 36-3 不同性质农户对信息设施的了解程度（单位：户）

种植品种	农业生产环境监测	节水灌溉	测土配方施肥	病虫害防治	质量安全追溯	电子商务	物流配送	疾病诊断防控	饲料自动投喂
大田	167	381	304	291	97	116	171	104	118
水产养殖	38	32	28	37	18	12	25	13	36
果树	5	15	11	13	3	1	3	3	1
蔬菜	47	108	88	86	59	26	51	27	24

通过对农户使用信息化基础设施的调研发现，贵州省农户使用温度传感器、节水灌溉系统、测土配方施肥较多；河南省农户对生产信息设施使用很少，只有很少农户使用温度传感器和节水灌溉系统；吉林省农户使用测土配方施肥、节水灌溉系统、有机物耗氧量系统、避雷系统等生产信息设施较多；山东省农户使用自动卷帘、节水灌溉、测土配方施肥等设施较多；江苏省农户使用农业信息生产设施较广泛，只有土壤 pH 值传感器、光照传感器和自动卷帘使用较少。江苏省和山东省的农业信息化生产设施使用程度较高，吉林省的农业信息化生产设施使用程度居中，河南省和贵州省的农业信息化生产设施使用程度较低（见图 36-22）。

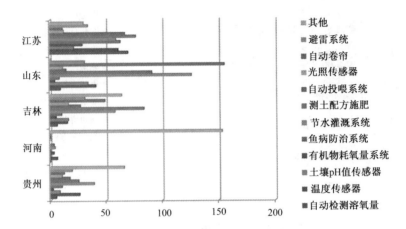

图 36-22　农户对生产信息设施的使用

　　通过对农户进行网上购物方面的调研发现，我国五个省份的农户有网上购买商品经历的很少。其中，贵州省的农户最少，35%的农户有网购经历；山东省的农户最多，76%的农户有网购经历。在网上购买最多的商品是衣服，其中山东省农户在网上购买衣服最多，占所有农户的 70%；河南省农户在网上购买衣服的最少，占所有农户的 30%；农户在网上购买次多的是家电，其中山东省农户最多，占所有农户的 38%；河南省农户最少，占所有农户的 9%。在网上购买食品的农户排第三，其中山东省农户最多，占所有农户的 26%；吉林省农户最少，占所有农户的 5%。在网上购买过农资农具的农户较少，其中江苏省和山东省农户最多，占所有农户的 7%。河南省农户没有在网上购买过农资农具的农户。总体看，江苏省和山东省的农户在网上购买商品较多，河南省和贵州省的农户在网上购买商品较少。这与农户基础信息设施拥有量和农户上网情况有关（见图 36-23）。

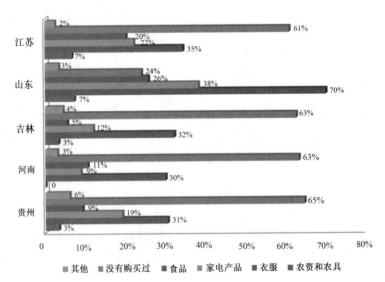

图 36-23　农户网购商品

通过对不同年龄段农户网购商品经历调查发现，20 岁以下的农户都在网上买过商品；各年龄段在网上购买最多的商品是衣服，购买最少的商品是农资和农具；随着年龄的增长没有在网上购买过商品的农户越来越多。由此可以看出，电子商务在农业用户这一方面的缺失（见表 36-4）。

表 36-4　不同年龄段的农户网购商品情况（单位：户）

年龄段	农资和农具	衣服	家电产品	食品	没有购买过
20 岁以下	0	5	1	1	0
20～30 岁	14	141	85	63	33
31～40 岁	11	92	40	31	102
41～50 岁	11	76	39	19	135
51～60 岁	2	41	14	14	148
61～70 岁	0	5	3	4	92
70 岁以上	0	1	1	0	14

由图 36-24 可以看出，我国五个省份中 30%的农户当地的快递可以送货上门，其中山东省最高，比重为 49%，河南省最低，比重为 1%；10%的农户当地的快递可以送到村委会，其中贵州省较高，比重为 17%，河南省最低，比重为 1%。33%的农户当地的快递送到距离最近的邮局，其中贵州省最高，比重为 43%，吉林省最低，比重为 20%。44%的农户当地的快递送到镇上的快递网点，其中河南省最高，比重为 68%，贵州省最低，比重为 23%。总体看，河南省物流配送系统不发达，山东省的物流配送系统较发达。物流配送的发展情况与当地经济发展状况和交通是否便利有关。

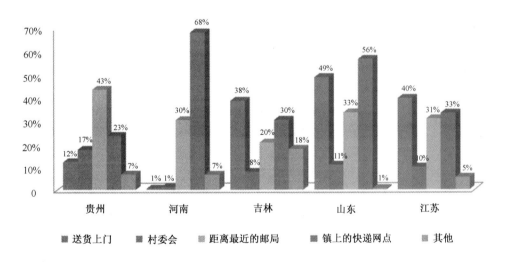

图 36-24　快递送货地点

通过调研我国五个省份农业信息技术对农业生产的影响发现，我国五个省份 31%的农户认为农业信息技术对农业生产影响很大，其中山东省农户最多，占山东省农户的 45%，河南省农户最少，占河南省农户的 1%；18%的农户认为农业信息技术对农业生产的影响大，其中山东省农户最多，占山东省农户的 27%，河南省农户最少，占河南省农户的 9%；19%的农户认为农业信息技术对农业生产的影响一般，其中河南省农户最多，占河南省农户的 24%，贵州省农户最少，占贵州省农户的 13%；11%的农户认为农业信息技术对农业生产的影响小，其中河南省农户最多，占河南省农户的 25%，山东省农户最少，占山东省农户的 3%；24%的农户认为农业信息技术对农业生产几乎没有影响，其中贵州省农户最多，占贵州省农户的 39%，山东省农户最少，占山东省农户的 7%。总体来看，我国五个省份的农户认为农业信息技术对农业生产影响较大，尤其是山东省和江苏省的农户。这说明山东省和江苏省的农业信息技术在农业生产中得到了推广应用，河南省的农业信息技术还没有在农业生产中得到推广应用（见图 36-25）。

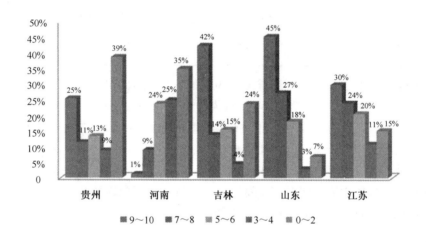

图 36-25　农业信息技术对农业生产的影响

二、小结

通过对我国五个省份农户生产信息化的调研发现，农户在生产过程中遇到问题的解决途径几乎相同，主要是通过亲朋好友相互交流经验和农业技术推广部门提供技术信息。

我国五个省份的农户对惠农政策比较了解，尤其是对减免农业税、良种补贴、种粮直补和农机补贴政策，少数农户对农业综合补贴不太了解。

农户在生产过程中使用信息化设施情况主要与当地从事的农业产业有关，山东省农户使用自动卷帘、节水灌溉、测土配方施肥等设施较多；江苏省农户使用农业信息生产设施较广泛，只有土壤 pH 值传感器、光照传感器和自动卷帘使用较少；吉林省农户使用测土配方施肥、节水灌溉系统、有机物耗氧量系统、避雷系统等生产信息设施使用较多；贵州省和河南省农户与其他三个省份农户相比使用信息化设施较少，还是依靠传统种植技术进行农业生产。

山东省、吉林省和江苏省的农户能够认识到信息技术对农业生产的影响，贵州省部分农户认识到信息技术对农业生产的影响，河南省的农户还没有意识到信息技术对农业生产的影响。贵州省、河南省农户的信息化意识有待提高。

第五节　我国五个省份农户信息化需求现状

一、农户信息化需求现状

通过对农户关于生活信息需求的调研发现，我国五个省份中，55%的农户需要致富信息，其中山东省农户最多，占本省农户的 64%，江苏农户最少，占本省农户的 44%；29%的农户需要文化娱乐信息，其中江苏省农户最多，占本省农户的 39%，贵州省农户最少，占本省农户的 21%；32%的农户需要教育信息，其中山东省农户最多，占本省农户的49%，河南省农户最少，占本省农户的 21%；45%的农户需要医疗保健信息，其中江苏省农户最多，占本省农户的 62%，河南省农户最少，占本省农户的 27%；26%的农户需要生活常识，其中山东省农户最多，占本省农户的 33%，河南省和江苏省农户最少，均占本省农户的 21%；17%的农户需要劳务用工信息，其中江苏省农户最多，占本省农户的 26%，河南省农户最少，占本省农户的 8%；42%的农户需要天气预报信息，其中江苏省农户最多，占本省农户的 52%，吉林省农户最少，占本省农户的 32%。总体来看，需要致富信息、医疗保健信息和天气预报信息的农户较多，这三类信息与农户的日常生活关联较大（见图 36-26）。

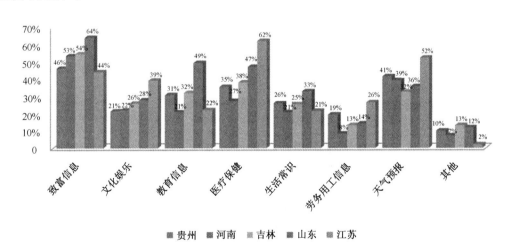

图 36-26　农户日常生活信息需求

通过对农户是否会使用互联网获得农业技术信息的调研发现，我国五个省份中，52%的农户不会通过互联网获得农业技术信息，其中河南省农户比例最高，占本省农户的

76%，山东省农户比例最低，占本省农户的 18%；14%的农户基本不会通过互联网获得农业技术信息，其中江苏省农户比例最高，占本省农户的 20%，贵州省农户比例最低，占本省农户的 3%；20%的农户偶尔通过互联网获得农业技术信息，其中山东省农户比例最高，占本省农户的 40%，河南省农户比例最低，占本省农户的 8%；13%的农户经常通过互联网获得农业技术信息，其中山东省农户比例较高，占本省农户的 28%，河南省农户比例最低，占本省农户的 2%。总体来看，山东省的农户能够利用互联网获得农业技术信息，河南省的农户对互联网信息的利用较差，几乎不会通过互联网获得农业技术信息。造成这种差距的原因主要有：各省份农户的基础信息设施拥有量不同，上网条件不同；各省份农户的信息化意识程度不同；农户使用互联网的熟练程度不同（见图 36-27）。

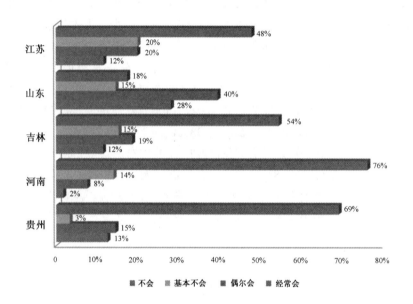

图 36-27　农户是否会使用互联网获得农业技术信息

在研究不同年龄段农户是否使用互联网获取农业技术信息的问题时，我们将 20 岁以下农户和 70 岁以上农户剔除，是因为 20 岁以下农户全部会使用计算机，但对农业技术信息不关心，70 岁以上农户基本不会使用计算机，不能通过互联网获取信息。通过分析可以得出，经常使用互联网获取农业技术信息的农户年龄段中，比例最高的是 51～60 岁，比重为 16%，比例最低的是 61～70 岁的农户，比重为 9%。偶尔使用互联网获取农业技术信息的农户年龄段中，比例最高的是 20～30 岁的农户，比重为 29%，比例最低的是 61～70 岁的农户，比重为 10%。基本不使用互联网获取农业技术信息的农户年龄段中，比例最高的是 51～60 岁的农户，比重为 19%，比例最低的农户是 20～30 岁的农户，比重为 9%。不使用互联网获取农业技术信息的农户年龄段中，比例最高的是 61～70 岁的农户，比重为 58%，比例最低的是 20～30 岁的农户，比重为 47%。总体趋势是年轻的农户使用互联网获取农业技术信息的农户较多，年纪大的农户使用互联网获取农业技术信息的农户较少（见表 36-5）。

表 36-5　不同年龄段农户使用互联网获得农业技术信息

年龄段	经常会	偶尔会	基本不会	不会
20 岁以下	0	40%	20%	40%
20～30 岁	15%	29%	9%	47%
31～40 岁	10%	21%	13%	56%
41～50 岁	15%	21%	12%	52%
51～60 岁	16%	16%	19%	48%
61～70 岁	9%	10%	18%	58%
70 岁以上	0	0	0	63%

通过对农户是否会使用手机短（彩）信形式接收农业信息发现，我国五个省份中 75% 的农户会以手机短（彩）信的形式接收农业技术信息，其中山东省农户比例最高，占本省农户的%，江苏省农户比例最低，占本省农户的 58%。有些农户不会以短（彩）信形式接收农业信息，是因为这些农户不从事农业生产，以家庭自营产业或者打工为主要收入来源，对农业信息不感兴趣，其中江苏省最为明显（见图 36-28）。在我国五个省份关于基础信息设施调研中得出，我国农户手机拥有量最高，而且手机作为最便利的通信设施是农户选择接受农业技术信息的主要终端。

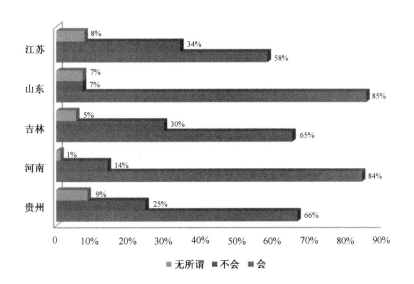

图 36-28　农户是否以短（彩）信形式接收农业技术信息

通过对农户农业信息需求的调研发现，我国五个省份的农户需要的信息主要是农业生产技术信息、病虫害防治技术信息和致富信息，所占总农户比例分别为 62%、47%、32%，其中河南省农户需要农业生产技术信息的比例最高，占本省农户的 68%，贵州省农户比例最低，占本省农户的 42%；山东省农户需要病虫害防治技术信息的农户比例最高，占本省农户的 62%，贵州省农户比例最低，占本省农户的 26%；山东省农户需要致富信息的比例最高，占本省农户的 42%，江苏省农户比例最低，占本省农户的 23%。需要指出的是，江苏省和山东省农户对农产品市场行情的需求量也比较高，农户需求比例分别为 35% 和 33%，这是由于这两个省份种植蔬菜的农户较多，需要根据市场行情来调整蔬菜价格。由此可以看出，五个省份农户对农业信息的需求种类基本相同（见图 36-29）。

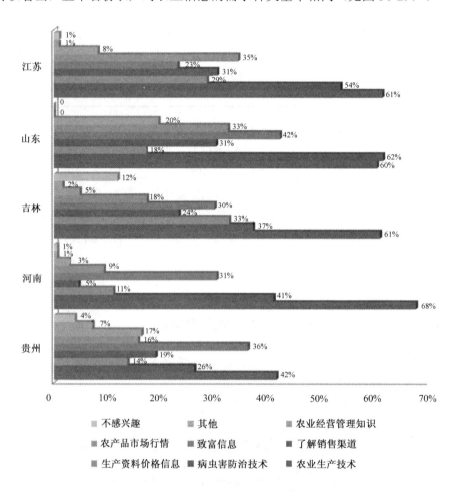

图 36-29　农业信息需求

从图 36-30 可以看出，在农业生产过程中，我国五个省份农户主要需要的信息是病虫害防治、测土配方施肥、和节水灌溉信息，农户需求比例分别为 40%、31%、30% 。其中江苏省农户对病虫害防治信息需求最高，农户比例为 57%，河南省农户需求比例最低，农户比例为 18%；江苏省和吉林省农户对测土配方施肥需求比例最高，农户比例均为 34%，河南省农户比例最低，农户比例为 22%；河南省农户对节水灌溉信息需求比例最高，农户比例为 51%，吉林省农户比例最低，农户比例为 18%。需要指出的是山东省和江苏省农户对生产信息设施的需求比例均较高，说明这两个省份的农户认识到农业信息化对农业生产的影响，利用农业信息化能够提高农业产量，增加效益。河南省农户除了对节水灌溉信息需求量高以外，对其他信息化设施需求量都很低，说明河南省农户还是依靠传统的农业生产技术，没有形成农业信息化思想。

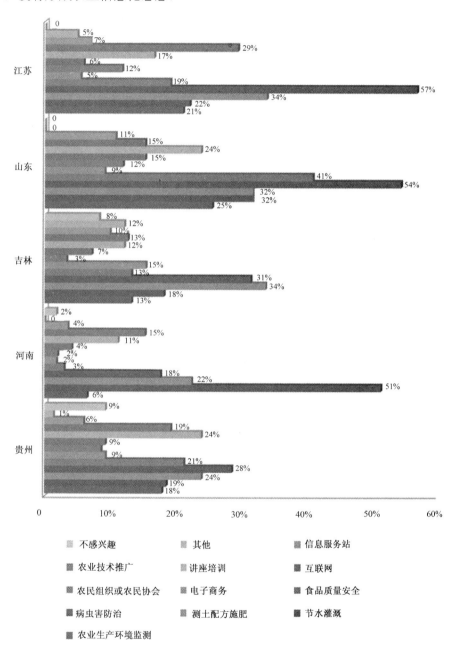

图 36-30　农业生产中需要加强的信息设施

在农户日常生活中，我国五个省份农户认为需要加强安全监控设备、信息查询机和广播信息设施，农户比例分别为40%、32%和31%。其中认为需要加强安全监控设备的农户中，山东省农户比例最高，占本省农户的比例为52%，河南省农户比例最低，占本省农户的比例为27%；认为需要加强信息查询机的农户中，山东省农户比例最高，占本省农户的比例为52%，河南省农户比例最低，占本省农户的比例为27%；认为需要加强广播的农户中，河南省农户比例最高，占本省农户的比例为48%，山东省农户比例最低，占本省农户的比例为22%（见图36-31）。

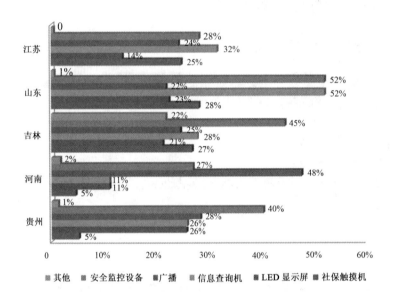

图36-31　农户生活中需要加强的信息设施

二、小结

通过调研我国五个省份农户对信息的需求情况发现，农户比较感兴趣的日常生活信息是致富信息、教育信息、医疗保健信息和天气预报等。在农业生产过程中，农户比较关心的农业信息有农业生产技术、病虫害防治技术、农产品市场行情等相关信息。

对农户获得相关农业信息途径的调研发现，农户不习惯通过互联网获得相关农业技术信息的方式，而以手机短（彩）信的形式获得农业技术信息的方式受到普遍欢迎。

在农户生产生活过程中，有些信息设施有待加强。在农业生产中，病虫害防治系统、食品质量安全信息、节水灌溉和测土配方施肥等需要加强。在农业生活中，安全监控设备、信息查询机和广播设施需要加强。

第六节　我国五个省份信息站建设现状

一、我国五个省信息站建设现状

这次参与调研的行政村共有 139 个，其中在行政村设有综合信息服务站点的有 62 个。这 62 个行政村中，60 个行政村有固定的信息服务站场地，2 个行政村的信息服务站场地正在建设中。在被访谈的行政村中，江苏省有 20 个行政村建有信息服务站，山东省有 16 个行政村建有信息服务站，吉林省有 17 个行政村建有信息服务站，河南省有 5 个行政村建有信息服务站，贵州省有 4 个行政村建有信息服务站，这些信息服务站都有固定信息服务场所（见图 36-32）。

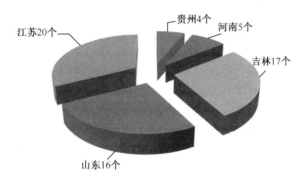

图 36-32　被访谈行政村信息服务站数量

通过调研发现，江苏省的信息服务站建设数量最多，服务站中公共信息化设施配备较完善，尤其是广播和图书馆等基础设施；贵州省和河南省的信息服务站建设数量少，服务站中只配备了基础的公共设施，相对比较落后（见图 36-33）。

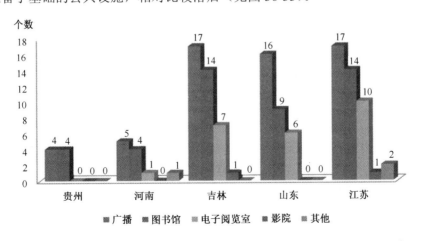

图 36-33　信息服务站公共信息化设施

通过对信息服务站的调研发现，江苏省信息服务站中信息化设施比较全面，基本能够满足农户的日常使用需求；贵州省和河南省的信息服务站只配备比较基本的计算机、电话和打印机，缺少其他信息化设施（见图36-34）。

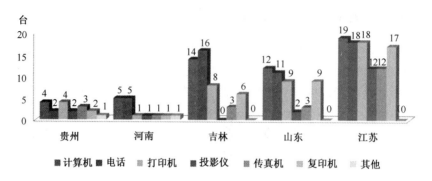

图 36-34　信息服务站的信息设施

在对信息服务站的公共服务调研中发现，江苏省和吉林省的信息服务站提供的信息服务种类齐全，基本能满足农户的信息需求；贵州省的信息服务站对科技下乡的信息提供较少；河南省的信息服务站缺少党员远程教育这项信息的服务。总体来看，在信息服务方面吉林省、江苏省做得比较全面（见图36-35）。

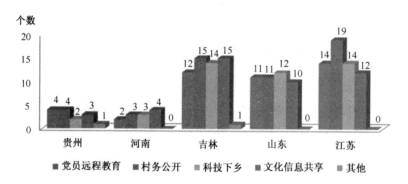

图 36-35　信息服务站的公共服务

在对信息服务站的信息咨询服务调研中发现，吉林省的信息服务站提供信息咨询服务比较全面；江苏省在科技信息和农村市场信息方面做得稍微差一点；贵州省的信息服务站在医疗保健和农村市场信息方面不能提供全面的信息咨询，可能是由于信息服务站建设数量少，存在缺乏信息资源共享，信息成本较高等问题；河南省的信息服务站能够为农户提供科技信息方面咨询服务（见图36-36）。

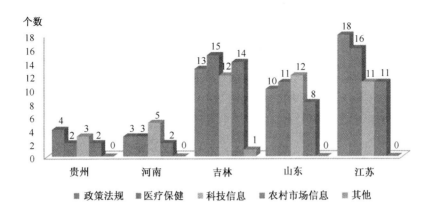

图 36-36 信息服务站的信息咨询服务

通过调研农户对信息服务站的满意度发现，农户基本满意信息服务站提供的信息化基础设施和提供的信息咨询服务，只有很少农户表示不太满意或者不满意，他们认为信息服务站公布信息不全面、信息发布不及时等（见图 36-37）。

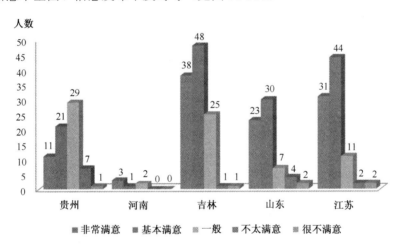

图 36-37 农户对信息服务站的满意度

二、小结

通过对信息服务站建设情况的调研发现，江苏省、吉林省和山东省的信息服务站数量相对较多，且相关配套设施完备，提供的信息服务种类多；贵州省和河南省的信息服务站数量相对较少，缺乏配套设施，提供信息种类不全，信息服务站的建设有待提高和完善。

第七节　主要问题和政策建议

一、主要问题

（一）农户信息意识不高，利用信息技术的积极性较低

被访谈的五个省份大部分农户的信息意识不高，很大部分农户对农业信息化的观念比较薄弱，接受涉农信息和技术服务的基础也比较薄弱，没有紧跟信息技术发展的新形势，没有利用信息化设施提高自身生活质量和农户生产产值的意识和需求。很多农户对农业信息化设施的安装和使用持无所谓态度。

（二）信息设备的普及率仍可提高

我国五个省份农户的固定电话、手机、有线电视、计算机户拥有量分别为 0.35 台、0.98 部、0.96 台、0.68 台。信息化设备的拥有量与城市相比仍然比较落后，尤其是计算机的普及率提高空间很大。目前，手机和有线电视是农民接收和传递信息的重要渠道，进一步提高信息化设备普及率，可以及时地把信息传达到农户，提高农户生活和生产质量。

（三）涉农信息质量没有保障，影响农户获取信息

当前网络上的农业信息质量参差不齐，一些虚假信息和不切实际的信息充满整个网络，使得农户失去了对网络信息的信任，不敢使用网络信息，多数还是凭借经验。目前涉农网站现状信息多、预测信息少、信息公布不及时等问题，使得农业网站的访问量很小。

（四）农户利用信息的程度不高

农民素质不高，信息意识薄弱，利用信息的能力不强。长期以来，小农意识使农民习惯种什么、养什么全凭自己的经验，他们对信息的重要性缺乏足够认识；同时，农民的文化基础水平不高，调研显示，我国五个省份农户主要是小学和初中文化水平（见图 36-4），也正是由于农民的文化、科技素质较低，所以相当一部分农民信息意识缺失或淡薄，这样必然会导致农民利用信息的能力受到限制。

（五）农民收入偏低，无力使用农业信息化设施

我国农户年收入以 2～10 万元居多（见图 36-6），农民有限的收入，一般只能维持正常的开销，如果要农民花几千元要去购买计算机，并且还要掏腰包支付一小时几元的上网费和使用计算机所需要的电费等开销，可以说，大多数农民都难以承受，当然也就谈不上利用网上丰富的信息资源了。

（六）农户信息需求不明确，获取信息能力弱

在被访谈农户中，有的农户家中基础化信息设备齐全，会简单的使用操作，但是不知道该获取哪些农业信息，反映出农户获取涉农信息能量不强，对农业信息没有明确需求，容易忽略重要农业信息。有的农户对涉农信息有强烈需求，但是其获取信息的能力限制其获得信息，只能被动接受信息服务。

（七）农户对信息服务站提供的信息设施利用率低

在调研中发现，虽然有些行政村建有信息服务站，但是多数农户从来没有去过信息服务站，对信息服务站提供的信息设施和提供的信息服务不清楚，没有充分利用信息服务站的资源。

（八）农业信息服务质量差

农村基层缺少收集、处理、传播信息的软硬件设备，信息网络体系不健全；信息服务中介组织严重缺乏，基层缺少能够主动、科学地进行信息管理的人员；信息来源可靠性差，致使不少假信息和过期信息给农业生产带来巨大损失。

（九）农业信息不对称现象严重

在我国的农业生产中，信息不对称现象十分严重。

首先是市场信息不对称。由于没有建立起市场信息传导机制，农民很难根据市场需求及时调整种植结构与产品产量，故生产带有很大的盲目性，使农产品供给短缺和过剩现象交替出现。

其次是科技信息不对称。由于信息渠道不通畅，农业科技成果与技术项目不能在农村中迅速推广，致使一些人趁机利用假科技信息、栽培和养殖信息欺骗农民，甚至利用假化肥、假种子、假农药等坑农害农，使农民遭受巨大损失。

再次是政策信息不对称。大部分农民对国家扶持农业发展的优惠政策不了解，再加上组织化和社会化程度低，这不仅使他们的愿望和要求得不到及时表达，权益得不到充分实现，而且也使政府难以准确制定出符合农民实际需求的政策。农业信息的不对称使得很多地区的农民成为信息弱势群体，如果任由这种现象存在和发展下去，最终会弱者更弱，贫者更贫。

（十）农业信息主体发育失衡

随着市场经济的发展，农业信息需求者，主要指政府、科研机构、教育机构、农民、农业生产经营单位、涉农部门，对农业信息的需求越来越迫切，但与之对应的信息生产者、加工者和提供者的信息供给能力却难以满足他们的需求，一方面是提供宏观信息为主的政府难以面对 9 亿农民的微观信息需求，另一方面是农业信息市场发育迟缓，按照市场机制发育的农业信息企业寥寥无几，出现了不同农业信息主体发育的严重失衡。

（十一）农业信息服务定位不准，实用性差

针对网站建设而言，从总体上看，我国大多数的农业网站没有一定的市场定位，农业网站建设缺乏相应的规范化管理，没有统一的信息主管部门，致使"大而全、中而全、小而全"的重复性建设时有发生。网络中相同或相似的内容多，很少有鲜明的、有别于其他网站的、具有自己特色的东西，缺少自己的特点和品牌。另外，信息服务项目单一，不能满足基层对农业信息的多方面需求。

二、政策建议

（一）增强农户信息化培训，提高农民信息化意识

首先，加强农民培训，培育农民信息需求。农民是农业信息服务的最终接受主体，农民的信息意识状况决定着农业信息化的实现程度。加强对农民的培训，大力提高农民获取信息的能力，并着重培养农民的三种现代意识。一是现代的科技意识，即让农民具有学科技、用科技、走科技兴农之路的意识。二是现代的市场意识，即让农民具有学习市场经济知识、掌握市场动态、按市场经济规律办事的意识。三是现代的信息意识，即让农民具有愿意为信息投入，注重收集信息、分析信息、利用信息的意识。通过培训，强化农民信息意识，使农民认识到信息在农产品市场竞争中的重要作用，增加农民对信息的需求，同时要提供及时、准确、使用性高的信息。

其次，增强农民信息意识。农民是农业信息的主要利用者，农民收入的增加，农民素质的提高，对于增强农民的信息意识和利用信息的能力是至关重要的。所以，要千方百计带动广大农民致富，然后要充分重视农村的基础教育和有一定文化水平农民的技能培训，提高农民的素质，培养农民的"三种意识"。即让农民有较强的科技意识，学科技、用科技，走科技兴农的路子；让农民有较强的信息意识，舍得在信息上投入，善于从农业、科技部门获得信息；让农民有较强的市场意识，学习市场经济知识，按经济规律办事。另外，必须结合农民的实际需求，以最低的成本和农民愿意接受、也方便接受的方式来提供信息服务。大众化信息通过电视、广播进行传递，使农民坐在家里收看电视、收听广播就能获得信息；设立专门的咨询电话，为需要了解专项信息的农民提供及时的咨询服务；通过发送短信的方式，将重要信息传递给有手机的农民。当然，作为农业信息化服务部门应尽可能用农民喜闻乐见的形式向广大农民提供快捷、实用的农业信息，使信息服务能真正落到实处。

再次，加强面向农民的信息化培训。加快农村信息化建设的步伐中，提高农民利用信息化的能力是关键。因此，要建立面向"三农"的信息化培训机制和保障机制，组建一支包括技术专家、专业技术人员、志愿者在内的培训队伍，加强面向农民的信息化培训。使农民认识到农村信息化建设的重要性和必要性，以及了解如何将农村信息化转化为推进农民、农村和农业各项事业发展的途径等内容。同时，要明确大学生村官帮助指导农民应用信息化的职责，结合部门包村帮扶、对口支援、志愿者服务等多种形式，帮助农民查询获取各种信息资源，扩大农民视野；着力开展面向农民的信息化培训，提高获取信息服务的

能力，使信息化真正贴近农民需求，为农民所用。

（二）加强信息队伍建设，提高人力资源保障

推进农业信息化建设，网络设施建设是基础，信息资源的建设、开发、利用是核心，而信息技术人才是关键。高素质的专业技术队伍是推进农业信息化服务体系建设的重要保证，必须从战略的高度，始终把信息人才队伍建设作为一项重要内容来抓。要制定农业信息人才的培养、引进和培训计划，建立一支由政府部门信息管理人员、农技推广人员和农村信息员组成的信息服务队伍，为推进农业信息服务体系建设提供强有力的人才和技术支撑。一是从战略高度，大力培养和引进农业信息人才；二是加强对现有信息人员的素质培训，提高他们采集、处理、运用信息和分析、预测的能力，把信息人才队伍的整体素质提高到新的水平；三是加强农村信息员队伍建设，以农民经纪人、农业生产经营大户等为主体，经过培训考核，建立农村信息员队伍，基本覆盖全部的行政村。

（三）加强对基础网络、信息资源、服务站点的统筹规划

加快我国农村信息化建设，必须要有策略、方案的强力支持。要加强对农村基础网络应用的统筹，实现一网多用，将承载政务业务的信息网络纳入政务专网进行管理。加强对纳入公共财政投入的涉农信息资源建设、采购的绩效管理，对信息资源的应用效果进行评价，编制农村信息服务资源目录，促进各部门涉农信息资源共享整合。在逐步整合的基础上，推进农村综合信息服务站点建设，使之成为丰富农民文化生活、提高农民信息技能、进行信息发布的公共场所，面向农民免费提供普遍信息服务，同时为青少年提供健康的上网学习环境。研究表明，加强对基础网络、信息资源、服务站点的统筹规划对加快我国农村信息化建设具有较大的推进作用。加强农村信息网络基础设施建设，继续推进光纤网络"村村通"工程；加强农村信息化队伍建设，组织开展信息技能培训，编制出版农村信息化培训教材；完善农村信息化工作评估体系，开展农村基层信息服务站点绩效评估。建设广泛覆盖、布局合理、服务高效的农村信息服务网络，使更多农民享受信息化带来的便利。

加强农村基层信息服务站建设。农村信息服务站是农村信息化建设的重要环节，是为农民提供接触科学技术、科技信息、发布信息等综合信息的服务场所，是推进信息进村入户的途径。农村综合信息服务站要贴近当地经济和社会发展的现实需要，着力为农民提供政策法规、科技咨询和辅导、市场价格、生产经营、疫病防治、致富就业、文化生活等各类信息的查询、收集和发布等综合信息服务。

（四）提高农业信息质量，实现信息资源共享

首先，加强信息资源开发，提高农业信息质量。信息资源的开发利用是农业信息化的核心内容。要把农业信息资源的开发、利用及农业数据库的开发等放在农业信息服务体系建设的重要位置。加强与农业有关的生产、市场、价格、品种资源、科技、政策、自然灾害等信息的收集、处理和利用，积极加强与区内外农业信息的联通。在农业信息资源开发利用过程中要提高信息质量，扩大信息容量。要确保信息的及时性、准确性、规范性和适

用性，提高信息资源开发利用的质量与效益，增强农业信息在经济增长中的服务功能。

其次，加强农业信息资源的整合，实现资源共享。农业信息资源的整合主要针对已有的信息资源，一般在不改变原有信息资源的数据结构、组织方式的基础上对其进行整合，主要整合网页信息和各种数据库。整合网页信息主是建立一个提供服务的农业信息专业搜索引擎。我国农业信息搜索引擎开发目前基本上处于雏形阶段，与国外已经较为成熟的农业信息搜索引擎相比，在资源规模、加工程度和更新频率方面存在很大的差距。所以必须加强农业搜索引擎关键技术的研究，提高信息的查全率和查准率。整合各种数据库是因为我国在农业信息化建设过程中建设了大量的农业数据库，但它们分散在各农业部门中，并且由于建设时间的不同步和采用技术的不同，导致这些数据库有自己不同的数据结构组织方式和应用系统。一方面给利用造成不便，另一方面也容易造成资源的闲置和浪费。所以必须通过整合，协调多元异构数据信息，向下兼容和协调各种数据源，向上为访问整合数据的应用提供统一数据模式和数据访问的通用接口，提高农业信息资源的利用率。总之，通过整合可以加强各单位信息资源的管理、交换和共享，避免资源的浪费，最大限度地发挥农业信息资源的作用。

再次，充实农业信息资源数据库。目前，我国已经建立了一大批农业信息资源数据库，但其数量和质量明显不能满足农业信息化的需要。因此，在不断扩大现有数据库容量的同时，还要不断提高农业信息资源数据库的质量。要大力挖掘农业信息资源，把农业信息视野扩展到农业及相关的各个领域，充实现有数据库的内容，逐步建立大型综合性数据库和专业特色数据库。另外还要加强国际信息的搜索，把国际信息充实到农业信息资源数据库中，为农民提供及时、准确的国内外农产品生产、供给、需求、价格变动等方面的信息。

（五）创新农业信息服务模式，畅通农业信息传输渠道

首先，要因地制宜、创新农业信息服务模式。鼓励各地结合本地区实际情况采取多种信息服务方式，一是利用多种信息载体，通过信息网络、广播电台、报刊、手机短信、黑板报、宣传栏、科技下乡、培训、讲座等多种载体以无偿或微利形式向广大农民提供农业信息；二是开展信息咨询业务，运用灵活多样的形式，对原始农业信息进行深度加工，为农民选择项目提供咨询性意见，或接受农民委托，进行市场调查，为其生产经营决策提供依据；三是积极发展农业信息服务机构，充分发挥其对信息收集、加工、处理、传输等专业方面的优势，促进农业信息市场发育。

其次，依托国家公共通信设施，建设高效畅通的农业信息传输通道。第一要以中国农业信息网为核心，以各省（市）为枢纽，县（市）为网点，并与其他网络互联，使得农业信息由上而下或由下而上的传输通道畅通无阻。第二要充分发挥电信、广播电视等通信企业的信息传输作用。农业的生产水平落后，农民的素质差、收入低决定了农民购买计算机上网是不现实的。所以只能发挥电信、联通、移动通信等公司的作用，在广大农村地区大力发展广播电视和手机等通信工程，尤其要加强有线电视网络和电话线铺设以及自动程控交换机的建设。目前农村主要通过收看电视获得信息，所以可以充分利用广播、电视、手机等便于利用的传统信息传输方式来普及农业科技知识，传播市场信息。当然，最终要使

广大农民通过有线电视同轴电缆或电话线上网，充分利用信息量大、检索快捷的网络获得各种信息。

（六）加速科技、教育和推广的结合

科技、教育、推广作为影响农业信息化水平的重要因素，必须相互结合、紧密协作、为农业发展提供三个最基本的保证。可以借鉴市场经济发达国家的先进经验，一方面加强农业生产、科研、教育之间的信息沟通，研究推广对农业生产具有现实指导意义的农业实用科学技术，另一方面要应用具有一定超前性的农业科研成果推动农业生产的跨越性增长。例如，863 计划推动了农业专家系统的应用；"九五"攻关重大项目"工厂化农业示范工程"推动了设施农业中的信息自动控制系统的应用。

（七）加强政府在农业信息化中的作用，加速农业信息化的发展

在农业信息化发展过程中，政府需要从以下几个方面展开工作。

一是加强政府在农业信息化建设中的主导作用。在农业信息化建设中，政府不仅是信息产品生产者，也是信息产品的用户。在"农业信息化场"中，政府是一个重要节点，它以信息市场的创建、支撑和调节者身份介入农业信息产品的生产、分配、交换和消费过程，在信息市场中扮演着重要角色。国外一些市场经济发达国家的成功做法和国内一些地区的成功实践表明，提供公共信息服务是政府的重要职能，政府必须高度重视、统筹规划、加大投入、加快建设，在推进农业信息化中必须发挥主导作用。

二是积极引导非政府组织介入农业信息服务。农业信息需求的多样性为不同市场主体参与农业信息化建设和信息服务提供了巨大的发展空间。中国农业信息系统的建设必然是以政府为主体、包括各类非政府组织（信息企业、农业非盈利中介组织、批发市场）等多种主体在内的相互协作、互相补充的体系。从国外的经验看，即使在农业信息化发达的国家，也不是完全依靠政府的力量直接解决面向农民的信息服务问题。包括美国、法国、日本等国家在内，除农业部门外，农业信息服务也是依靠信息企业、专业协会等中介组织。

三是加大政府资金投入力度，为农业信息化建设提供资金保障。农业信息化建设是高技术、高投入的社会公益性工程项目，各级农业信息中心及其维护的网站，不仅要有大量基础投入用于农业信息系统的多项软硬件建设，还要有充足的系统运行经费。由于目前各级农业信息中心不具备企业化经营的能力，如果没有政府的资金扶持，是很难维持的。因此，各级政府要在已有资金投入的基础上，继续加大对农业信息化建设的投入。

四是制定扶持政策和法规，提高政策与法制保障。加快研究制订有关农业信息化的政策和法规，把农业信息化相关建设纳入法制化轨道。将农业信息产业列入产业统计科目，并且争取列入国民经济发展总体规划，在财政预算中列支农业信息产业这一科目；明确农业信息化工作的法律地位，规定农业信息化建设行为规范，将管理农业信息活动作为决策过程的一个法定程序；尽快组织制订地方农业信息法规，用法律手段调整和处理围绕农业信息化发展所产生的一系列新型的社会关系和社会问题。随着网络法律、法规的不断充实和完善及网络信息可靠性的不断提高，电子商务必然会得到快速发展，农业信息网络的省时、省力、高效

的特点也将得到充分的发挥和施展，农业信息化进程也将会出现历史性的飞跃。

五是落实农村信息的安全管理和法律建设，打击虚假信息的传播。20 世纪八九十年代，农村的信息传播和获取方式较为单一，信息量也相对较少，农民能较为冷静地分析信息的真假性。随着社会的发展，网络逐渐进入农村，广大农民群众第一次接触网络，"信息爆炸"开始在农村地区蔓延开来，农民辨别信息真假性的能力不高。有些信息难以辨别真假，对农民带来的潜在危害性大。因此信息的安全管理十分必要，避免不法分子利用虚假信息进行违法活动。首先，要在法律层面，出台相应的法律文件，打击不法分子在农村进行虚假商业信息的传播。由于农民对虚假性信息的辨别能力较低，使得不法分子有空可钻，农村变成了虚假信息传播的处女地。虚假信息的传播能危害到农民生产、生活的正常进行，更为可怕的是，有时候能引起农村地区的恐慌，危害性不言而喻。其次，要在技术层面加以屏蔽虚假信息的传播。对农业信息化的相应数据库系统、农业专家系统等要定期维护，防范病毒和黑客的攻击。定期对硬件进行检测，保证电力和硬件的正常运行，同时对软件要定期进行维护和更新，避免系统漏洞造成数据损失。

六是提高与国内外不同地区之间的合作层次，丰富合作形式。国际上农业信息化的研究程度要比我国先进许多，我国国内不同地区的农业信息化差异也十分明显。国际合作以及不同地区之间的合作是当今社会发展的一个趋势，与不同地区和国际进行合作，是我国农业信息化发展和缩小地区差异的一个有效办法，也是提高技术使用的重要途径。与国际间的合作，要针对不同国家，同一纬度地区的城市进行合作研究，同一纬度的天气气候类似，有助于吸收先进的经验。不同地区的研究角度、研究内容都不同，因此吸收先进的经验和成果，有助于缩小差距。①积极推动我国的农业信息技术研究与国际不同地区进行交流合作，科学化合作模式，制定合理的合作目标，有条件的引进国际化人才和先进的管理机制，深化合作的领域，在技术、法律、数据交换、人才培养等方面与国际接轨。②坚持合作的同时，把握自主创新的方针。依托我国重点农业研究中心和高校，申请较好的项目，进行自主研发，自主管理。③坚持"引进来，走出去"的原则。要引进国际的先进技术，同时鼓励有条件的农产品企业将产品出口到国外。将好的农产品引进来，让农民确实有机会参与国际的竞争，体会竞争的压力，了解国外的农产品标准；同时引进国外不同地区的优质农产品，对我国的农产品市场也是一种激励和鼓励，促进优胜劣汰法则的运行。

第三十七章

农业专业合作社信息化现状与需求调查报告

第一节　我国五个省份专业合作社发展和信息化需求概况

一、江苏省农业专业合作社信息化现状与需求

无锡市阳溪生态蔬果种植专业合作社主要从事蔬菜的生产、技术培训、指导和销售工作。合作社成立于 2010 年 11 月，目前已发展成拥有社员 276 人、专业技术人员 13 人、经纪人 12 人的大社。合作社是经政府授牌的具有规范的规章制度的专业合作社，注册资本386 万元，其中自筹资金大约占 70%，政府补贴资金占 30%（包括政府奖励在内）。流转宜兴市周铁镇徐渎村土地 320 亩。合作社管理人员的教育水平与当地农民相比，没有明显优势，其中，本科占 2%，专科占 2%，高中占 4%，初中及以下占 90%。合作社以扬州农业大学、宜兴市蔬菜办公室为技术依托单位，积极开展技术指导、培训。合作社采取"合作社+基地+农户"的运作模式，实施统一生产、统一技术指导、统一收购销售。

合作社平均每 2 人拥有一台计算机，但是合作社没有开展网络建设以及电子商务，办公室配备的计算机只能上网，没有内部局域网，也没有对外网站。合作社内部管理主要方式还是手工记录，偶尔会用实用简单的计算机办公软件记录，合作社不采用信息系统的主要原因是合作社的规模没有必要采用信息化管理，且没有精通信息化管理的专业人员。在合作社的生产过程中，基本实现了信息化，主要采用农业生产环境监测系统、节水灌溉系统、测土配方施肥、病虫害防治系统、质量安全追溯系统等信息化设施。这些设施的建设和使用主要是在宜兴市农林局的帮助和指导下完成的。生产过程中农业技术和科技信息的来源主要有 4 个渠道：一是互联网，查询蔬菜种子信息，包括蔬菜种类、种子价格等信息；二是高校和科研院所专家，专家会定期推荐蔬菜新品种进行种植，也会对病虫害的防治进行指导；三是农产品经销商和商品市场，主要是提供价格信息，了解市场行情；四是科技人

员，科技人员对蔬菜种植提供技术指导，预防蔬菜病虫害，提高蔬菜产量和品质，该合作社与山东寿光蔬菜基地有长期合作关系，聘请山东寿光专家定期指导蔬菜种植与信息咨询。

目前，该合作社市场信息的主要来源渠道是宜兴农林网发布的信息和江苏省农委发布的信息。对合作社的生产经营帮助较大的是江苏省农委发布的关于蔬菜市场价格、市场聚焦、天气预报等相关信息。对于农产品和生产资料的供求信息，该合作社充分利用网络信息和与寿光长期合作的优势。但是，关于国家相关法律法规的具体情况不了解，希望加强这方面的信息。

对于该合作社而言，需要生产资料价格信息、农业生产技术信息、农业补贴信息等与生产相关的信息，而对于蔬菜生产至关重要的病虫害防治信息不感兴趣，主要是因为当地的农民技术员和专业技术员对病虫害防治都积累了大量经验，常见病虫害都能凭借经验自行治愈。

土地是蔬菜生长最基本、最关键的因素，由于常年蔬菜种植，当地土壤已经缺乏多种微量元素，很多土壤已不适合蔬菜种植，需要加强测土配方施肥系统，根据当地土地的情况，合理适当的施肥，增强土地肥力。由于蔬菜合作社的快速发展和消费者对于蔬菜质量的高要求，该合作社还需要关于优良品种、田间种植技术的信息。

在合作社的生产运营过程中，主要困难是资金问题，由于缺乏资金，许多信息化设施不能安装使用，不能聘请专业人员管理生产销售；次要困难是在生产过程中，信息资源共享不够，各个生产者之间不能定期交流信息，致使一些疾病不能及时有效地得到控制，一些新品种新技术不能广泛推广使用。

该合作社希望政府能够从以下几个方面提供帮助和指导：一是协助畅通农产品销售渠道，建立大型交易平台，这样有利于提高蔬菜价格，积累蔬菜品牌，给宜兴蔬菜的长远发展提供有利保障；二是组织合作社之间相互交流和协作，经常定期开展交流会，相互交流种植品种、生产技术和疾病预防等方面的信息与技术，提高宜兴蔬菜的整体质量和种类，提高宜兴蔬菜的市场竞争力；三是制定产品标准，建立行业规范，这样有助于蔬菜质量的管理，打造让消费者放心的蔬菜，创造品牌蔬菜。

二、山东省农业专业合作社信息化现状与需求

寿光市燎原果菜专业合作社成立于 2007 年 8 月 15 日，注册资金 142 万元，成员 137 人。合作社的业务涵盖果菜的种植、物流配送和销售环节。截至目前，合作社拥有固定的办公场所和规范的规章制度，以及政府的正式授牌。从管理人员的文化程度看，本科及以上 14 人，大专 8 人，高中 5 人，初中及以下 1 人。合作社共有技术人员 16 人，其中，科技人员 10 人、农民技术员 6 人。

信息化基础方面，合作社 70%的运行资金来自自筹，另外为政府补贴，平均每人拥有一台计算机，计算机可以上网，且分别建有内部局域网和对外网站。对外网站的网址是 www.sgliaoyuan.cn，网站建立于 2007 年，日访问量为 3000～5000 次。网站信息更新速度为 60～100 条/月。

目前，合作社建有包括合作社短信平台和合作社产品质量安全追溯系统在内的管理系

统，合作社内部管理已经初步实现通过蔬菜管理系统进行管理，并且在员工管理方面已经实现了信息化，但同时手工记录项目依然较多。合作社建有电子商务交易平台，电子商务的实现方式包括完全由自己开发实施、与合作伙伴联合开发并实施和委托第三方交易平台实施，电子商务平台的主要职能包括信息发布、信息采集、信息共享、在线采购、在线销售、电子拍卖和在线支付。

合作社的农业技术和科技信息来源渠道主要是政府科技部门、高校和科研院所专家以及农产品经销商（采购方），最需要的市场信息是准确的市场行情分析和预测。目前推进合作社信息化的最大困难是投入资金不够，希望政府帮助解决的问题包括协助畅通农产品销售渠道以及协助解决融资渠道。

在生产过程中，合作社采用的信息技术包括农业生产环境检测系统、节水灌溉、测土配施肥、病虫害防治系统和质量安全追溯系统，合作社所采用的农业技术主要来源于网络。

在生产过程中，被访者对了解农产品销售渠道、农业补贴信息和农业经济管理信息比较感兴趣，认为合作社在生产过程中需要加强的农业信息技术主要包括质量安全追溯系统、病虫害防治系统和农业生产环境检测系统。合作社需要优良品种信息、农药和种植品种等在内的专业信息。

三、吉林省农业专业合作社信息化现状与需求

奢岭爱国种植专业合作社（奢爱良蔬）成立于 2012 年，位于长春市双阳区奢岭街道爱国村 6 社，由实力雄厚的吉林建龙房地产开发有限公司投资 3000 万元兴建，是集蔬菜生产、果蔬采摘、休闲观光于一体的现代农业有机农场。奢岭爱国种植专业合作社以种植业为主，涉及养殖业和水产业，同时为社员提供生产服务。奢爱良蔬果蔬种植面积 216 亩，农场面积 135 亩，合作社固定办公场所占地 5 亩，生产的果蔬有 48 个品种，既有东北人喜欢的传统蔬菜（豆角、茄子、西红柿等），也有引进南方及国外的新奇品种（芦笋、圣女果、五彩椒等）。

合作社现有社员 55 名，合作社管理人员文化程度：本科及以上占 4%，大专占 4%，高中占 8%，初中及以下占 84%。合作社拥有技术人员 3 人，其中，科技人员 0 人，农民技术员 3 人。合作社运行资金 99% 为自筹，用于信息化建设的投入资金 55 万元/年，其中，硬件设施投资额 25 万元，软件投资额 20 万元，运维管理投资额 8 万元，上网费 2 万元。现拥有 5 台联网的计算机，并于今年建成对外网站，网址为 http://www.sals.com.cn/。合作社内部管理部分使用计算机办公软件记录的方式。合作社委托第三方交易平台实施电子商务交易，其电子商务平台的主要职能为信息发布和信息共享。合作社最主要的市场信息需求包括农产品市场价格和市场行情分析预测。农业技术及科技信息来源渠道有互联网和农业部服务热线。合作社现已具有产品质量安全追溯系统和实时在线监控平台管理系统。

合作社负责人认为目前推进合作社信息化的最大困难是信息资源共享不够。在信息化方面，希望政府帮助解决的首要问题是协助畅通农产品销售渠道，次要问题是进行技术指导和培训。在生产过程中，合作社采用节水灌溉、病虫害防治系统，所采用的农业技术主要来源为专业协会。该负责人希望从农业技术推广部门获得的信息包括植保技术和优良品

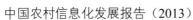

种信息等专业信息。在生产过程中需要加强合作社的质量安全追溯系统建设；在市场销售方面，希望能够了解销售渠道，把握农产品行情信息，以利于农产品的出售。

四、河南省农业专业合作社信息化现状与需求

鹤壁市龙岗绿之源蔬菜专业合作社位于河南省鹤壁市淇滨区大赉店镇侯庄村，成立于2011年4月，注册资金150万元，现有社员200名，流转土地900亩，主要以芦笋种植为主，间作套种西兰花、花菜，目前属于生产型合作社，下一步打算将芦笋进行深加工，逐步向全产业链型合作社转型。

目前，合作社管理人员12人，大专学历2人，高中学历5人。

（一）发展现状

芦笋种植是新兴的现代高效农业种植产业，具有良好的市场前景。龙岗绿之源合作社种植基地目前已经掌握芦笋种植的先进技术和科学管理经验，全市种植面积3900亩。未来计划在现有的基础上，逐步扩大种植面积，开展产品深加工，形成种植规模化、产品系列化的产业基地。

（二）未来发展思路

一是发展规模种植。三年内，基地计划将种植面积扩大到1500亩，同时利用协会，发展新的芦笋种植户，争取扩大种植面积达5000亩，会员800户，带动本村及周边农民逐步由传统农业向新型高效农业转化，以期达到规模发展、共同致富的目标。

二是组建产供销产业链。迫切需要拓展销售市场，与蔬菜销售企业和产品深加工企业组建联合体，形成产、供、销产业链，计划建一座1000吨以上容量的冷库，确保产品质量和销路。

三是开展深加工。合作社将在保证芦笋品质的基础上，进一步延伸芦笋深加工，加工芦笋茶，获得较好的经济效益和社会效益。

四是打造自己的品牌。随着芦笋种植规模的不断扩大，产品加工、销售产业链的形成，为自己的产品创建优势品牌。目前已经上报注册"龙岗绿之源"商标，将产品打入国内、国际市场，壮大区域经济，带动农民共同致富。

（三）信息化现状

目前，该合作社还未建立自己的网站，信息化建设处于初步探索时期，已安装农信通气象站，实时传送生产基地气象信息（风速、温度、湿度、风向等指标）。合作社内有4台计算机，其中2台可以上网。电子商务交易平台还未建成，依然采用手工记录方式进行内部管理。通过鹤壁市农业信息交流平台浏览信息。从其提供的服务可以估计到种植区的情况。

合作社采用了农业生产环境监测系统。合作社定期请鹤壁市人事局介绍的技术人才讲课，在病虫害防治方面遇到问题通过人社部指导及时向专家请教。

（四）信息化需求

合作社最需要的市场信息是政策导向和商品流通渠道，希望政府整合资源建立信息平台进行农产品电子商务推广，同时希望给予技术指导和培训。

合作社信息化发展最大的问题是人才缺乏，另外，网络基础设施不能覆盖到村庄的偏远地区，如果自建网络设施，合作社承担的成本较大。

合作社需要的技术信息主要包括植保技术、病虫害防治技术以及浇水施肥技术，品牌退化问题估计 10 年以后也会遇到。

五、贵州省农业专业合作社信息化现状与需求

（一）卡拉村鸟笼协会

贵州省丹寨县龙泉镇卡拉村距离丹寨县城 3 公里，是一个以编织和出售鸟笼而远近闻名的苗族村落。全村 400 余人，几乎家家户户以从事鸟笼编织为生。鸟笼文化源远流长，有 400 年的鸟笼制作历史，是中国鸟笼文化艺术之乡。鸟笼产品主要销往周边地区、全国各地，部分销往东南亚。

卡拉村授牌成立的鸟笼合作社，对外的身份是丹寨县丹笼工艺发展有限公司。合作社成立于 1998 年，注册资金 3 万元，现有社员 40 余户。合作社采取"公司+农户"的生产经营模式，统一收货、统一销售、统一承揽订货业务。合作社覆盖范围有限，社员数量占全村总人口的 10%左右。为躲避村里的闲杂事等，最近几年开始有村民外出租房制作鸟笼。

目前该合作社有规范的规章制度和固定的办公场所。合作社成员都是本村人员，日常管理工作由部分社员承担。社员文化水平与当地村民平均受教育水平基本一致，其中，大专学历占 30%，高中学历人员占 20%，初中及以下学历占 50%。目前，合作社运行资金主要分两部分，自筹 3 万元和政府投资 5 万元。

合作社目前的运行并非一帆风顺，社外群众对加入该合作社并没有积极性，普遍持观望态度，部分原因在于合作社内部机制仍然不够健全，鸟笼市场需求有限，销路即资源，合作社内部没有恰当的激励机制鼓励大家共享市场信息资源。

合作社每年用于信息化建设的投入资金为 1 万元，目前共配备三台计算机，可以联网。合作社没有建立对外网站，没有建立内部局域网。信息化投入最近几年才刚刚开始，日常管理仍然是以手工记录为主，在账务管理和货物进出管理方面已经开始采用计算机办公软件。

目前合作社的对外交易主要是在县城市场上销售，也有根据客户需求进行订单生产，但尚未建立电子商务交易平台。据杨师傅介绍，合作社最重要的市场信息需求是市场行情分析、预测，目前合作社的科技信息来源渠道主要是商品市场和互联网，而推进合作社信息化的最大困难是投入资金不够，希望政府协助解决的最重要的问题是融资渠道和加强知识产权保护。

在村民吴文军看来，高档鸟笼不愁销路，低档鸟笼已处于买方市场，尤其是最近两年

随着酒店行业的不景气，波及本村的鸟笼业。以吴师傅这样的熟练技艺，高级鸟笼两天可以制作一个，一个可卖 300 元，低档鸟笼一天可以制作 3 个，一个可以卖 40~50 元。

（二）丹寨县裕农养殖专业合作社

丹寨县裕农养殖专业合作社成立于 2013 年，合作社注册资金 10 万元，现有社员 9 名，合作社主要从事生猪的生产和流通，目前合作社有固定办公场所，办公场所为社长家里。合作社有规范的规章制度，尚未取得政府的正式授牌，合作社管理人员有一人为本科以上文化程度，其余 8 人为初中及以下学历。合作社运行资金全部为自筹，截至目前，用于信息化建设的投入资金为 0 元，只有社长家里拥有一台计算机，同时用于合作社办公。合作社没有内部局域网，没有对外网站，内部管理方式为手工记录。合作社生产采用订单农业模式，养殖生猪不愁销路。

合作社未来有扩大生产规模的愿望，社长认为合作社最需要的市场信息是市场行情分析和预测，目前的技术和科技信息来源渠道主要是互联网和政府科技部门。推进信息化的最大困难是投入资金不够和缺乏统一规划，希望政府帮助解决的问题按重要程度依次是协助解决融资渠道、协助畅通农村产品销售渠道和加强组织领导。

合作社目前只有农民技术员 1 人，主要采用订单模式生产养殖，由公司负责提供饲料、猪苗和技术，所采用农业技术的主要来源是企业，其次是农业部门和网络。希望通过农业技术、讲座培训和计算机方面给予协助。生产过程中，对养殖生产技术、销售渠道和农业经济管理信息感兴趣。

（三）丹寨县康宝中药材种植专业合作社

丹寨县康宝中药材种植专业合作社成立于 2013 年，注册资金 2 万元，现有社员 9 名，合作社属于生产和流通型，负责中药材的种植和销售。合作社目前没有固定的办公场所，正在建设中。

合作社拥有规范的规章制度和政府的正式授牌。管理人员中，分别有 2 名拥有本科学历和大专学历。合作社资金全部来自于自筹，每个社员家庭拥有一台计算机，合作社内部本身没有信息化基础设施。合作社内部管理方式为手工记录，没有电子商务交易平台。

合作社现拥有农民技术员 2 人，没有专门的科技人员。农业技术及科技信息主要来自互联网、政府科技部门和农产品经销商。目前推进合作社信息化的最大困难是投入资金不够和信息资源共享不够。信息化方面希望政府帮助解决的问题是进行技术指导和培训、协助解决融资渠道和协助畅通农产品销售渠道。

在生产过程中，合作社采用的信息技术包括农业生产环境检测系统、测土配方施肥和病虫害防治系统。合作社目前采用的农业技术主要来自于自学，希望通过讲座培训和信息服务站获得信息。生产过程中对生产资料价格信息和农业经济管理信息感兴趣。合作社的理事长薛先生认为，合作社目前最需要的技术信息分别是气象信息、种植技术和田间种植技术。生产过程中，需要加强的农业信息技术主要是质量安全追溯系统。

（四）小结

与第一个合作社不同，第二、三个合作社的成立时间短，且几乎不存在实施信息化的基础设施。

作为贫困地区的典型代表，农业专业合作社信息化现状比较落后，同时对于信息化的需求强烈。作为村里的有志之士，先期加入合作社的成员较村民平均文化程度高，能够充分认识到信息化对未来农业发展的重要作用，观念较新。

在信息化的应用方面，对信息设施的投资与运用很大程度上取决于合作社的整体发展水平和层次。贫困地区人力资本较高的劳动力大部分已经选择外出打工，留守农村的绝大部分老幼病残人力资本较低，进行农业生产的平均工资较低，大部分刚开始起步的合作社主要是进行劳动密集型的农业生产作业，利用人力取代资本。未来随着农村人口的继续减少，平均工资水平提高，依靠资本密集的信息化生产方式替代劳动密集的作业方式将是基本的发展方向。

在调查过程中发现的另外一个非常值得注意的现象是，以红星村的几个合作社为例，都是在十余年前政府扶持下成立的，后来随着政府扶持力度的减弱和消失，合作社不能有效存活，纷纷宣布解散。这次调查的两个合作社都是由本村学历较高的大学毕业生组织的，在订单农业的模式下，成立合作社有助于村民与企业进行协商，合作社具有存活下去的土壤。未来仍需要通过制度完善和提高盈利能力促进合作社的成长。只有全面发展，合作社的信息化基础才能得到加强，信息化的应用水平才能得到持续提高。

六、总结

（一）专业人才缺乏

通过调研发现，农业专业合作社普遍缺乏专业人才。农业信息化专业人才不仅应该具备计算机技术和网络技术，而且还要熟悉农业经济运行的基本规律，通过对网络信息进行收集、加工和分析，能为农产品经销商提供适时、准确和全面的农产品信息。但是，由于对农业信息化人才的不重视和缺乏相关的培养方式，造成农业信息化人才匮乏。

（二）缺乏资金，信息化设施薄弱

农业专业合作社对农业信息化设施有强烈需求，而且对未来的规划合理，但是合作社面临的一个主要困难是资金不足。由于投入的资金不足，农业信息化网络硬件建设比较落后，特别是农业专业合作社的信息化设施落后，严重制约了农业信息化建设步伐。

（三）合作社管理落后

合作社内部管理多是采用手工记录和计算机办公软件相结合的管理方式，在管理方面没有实现信息化。一方面是由于合作社的规模较小，没有必要使用信息化管理方式；另一方面由于合作社资金不足，缺乏信息设备成本和聘请专业人员的成本。

（四）合作社信息共享不足

由于政府及各有关单位自己设立单独的网站，使用不同的信息采集、处理和发布标准，信息格式各不相同，使得各网站的农业信息资源无法相互连接，严重影响了信息资源的共享性，造成资源严重重复。

（五）缺乏销售渠道，难以形成产业化经营

由于地域限制，加之运输成本高，使得合作社的销售渠道受到限制。合作社只能依靠当地市场、小商贩和经纪人销售自己的农产品，不能形成规模经济。由于没有固定的销售渠道，收入不能得到保障。

第二节 政策建议

一、合作社在信息化应用和需求中存在的不足

（一）金融融资困难，资金积累有限

我国 5 个省份现有的农民专业合作社大多数处于发展的初级阶段，中小型的农民合作社居多，成员自身经济实力不强，内部获取资金渠道窄小。多数合作社认为目前最大的困难是融资困难。专业合作社特有的组织形式对于投资者来说没有足够的吸引力和相应的条件，没有足够的资金积累，合作社能用于扩大经营的资本偏少，在引进技术、聘请专业人才、购买相关设备并进行设备改造方面的资金需求基本得不到满足。

（二）品牌培育不足，组织规模较小

我国 5 个省份农民专业合作社在发展过程中品牌培育不足，大品牌数量少，质量也不高，这成为目前合作社发展的瓶颈之一，具体如下。

一是品牌以及品牌培育这个概念并没有深入大多数农民专业合作社的创立者和创办者中。绝大多数的社员都是农民，自身素质普遍不高，经营理念较为落后，品牌意识不强也没有相应的培训。对于市场竞争以及在竞争中取得优势地位没有相应的觉悟，仍处于传统农业生产观念的影响下，品牌创立意识不够。

二是相关促进品牌培育的体系还不够完善。农民专业合作社的品牌培育不是一朝一夕就能完成的，需要循序渐进、适时飞跃，它是一个系统工程，不可能一蹴而就。目前，我国农民专业合作社仍处于发展的起步阶段，各项措施不够完善，特别是品牌培育方面，存在很多不足。大多数的合作社并不了解品牌培育和产品品牌培育的真正内涵，只有一些表面功夫。因为缺乏相关专业领域的营销和推广，难以形成体系从而使品牌获得支持和发展。

三是合作社品牌整合力度不足，规避农产品在市场上的风险能力有限。品牌创立、品牌附加值都不高，所生产的农产品的档次和品位不高。

（三）专业管理和推广人才匮乏

通过实地调查发现，大部分农民专业合作社成员整体素质不高，中小学文化农民占社员的大部分。具有经营和管理农民专业合作社的专业人才极度缺乏，管理合作社人才的缺失以及农业推广技术人才的匮乏，阻碍农民专业合作社未来的发展。农民专业合作社的发起牵头人绝大部分都属于农村的能人或者具有某些专业技能的专业户，他们是受到传统农业经营深刻影响的一代农民，本身并不具备管理的专业知识，缺乏创新，视野较为狭窄。管理型专业人才的匮乏，对于合作社的发展壮大是巨大的制约因素。

与此同时，农村年轻劳动力向城市转移就业依然是趋势，基础条件落后的农村往往留不住人才也很难引进人才。因此如何吸引农民专业合作社人才、增强合作社的市场竞争能力关乎农民，更对农民专业合作社的发展壮大、具有非常重要的研究价值。

（四）农业信息服务质量差

农村基层缺少收集、处理、传播信息的软硬件设备，信息网络体系不健全；信息服务中介组织严重缺乏，基层缺少能够主动、科学地进行信息管理的人员；信息来源可靠性差，致使不少假信息和过期信息给农业生产带来巨大损失。

（五）农业信息不对称现象严重

在我国的农业生产中，信息不对称现象十分严重。

首先是市场信息不对称。由于没有建立起市场信息传导机制，农民很难根据市场需求及时调整种植结构与产品产量，故生产带有很大的盲目性，使农产品供给短缺和过剩现象交替出现。

其次是科技信息不对称。由于信息渠道不通畅，农业科技成果与技术项目不能在农村中迅速推广，致使一些人趁机利用假科技信息、栽培和养殖信息欺骗农民，甚至利用假化肥、假种子、假农药等坑农害农，使农民遭受巨大损失。

再次是政策信息不对称。大部分农民对于国家扶持农业发展的优惠政策不了解，再加上组织化和社会化程度低，这不仅使他们的愿望和要求得不到及时表达，权益得不到充分实现，而且也使政府难以准确制定出符合农民实际需求的政策。

农业信息的不对称使得很多地区的农民成为信息弱势群体，如果仍由这种现象存在和发展下去，最终会弱者更弱，贫者更贫。

（六）农业信息主体发育失衡

随着市场经济的发展，农业信息需求者，主要指政府、科研机构、教育机构、农民、农业生产经营单位、涉农部门，对农业信息的需求越来越迫切，但与之对应的信息的生产者、加工者和提供者的信息供给能力却难以满足他们的需求。一方面是提供宏观信息为主的政府难以面对 9 亿农民的微观信息需求；另一方面是农业信息市场发育迟缓，按照市场

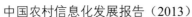

机制发育的农业信息企业寥寥无几，出现了不同农业信息主体发育的严重失衡。

（七）农业信息服务定位不准，实用性差

针对网站建设而言，从总体上看，我国大多数的农业网站没有一定的市场定位，农业网站建设缺乏相应的规范化管理，没有统一的信息主管部门，致使"大而全、中而全、小而全"的重复性建设时有发生。网络中相同或相似的内容多，很少有鲜明的、有别于其他网站的、具有自己特色的东西，缺少自己的特点和品牌。另外，信息服务项目单一，不能满足基层对农业信息的多方面需求。

（八）行政命令为主，扶持方式单一

对目前我国支持农业合作社的方式进行总结，可以发现，主要有以下几种方式。第一，法律保障。制定具有地方特色的专门的合作社法规和相应条例。第二，在税收和财政上给予支持。第三，给予金融信贷上的优惠。通过农村信用合作社等金融机构给予合作社低息贷款或者担保贷款的政策以及直接给予扶持资金来发展农民专业合作社。第四，进行专业指导和专业知识的教育和培训，在农时进行农业推广帮助和扶持。第五，对合作社进行经营过程的指导和审计，通过相应的机构对合作社的经营进行监督指导从而规范合作社的行为。

二、政策建议

（一）强化品牌培育，深耕合作社文化

从大量实践报告中的结果可以看出，品牌文化的重要性，它甚至决定着合作社品牌培育。因为品牌文化的构建能够将合作社与消费者、社会大众等各方面相互结合起来，有利于其合作社品牌的提升。相应地，想让合作社持久发展下去，就必须深耕合作社的内部文化，植根于内部运行的规范文化，已经几千年来留下来的优秀农村精华。合作社的品牌培育过程是两手抓，两手都要硬，软件和硬件要配合地跟上，在建设和培育品牌的过程中不仅要处理好内部制度文化以及各成员的内部关系，更重要的是要将合作社的品牌内涵展现出来，加强与社会大众的沟通，让消费者、社会、合作社三者有机融合。

（二）改善区域环境，促进合作社与区域环境协调发展

农民专业合作社的成立宗旨和合作原则表明，虽然它是一个经济形态的组织，但是同时也是农村经济社会协调发展的一个重要组织力量，农民在经济上的联合，文化上的交流和发展最终形成了一个与区域环境协调的局面。合作社的不断发展，改进了农业生产结构。在市场机制起调节作用的环境下，供需结构转变才能更好地带动农业生产结构的变革，并且推动区划农业产业化的发展。农民专业合作社推动了农产品的生产建设向区域化、特色化、高效化方向发展，加快了当地特色农业的进程。一方面，合作社的发展为在区域内形成专业市场提供了条件；另一方面，专业市场的形成又将推动农业产业的发展，这种专业化的区域市场成为区域经济发展的核心载体。

（三）实施人才培养计划，提高农民素质

人才是农民专业合作社最重要的一环，而相应的农民专业技能培训以及相关社员的素质不高是影响农民专业合作社发展的重要因素。农民专业合作社内部成员的学习与培养是一个长期的工程，整体提升全体社员素质，加快中层领导成员力量建设，进一步推进能人带头羊管理水平建设具有重要意义。具体来说：一是组织农业生产技能培训课程，实施新农村建设实用人才培训，把合作社成员中的大多数培养成为具有较强市场风险意识、较高生产劳作技能的现代农业生产经营者和管理者；二是加强农村教育水平建设，增强农户职业能力，提供生产效率与劳动技能培训，最终达到农民综合能力提高的目的；三是要组建一支专业合作社辅导员队伍，这支人才队伍的建设必须根据各个地区农户特色特点，有针对性地进行培养与教育引导。

（四）提高农业信息质量，实现资源共享

首先，加强信息资源开发，提高农业信息质量。信息资源的开发利用是农业信息化的核心内容。要把农业信息资源的开发、利用及农业数据库的开发等放在农业信息服务体系建设的重要位置。加强与农业有关的生产、市场、价格、品种资源、科技、政策、自然灾害等信息的收集、处理和利用，积极加强与区内外农业信息的联通。在农业信息资源开发利用过程中要提高信息质量，扩大信息容量。要确保信息的及时性、准确性、规范性和适用性，提高信息资源开发利用的质量与效益，增强农业信息在经济增长中的服务功能。

其次，加强农业信息资源的整合，实现资源共享。农业信息资源的整合主要是针对已有的信息资源，一般在不改变原有信息资源的数据结构、组织方式的基础上对其进行整合，主要整合网页信息和各种数据库。整合网页信息主要是要建立一个提供服务的农业信息专业搜索引擎。我国目前基本上处于雏形阶段，与国外已经较为成熟的农业信息搜索引擎相比，在资源规模、加工程度和更新频率方面存在很大的差距。所以必须加强农业搜索引擎关键技术的研究，提高信息的查全率和查准率。整合各种数据库主要是因为我国在农业信息化建设过程中建设了大量的农业数据库，但它们分散在各个农业部门中，并且由于建设时间的不同步和采用技术的不同，导致这些数据库有自己不同的数据结构组织方式和应用系统。一方面给利用造成不便，另一方面也容易造成资源的闲置和浪费。所以必须通过整合，协调多元异构数据信息，向下兼容和协调各种数据源，向上为访问整合数据的应用提供统一数据模式和数据访问的通用接口，提高农业信息资源的利用率。总之通过整合，可以加强各单位信息资源的管理、交换和共享，避免资源的浪费，最大限度地发挥农业信息资源的作用。

再次，充实农业信息资源数据库。目前，我国已经建立了一大批农业信息资源数据库，但其数量和质量明显都不能满足农业信息化的需要。因此，在不断扩大现有数据库容量的同时，还要不断提高农业信息资源数据库的质量。要大力挖掘农业信息资源，把农业信息视野扩展到农业及相关的各个领域，来充实现有数据库的内容，逐步建立大型综合性数据库和专业特色数据库。另外还要加强国际信息的搜索，把国际信息充实到农业信息资源数据库中来，为农民提供及时、准确的国内外农产品生产、供给、需求、价

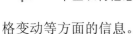 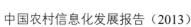

格变动等方面的信息。

（五）加速科技、教育和推广的结合

科技、教育、推广作为影响农业信息化水平的重要因素，必须相互结合、紧密协作、为农业发展提供三个最基本的保证。可以借鉴市场经济发达国家的先进经验，一方面加强农业生产、科研、教育之间的信息沟通，研究推广对农业生产具有现实指导意义的农业实用科学技术；另一方面要应用具有一定超前性的农业科研成果推动农业生产的跨越性增长。例如，863计划推动了农业专家系统的应用；"九五"攻关重大项目"工厂化农业示范工程"推动了设施农业中的信息自动控制系统的应用。

（六）改善市场环境，拓宽销售渠道

首先，完善现有体制，拓宽销售渠道。农民专业合作社的建立，避免了分散的农户之间竞相压价的恶性竞争，提升了农产品的整体竞争力，增加了农户的收入。作为农民专业合作社来讲，销售渠道和市场平台是保证收入的根本因素。就寿光农民专业合作社的实际情况，农民专业合作社主要通过上一级农产品批发市场、大型农贸市场销售以及农产品收购公司转销，销售渠道并不宽广，同时由于客户群体不固定也带来了一定经营风险，所以需要找到拓宽销售市场的渠道。第一，拓展全国市场，尽可能利用直销推广农产品。第二，利用专业销售人员。第三，创新农产品流通模式，保留传统的渠道和模式，基于所使用的新销售渠道，如网络营销创新的模式，以期经济效益规模增长。第四，争取政府销售支持，利用政府的销售资源，在保证自身产品质量和数量的前提下，同政府部门协商，争取获得政府部门的帮助，由政府部门帮助专业合作社联系大型超市、农产品进出口公司等销售市场，拓宽农民专业合作社销售渠道，力争打造固定的销售网络。第五，减少转销转售，节省销售成本，农民专业合作社创办的主要目的是重点产品集中化、产生规模效应、增加产品的竞争力。

其次，改善市场环境。目前，我国各类生产要素市场不完备、不合理的户籍制度造成城乡分割、缺乏完善的土地交易市场等都不利于农民专业合作社组织的生长和发展。加快农民专业合作社的发展，必须改革完善农村土地制度、户籍管理制度，加快农产品市场建设和农村产权、资本、土地、技术、信息、人才等生产要素市场建设，打破地区间的经济封锁与垄断，创造各类市场主体平等竞争的环境。

（七）加强政府在专业合作社发展过程中的扶持力度

政府规范行政，积极引导扶持合作社建设。政府行政命令很容易给农民专业合作社的发展起到直接而深刻的作用。当前，在继续推动农民专业合作社发展，不断提高农民组织化程度的同时，要把规范发展作为优先选项，加大工作力度，促进合作社良性发展。在合作社发展的不同阶段，政府给予相应的政策扶持和引导推荐，处理好发展和规范的关系。当合作社发展成为有相当规模和实力的阶段，应当制定相应的考核评价和奖惩激励制度，加强示范带动，依靠市场竞争优胜劣汰的力量，促进其加强内部管理，"以规范促发展"，使发展与规范形成良性互动。全面推进"农超对接"工作，组织超市、学校、流通企业和农民专业合作社参加专场农产品对接洽谈会、产品推介会、产品展销会、农产品博览会等，为合作社搭建对接平台，畅通营销渠道。

进一步加大政府在资金方面的扶持力度。首先，加大财政扶持力度。每年安排专项财政资金用于对农民合作社的扶持，重点用于支持农民专业合作社加强设施建设，开展信息服务、骨干培训和技术培训，加快引进推广新品种、新技术，推行农产品质量标准认证等。对农民专业合作社兴办的生产经营和科技推广项目，优先纳入政府农业开发项目和科技开发项目，实行专项扶持。其次，进一步落实税收优惠政策。政府应尽可能地减轻农民专业合作社的税负水平，税务部门要切实实施税收减免的优惠，对农民合作社的税收优惠应坚持非营利性和公益性宗旨的要求，明确有关税收政策，建立可操作的管理制度。再次，进一步加强信贷支持力度。各级金融机构尤其是农业银行、农村合作银行，要向农民专业合作社进行倾斜，进一步改善信贷服务，简化审批手续，每年安排一定的信贷规模，解决农民专业合作社发展的资金需求。深入探索和完善以社员联保形式办理贷款的做法。对生产经营规模较大的农民专业合作社，可按照有关规定给予一定的授信额度。允许农民专业合作社以自有资产抵押或成员联保的形式办理贷款，并逐步增加贷款规模。对运作规范、有效益、讲信用的农民专业合作社，在贷款利率上可给予优惠。要积极支持农民专业合作社开展信用服务，探索建立信贷担保中介机构，建立健全信誉担保制度，设立担保基金，解决合作社经营资金不足问题。

组建农业产业协会，促进产业联合。不断探索合作社之间的资源整合和联合，建立资源共享网络系统，在区域范围内建立联动组织，防止农业产业的恶性竞争。实践的发展一再证明农业产业协会在促进农业产业联合、沟通各方信息、不断增加农民收入方面具有重要作用。组建花卉产业协会、养殖产业协会等各类农业产业协会，从横向上将不同乡镇的农民专业合作社联合起来，为了共同的目标一起努力，分享信息、渠道、生产技术、管理方法等，促进农民专业合作社服务体系的完善。农业产业协会的组建，能够增强所有农民专业合作社抵抗风险的能力，还能以协会的名义，具有较强的谈判议价能力，有助于农产品走向国际市场。以协会的名义还更易引起政府的重视，在争取政府扶持政策、资金等方面有巨大作用。因此，应当积极组建农业产业协会，促进农业的融合。

大事记篇

中国农村信息化发展报告(2013)

大事记

2013 年 4 月 25 日 农村信息化工作专家座谈会召开

工业和信息化部信息化推进司组织召开了农村信息化工作专家座谈会。来自农业部、社科院、中国电子商会、中国电信、中国电子信息技术研究院等方面的专家参加了会议。

各位专家结合工作实际情况对农村信息化工作的下一步发展提出了具体的意见和建议，认为在农村信息化工作推进过程中，要认真做好发展规划，切实抓好典型示范，推进信息化标准建设，研究建立统筹协调的工作机制、稳定长效的投入机制，加快信息技术创新，加强人才队伍建设。

2013 年 5 月 22 日 工业和信息化部、农业部、科技部在常州召开农业信息化经验交流会

工业和信息化部、农业部、科技部相关司局领导，25 个省、自治区、直辖市代表，以及中国农业大学、中国农科院、中国电信、中国移动、中国联通等相关院校、企业代表共80 人参加会议。

工业和信息化部信息化推进司秦海副司长就全国农业农村信息化工作现状和存在的问题作了分析；农业部市场与经济信息司就推动信息技术与农业生产经营服务的深度结合、信息化在三农工作中发挥的倍增作用以及提升现代农业快速发展进行了主题发言；参会的部分省市代表介绍了推进农业农村信息化的工作成效和经验；中国电信、中国移动、中国联通介绍了支持农业农村信息化发展的主要做法和取得的经验；中国农业大学、中国农科院信息研究所分别就当前农业农村信息化建设提出了宝贵建议。

会议期间，代表们参观了常州市武进区戴家头村农村综合信息化服务平台、凌家塘市场发展有限公司农产品仓储信息化及电子商务平台、康乐农牧有限公司的生猪饲养物联网应用系统。

2013 年 5 月 26 日 第十五届中国科协年会"信息化与农业现代化研讨会"召开

5 月 26 日，在十五届科协年会第十分会场"信息化与农业现代化研讨会"上，来自中国工程院、中国通信学会、日本野村株式会社综合研究所、中国移动等部门的多位海内外学者、专家共同探讨了信息化与农业现代化的关系和相互作用，专家学者们就云计算、移动互联网、"三网融合"、物联网、农村信息化等热门话题发表了专题演讲。专家们认为，信息化是通向农业现代化的"云梯"，农业现代化离不开信息化的支撑。

"在农业现代化中，应该特别注重农业地理位置服务的发展。"中国工程院院士李德毅提出将信息化与农业的结合进一步缩小到农业地理位置服务上。中国通信学会副理事长张新生表示，希望通过论坛的举办积极推动信息化在农村的应用。日本野村株式会社综合研究所副董事长谷川史郎说："通过信息技术，农户可实时得到专业机构的远程技术指导；同时农产品也可实现网上的产地直销。"

2013 年 6 月 4—5 日 智慧农业亮相物联网展览会

在第四届中国国际物联网大会暨展览会上，智慧农业首次亮相，并成为此次活动的重点版块。

第四届中国国际物联网大会暨展览会于 6 月 4—5 日在上海国际展览中心召开，大数据、智慧城市、移动支付等是今年大会探讨的重点话题。同时，本届大会首次迎来智慧农业这一新成员。众所周知，物联网产业投入高、产能低，要与农业融合并非易事，但随着智能产业的崛起，"春耕秋收"的传统技术已不能满足现代农业的发展，传统农业也亟须"智慧"血液。本届大会着重关注食品安全问题，探讨农业信息化、食品安全追溯和智慧农业产业链中的各项创新应用。

2013 年 6 月 6 日 世界农业展望大会在北京召开

2013 年世界农业展望大会在北京召开，我国农产品市场监测预警系统的研究是会议重点议题之一。加强农业信息分析与监测预警是保障粮食安全和农产品有效供给的重要措施。纵观当今全球农业发展趋势，农业生产进入一个高成本、高风险、资源环境约束趋紧的新阶段，农业发展面临的不确定性进一步加大。本次大会的召开，可进一步提升信息引领现代农业发展的能力，加强世界各国农产品市场发展成果的共享，交流农业展望的新方法、新技术和新经验。

本次大会由中国农业部支持，联合国粮农组织（FAO）和经合组织（OECD）联合主办，中国农业科学院农业信息研究所承办，相关单位协办。

2013 年 6 月 18—19 日 全国农业信息化工作会议在江苏宜兴举行

农业部副部长陈晓华出席会议并作重要讲话，各省农业厅分管信息化工作的领导、部有关司局领导及部分信息服务企业代表近 300 人参加了会议。会议系统总结了近年来农业信息化工作取得的成效和经验，深入分析了未来面临的形势与任务，全面部署了当前和今后一个时期的工作重点。农业部副部长陈晓华强调，各级农业部门要紧紧围绕"两个千方百计，两个努力确保，两个持续提高"目标，坚持"政府引导、需求拉动、突出重点、统筹协同"原则，力争实现农业生产智能化、经营网络化、行政管理高效透明、信息服务灵活便捷，加快促进信息化与农业现代化的融合。

会议指出，近年来，农业信息化成效明显。基础设施不断夯实，信息资源日渐丰富，

服务体系不断完善，信息技术在农业产业发展中的应用日渐深入。实践证明，农业信息化是破解"三农"工作难题的有效途径，是缩小城乡差距的现实选择。在"四化同步"发展的大背景下，农业信息化发展环境更加优化，需求更加迫切，农业信息化迎来了难得的发展机遇。

会议期间还举行了首批全国农业农村信息化示范基地授牌仪式，举办了农业物联网应用、农业电子商务、农产品质量追溯和农业综合信息服务专题研讨，集中展示了农业信息化新技术、新产品、新成果、新应用和新模式，现场参观了宜兴农业信息化建设成效。

2013 年 6 月 19 日 中国农业大学物联网研究中心落户宜兴

乘着全国农业信息化工作会议在宜兴成功召开的东风，中国农业大学宜兴农业物联网研究中心暨宜兴教授工作站落户宜兴，这标志着宜兴与中国农业大学的合作又进入了更新、更高的阶段。

农业物联网是信息技术与农业生产融合发展的全新方式，也是现代农业提升发展的重要方向。2011 年，宜兴与中国农业大学"联姻"，共建农业物联网宜兴实验站，拉开了携手打造全国农业物联网示范样板的帷幕。宜兴将全力支持中国农业大学在宜兴项目的发展，竭诚为"两站一中心"运行提供优质服务、营造良好环境。中国农业大学依托"两站一中心"，将更多专家派驻宜兴，让更多成果在宜兴转化，与宜兴合力打造全国一流的农业物联网示范基地。

2013 年 6 月 20 日 "国家农村信息综合服务平台构建与应用"启动会在京召开

国家"十二五"科技支撑计划项目"国家农村信息综合服务平台构建与应用"启动会在中国农业科学院召开。会议由北京市科委主持，中国农业科学院副院长刘旭院士，科技部农村中心蒋丹平副主任，科技部农村司、农村中心有关同志出席会议。

"国家农村信息综合服务平台构建与应用"项目旨在配合国家农村信息化示范省建设，构建集成全国农村农业信息化资源的国家农村信息综合服务平台，探索公益性和商业性相结合的多元服务模式、体制机制，为我国农村农业信息化建设提供运营模式示范和技术体系支撑。

会议成立了项目专家指导委员会，听取了项目背景、目标与总体设计、任务分工及管理办法，交流讨论了课题管理与要求，提出了项目实施的意见和建议。会议的召开标志着国家科技支撑计划项目"国家农村信息综合服务平台构建与应用"的正式启动，为项目的顺利实施奠定了良好基础。

2013 年 7 月 26 日 农业物联网和智慧政府专题讲座召开

为深入搞好党的群众路线教育实践活动，更好地推进农业信息化工作，7 月 26 日，农业部信息中心市场与经济信息司、全国农业展览馆联合举办农业物联网专题论坛，特邀美国高纳德咨询公司资深分析师、政府研究部总裁 Jeff. Vining、市场研究部主任 Al Velosa 分别就"信息化四种力量与政府发展趋势关系"、"农业物联网机遇与挑战"开展主题演讲。

陈萍副巡视员指出，本次讲座具有三个特点。一是很有创意。市场与经济信息司等三家单位联合举办，8个支撑单位160多人参加会议，这在教育实践活动中还是第一次，既达到了学习的目的，又增加了交流和相互间的了解。二是高水平。讲座邀请的专家是信息化方面国际领先的专家团队，讲座内容与我们的工作息息相关，开阔了我们的视野。三是抓住了重点。党中央、国务院和部党组高度重视农业农村信息化工作，专题讲座抓住了重点，也抓住了我们的需求。

2013年8月10日 北京中农信运用信息技术为"三农"服务惠民工程研讨会举办

在北京举行的运用信息技术服务"三农"惠民工程研讨会上，中国农业技术推广协会专业委员会常务理事、北京中农信科技中心理事长张振亚发布了服务"三农"的无线网络平台。该平台以中国移动、中国联通、中国电信三个运营商的"三网合一"全套解决方案为核心业务，以移动通信网络、互联网为依托，借助现代通信技术，整合涉农机构、软件开发商，建立信息互通渠道，将庞大的农业信息资源，通过手机短信、互联网平台直接传递给农民朋友。该平台从信息的收集、发布、应用和反馈四个环节上，发挥专家团队作用，提高信息的质量、有效性和针对性。针对解决农民文化层次不齐、信息接收能力不高以及农业生产地域差异大等实际难题。

2013年9月10日 农业信息化领导小组召开第一次会议

新成立的农业部农业信息化领导小组召开第一次会议，研究部署推进农业信息化的工作举措。会议强调，在"四化同步"发展的新阶段，信息化是缩小农业与其他产业差距的有效手段。各级农业部门要高度重视农业信息化，强化思想认识、强化责任分工、强化工作落实、强化组织协调，注重形成合力。推进农业信息化重点在基层、动力在市场、活力在应用、潜力在科研，要把握好各方面关系，树立统筹意识和协作观念，推动信息资源共建共享、信息系统互联互通、业务工作协作协同，共同促进农业信息化健康发展。

会议要求，当前要突出重点，加强顶层设计，加快规划制定项目实施方案，抓好《农业部关于加快推进农业信息化的意见》的落实，做好农业信息资源整合，健全农业信息化创新体系，充分调动各方面的积极性。

2013年9月18—20日第七届国际计算机及计算机技术在农业中的应用研讨会（CCTA2013）在北京举行

"第七届国际计算机及计算机技术在农业中的应用研讨会"（CCTA2013）与"第七届智能化农业信息技术国际学术会议"（ISIITA2013）联合举办，由国家农业信息化工程中心、中国农业大学、中国农业工程学会、国际信息处理联合会农业信息处理分会联合主办。中国农业大学信电学院李道亮教授担任大会主席，李道亮教授团队连续七年主办国际计算机与计算技术在农业中的应用研讨会，积极推动国内外专家学者学术交流，为来自全球各地的专家、学者和代表们搭建了农业农村信息化交流平台，进一步推动了我国农业农村信息化建设。

2013年9月23日 农业部召开农民信息需求研讨会，听基层声音，以信息惠农

来自东、中、西部地区县级、乡镇、村级以及农民专业合作社的生产一线代表走进农

业部，与农业部农业信息化工作相关部门负责人、科研院所专家、涉农信息服务企业代表，共商如何做好农民信息服务，拉动农村信息消费。这是农业部践行党的群众路线、问需于民、问计于民的具体体现。

农业部有关部门负责人表示，要了解农民的信息需求，就要多倾听农民对农业信息服务的意见和建议，察基层信息民情，接基层信息地气，才能提升农业综合信息服务水平，更好地服务"三农"，推进现代农业和城乡一体化发展。

基层代表普遍反映，农民的信息需求集中在农业生产技术、农产品和农资市场行情以及政府惠农政策方面，期待信息服务能更具体。基层代表建议，政府应继续加大农业信息服务投入力度，特别要重视基层信息员的培训和工作补助，还应进一步加大手机终端服务功能的开发。

2013 年 9 月 24 日　测土配方施肥手机信息服务现场会

农业部种植业管理司、市场经济与信息司、全国农业技术推广服务中心在吉林长春召开测土配方施肥手机信息服务现场会，提出要利用现代信息化手段提升测土配方施肥，迅速占领科学施肥技术制高点，将科学施肥工作引向深入。

据农业部种植业管理司司长叶贞琴介绍，测土配方施肥补贴项目自 2005 年启动以来，积累了大量第一手测土和田间试验数据，建立了县域科学施肥专家咨询系统，各地结合农业生产实际和农民用肥习惯、肥料资源现状，通过信息化技术集成和土肥技术创新，探索出了手机自动定位农民主动索取信息模式、田块编码查询信息主动推送服务模式、电子商务模式等多种形式，用农民听得懂的语音、看得懂的信息、收得到的方式提供简便、快捷、有效、实用的技术服务，指导农民科学选肥、用肥，大幅度提升了技术传播效率，提高了技术服务覆盖面和针对性。实践证明，现代信息技术是测土配方施肥工作的倍增器、发展引擎，测土配方施肥已有条件成为农业信息化的切入点和突破口。

2013 年 9 月 25 日　中国农业网站发展论坛暨农业物联网技术与应用峰会在廊坊召开

由中国农业推广协会农业高新技术专业委员会、河北省农村信息化工程技术研究中心主办的 2013 中国农业网站发展论坛暨农业物联网技术与应用峰会于 9 月 25 日在廊坊召开。

中国农业网站发展论坛是农业信息化领域的标志性会议，得到了业界的广泛支持与关注。本届论坛以农业物联网技术与应用为主题，旨在研讨物联网技术在农业生产精细化管理、生产养殖环境监控、农产品质量安全管理与产品溯源等方面的应用。总结分析了农业物联网的现状和发展趋势，展示了农业物联网最新技术和产品及其试点示范工程。

本届论坛邀请了中国科学院院士、农业部领导、科技部领导、工信部领导、农业信息化领域专家、农业信息化知名企业代表进行了专题演讲，一起围绕新农村信息化建设的现实问题畅谈观点、分享成果、提供对策，并实地参观了固安现代农业园。

2013 年 10 月 18 日　第十届中国农业信息化高层研讨会暨智慧农业峰会在鹤壁举行

2013 年 10 月 18 日，第十届中国农业信息化高层研讨会暨智慧农业峰会在鹤壁市举行，与会的 500 名专家学者、企业界人士，在两天时间里以"新时期、新技术、新思维、新方法"为主题，围绕农业信息化发展开展研讨。本届研讨会除农业信息化主论坛外，还开设了信息技术革命与智慧农业、畜牧信息化与畜牧现代化两个分论坛，会议期间还启动了中国（鹤壁）农业硅谷产业园暨联合实验室。

中国农业大学李道亮教授发表了《农业物联网的几点思考》的报告演讲。中国农业大学吴才聪教授、中国农科院信息所周国民教授等7位专家学者也在研讨会上作了报告。

2013年10月28—29日 全国农垦系统加快推进率先实现农业现代化现场交流会

全国农垦系统加快推进率先实现农业现代化现场交流会在上海召开，农业部党组成员、总经济师杨绍品出席会议并讲话。

会议指出，今后一个时期，推进农垦率先实现农业现代化，重点是实现"六个率先"，率先实现农业信息化是其中之一。积极探索新型信息化技术在农业产前、产中、产后等各环节及经营管理方面的应用，努力提高农业生产智能化、控制精准化、管理信息化、营销网络化，推动各项应用互通互联、融合发展。

2013年12月5—8日 成都国际都市现代农业博览会在蓉举行

由成都市人民政府、四川省农业厅主办的中国成都国际都市现代农业博览会于2013年12月5—8日在成都新会展中心举办，展期共4天。成都农博会是成都首个自主品牌农业专业展会，展示内容覆盖农业全产业链，展出规模达40000平方米。

展会期间，为了给国内外参展团体和广大展商提供咨询发布、技术推广、项目推介、成果转化的行业交流平台，进一步增强博览会平台与各行业的互动效应，组委会在展会期间举办了"农业新技术、新产品及项目推广会"、"农业信息化应用高峰论坛"等多项专题活动，形成了农业新技术新产品、农业信息化等专业互动。此外，组委会还对口组织了产销对接洽谈会、休闲观光农业体验等互动活动。

2013年12月23—25日 全国农业工作会议在北京举行，汪洋对会议作出重要批示

会议深入贯彻党的十八届三中全会及中央经济工作会议、中央城镇化工作会议、中央农村工作会议精神，认真学习了习近平总书记、李克强总理重要讲话精神，总结了2013年农业农村经济工作，研究深化农村改革重点举措，部署了2014年工作。

会议强调，2014年农业农村经济稳定发展、保供给、强产能、提质量、转方式、增效益的任务很重，要突出抓好八项重点任务，即毫不松懈地抓好粮食生产、提升"菜篮子"产品供应保障能力、抓好农业科技创新与推广、切实加强农产品质量安全监管、大力推进农业信息化建设、强化农业物质装备条件和政策支撑、大力发展资源节约型生态友好型农业、广辟农民增收渠道。